彩图 1.10 陶氏制药公司利用其开发的 Pfenex表达技术大量生产酶

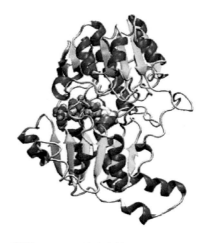

彩图 1.11 一种稳定的甲酸脱氢酶（FDH），可用于氧化还原过程的辅酶再生

彩图 1.12 德固赛公司生物催化技术中心已建立酶催化反应的技术平台

彩图 1.13 Degussa公司通过酶筛选和优化过程的自动化加快生物催化剂的应用进程

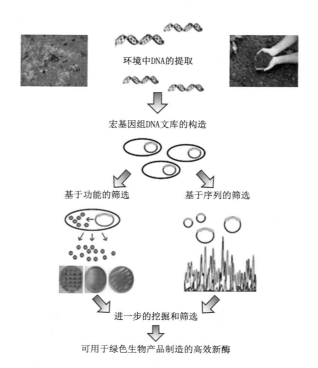

彩图 2.3 从宏基因组文库中发掘新的生物催化剂

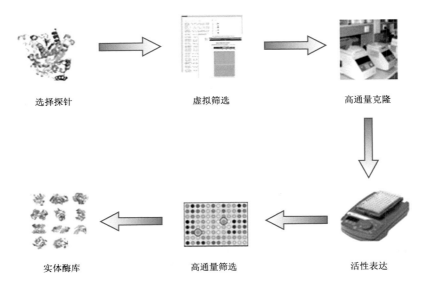

彩图 2.4 从基因数据库中挖掘新型生物催化剂

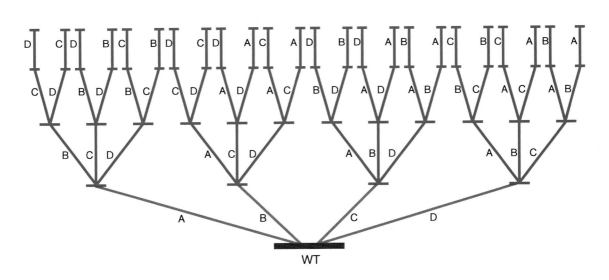

彩图 3.10 单个酶分子中四个突变体库的迭代饱和突变

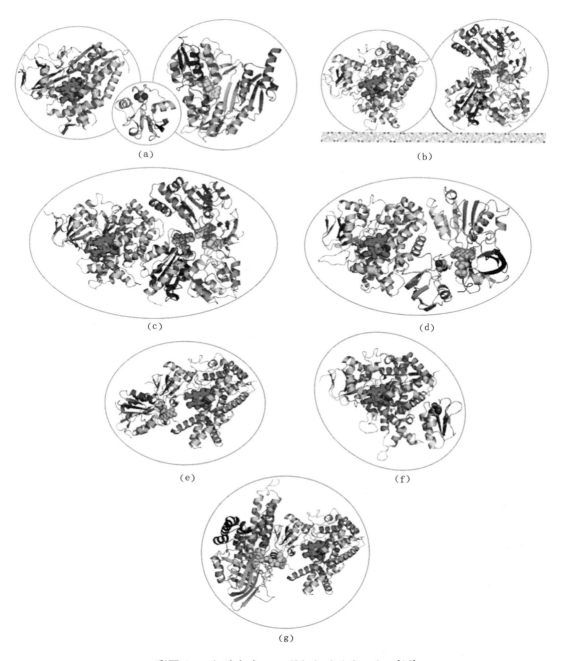

彩图 6.1 细胞色素P450单加氧酶分类示意图[4,5]

(a) 经典的第一类P450酶系统，例如包括P450$_{cam}$（PDB code 2CPP），2Fe-2S 假单胞铁氧化还原蛋白（1PDX）和FAD结合的假单胞铁氧化还原蛋白还原酶（1QIR）；

(b) 膜结合的第二类P450酶系统，例如来源于兔的CYP2C5（1DT6）和细胞色素P450还原酶（CPR,1AMO）；

(c) 第三类P450酶系统以P450部分和CPR部分融合的P450$_{BM3}$为代表，如BM3的亚铁血红素部分（1FAG）和鼠CPR融合；

(d) 第四类P450酶系统是P450-PFOR系统，P450部分（P450 eryF, PDB code 1OXA）与来源于 *Pseudomonas cepacia* 的邻苯二甲酸双加氧酶还原酶相连；

(e) 第五类P450酶系统是 XplA P450-黄素氧还蛋白融合型，例如人CYP2D6（2F9Q）与来源于 *E.coli* 的素氧还蛋白（1AG9）的融合蛋白；

(f) 第六类P450酶系统是 McCYP51FX P450部分与铁氧化还原蛋白融合系统，来源于 *M.tuberculosis* 的CYP51（1EAI）与来源于 *Pyrococcus furiosus* 3Fe–4S 铁氧化还原蛋白（1SJI）相融合；

(g) 第七类P450酶系统是来源于 *Pseudomonas fluorescens* 的P450-乙酰辅酶A脱氢酶（ACAD）融合系统，如来源于 *Sorangium cellulosum* 的P450 epoK（1Q5E）与来源于猪肝的FAD结合的中链乙酰辅酶A脱氢酶（3MDE）的融合蛋白。

备注：辅因子用空间立体球表示。红色为卟啉环，黄色和橙色分别表示黄素（FAD和FMN），橙色/蓝色表示铁硫簇

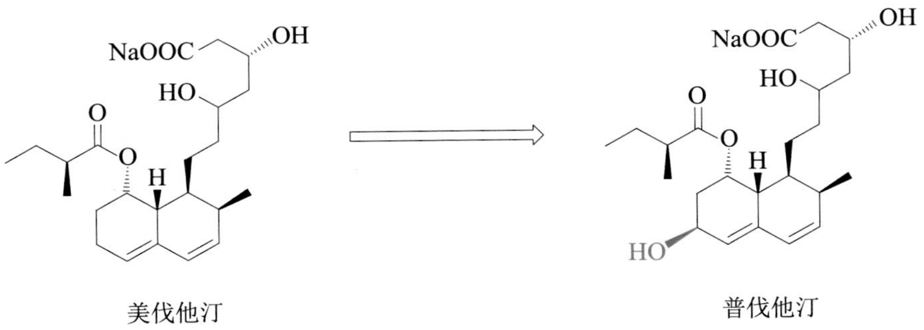

彩图 6.4 羟化反应生成普伐他汀示意图

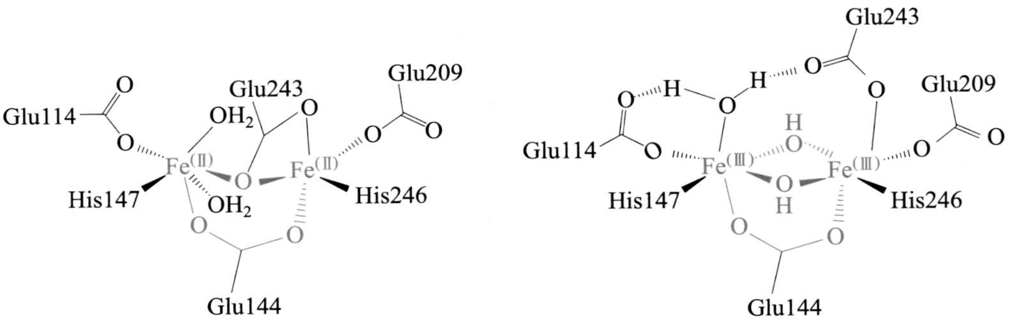

彩图 6.13 甲烷单加氧酶的活性中心结构

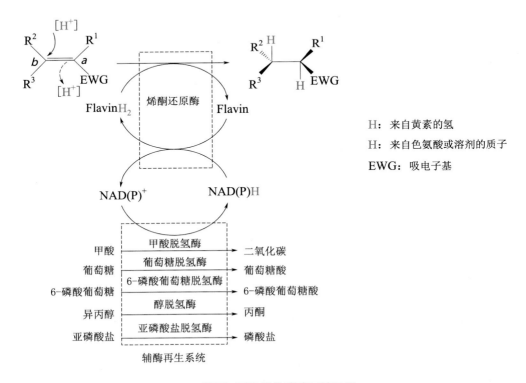

彩图 7.14 烯酮还原酶催化碳碳双键还原

第Ⅰ家族 (PDB: 2NW6)
Burkholderia cepacia 脂肪酶

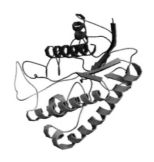
第Ⅱ家族 (PDB: 1ESC)
Streptomyces scabies 酯酶

第Ⅲ家族 (PDB: 1JFR)
Streptomyces exfoliatus 脂肪酶

第Ⅳ家族 (PDB: 1U4N)
Alicyclobacillus acidocaldarius 羧酸酯酶

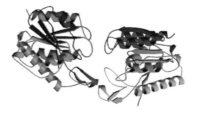
第Ⅵ家族 (PDB: 1AUO)
Pseudomonas fluorescens 羧酸酯酶

第Ⅶ家族 (PDB: 1QE3)
Bucillus subtilis 对硝基苯酚酯酶

彩图 8.1　典型微生物脂肪酶 / 酯酶的三维结构

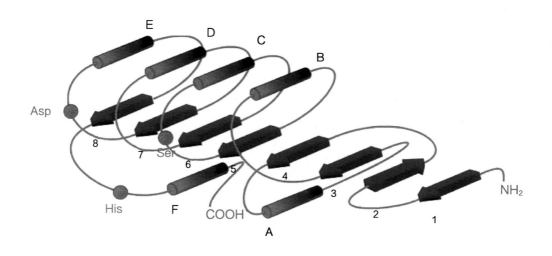

彩图 8.2　α/β 水解酶折叠示意图[1]

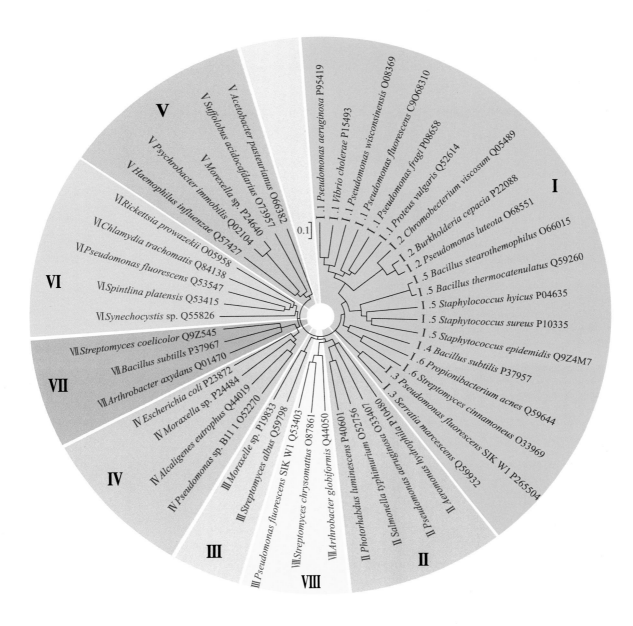

彩图 8.3 脂肪酶/酯酶的八大家族

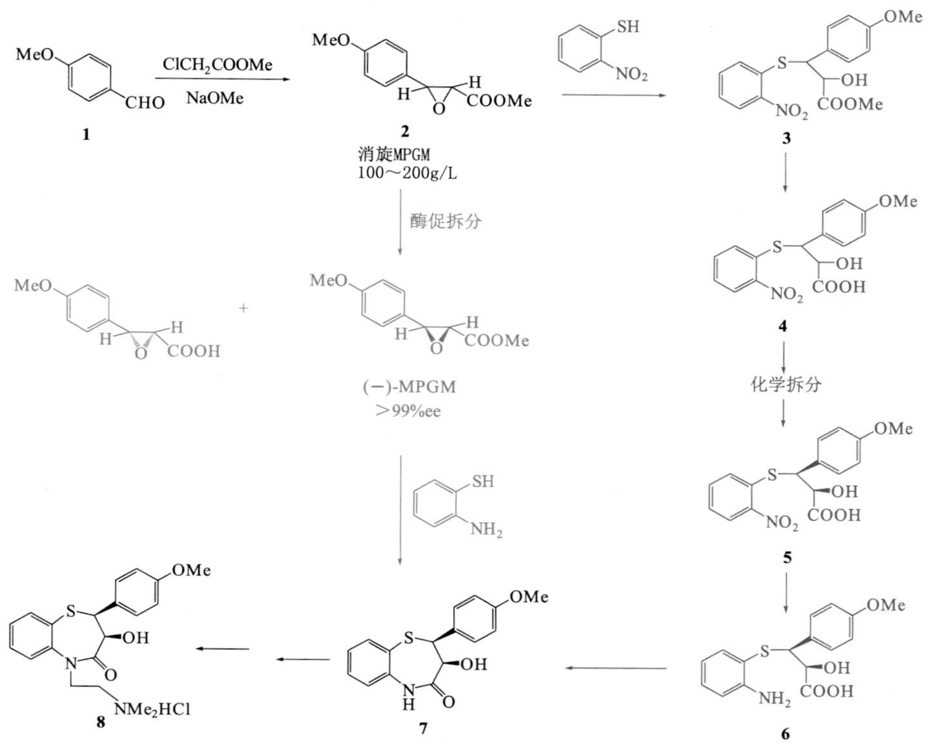

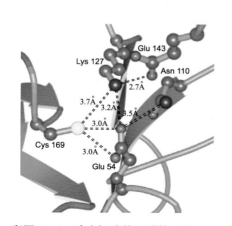

彩图 8.13 盐酸地尔硫草的化学-酶法和全化学合成路线

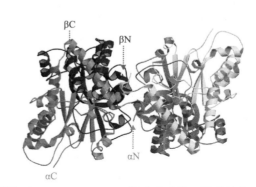

彩图 10.4 腈水解酶的三联体结构

彩图 10.5 *P. thermophila* 腈水合酶的二聚体结构 $(\alpha\beta)_2$

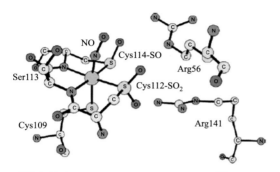

彩图 10.6 *Rhodococcus* sp. N-771 Fe-型腈水合酶 NO-失活位点残基组成

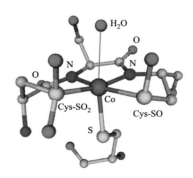

彩图 10.7 Co-型腈水合酶活性位点结构

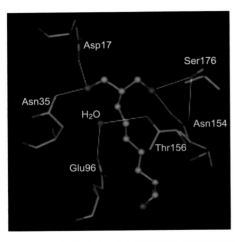

彩图 12.2 转醛缩酶 B（Ⅰ型醛缩酶）的还原性底物-酶复合物的活性位点结构图

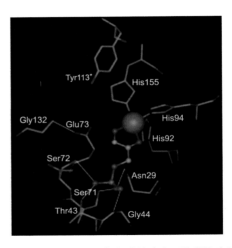

彩图 12.3 果糖-1-磷酸醛缩酶（Ⅱ型醛缩酶）的底物-酶复合物的活性位点结构图

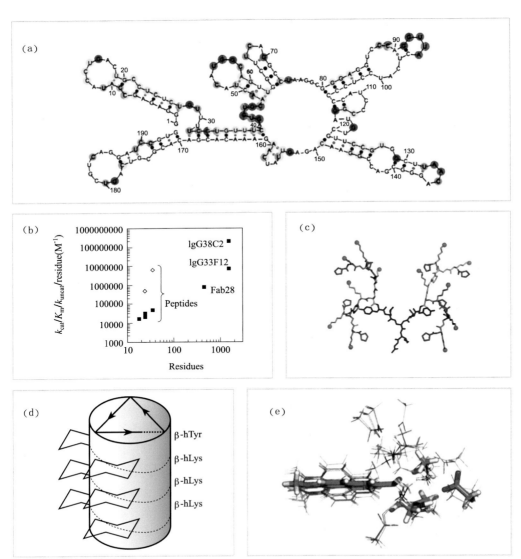

彩图 12.14 其他具有催化羟醛缩合活力的催化剂

普通高等教育"十三五"重点规划教材
中国石油和化学工业优秀教材一等奖

生物催化剂工程
——原理及应用

许建和　郁惠蕾　主编

化学工业出版社

·北京·

本书第1章介绍了生物催化的发展概况和最新技术进展；第2～5章围绕生物催化剂的发现和改造进行阐述，包括新酶的传统筛选方法和生物信息学挖掘手段，酶的蛋白质工程改造方式以及各类酶的高通量筛选技术；第6～12章分别针对生物催化研究与开发过程中常见和新兴的一些酶类，分别从其结构分类、催化机理、性能表征、合成应用及其典型案例展开。

本教材结合最新研究发展动态，从酶的结构机理到改造应用进行介绍，非常契合此类课程教学革新的需求。同时为化学和生物科学等理科专业开设酶工程等应用性课程以及化工制药企业的科技人员也提供了一本有益的参考书。

图书在版编目（CIP）数据

生物催化剂工程：原理及应用/许建和，郁惠蕾主编.—北京：化学工业出版社，2016.2（2024.8重印）
普通高等教育"十三五"重点规划教材
ISBN 978-7-122-25860-1

Ⅰ.①生… Ⅱ.①许…②郁… Ⅲ.①生物-催化剂-高等学校-教材 Ⅳ.①TQ426

中国版本图书馆 CIP 数据核字（2015）第 299139 号

责任编辑：赵玉清　　　　　　　　　　　　文字编辑：周　偑
责任校对：边　涛　　　　　　　　　　　　装帧设计：关　飞

出版发行：化学工业出版社（北京市东城区青年湖南街13号　邮政编码100011）
印　　装：北京盛通数码印刷有限公司
787mm×1092mm　1/16　印张17　彩插4　字数416千字　2024年8月北京第1版第5次印刷

购书咨询：010-64518888　　　　　　　　　售后服务：010-64518899
网　　址：http://www.cip.com.cn
凡购买本书，如有缺损质量问题，本社销售中心负责调换。

定　价：68.00元　　　　　　　　　　　　　　　　　　　　版权所有　违者必究

前 言

随着资源、环境问题的日益加剧，可持续发展已成为全社会的共同目标。当今社会对"可持续发展"、"绿色化学"以及"环境友好制造"的呼声越来越高。以节能、降耗、减排和高效生产为目标，基于工业酶催化剂的绿色制造过程也越来越多地受到学术界和产业界的关注。微生物基因组学、生物信息学、分子生物学及发酵过程全局优化等现代生物技术的迅猛发展，为酶制剂的高效制备和生产应用提供了理论基础和技术支撑，使得更多工业规模的生物催化合成成为可能。

随着基因组测序技术、生物信息学和高通量筛选技术的发展，目前人们分析基因序列和发现新酶的速度是10年前无法想象的。美国辉瑞制药公司采用基因组挖掘的方法迅速构建了一个脱氧核糖磷酸醛缩酶（DERA）的基因文库，并从中发现了一个全新的DERA酶，可催化非天然底物的缩合反应合成他汀类药物的手性侧链。在酶结构和功能关系未知的情况下，利用定向进化技术可对酶进行人工进化，为酶的结构改造提供了一个富有前景的手段，大大加速了人类改造酶的原有功能和开发新功能的步伐。同时，随着人们对蛋白质认识的加深，加上基因组学和蛋白质组学所提供的大量结构与功能信息，对酶分子的改造也从以往的随机突变，逐渐发展到理性或半理性设计，包括基于序列的酶重构设计、基于结构的酶重构设计和基于计算的酶重构设计，大量的组合文库逐步被小且功能丰富的文库所替代。一些为克服酶定向进化过程中分子杂交效率低、需要大规模筛选等缺点的新技术不断被开发出来，如结合传统理性设计的半理性酶分子设计方法，对邻近有限位点进行组合随机突变的CASTing方法、QSAR、外显子改组等。大量计算方法如ProSAR、SCHEMA、Rosseta等软件的应用，大大提高了突变体设计和分析效率及准确性。在突变文库的构建方面，也出现了迭代饱和突变和简化密码子表、基于简并密码子的限制性文库方法等。这些技术在增加酶的反应多样性、改变酶的各种性能等方面已有许多成功应用的案例。例如，为了实现绿色酶催化替代原有金属催化生产治疗糖尿病新药——西他列汀，美国默克制药公司与专门从事生物催化剂改造的Codexis公司合作，利用基于蛋白质结构的酶分子改造技术，对节杆菌转氨酶重新设计，通过分子模拟和定点饱和突变扩张酶的活性中心口袋，使活性中心能够结合底物西他列汀前体，结合定向进化技术逐步改造得到了较理想的活性酶。该突变酶底物适应范围广，具有较高的活性和>99.5% ee的立体选择性，而且具有很强的环境耐受能力（反应温度45~50℃、50% DMSO、底物浓度200g/L），而一般的筛选方法几乎不可能得到具备如此优异性能的酶。

在新兴技术发展日新月异的同时，生物催化与生物转化技术作为新一代工业生物技术的主体被列入我国2006—2020年中长期科技发展规划，在国家重点基础研究计划973计划和国家高技术研究发展计划863计划持续和高强度的经费支持下，生物催化与生物转化技术在我国也获得了长足的进步。目前国内知名院校纷纷为生物化工、发酵工程等专业的研究生或高年级生物技术、生物工程或化学工程的本科生开设了生物催化方面的课程。生物催化剂是生物催化技术的核心，本书结合近十年来的最新进展，聚焦于生物催化剂的发现和改造。本书在出版过程中，得到了江南大学孙志浩教授和倪晔教授、中国科学院上海植物生理生态研究所杨晟研究员、南京工业大学何冰芳教授、广西大学刘幽燕教授、常州大学何玉财副教授、德国马普研究所李爱涛博士以及华东理工大学严希康教授、赵健教授、郑高伟副教授、李春秀副教授、潘江博士、张志钧博士、倪燕博士、孔旭东博士、栾政娇博士、焦学成博士等从事生物催化剂教学、科研和产业化应用的知名专家及一线科研人员的大力支持和参与。

由于编者水平有限，书中疏漏在所难免，恳请广大读者和同行专家批评指正。

许建和　郁惠蕾

2015 年 9 月于上海

目 录

第1章 绪 论 /1

1.1 生物加工与生化工程 ·· 1
1.2 生物催化工程 ·· 2
    1.2.1 生物催化工程的学科背景 ··································· 2
    1.2.2 生物催化工程的内涵与外延 ································· 2
    1.2.3 我国生物催化发展概况 ····································· 5
1.3 生物催化在手性合成中的应用 ······································ 8
    1.3.1 生物催化的不对称氧化还原 ································· 11
    1.3.2 水解酶催化的对映选择性合成 ······························· 14
1.4 工业生物催化发展动态及名家观点 ·································· 15
    1.4.1 生物催化的最新技术进展 ··································· 16
    1.4.2 生物催化的成功实例 ······································· 20
    1.4.3 生物催化的未来 ··· 21

参考文献 /24

第2章 生物催化剂的发现 /27

2.1 概 述 ·· 27
    2.1.1 生物催化剂的基本概念 ····································· 27
    2.1.2 生物催化剂的来源与多样性 ································· 27
2.2 生物催化剂的发现和筛选 ·· 28
    2.2.1 生物催化剂筛选的一般策略 ································· 30
    2.2.2 建立有效和方便的筛选分析方法 ····························· 31
    2.2.3 生物催化剂的发现和筛选途径 ······························· 32
2.3 总结与展望 ·· 39

参考文献 /39

第3章 生物催化剂的改造 / 41

- 3.1 概 述 ·· 41
- 3.2 生物催化剂的理性设计 ··· 42
  - 3.2.1 理性设计的工具 ·· 42
  - 3.2.2 理性设计的目标 ·· 44
  - 3.2.3 融合蛋白质 ·· 46
  - 3.2.4 模拟计算的最新进展 ··· 46
  - 3.2.5 小结与展望 ·· 47
- 3.3 生物催化剂的定向进化 ··· 47
  - 3.3.1 定向进化的方法 ·· 48
  - 3.3.2 亲本酶的选择 ·· 55
  - 3.3.3 不同策略决定进化路径 ·· 55
  - 3.3.4 生物催化剂的高通量筛选 ·· 56
  - 3.3.5 小结与展望 ·· 57
- 3.4 理性设计与定向进化的组合应用 ··· 57
  - 3.4.1 理性设计与定向进化的组合——半理性设计 ··············· 58
  - 3.4.2 不同进化方向采用不同策略 ··· 59

参考文献 / 60

第4章 酶的高通量筛选方法 / 63

- 4.1 概 述 ·· 63
- 4.2 氧化还原酶的高通量筛选方法 ··· 64
  - 4.2.1 脱氢酶 ··· 64
  - 4.2.2 氧化酶类 ··· 66
  - 4.2.3 加氧酶 ··· 68
  - 4.2.4 漆酶 ··· 71
- 4.3 转氨酶的高通量筛选方法 ··· 72
  - 4.3.1 基于底物和产物性质的筛选方法 ··································· 72
  - 4.3.2 基于NAD(P)H再生的筛选方法 ·································· 73
  - 4.3.3 pH指示法 ·· 73
- 4.4 水解酶的高通量筛选方法 ··· 74
  - 4.4.1 使用显色底物直接测定 ·· 74
  - 4.4.2 pH指示剂——偶合反应间接测定法 ······························ 74
  - 4.4.3 选择性的估算和测定 ··· 78
- 4.5 总 结 ·· 84

参考文献 / 84

第5章 酶和细胞的固定化 / 90

5.1 生物催化剂固定化技术的出现及发展 ……………………………………… 90
    5.1.1 游离酶的缺陷 ………………………………………………………… 90
    5.1.2 酶固定化技术的出现及发展 ………………………………………… 90
    5.1.3 细胞固定化技术的出现及发展 ……………………………………… 91
5.2 固定化生物催化剂的命名及形式 ……………………………………………… 91
5.3 固定化生物催化剂制备的原则 ………………………………………………… 92
5.4 固定化酶的制备方法 …………………………………………………………… 93
    5.4.1 非共价载体结合法 …………………………………………………… 93
    5.4.2 共价载体结合法 ……………………………………………………… 95
    5.4.3 包埋法 ………………………………………………………………… 97
    5.4.4 无载体固定化法 ……………………………………………………… 99
    5.4.5 组合固定化 …………………………………………………………… 100
    5.4.6 酶固定化方法的优缺点 ……………………………………………… 100
5.5 固定化酶的性质 ………………………………………………………………… 100
    5.5.1 酶活性 ………………………………………………………………… 101
    5.5.2 稳定性 ………………………………………………………………… 101
    5.5.3 固定化酶最适温度的变化 …………………………………………… 102
    5.5.4 固定化酶最适 pH 的变化 …………………………………………… 102
    5.5.5 底物专一性 …………………………………………………………… 102
    5.5.6 固定化酶的优缺点 …………………………………………………… 103
5.6 细胞的固定化 …………………………………………………………………… 103
    5.6.1 固定化细胞的特点 …………………………………………………… 103
    5.6.2 细胞固定化方法 ……………………………………………………… 105
5.7 固定化生物催化剂的应用 ……………………………………………………… 107
    5.7.1 固定化催化剂在工业生产中的应用 ………………………………… 107
    5.7.2 固定化酶在酶传感器中的应用 ……………………………………… 110
    5.7.3 固定化酶在临床检验方面的应用 …………………………………… 110

参考文献 / 110

第6章 单加氧酶 / 112

6.1 细胞色素 P450 单加氧酶 ……………………………………………………… 112
    6.1.1 细胞色素 P450 单加氧酶的结构分类 ……………………………… 112
    6.1.2 细胞色素 P450 单加氧酶的羟化反应催化机理 …………………… 114
    6.1.3 细胞色素 P450 单加氧酶的性质表征 ……………………………… 114
    6.1.4 细胞色素 P450 单加氧酶的分子改造 ……………………………… 116
    6.1.5 细胞色素 P450 单加氧酶催化的反应 ……………………………… 117

6.2 黄素依赖的单加氧酶 ·············· 121
  6.2.1 黄素依赖型单加氧酶的分类 ·············· 121
  6.2.2 黄素依赖型单加氧酶的催化机理 ·············· 122
  6.2.3 黄素依赖型单加氧酶催化的反应 ·············· 123
6.3 非血红素单加氧酶 ·············· 124
  6.3.1 甲烷单加氧酶 ·············· 124
  6.3.2 ω-羟化酶系统 ·············· 125
6.4 总　结 ·············· 126

参考文献 / 126

第 7 章　还原酶　/ 132

7.1 生物催化还原反应 ·············· 132
7.2 羰基的不对称还原 ·············· 132
  7.2.1 生物催化羰基不对称还原的机理 ·············· 132
  7.2.2 辅酶的再生 ·············· 134
  7.2.3 羰基还原酶的发现及改造 ·············· 137
  7.2.4 生物催化羰基不对称还原反应的应用 ·············· 139
7.3 还原氨化反应 ·············· 142
7.4 羧酸的还原 ·············· 143
7.5 碳碳双键的还原 ·············· 145
7.6 总　结 ·············· 147

参考文献 / 147

第 8 章　脂肪酶/酯酶　/ 156

8.1 脂肪酶/酯酶简介 ·············· 156
8.2 脂肪酶/酯酶的结构分类 ·············· 157
  8.2.1 脂肪酶/酯酶的结构 ·············· 157
  8.2.2 脂肪酶/酯酶的分类 ·············· 157
8.3 脂肪酶/酯酶的催化机理 ·············· 160
8.4 脂肪酶/酯酶的分子改造 ·············· 160
8.5 脂肪酶/酯酶的合成应用 ·············· 162
  8.5.1 手性醇的合成 ·············· 162
  8.5.2 手性酸的合成 ·············· 163
  8.5.3 手性胺的合成 ·············· 164
8.6 脂肪酶/酯酶的典型应用案例 ·············· 165
  8.6.1 普瑞巴林的合成 ·············· 165
  8.6.2 地尔硫䓬中间体的合成 ·············· 166

参考文献 / 167

第 9 章　环氧水解酶　/ 172

9.1　概　述 …… 172
9.2　环氧水解酶的生理功能 …… 172
9.2.1　哺乳动物环氧水解酶的生理功能 …… 173
9.2.2　植物、昆虫、微生物环氧水解酶的生理功能 …… 174
9.3　环氧水解酶的结构分类及催化机理 …… 175
9.3.1　环氧化物的开环反应 …… 175
9.3.2　α/β 折叠环氧水解酶的结构及催化机理 …… 175
9.3.3　LEH 类环氧水解酶的结构及催化机理 …… 177
9.3.4　白三烯 A_4 水解酶的结构及催化机理 …… 178
9.4　环氧水解酶的性质表征 …… 179
9.4.1　环氧水解酶的纯化及生化性质表征 …… 179
9.4.2　环氧水解酶催化反应的区域选择性 …… 179
9.4.3　环氧水解酶区域选择性的表征 …… 180
9.5　环氧水解酶生物催化剂的开发及其合成应用 …… 181
9.5.1　一些高选择性的环氧水解酶生产菌株 …… 181
9.5.2　天然来源环氧水解酶的生产 …… 183
9.5.3　环氧水解酶的基因克隆及重组表达 …… 184
9.5.4　环氧水解酶的蛋白质工程改造 …… 185
9.5.5　环氧水解酶应用于经典动力学拆分 …… 187
9.5.6　内消旋环氧化物的去对称化 …… 191
9.5.7　环氧水解酶催化的对映会聚水解 …… 192
9.5.8　非天然亲核试剂参与的环氧开环 …… 193
9.6　环氧水解酶反应工程 …… 194
9.6.1　单一水相催化 …… 194
9.6.2　两相催化 …… 195
9.6.3　膜反应器转化 …… 195
9.7　总结与展望 …… 196

参考文献　/ 197

第 10 章　腈水合酶和腈水解酶　/ 207

10.1　概　述 …… 207
10.2　腈水解酶简介 …… 208
10.3　腈水合酶简介 …… 209
10.3.1　Fe-型腈水合酶 …… 209

	10.3.2 Co-型腈水合酶 ………………………………………………………… 211
	10.3.3 腈水合酶的水合机理 ……………………………………………… 211
10.4	具有腈水解酶或腈水合酶活性的微生物 …………………………………… 212
10.5	腈水解酶和腈水合酶的选择性 ……………………………………………… 214
	10.5.1 化学选择性 ………………………………………………………… 214
	10.5.2 立体选择性 ………………………………………………………… 214
	10.5.3 区域选择性 ………………………………………………………… 214
10.6	影响酶催化腈水解的主要因素 ……………………………………………… 215
	10.6.1 诱导剂的影响 ……………………………………………………… 215
	10.6.2 底物和产物的抑制 ………………………………………………… 215
	10.6.3 反应介质的影响 …………………………………………………… 216
10.7	腈水解酶和腈水合酶的应用 ………………………………………………… 216
10.8	氰水解酶和氰水合酶的简介 ………………………………………………… 220
10.9	在生物降解与生物修复中的应用 …………………………………………… 221
10.10	总　结 ………………………………………………………………………… 222

参考文献　/ 222

第 11 章　羟腈裂解酶　/ 230

11.1	羟腈裂解酶简介 ……………………………………………………………… 230
11.2	羟腈裂解酶的研究进展 ……………………………………………………… 231
	11.2.1 羟腈裂解酶的来源和筛选 ………………………………………… 231
	11.2.2 羟腈裂解酶的反应机理 …………………………………………… 231
	11.2.3 羟腈裂解酶的理性设计和定向进化 ……………………………… 233
11.3	羟腈裂解酶在有机合成中大规模应用的实例 ……………………………… 235
11.4	总结与展望 …………………………………………………………………… 237

参考文献　/ 238

第 12 章　醛缩酶　/ 241

12.1	醛缩酶的催化机理与分类 …………………………………………………… 241
12.2	DHAP 依赖性醛缩酶 ………………………………………………………… 244
	12.2.1 DHAP 依赖性醛缩酶的分类与性质 ……………………………… 244
	12.2.2 DHAP 依赖性醛缩酶的合成应用 ………………………………… 246
	12.2.3 使用不带有磷酸基团的底物作为供体的醛缩酶 ………………… 248
12.3	丙酮酸和磷酸烯醇式丙酮酸依赖性醛缩酶 ………………………………… 248
	12.3.1 丙酮酸依赖性醛缩酶的分类和性质 ……………………………… 248
	12.3.2 丙酮酸依赖性醛缩酶的合成应用 ………………………………… 250
12.4	乙醛依赖性醛缩酶 …………………………………………………………… 252

  12.4.1　乙醛依赖性醛缩酶的分类与性质……………………………… 252
  12.4.2　乙醛依赖性醛缩酶的合成应用………………………………… 253
12.5　甘氨酸依赖性醛缩酶……………………………………………………… 253
  12.5.1　甘氨酸依赖性醛缩酶的分类…………………………………… 253
  12.5.2　甘氨酸依赖性醛缩酶的合成应用……………………………… 254
12.6　其他新的具有醛缩酶活性的催化剂……………………………………… 255
  12.6.1　非醛缩酶催化的醛缩反应……………………………………… 255
  12.6.2　计算机从头设计新的醛缩酶…………………………………… 255
12.7　总结和展望………………………………………………………………… 257

参考文献　/ 258

第1章
绪 论

1.1 生物加工与生化工程

英文 bioprocess 一词有 2 层含义：第一层含义，也是最基本的含义是"生物过程"，指包括微生物和高等动植物在内的所有生物体内进行的一连串酶反应的总称；第二层含义是"生物加工"，指人类利用生物体内的酶反应或者其整体的生物功能来进行有用物质生产或者物质转化的活动。显然，作为生化工程研究对象的 bioprocess，主要是第二层含义（生物加工），即利用天然的生物过程，进行物质加工的实践活动，在我国人们习惯上也叫"生物化工"。

有史记载以来，人类一直在巧妙地利用微生物的功能或者酶的作用为生活增色添彩，例如酒、醋、酱油等传统食品以及染料靛蓝的制造等。随着人口的增加和城镇的发展，上述产品的生产逐渐由私人作坊转变为大规模生产，即发展成为人们常说的生物加工阶段。使大量生产成为可能的必要因素之一是新材料和新设备的使用；同时另一个不可忽视的因素是为扩大生产规模所进行的基础研究。

随着对生物功能的理解不断加深，在分子水平上对生物过程进行改造已变得轻而易举。如今，人们正积极研究和开发各种类型的生物加工过程，包括基因重组或细胞融合的微生物功能表达及其应用、特定酶反应器的构建和应用，以及海藻细胞、动植物细胞或其组织的培养等，目的是为了大规模生产现代生活所必需的医药品、食品和工业原辅材料。

由于实验室的生物过程大多是在试管、摇瓶或小型发酵罐中进行的，而实际的生产过程都是在大型的工业装置中完成的，因此即使在摇管或摇瓶中显示可能的过程，也还不能算是现实可行的生产技术。这是因为在试管或摇瓶中与在大型工业装置中，与物质生产有关的生物催化剂（酶、微生物或者动植物细胞）所处的环境均或多或少地存在差异。所以，为了使生物加工的过程实用化，必须研究从小规模的环境向大规模的环境过渡的技术，这种技术大体上便可称作生物化学工程（biochemical engineering）或生物过程工程（bioprocess engineering）。

生物化学工程学自 1947 年提出以来，作为一门学科经历了一个系统化的过程。最初的生化工程主要是从工程学角度对传统的发酵技术进行概括总结，也可以说是一门将微生物法生产有用物质的技术进行系统化的工程学。近年来随着生物技术的发展，不仅仅是微生物，而且包括酶、动植物细胞或其组织等都已成为生化工程学研究的主要对象。为了实现这些生物技术的实用化，必须对相关的生物过程进行生化工程学方面的考察和研讨。因此生化工程学的范围包括利用生物化学的功能进行有用物质的生产及进行有用生物系统的构建和优化[1]。

1.2 生物催化工程

1.2.1 生物催化工程的学科背景

随着现代生物技术突飞猛进的发展，生物催化剂已在化工、医药、食品、材料等各个领域获得了越来越广泛的应用，为国民经济的发展和人民生活的改善发挥了巨大的作用。在 21 世纪里，由于石油资源日益枯竭、全球变暖已成不争事实，以可再生的生物质（碳水化合物）资源为原料，以反应条件温和、专一性强为特征的生物催化过程将逐步取代一部分高度依赖石油资源（碳氢化合物）或者需要高温高压、强酸强碱以及选择性欠佳的传统化学工艺，即进行所谓的原料替代或工艺替代。换言之，随着石油价格的不断攀升，未来的大宗能源、材料和化学品将愈来愈多地转向相对廉价、可以再生的生物基原料。另一方面，一个产品的合成过程将尽可能采用选择性强、对环境友好的生物过程，或者由化学转化与生物转化两种方法进行优化组合和有机集成。由于酶固有的立体专一性，生物催化与生物转化技术特别适合于解决化学合成的医药和农药中普遍存在的无效、甚至有害对映体的手性转换问题；非水相生物催化技术的突破，则为许多水不溶性底物的生物转化、尤其是人工合成的外消旋混合物的对映选择性拆分反应提供了广阔前景[2]。

生物催化是一门利用酶或细胞等生物活性材料加快化学反应速度的技术学科。生物转化则指一切由生物催化剂介导的物质变化过程及结果。从广义上讲，生物转化也可涵盖发酵等非常复杂的物质代谢过程，但狭义上则专指一步或少数几步酶反应，其典型特征是底物与产物在分子结构上比较接近，只有某一或某几个基团发生变化。如果说发酵或动植物细胞培养的主要目的是由比较易得的天然碳源、氮源物质合成结构相当复杂的某些代谢产物的话，那么生物催化与生物转化的主要目的则是利用某一物种的特定酶活力催化转化其非天然底物的某一特定官能团的反应。这里所说的某一酶的非天然底物，既可以是人工合成的非天然化合物，也可以是其他物种或细胞所合成的天然化合物。因此，生物催化的任务不仅是有效地利用自然，而且要巧妙地改造自然，使自然界的酶与物质进行新的组合、转化，以合成人类生活和社会活动所需要的各种有用物质和材料。生物催化工程（biocatalytic engineering）就是这样一门研究如何高效地研制和利用生物催化剂，以大规模生产能源、材料、医药、农药等大宗或精细化学品的工程科学。

1.2.2 生物催化工程的内涵与外延

生物催化系统（biocatalytic system）主要由底物/产物、反应介质、生物催化剂三个基本要素构成（图1.1）。要优化一个生物催化的系统或过程，必须首先对构成该系统的三个要素分别进行研究和优化，这就涉及所谓的"底物工程"(substrate engineering)、"介质工程"(medium engineering)和"生物催化剂工程"(biocatalyst engineering)等许多不同学科背景的基础知识和专门技术。

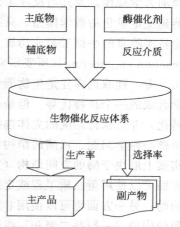

图1.1　生物催化概念示意图

对于一个目标产品而言，一般可以从不同的起始原料（底物）出发，这就涉及合成路线的设计和选择问题：不仅要考虑原料的来源、价格、反应的难易程度和收率高低，而且要考虑到生物催化步骤与其前/后化学转化步骤的衔接和耦合，这样才可能达到整体最优，有利于工业化应用。对于双底物或多底物的酶反应而言，在主底物确定的情况下，辅底物的选择和优化也很重要，这不仅因为它的分子结构和反应活性将关系到整个反应的平衡位点和速率快慢，而且因为一些辅底物（co-substrate）或其相应的第二产物可能会对酶产生抑制甚至使酶失活。某些情况下，可以通过对某一基团进行保护/脱保护的方法来提高生物催化的选择性。以上这些问题都属于"底物工程"研究的对象，是生物有机化学家非常感兴趣的研究内容[3]。

对于一个特定的生物转化过程（biotransformation process），生物催化剂的筛选和制备是非常重要的一个环节，因为其活性、选择性、稳定性和底物耐受性的高低将直接影响到生物催化过程的效率，也是关系将来能否实现大规模产业化应用的关键因素之一。要获得一个具有潜在工业化应用前景的优良生物催化剂，往往要经过微生物菌种的自然分离、诱变育种或定向改造，酶的发酵、提取和纯化，以及酶或细胞的固定化等一系列环节的反复多次筛选和优化组合。有时还要采用基因克隆、蛋白质工程和定向进化等分子生物学方法进一步提高菌种的产酶水平或改善酶的催化性能。这些都属于生物催化剂（酶）工程研究的范畴[4]。

与一般的化学催化过程相比，生物催化过程具有催化效率高、专一性强、反应条件温和、对环境友好等优点。但长期以来人们一直错误地以为：酶天生下来就在水溶液中，似乎也只能在水溶液中使用，一旦与有机溶剂接触，就很容易变性失活。但是，由于大多数人工合成的有机化合物在水中很难溶解，有些还不稳定，因此化学合成大多使用有机溶剂作为反应介质，从而忽略了对高度专一性生物催化剂的开发和应用。幸运的是，20世纪80年代初期兴起的非水相酶催化技术彻底地突破了酶只能在单一水溶液介质中应用的局限。研究表明，酶可以在含有各种有机溶剂和微量水分的非水介质系统中发挥催化作用，并且所表现出的催化性能（如活性、选择性、稳定性）与在常规水溶液介质中的天然性能截然不同，从而极大地扩展了生物催化剂的应用范围。正是通过非水相介质系统的多样性变化，可以在很大程度上调节酶的高级构象和催化性能，达到"蛋白质工程"所欲达到的类似效果，因此才提出了"溶剂工程"、"介质工程"或"微环境工程"等概念。"介质工程"被认为是与"蛋白质工程"互补的技术手段[5]，希望人们对生物催化的介质系统或反应环境给予足够的重视。

除了对构成生物催化系统的三个基本要素分别进行优化之外，还必须对生物催化过程和生物反应器进行深入研究和系统优化，以弄清催化反应的机理，确立生物催化过程的宏观动力学规律，及其与反应工艺条件和反应器结构及操作参数之间的内在必然联系，最好能建立定量化的数学模型。只有这样，才能使生物催化真正从"技艺"转变为"科学"，才能将实验室的小试工艺成功放大到工业生产规模。这些实际上就是"生物反应工程"（bio-reaction engineering）所要研究的主要内容[6]。

专一性或选择性是生物催化剂的一个重要特征参数，也是生物催化合成相对于普通化学合成的一个独特优势。但是，如何用天然的酶在非生理条件下催化非天然底物的不对称转化，并且保持高度的立体选择性，则是不对称生物催化中需要重点研究并加以解决的一个核心科学问题。从酶的结构与功能的关系角度加以考察，则不难理解酶的活性和选择性实质上取决于酶的空间结构（尤其是高级构象），这是生物化学的基本原理之一。因此，一方面可以使用蛋白质工程或定向进化的方法改造酶的一级结构，从中筛选立体选择性更好的酶；另一方面也可以使用非共价化学修饰的方法对酶催化的微环境进行适当微调，促使酶的构象（一般是二级和三级结构）向立体选择性增强的方向改变，即所谓"构象工程"（conformational engineering）[7]。

非水相酶催化技术的先驱、美国 MIT 的 Klibanov 教授一直强调：通过改变溶剂，可以显著地改变（有时甚至可以反转）酶的选择性（包括底物、立体、区域和化学的选择性）[8(a)]。美国加州理工学院专门从事酶的蛋白质工程和定向进化研究的 Arnold 教授认为：酶的对映选择性是难以预测和基于结构进行设计的；酶的结构或反应条件的微小变化都可能显著影响酶的对映选择性[8(b)]。总结以上观点，可以得出如下重要结论：酶的立体选择性虽然非常重要，但尚难预测，它可以通过分子进化方法加以改造，也可以采用"构象工程"的方法加以微调。

那么怎样才能对酶的立体选择性进行定向改造或调控呢？众所周知，酶的催化功能是由其空间结构决定的，而酶的结构又取决于其分子内部以及它与周围环境之间的各种作用力（包括离子键、氢键、范德华力、配位键、疏水键等）。酶的分子内作用力（结构的内因）主要是由酶的一级结构（即氨基酸的组成与排列顺序）决定的，而决定分子间力的主要是酶所处的外部环境及其构成要素（结构的外因），如溶剂、溶质、pH、离子强度、添加剂和酶的固定化载体的性质等。因此，若要根本改变酶的空间结构，就必须改变酶的一级结构，这是"蛋白质工程"主要研究的内容。若要对酶的立体构象进行"微调"（micro-tuning），那么只需对酶分子所处的微环境（microenvironment）进行适当扰动。虽然这方面的研究至今还未形成系统的理论，但由于酶构象的微小变化常常会引起其催化性能的戏剧性变化，因此，酶的"构象工程"同"蛋白质工程"一样，非常值得生化工程师的高度重视和深入研究[9]。

另一方面，从生物酶的进化角度考虑（图 1.2），自然界现存的天然酶基本上都经过了漫长岁月的自然进化和选择的过程，因此天然酶应具备两个基本特征：一是在生理条件下催化性能（包括选择性）最好；二是对于天然底物的专一性最强。由此可以推定：假如要用天然的酶催化非天然底物的转化反应（如果可能的话），那么在原有的生理条件下，酶催化的活性或选择性可能会大幅度下降；但如果适当偏离原有的生理条件，反而有可能改善天然酶催化非天然底物的活性或选择性。同样，如果使用经过实验室分子进化的人工酶变体作为催化剂，催化转化天然或非天然的底物，那么反应的最佳条件也必定会发生变化；或者说，要达到最佳的效果，则必须另行寻找一个最佳的非生理环境条件。当然，如果底物和反应条件均已确定的话，通过催化剂工程手段（筛选＋改造），也应当可以找到能适应非生理条件或能催化非天然底物的非天然酶。总之，在一个特定的生物催化系统中，底物、酶和反应介质（或条件）三者是相互依存、相互转化的，必须辩证地考虑、系统地研究，这或许就是"生物催化系统工程"需要研究的重要内容之一。

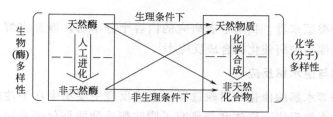

图 1.2　关于利用生物酶的多样性有效解决多样性化学分子的生物催化合成任务的基本思路：生物催化剂的分子改造与酶反应条件的优化调控可能异曲同工，二者均不可偏废

1.2.3　我国生物催化发展概况

利用酶或细胞等作为生物催化剂，不仅可以加快化学反应的速度，更重要的是能提高反应的选择性，而且反应条件温和，对环境友好，因此已经发展成为有机合成不可缺少的工具。生物催化与有机催化并无实质性区别，只是性能更好而已[10]。黄鸣龙和方心芳先生等自 20 世纪 60 年代初开始应用微生物进行甾体转化反应；袁中一等从 20 世纪 70 年代起开始研究酶和细胞的固定化技术，并尝试应用于氨基酸、抗生素工业以及制备酶电极等领域；杨胜利等从 20 世纪 90 年代初开始研究酶基因的体外重组表达技术。李祖义、曹淑桂、胡英等自 20 世纪 80 年代末开始研究非水介质系统生物催化方法和酶促酯化或酯交换等合成反应；林国强等自 20 世纪 90 年代早期开始研究微生物整细胞催化的羰基还原和酶促羟腈化等不对称合成反应，引起同行广泛关注。沈寅初等从 20 世纪 80 年代开始选育微生物腈水合酶菌种，实现了丙烯腈水合生产丙烯酰胺，并在全国推广应用，目前规模达到数万吨，是酶促合成技术在化工行业大规模应用的成功范例 [图 1.3(a)]。杨顺楷等利用解氨酶

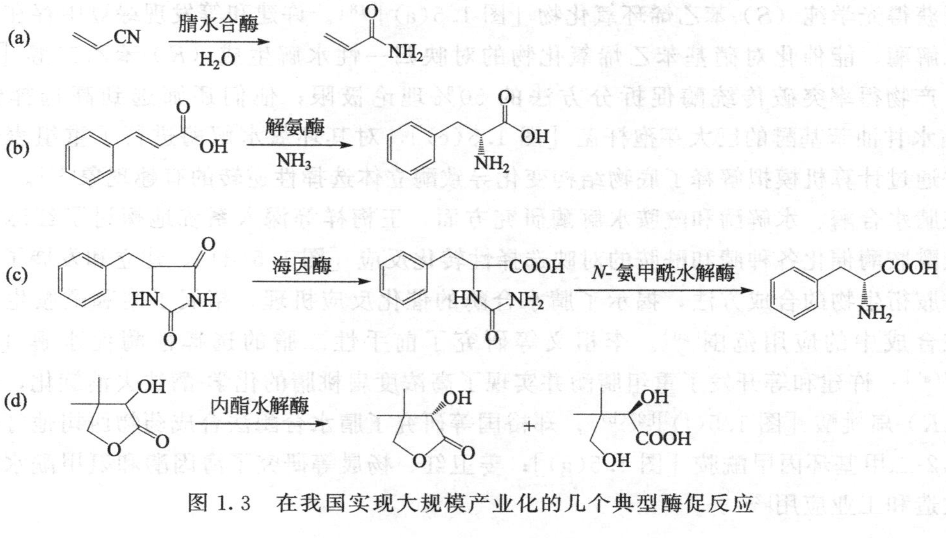

图 1.3　在我国实现大规模产业化的几个典型酶促反应

合成 L-苯丙氨酸的技术实现产业化 [图 1.3(b)]；欧阳平凯等在酶法合成果糖二磷酸和海因酶法生产 L-苯丙氨酸 [图 1.3(c)] 的工程化和技术集成方面进行了开拓性工作并取得显著性成果；孙志浩等在我国实现了固定化酶法生产 D-泛解酸内酯 [图 1.3(d)]，规模达 5000t/年。

从酶促反应的类型来看，我国学者研究的内容十分丰富，涉及水解与逆水解反应、氧化还原反应以及其他各种酶催化的合成反应[11]。

(1) 酶促水解与逆水解反应

脂肪酶和酯酶等水解酶催化的对映选择性合成反应主要集中在手性酸或手性醇的酶促酯化、酯交换和酯水解反应。许建和等研究了脂肪酶或酯酶催化酮基布洛芬（1）、扁桃酸（2）、薄荷醇（3）和对甲氧苯基缩水甘油酸甲酯（4，地尔硫䓬中间体）的对映体拆分技术[12]；冯雁等研究了嗜热酯酶等极端微生物酶的特殊性质；曹淑桂等研究了 2-辛醇和环氧丙醇（5）的酶促拆分[13]；杨立荣等研究了拟除虫菊酯手性中间体——（S）-烯丙醇酮（6）和（S）-氰醇（7）的酶促制备技术[14]（图 1.4）；宗敏华等研究了非水溶剂及离子液体中手性醇的酶促拆分[15]；孙志浩等研究了泛解酸内酯及其衍生物的微生物酶促水解[16]；刘德华、谭天伟等研究了非水介质中固定化脂肪酶催化油脂的醇解反应[17]。

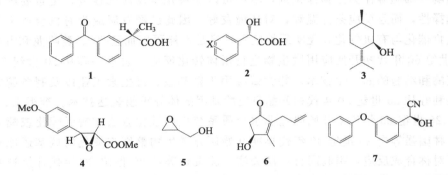

图 1.4　通过水解酶动力学拆分得到的一些重要手性中间体（1～7）

在环氧化合物的酶促水解方面，孙万儒、李祖义等研究了苯乙烯氧化物的酶促开环水解，可获得光学纯（S）-苯乙烯环氧化物 [图 1.5(a)][18]。许建和等发现绿豆中存在奇特的环氧水解酶，能催化对硝基苯乙烯氧化物的对映归一性水解生成（R）-苯乙二醇 [图 1.5(b)]，产物得率突破传统酶促拆分方法的 50% 理论极限；他们还筛选到高选择性水解（R）-缩水甘油苯基醚的巨大芽孢杆菌 [图 1.5(c)]，对其环氧水解酶进行了重组表达和表征，并通过计算机模拟解释了底物结构变化导致酶立体选择性逆转的有趣现象[19]。

在腈水合酶、水解酶和酰胺水解酶研究方面，王梅祥等深入系统地探讨了红球菌腈水合酶及酰胺酶催化各种腈和酰胺的对映选择性转化反应 [图 1.5(d)]，建立和发展了手性羧酸和酰胺衍生物的合成方法，揭示了腈水合酶的催化反应机理，拓展了腈和酰胺生物催化反应在合成中的应用范围[20]。李祖义等研究了前手性二腈的选择性酶促水解 [图 1.5(e)][21(a)]；许建和等开发了重组腈酶并实现了高浓度扁桃腈的化学-酶法去消旋化，生成光学纯（R）-扁桃酸 [图 1.5(f)][21(b)]；郑裕国等研究了腈水合酶法合成药物西司他汀中间体（S）-2,2-二甲基环丙甲酰胺 [图 1.5(g)]；姜卫红、杨晟等研究了海因酶和氨甲酰水解酶的分子改造和工业应用[22]。

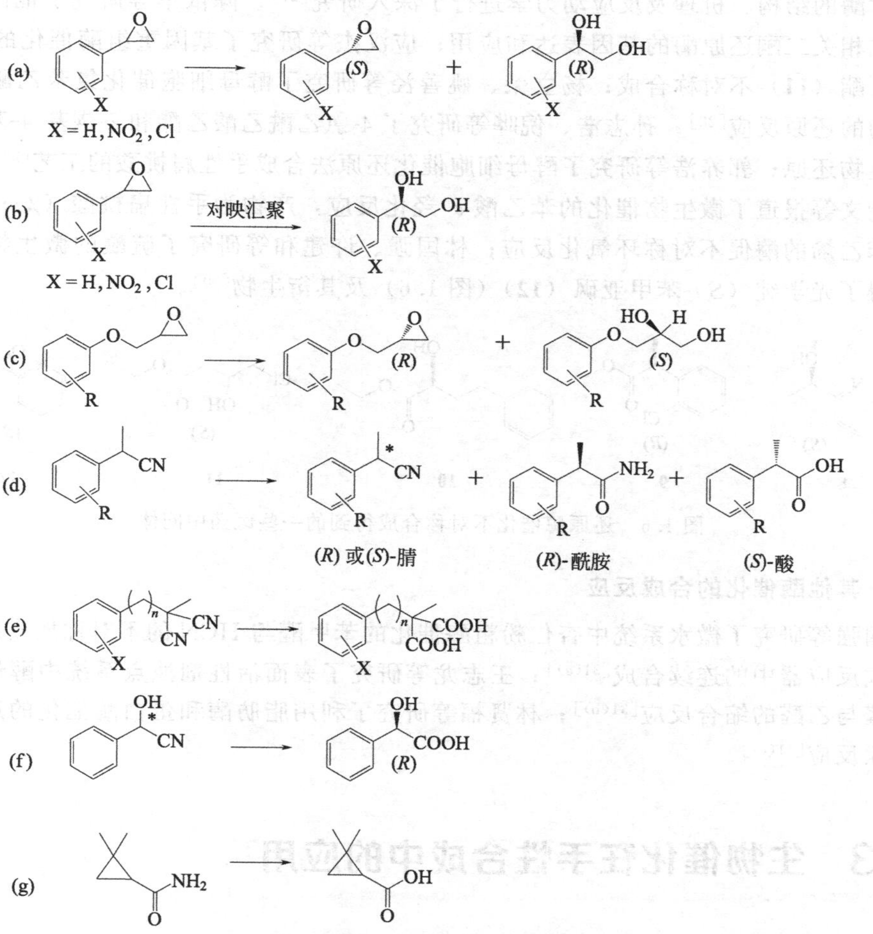

图 1.5 水解酶催化的一些不对称合成反应

在糖苷的酶促水解或逆水解反应方面，林国强、许建和等直接从醇和葡萄糖出发，无需经过基团保护和去保护，使用廉价的苹果籽粗粉在微水体系中实现了红景天苷等稀有糖苷的环境友好合成，并建立了组合糖苷酯库；金凤燮等研究了各种人参皂苷的选择性酶促水解，以合成生物活性或价值更高的稀有皂苷[23]。

(2) 生物催化氧化还原反应

酶促还原反应主要集中在羰基的不对称还原方面，其主要特点是反应条件温和，底物谱比较宽泛，而且立体选择性很强，产物的光学纯度在多数情况能达到 99% ee 以上[24]。早在 20 世纪 90 年代李祖义、林国强等采用自行分离的白地霉整细胞催化各种酮和酮酯的还原，取得良好效果[25]。许建和等筛选得到不对称还原芳香酮的红酵母和红豆还原酶，并与企业合作完成了 (S)-1-吡啶基乙醇 (**8**) 等光学纯试剂的中试生产；此外该研究组还采用基因组数据挖掘法获得了多种耐受高浓度底物的基因工程羰基还原酶，产物 (R)-邻氯扁桃酸甲酯 (**9**)、(R)-2-羟基-4-苯基丁酸乙酯 (**10**) 的浓度大多在 200g/L 以上，而且无需外加辅酶 NADPH，显示了重组还原酶在不对称合成中的巨大潜力[26]。徐岩等则采用两种分别依赖于辅酶 NAD^+ 和 NADPH 的还原酶串联的脱氢和还原反应实现了苯乙二醇的去消旋化,并对酶的结构、机理及反应动力学进行了深入研究[27]。陈依军等研究了他汀类药物中间体合成相关二酮还原酶的基因表达和应用;应汉杰等研究了基因重组酶催化的 4-氯-3-羟基丁酸乙酯(**11**)不对称合成;杨立荣、姚善泾等研究了酵母细胞催化氯苯乙酮等芳香羰基化合物的还原反应[28];孙志浩、倪晔等研究了 4-氯乙酰乙酸乙酯和 2-羰基-4-苯基丁酸乙酯的微生物还原;郭养浩等研究了酵母细胞催化还原法合成手性扁桃酸的工艺[29]。

夏仕文等报道了微生物催化的苯乙酸 α-羟化反应,产物为手性扁桃酸(**2**);吴中柳等研究了苯乙烯的酶促不对称环氧化反应;林国强、许建和等研究了硫醚的微生物不对称氧化,获得了光学纯(S)-苯甲亚砜(**12**)(图 1.6)及其衍生物[30]。

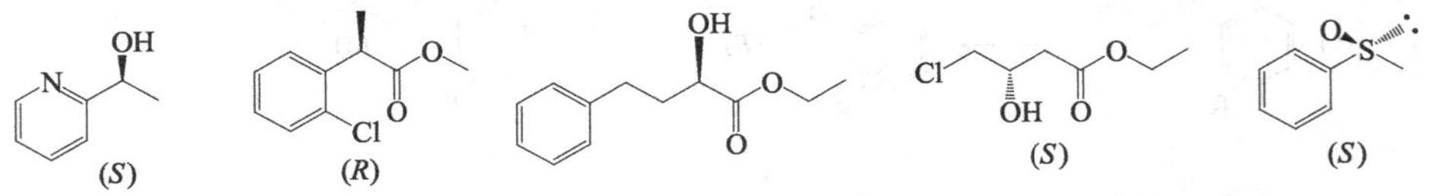

图 1.6　还原酶催化不对称合成得到的一些医药中间体

(3) 其他酶催化的合成反应

林国强等研究了微水系统中杏仁粉粗酶催化的苯甲醛与 HCN 的不对称加成反应,并实现了柱式反应器中的连续合成[31(a)];王志龙等研究了表面活性剂浊点系统中酵母细胞催化的苯甲醛与乙醛的缩合反应[31(b)];林贤福等研究了利用脂肪酶和蛋白酶催化的迈克尔加成及其串联反应[31(c)]。

1.3　生物催化在手性合成中的应用

在过去的十多年中越来越多的人开始意识到酶在高选择性催化转化人工合成物质方面的巨大潜力。同时,由于在分子水平上对药物作用机理的理解不断加深,人们逐渐认识到"手性"在许多药物分子的药效中所起的关键作用。于是,正在寻求新合成工具的有机化学家与正在寻找生物催化剂新应用的生物技术学家一拍即合,在科技上"联姻",形成了一门新的交叉学科——化学生物技术(chemical biotechnology)。生物技术与化学联姻后,除了满足各自学科发展的需要外,同时还产生了许多新的和独特的学科分支。化学生物学家致力于解决化学和生物学中诸如制造新的分子和理解活体细胞内复杂网络的功能等长期问题。化学生物技术学家也面临与化学生物学家同样的课题,但会更多地关注化学生物技术在食品、药品、材料和日用消费品生产中近期和远期的应用;或者在技术方法上帮助化学生物学研究人员更有效地发现自然的奥妙。化学和生物学方法的交叉融合不仅加深和拓展了各自的研究范围,而且开辟了全新的研究和应用领域。

在 21 世纪开始之初,随着人类基因组图的绘制完成,我们迎来了生物学和生物技术迅猛发展的新时代。这必然也会对生物催化和生物转化的发展产生革命性的影响。工业生物催化技术被看作是继农业和医药生物技术之后,生物技术发展的第三次浪潮。与此相呼应,在工业界出现了两个明显的发展趋势:一方面化学工业公司正在雇用越来越多的生命科学家;另一方面,有机化学家在面对新的或比较困难的合成任务时,开始把生物催化视作有效的合成工具。这将使生物催化剂获得更多的工业化应用。

考虑到以化学催化为核心的基础物质加工业面临资源、能源和环境三大危机，美国政府提出：新的生物催化剂是 21 世纪可持续发展的化学加工业的必需工具。美国能源部已在 2002 年末斥资 1 亿美元，进行微生物体系的基础研究。美国的目标是：到 2020 年，要通过生物催化技术，降低化学加工业的原料消耗、水资源消耗、能量消耗各 30%，减少污染物的排放和污染扩散 30%。日本政府也从 2001 年起，制订实施了"创造基于生物机能的循环产业体系"的计划，开发用于化学物质生产的细胞体系。

化学家们在某天早晨一觉醒来可能会发觉，传统的工业化学产品或工艺已经被生物技术的产品或工艺所替代。这一美好情景可能真的会出现，一旦生物技术策略变得不仅对环境友好而且在经济上也实际可行。只要看一看 2003 年第 8 届美国总统绿色化学挑战奖的获奖项目，就会发现到达上述美好现实彼岸的创新研发活动早已在进行。在 5 个获奖项目中，即有 2 个项目（分别是微生物农药和酶法合成聚酯材料）与生物技术有关。而在 2004 年第 9 届美国总统绿色化学奖的 5 个获奖项目之中，也有 3 个与工业生物技术有关，分别是发酵法生产生物表面活性剂（鼠李糖酯）、植物细胞转化法由 10-脱乙酰 baccatin Ⅲ（一种从欧洲紫杉树叶中提取的天然产物）合成抗癌药物紫杉醇，以及在造纸工业上利用微生物酯酶脱除极易导致设备堵塞并影响再生纸质量的胶黏性物质。

生物转化是指以酶或整体细胞为生物催化剂所进行的有机化合物的反应。生物催化在工业上广泛应用于医药、农药、化工、香精香料、营养品和环境修复等。自 20 世纪 80 年代以来，许多来自于微生物的新酶的性质得到表征，而且酶的分离、稳定化及应用的技术方法不断增加。更为重要的是，生物催化已经越来越多地扩展到有机溶剂系统，这使得许多我们感兴趣的有机化合物从不溶变为可溶，或者使得一些合成反应从不可能变为可能。与此同时，在利用重组技术改造生物催化剂方面也取得了重大进展，从而为催化剂的改造和应用提供了无比优越的技术手段。生物催化更进一步的发展将来自于有机化学、分析化学、生物化学、分子生物学、微生物学和工程学等众多领域。的确，许多生物转化最成功的实践者对生物催化发展中多学科高度交叉的特性都有深刻的理解和体会。生物转化技术已经演变到这样一种地步，使得合成化学家在使用生物催化剂时可以像使用其他合成试剂一样的方便。

酶催化剂具有以下一些特点，使其成为有机合成中很有吸引力的一类"试剂"。首先，酶是手性催化剂。它们是经过进化而具有专一性催化结构的特殊蛋白质。酶通常与底物特异性地结合在一起，从而表现出高度的区域、立体和对映选择性。

这些重要的特征免除了传统有机合成中为了阻断不必要的副反应，通常需要基团保护和去保护的措施。其次，生物催化一般在温和的反应条件下进行，无需强酸或强碱、极端温度和压力、重金属以及其他一些化学催化剂所必需的条件。多步串联的生物催化反应也可以在一种微生物体内高效地进行。酶反应通常在 20～70℃ 之间非常高效地进行，因此能量输入很少。更为奇妙的是，随着基因组学、分子生物学和体外进化技术的成熟，人们有希望获得专门用于某一合成目标的高效且可调的生物催化剂。虽然实现这些潜在的目标可能还需要等上数年，但是即使在今天，生物催化已经成为许多合成反应的替代途径。

正是因为酶催化剂具有高度的对映体选择性，才使得不对称合成成为生物催化最具吸引力的应用领域。这一发展趋势的内在驱动力来自于单一对映体药物巨大的且仍在不断增长的市场需求（参见图 1.7，其中数据可能包含了手性药物制剂的销售额）[32]。制药公司希望原料供应商能够应对手性问题的挑战，于是许多从事手性合成的精细化学品公司便应运而生。由于单一对映体的制备可以通过许多途径，如手性源技术、手性色谱、化学或生化拆分、生物不对称合成以及化学不对称合成等，因此究竟应该采用何种方法，仍需作出艰难的选择。

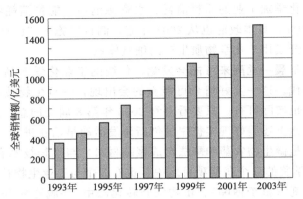

图 1.7　单一对映体药物全球销售持续快速增长趋势[32]

由 Technology Catalysts 公司就手性技术发展趋势所作的一份调查显示出学术界和工业界对生物催化的高度兴趣。原因之一是人们对生物催化的接受程度不断增加。那些开发和生产酶的公司正在成功地说服化学家相信生物催化的工业化应用潜力。以所需的量获得所需的酶不再像过去那样成为瓶颈问题。另一个原因是开发一种生物催化方法的成本可能比金属催化剂的合成成本要低，前提是你已拥有一个确实很好的酶。当一种酶被开发出来之后，其运行成本通常比较高，而对于一些"一锅煮"的串联反应，则可将有关的酶一起整合在静息细胞中。基于上述理由，可以相信生物催化将成为未来占主导地位的技术。DSM 公司的 Wubbolts 博士在 *Science* 上发表的文章[33]中也预测了生物催化的稳健增长："生物催化正蓄势待发，在对映体拆分和不对称合成等各种应用中将获得更加广泛的工业应用。"他特别提示，生物催化很可能对一些有机化学尚未能圆满解决的问题给出理想的答案。

需要指出的是，不同咨询公司的统计口径可能不尽相同，因此得出的数据也有所出入。由 Frost & Sullivan 公司所作的另一份调查[34]表明，在 2002 年全球手性产品的 70 亿美元的收入中，55％的贡献来自于传统的技术（手性源和分离），35％来自于化学催化，10％来自于生物催化。该调查报告预测，单一对映体化合物的全球收入 2004 年达到 85.7 亿美元，年增长率为 11.4％；到 2009 年末，全球手性产品的收入增加到 149.4 亿美元，其中传统技术的贡献率下降为 41％，化学催化技术的份额则维持在 36％左右，而生物催化技术的贡献率进一步攀升至 22％。可见生物催化已在手性技术中扮演越来越重要的角色。此外，据不完全统计，截至 2002 年，欧洲已有 136 个生物催化的过程应用于产业（见图 1.8），而且几乎按指数规律急剧增长，其中 90％以上为不对称生物转化反应[35]。

面对不对称生物催化技术在欧美日等工业发达国家迅速发展的国际形势，我们建议政府在考虑我国工业生物催化技术发展时，应当对酶法生产手性化学品及其平台技术给予高度的重视，这对扶持和促进我国以生物催化为核心内容、科技含量高且易于获得自主知识产权、符合资源节约和环境友好等可持续发展特征的生物制造产业，将具有重大的战略意义及巨大的经济、社会和环境效益。

生物大分子（如多糖、蛋白质等）由许多手性单体（单糖、氨基酸等）聚合而成，含

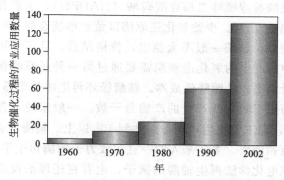

图 1.8 欧洲生物催化过程工业化累计数目增长情况[35]
(引自 Current Opinion Biotechnology)

有很多手性中心，故在结构上形成高度不对称的微环境空间，而在功能上则作为一种"手性受体"，对手性的药物（配体）或手性的底物具有立体专一性识别作用。生物大分子这种独特的手性识别功能，既是手性问题在医药和农药领域必须引起高度重视的根本原因，也为用生物催化法解决生物活性分子合成中的手性问题提供了坚实的科学基础。手性合成的难点在于：针对不同的手性或潜手性底物，必须使用与之高度匹配的专一性"手性工具"（例如：手性拆分剂、手性催化剂、手性溶剂或助剂等），因此首要关键是要寻找到或制备出高效的手性工具。手性生物催化也不例外，无论是不对称合成，还是异构体拆分，首要的任务是制备出对目标反应具有高度立体选择性的手性生物催化剂。

在作为生物催化剂的 6 大类酶中，水解酶由于来源广泛、无需辅酶或辅因子、成本低廉，因此应用面最广，占 65% 左右。其次是氧化还原酶体系，约占 25%；由于使用游离酶时辅酶再生比较麻烦，成本相对较高，因此，经常使用廉价的整体细胞作为生物催化剂。而其他几种酶（如转移酶、裂解酶、异构酶、连接酶）在工业上的利用率较低，总共不足 10%。水解酶的优点是稳定性较好、能够耐受的底物浓度较高（例如 1mol/L），缺点是水解酶催化的反应多数为对映体拆分，理论收率最高只有 50%，需要设法将不需要的对映异构体消旋后重复使用。还原酶能催化各种羰基的不对称还原反应，一般立体选择性较高，而且理论产率可达 100%，缺点是酶的稳定性较差，常常不能耐受太高的底物浓度，而且辅酶再生比较麻烦，成本相对也较高。但是，随着基因技术的推广应用，使得氧化还原酶（包括用于辅酶再生的酶）的表达水平大幅度提高，酶的相对成本大幅度下降；此外，随着各种膜技术的发展，使得产物的原位分离变得更加切实可行，因此使用氧化还原酶系进行手性产品不对称合成的实例逐渐增多，特别多地被用于生产一些批量不大、但附加值较高的手性药物中间体。当然，氧化还原酶也可用于外消旋混合物的去消旋化反应，其效果可以与不对称合成相当；另一方面，在水解酶催化的对映选择性反应中，通过与金属催化的原位消旋反应进行耦合，也能达到不对称合成的理论产率（100%）。

1.3.1 生物催化的不对称氧化还原

生物催化的不对称还原反应在手性合成中有着非常重要的应用。脱氢酶被广泛用于醛或酮羰基以及烯烃碳碳双键的还原，这种生物催化反应可使潜手性底物转化为手性底物。氧化还原酶需要辅酶作为反应过程中氢或电子的传递体。常用辅酶有尼克酰胺腺嘌呤二核苷酸（NADH）和尼克酰胺腺嘌呤二核苷酸磷酸（NADPH），它们是氧化还原酶的主要辅酶，前者占80%，后者占10%。少数氧化还原酶以黄素单核苷酸（FMN）和黄素腺嘌呤二核苷酸（FAD）作为辅酶。辅酶一般不太稳定，价格昂贵，且不能用一般的合成物质进行替代。生物还原反应中所产生的氧化态辅酶需要通过另一种还原酶催化再生为还原态，以使辅酶保持在催化剂量水平，从而降低成本。辅酶循环再生的效率通常用总转换数（TTN）表示，即一分子的辅酶用于转化所产生的产物分子数。一般来说，在实验室规模一般要求TTN至少为$10^3 \sim 10^4$，而工业化生产则需要达到10^5以上。辅酶的循环使用是氧化还原酶工业化大规模生产的瓶颈因素，多年来人们一直在致力于辅酶再生平台技术的研究与开发。目前，尽管有化学法或电化学法再生辅酶的例子，也有在还原酶反应中使用人工电子传递体（例如甲基紫精，即联二-N-甲基吡啶）的报道，但目前酶偶联法再生NADH或NADPH仍然是辅酶循环的首选方法。

甲酸脱氢酶（FDH）被广泛用于NADH的循环再生，它使甲酸氧化生成CO_2，同时使氧化态辅酶NAD^+还原为NADH。该方法最早由德国的Kula教授研究开发，现已有商品化FDH酶供应。其最大优点是辅底物（甲酸）及其产物（CO_2）对酶无毒、易于除去，酶的稳定性好，易于固定化。缺点是FDH成本较高，酶的比活低（3U/mg），因此一般采用膜技术使酶便于反复使用，其TTN可达$10^3 \sim 10^5$，具有较好的工业化应用前景。例如，德国Degussa公司利用亮氨酸脱氢酶（LeuDH）催化三甲基丙酮酸不对称还原合成L-叔亮氨酸时就使用FDH酶再生反应所需的辅酶NADH。该反应的转化率为74%，时空产率达638g/（L·d），产品可用作抗肿瘤剂和艾滋病毒蛋白酶抑制剂，目前生产能力达到年产吨级规模。

另一种常用的NADH或NADPH再生系统是利用葡萄糖脱氢酶（GDH）催化氧化葡萄糖为葡萄糖内酯或葡萄糖酸。芽孢杆菌属（Bacillus sp.），例如蜡状芽孢杆菌、枯草芽孢杆菌、巨大芽孢杆菌等，一般都含有GDH酶，且稳定性较好，并对NAD^+或$NADP^+$都有很高的比活性。不足之处是GDH价格比较昂贵，原因是一般野生菌中GDH酶的表达水平不高，因此，采用基因工程技术对GDH酶进行克隆和高表达是解决氧化还原酶辅酶循环再生问题的关键。例如，美国施贵宝（Bristol-Myers Squibb）公司在利用白地霉（Geotrichum candidum）脱氢酶不对称还原4-氯-3-羰基丁酸甲酯合成（S）-4-氯-3-羟基丁酸甲酯时，就使用GDH酶再生反应所需的辅酶NADPH。该反应的底物浓度为10g/L，产率95%，光学纯度99%ee，反应规模750L，生产能力为千克级。产品可用作降胆固醇药（HMG CoA还原酶抑制剂）的手性起始原料。国内江南大学也研究了水/有机溶剂两相体系中出芽短梗霉CGMCC 1244细胞催化4-氯乙酰乙酸乙酯（COBE）不对称还原制备（S）-4-氯-3-羟基丁酸乙酯（CHBE）的过程，有机相中的产物浓度积累达56.8g/L，摩尔转化率和产物的光学纯度分别达到了94.8%和97.9%ee。华东理工大学生物催化室采用基因组数据挖掘法[36(a)]从天蓝色链霉菌中发现了一种新的NADH依赖型羰基还原酶$ScCR$，以廉价的异丙醇为辅酶再生的驱动力（辅底物），在甲苯-水两相中实现了600g/L COBE的高效转化，产物（S）-CHBE的光学纯度>99% ee，收率93%[36(b)]。

当然，有了高效的辅酶再生系统之后，如何将该系统与某一目标化合物的生物氧化/还原反应有效耦合在一起，例如：游离酶-游离酶系统、游离酶-固定化酶系统、固定化酶-固定化酶系统、酶-细胞系统和细胞-细胞系统等，如何提高整个反应系统的生产效率，如何解决高浓度人工合成的底物及其产物对细胞的毒性和对酶的抑制作用等一系列产业化中的关键问题，仍然需要生化工程学者进行深入的工程研究和系统优化工作，并最终与市场的需求有机结合起来，才能真正实现生物催化技术的大规模工业化应用。目前，将催化辅酶再生的酶（如葡萄糖脱氢酶）基因与羰基还原酶的基因串联在同一质粒上，然后用双酶共表达的整体细胞在辅底物（例如葡萄糖）存在下催化羰基底物的不对称还原，已经成为一种普遍趋势。

氧化反应是向有机化合物分子中引入功能基团的重要反应之一。化学氧化法主要采用金属化合物如醋酸汞、醋酸铅、六价铬或七价锰的氧化物以及过氧有机酸等作为氧化剂，一般没有选择性，副反应比较多，且易造成环境污染。若采用生物氧化法，则不仅可以避免上述问题，而且能使不活泼的有机化合物发生氧化反应（例如烷烃中 C—H 键的酶促羟化反应），并具有位置和对映选择性。生物催化的氧化反应主要包括单加氧酶、双加氧酶和氧化酶。其中单加氧酶反应需要辅酶的参与，它使分子氧（O_2）中的一个氧原子加入到底物分子中，而另一个氧原子使还原型 NADH 或 NADPH 氧化，产生 H_2O。单加氧酶催化的反应类型包括烷烃或芳香烃的羟化（生成醇或酚）、烯烃的环氧化（生成环氧化合物）、含杂原子化合物中杂原子的氧化、酮的氧化（Baeyer-Villiger 反应，生成酯或内酯）。双加氧酶能催化 O_2 分子中两个氧原子都加到一个底物分子中，典型的反应包括：烯烃的氢过氧化反应（例如大豆脂氧酶、辣根过氧化酶）和芳烃的双羟基化反应。氧化酶催化电子直接转移到分子氧中，生成水或过氧化氢。主要类型有：黄素蛋白氧化酶（如氨基酸氧化酶、葡萄糖氧化酶）、金属黄素蛋白氧化酶（如醛氧化酶）、血红素蛋白氧化酶（如过氧化氢酶、过氧化物酶）等，虽然它们在食品和环保方面具有广泛的应用，但在手性合成中的应用却很少。

在生物氧化反应的工业应用中最经典的例子当数甾体的微生物羟化反应，我国自 20 世纪 50~60 年代即开始研究，目前仍有人在从事这方面的创新或改进工作。另一个微生物羟化反应典型的例子是瑞士 Lonza 公司开发的利用一种无色杆菌（*Achromobacter xylosoxidans*）羟化酶催化烟酸的 6-羟化生成 6-羟基烟酸，其产品主要用于合成杀虫剂。所用反应器为 $12m^3$，投料浓度为 65g/L，转化时间 12h，转化率超过 90%，化学纯度＞99%。

将生物催化的氧化与还原反应偶联起来，可用于外消旋混合物的去消旋化反应，理论产率可达到 100%。这在手性仲醇、1,2-二醇、羟基酸（或酯）方面的应用报道较多，是值得研究的一种新技术方法。例如江南大学徐岩等用假丝酵母 *C. parapsilosis* CCTCC M203011 去消旋化生产 S-苯基乙二醇，底物浓度 0.8%，产物光学纯度达 97%ee，产率 95%。笔者所在课题组则通过氧化微杆菌 ECU2010 催化的对映选择性氧化反应与红酵母 AS2.2241 所催化的不对称还原反应偶联（图 1.9），成功实现了多种芳基手性醇的去消旋化[37]。

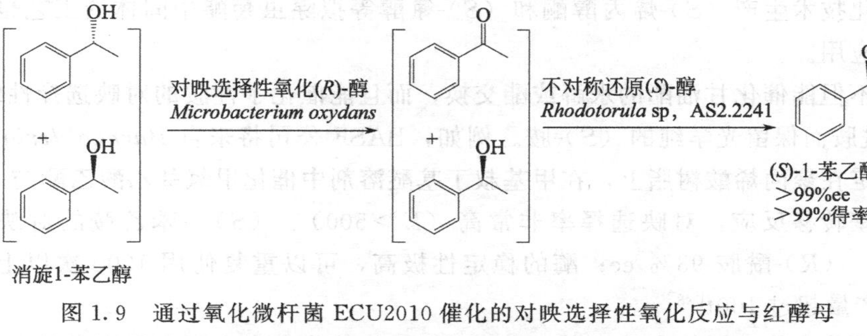

图 1.9　通过氧化微杆菌 ECU2010 催化的对映选择性氧化反应与红酵母 AS2.2241 所催化的不对称还原反应实现了芳基手性醇的去消旋化[37]

1.3.2 水解酶催化的对映选择性合成

水解酶是最常用的生物催化剂，可催化水解酯、酰胺、蛋白质、核酸、多糖、腈和环氧化物等化合物，约占生物催化反应用酶的 65%，其中在不对称生物催化中使用最多的酶是酯酶、脂肪酶和蛋白酶，近年来，环氧水解酶和腈水解酶也成为手性合成研究和应用的新热点。

微生物脂肪酶在水解反应中使用较多，最常见的商品酶制剂有：假丝酵母脂肪酶（CRL）、假单胞菌属脂肪酶（PSL）、南极假丝酵母脂肪酶（CAL）等。猪胰脂肪酶（PPL）、猪肝酯酶（PLE）或马肝酯酶（HLE）也偶有报道。一些蛋白酶同样能选择性水解羧酸酯，使用较多的有 α-胰凝乳蛋白酶和枯草杆菌蛋白酶，其他还有胰蛋白酶、胃蛋白酶、木瓜蛋白酶等。此外，青霉素酰化酶也可用于对映选择性水解手性的羧酸酯或酰胺。

酯酶或蛋白酶催化的手性底物酯可分为两种类型：Ⅰ型酯为手性羧酸与非手性醇构成的酯；Ⅱ型酯为手性醇与非手性羧酸构成的酯。无论是哪种类型的手性酯，都要求手性中心尽可能在反应位点的附近，酶才能显示其手性识别的能力。因此，一般的酶在催化拆分 α-取代的手性酸或手性仲醇时，效果较好，而在拆分 β-取代的手性酸或手性伯醇时，则效果一般不太理想。为了提高酶反应的速度，一般要求酯的非手性醇基或手性酸基部分尽可能小，并且最好带有吸电子基团。例如，Ⅰ型酯的醇基部分常使用甲基、乙基、甲氧甲基、氰甲基、2-卤乙基等；而Ⅱ型酯的酰基部分则常使用乙酰基、丙酰基、丁酰基及卤代乙酰基等。

非水相酶反应技术的发展为各种水解酶提供了另一种更为简单、高效的合成应用途径，即逆水解反应。将固体酶粉或固定化酶颗粒直接悬浮在非水溶剂或无溶剂系统中催化外消旋手性醇或手性酸的酯化或转酯化反应，有许多显著的优点，包括底物容易溶解、产物易于回收、酶的稳定性提高、便于循环使用等。虽然酶在非水相系统催化酯合成反应的速度可能要比它在水溶液体系中催化酯水解反应的速度要低很多甚至几个数量级，但这一问题可以通过使用活性很高的商品酶得到部分解决，而在酯化反应中使用活化的酰基供体（如酸酐、烯醇酯等）也可以大幅度加快酶促酯化或转酯化反应的速度。此外，由于酶在非水反应体系中的稳定性很好，可以重复使用很多批次，因此，合成单位产品所消耗的酶量并不见得多，加之许多水解酶（如脂肪酶和蛋白酶）的价格一般比较便宜，大批量购买时还可以大幅度优惠，这就使得一些使用非水相酶促拆分手性化合物的反应在工业上变得可行。例如，德国 BASF 公司已经建立了酶法拆分手性仲醇和手性胺的技术平台；浙江大学使用非水相酶催化技术生产（S）-烯丙醇酮和（S）-氰醇等拟除虫菊酯中间体的工艺也已经在工业上大规模应用。

脂肪酶不但能催化甘油酯的水解或酯交换，而且能催化手性胺的对映选择性酰化反应，生成（R）-酰胺而保留光学纯的（S）-胺。例如，BASF 公司将来自 *Burkholderia plantarii* 的脂肪酶固定在聚丙烯酸树脂上，在甲基叔丁基醚溶剂中催化甲氧基乙酸乙酯与（R,S）-1-苯乙胺的酰基转移反应，对映选择率非常高（$E>500$），（S）-1-苯乙胺的对映体过量值（ee）>99%；（R）-酰胺 93% ee；酶的稳定性极高，可以重复使用 1000 次以上，目前在 BASF 的年产量超过 100t[38]。

由于手性化合物的结构多种多样，在不对称生物催化合成中要取得满意的立体选择性，通常必须在非常多样性的生物催化剂中进行广泛筛选。筛选的范围除了数量有限的商品酶制剂外，还可以从无限多样的天然微生物酶库以及试管进化的人工酶库中进行高通量的筛选。通过这样的定向筛选，一般能获得对映选择性比较理想、催化性能比较优良的产酶微生物菌种。这些自行开发的产品专一性生物催化剂具有自主的知识产权，涉及整个生物催化工艺的核心技术，应当首先申请专利保护，然后对产酶发酵工艺进行系统的优化，以便获取高表达的酶活力。如果是胞外酶，那么只需将待转化的底物加入发酵上清液中即可进行反应，如有必要，也可通过无机盐析或有机溶剂沉淀将酶从溶液制备成干粉，便于储藏或运输；如果是胞内酶，那么只需将细胞分离、洗涤后制成静息细胞，再悬浮于适当的缓冲液中即可催化手性底物的不对称转化。必要时也可对细胞进行固定化，以便回收循环使用。总之，用自制的粗酶液或整体细胞直接进行生物催化反应，是工业上比较可行的一种有效途径，值得进一步研究和推广。

利用水解酶拆分手性化合物的例子可以说是不胜枚举。华东理工大学曾从土壤中筛选分离到一株不动杆菌YQ231，用其固定化细胞催化拆分手性农药中间体(RS)-烯丙醇酮醋酸酯，经过1天反应后可获得光学纯度在90%以上的(S)-烯丙醇酮。这一技术已获得国家发明专利，并部分转让给江苏扬农化工股份有限公司。又如，在华东理工大学申报的另一项发明专利中，利用自行筛选的沙雷氏杆菌ECU1010，经过摇瓶发酵的初步优化，胞外脂肪酶的活力已达到10000U/L以上。利用未经任何处理的发酵上清液，在水-有机溶剂两相系统中，直接催化转化高浓度的手性环氧酯底物（对甲氧苯基缩水甘油酸甲酯，100~200g/L），搅拌反应几小时后，静置分离有机相，经过简单的蒸发浓缩和结晶，即可获得光学纯度＞99%ee的地尔硫䓬手性前体。该产品的市场规模大约在3000t，目前主要从印度进口，因此该技术实现产业化后可以为国家节约大量外汇，经济和社会效益将非常显著。

利用水解酶拆分手性化合物的另一个典型例子是，江南大学利用戊二醛交联固定化的霉菌细胞（含内酯水解酶）催化拆分DL-泛解酸内酯，已实现大规模产业化，该技术获得2003年度国家技术发明二等奖。以上事实表明，生物催化的不对称合成技术在我国已进入产业化应用开发的成长期，加上"863"计划、"973"计划和自然科学基金等国家项目的有力支持，在未来5~10年将掀起我国生物催化技术研究、开发和产业化的高潮[39]。

1.4　工业生物催化发展动态及名家观点[40]

工业生物催化是生物技术应用中的一个新兴领域。生物催化技术涉及医药、农业、化工、材料等行业，将带来丰厚的经济效益。美国在21世纪发展规划中预计[41]，到2020年，通过生物催化技术，将实现降低化学工业的原料消耗、水资源消耗、能量消耗30%，减少污染物的排放和污染扩散30%[47]。获得手性化学品是生物催化技术的一个重要应用[45]。

分子的手性与生命现象息息相关，具有不同构型的手性分子往往具有不同的生理活性。特别是在药物活性方面，由于人体系统的不对称性，外消旋体药物进入人体后，两种对映异构体因其不同的生物活性，而具有不同的药理和毒副作用[42]。鉴于以上理由，近年来许多国家的药政部门对手性药物的开发、专利申请及注册，开始作出相应的规定。

在药物中，手性药物占很大的比例。葛兰素史克（Glaxo Smith Kline）、阿斯利康（Astra Zeneca）和辉瑞（Pfizer）制药公司的科学家们对三家公司合成的共128个药用化合物进行了统计分析，发现多达一半的化合物不仅是手性的，而且每种化合物中平均含有两个手性中心[43(a)]。获得手性分子的方法众多，但是按照药政管理部门规定，对映体纯度要达到99.5%以上的要求。奥地利格拉茨大学化学教授、同时也是应用生物催化研究中心（RCAB）成员的Kurt Faber认为[43(b)]：只能依靠生物催化过程；用其他方法要达到95%以上的对映体纯度是非常困难的。此外，生物催化还可以开辟全新或者更加环保的反应路线。

微生物和酶可以在温和的pH、温度和压力条件下，对多种反应表现出优异的化学选择性、区域选择性和对映选择性[44]。生物催化的这些优点，越来越多地受到重视，并且随着该技术的不断完善和发展，生物催化已经逐渐被市场接纳，表现出其极大的竞争优势和产业前景，创造了巨大的价值。

1.4.1 生物催化的最新技术进展

在过去的5~10年中，生物催化发生了很大改变，更有利于过程化学家们接受生物催化。BioVerdant创立人之一的Junhua Tao[45(a)]、Bristol-Myers Squibb（BMS）小组的负责人Ramesh N. Patel以及许多其他学者指出，如果没有这些进步，就没有今天的生物催化。这些进步包括从大量酶源中高通量筛选生物催化剂、生物催化平行实验技术及设备、基因和蛋白质组学发展所带来的廉价测序技术、为了优化而发展的定向进化技术[45(b)]。另一个重要因素就是，现在市场上有越来越多的成品酶，可以像常用的化学试剂一样供使用者筛选。

(1) 新生物催化剂的发现与改造

高通量筛选和平行实验技术使得寻找一种能完成特定反应的生物催化剂变得更加容易。大多数从业人员认为，一旦获得所需的目标生物催化剂之后，完成过程开发一般只需一到三个月的时间。大多数公司建有大量的菌种和酶库，以供内部筛选和研发。

定向进化与基因重组技术在新生物催化剂的筛选中担当了重要的角色。定向进化通过诱变产生变异体，利用基因重排方法（gene shuffling）重组了若干个基因。"你不用引入额外的突变，只需进行不同的重组，就可以在更短的时间内开拓出一个更为广大的序列空间，"蛋白质技术公司Proteus业务开发和市场营销主管Jean-Marie Sonet解释说，"你可以通过引入负调突变或最终使酶失活来避免达到某一极限。""由于生物催化剂的底物专一性，用一种新的底物来测试现有的生物催化剂，结果通常会让人非常失望，"Sonet说，"对于选择性的反应来说，生物催化剂的高度选择性是非常好的优点，但也正是由于其专一性，使其不能广泛应用。"他还说，"Proteus的技术能够快速地设计出新生物催化剂，而不用像以前一样无止境地寻找能够转化底物的生物催化剂。""与其为了使用一种已知生物催化剂而去改变生产过程，我们更倾向于采用对其进行改造的方法来开发一种崭新的生产过程，这在10年以前是不可想象的，因为那时缺乏相应的手段。"

与此同时，BMS小组利用生物催化剂的高通量筛选和定向进化突变技术来提高生物催化剂的活力、产率、稳定性及其对溶剂或底物的耐受性。"大多数药物的中间体不是生物催化剂的天然底物，但可以通过定向进化对其进行改造，使其可以作用于目标底物。"Patel解释说，"最初我们使用野生型的生物催化剂，但同时会对其进行优化并放大这个过程。"

举一个很好的例子：Patel 和他的合作者们开发了两种途径，用于制备 6-羟基丁螺环酮两种构型的对映体，该化合物是 BMS 公司的一种抗焦虑症药物 buspar 的代谢物，同时也是一种潜在的药物。第一种途径是使用 L-氨基酸酰基转移酶来水解外消旋的 6-乙酰氧基丁螺环酮，得到 (S)-6-羟基丁螺环酮，转化率 45%，ee 值 95%；经过分离后，剩下的 (R)-6-乙酰氧基丁螺环酮可以通过酸水解转化为 (R)-6-羟基丁螺环酮。另一种途径是，利用 (R)-或 (S)-酮还原酶还原 6-酮基丁螺环酮，直接合成 (R)-或 (S)-构型的对映体，该途径可以得到高于 95% 的产率和 99.9% 的 ee 值。为此，他们对还原酶和辅因子再生酶都进行了克隆和表达[46]。

生物催化技术提供商 Codexis 公司的技术平台包括数百万的突变酶和十二个或更多的不同反应平台。"我们能够根据实际的酶和我们的数据库来筛选化合物，" Codexis 公司的业务部高级副总裁 Tassos Gianakakos 说。通过对所需基因重组和特定突变体数量的预测，与达到目标的可能性及所需时间的预测，生物信息学知识可以帮助 Codexis 的科学家加快定向进化的进程。

拥有生物催化剂及其筛选的手段，使生物催化成为 Pfizer 公司合成几种药物的重要手段，包括降胆固醇药物 Lipitor 和治疗神经痛的药物 Lyrica。Pfizer 公司最初生产 Lyrica 的商业化路线是用一定化学计量的 (S)-扁桃酸来拆分获得所需要的对映体。这种路线浪费了包括中间体、试剂和溶剂在内的将近 70% 的原料。现在一种新的生物催化剂途径可以使用一种廉价生物催化剂在高底物浓度下反应，并且三个反应步骤都不需要使用有机溶剂。起始底物中不需要的对映体可连续循环利用，从而增加总收率。Pfizer 的研究小组克隆并优化了一种腈水解酶，这种酶可以将腈转化为羧酸，从而用于生产一种合成 Lyrica 的活性成分的手性中间体[47]。

另外，一些公司利用基因表达技术，快速放大反应规模，增加酶的产量。例如，Dowpharma（陶氏制药）拥有一个基于荧光假单胞菌的微生物表达体系——Pfenex（参见图 1.10），DSM 则有一个称为 PluGbug 的体系，包括几种不同的、已明确表征的微生物。

图 1.10 陶氏制药公司利用其开发的 Pfenex 表达技术大量生产酶（彩图见彩插）

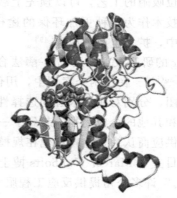

图 1.11 一种稳定的甲酸脱氢酶（FDH），可用于氧化还原过程的辅酶再生（彩图见彩插）

另一方面，据德固赛（Degussa）生物催化技术中心负责人 Wolfgang Wienand 介绍，Degussa 公司构建了一个由两种酶组成的整细胞体系，用于工业规模生产（R）-或（S）-醇。该体系包括（R）-或（S）-选择性的醇脱氢酶和甲酸脱氢酶（FDH，参见图 1.11）或葡萄糖脱氢酶（GDH）。该公司与 BRAIN（即生物技术研究与信息网）公司、德国大学以及政府组织合作，在可持续生物生产方法的政府基金资助下，共同研究这一课题。

酮还原酶和醇脱氢酶由于可以直接生成手性中心而具有吸引力，但是它们需要 NADH 或者 NADPH 作为氢源。无论是以整细胞还是以分离酶作为催化剂，双酶体系都是再生催化量的昂贵辅因子的主要方法。该体系中的第二个酶，FDH 或 GDH 分别将甲酸或葡萄糖转化为二氧化碳或葡糖内酯，从而实现 NADH 或 NADPH 的再生。

据 Daicel 公司的美国代表、Thesis Chemistry 部门主管 John R. Peterson 先生介绍，Daicel 公司已经实现了含有 GDH 和一种经过优化的包含 tropinone 还原酶的重组细胞体系，该酶是从植物中而不是微生物中分离得到的。Daicel 利用该体系还原 3-奎宁环酮得到（R）-3-奎宁环醇——一种尿失禁药物的中间体。随着化学催化方法和生物催化方法的互相竞争，产率和选择性都在不断改善，使得这个工艺现在可以在工业上用来生产此类药物和其他中间体。

（2）生物催化反应工程

一旦发现了一种生物催化剂，虽然有很多方法可供选择，但陶军华认为底物的调节和反应工程通常比定向进化能更快地克服障碍。尽管定向进化是一种很好的方法，但是人们常常过分地强调生物方法对生物催化反应的作用。

在底物调节方面，氧化还原酶有不少成功的例子。尽管将酮转化成单一手性的羟基基团非常有用，但是这一领域仍然存在巨大挑战，那就是如何实现不需要基团保护的区域选择性反应。Faber 小组和来自 Ciba 专用化学品公司的合作者们利用他们发现的醇脱氢酶进行双酮还原和双醇氧化的反应试验，发现区域和立体选择性的高低取决于官能团的相对位置[48]。

许多酶都能被分离提取甚至固定化，使它们更加稳定、便于操作甚至可分离回收或者在标准反应器中使用。反应工程可以提高生物催化剂的催化活力和有机溶剂耐受性，使其用于非常规的底物和反应条件，从而能够耐受更高的底物浓度，得到更高的生产效率。目前，正在开发许多新的技术，以避免底物或产物抑制，便于产物回收。例如，通过一种利用树脂原位吸附的工艺，可以预先上载底物，并逐步沉降产物，从而控制底物和产物的浓度。这种技术作为一种更加环保的途径，已经用于环戊酮单加氧酶催化的 Baeyer-Villiger 氧化反应中，扩大生产环内酯[49]。

Pfizer 的研究人员采用化学-酶法合成血管生成抑制剂[50(a)]和 HIV 蛋白酶抑制剂的手性中间体[50(b)]。在这两个案例中，用化学方法改变底物，如添加一个酯基部分或者改变一个保护基团，分别对酶法水解的选择性或生产能力有很大影响。反应工程和介质工程在这两个案例和其他的合成途径中起到了一定的作用[50(c)]。

许多供应商认为，生物催化在规模放大方面可以与化学过程相媲美。DSM 公司工业生物技术项目主管 Marcel Wubbolts 博士补充说："许多生物催化反应在成本方面也非常具有竞争优势。"许多公司提供反应工程服务，例如前述提到的 Bioverdant 公司，以荷兰奈美恩大学（Raboud University Nijmegen）技术支持为依托的 Chiralix 公司，以及由化学教授、前任 DSM 研发主管 Roger A. Sheldon 建立，附属于 Delft 大学的 CLEA Technologies（交联酶沉淀技术)公司。其他诸如法国的 Biomethodes 公司、德国的 c-LEcta 公司以及 Novacta 公司，都致力于生物催化反应过程的开发。

(3) 生物催化与化学催化的结合

J. Tao 说："在优化一个生物催化反应步骤时，应该更像一个过程化学家那样去思考。"J. Tao 较早前一直领导着位于加利福尼亚 La Jolla 的 Pfizer 公司生物转化组。Pfizer 对研发部进行了重组，并把生物催化部门搬到了具有传统发酵能力的康涅狄格。Tao 和 Pfizer 化学研发部的前任执行董事 Kim Albizati，以及留下的其他人创立了一家名叫 Bio-Verdant 的新公司。J. Tao 认为"快速筛选方法的确能使生物催化剂得到更好的利用。"

"BioVerdant 所要做的事是与众不同的，它要将现代的化学研发和生物催化结合起来，用于药物合成。"J. Tao 说，我们将用逆合成分析的方法拆解分子，从一开始就同时考虑有机合成和生物催化两种方法。Tao 是化学家出身，他说有机化学家"非常固执"，因为他们满足于他们已经拥有的工具，但我们需要打破这个局限。

Dowpharma 公司生物催化负责人 Karen Holt-Tiffin 说："由于顾客通常只要求我们提供一种特定的中间体，而并不关心我们是如何得到它的，因此，我们能够客观地确定一种特定分子的最佳合成路线是采用单一技术还是采用多种技术的结合。"她指出：按照这些路线，关于生物催化的许多困惑，例如生产率有限、高成本、酶不稳定以及无法获得等，在大多数的情况下都将不复存在。最大的障碍仍旧是怎样改变有机化学家的思维模式，以使他们在使用酶的时候不再顾虑重重，而在实际工作中将酶催化作为一种可供选择的方法进行尝试。

Dowpharma 公司通过化学催化和生物催化的结合制备一些非常规的氨基酸。一种方法是使用过渡金属催化剂对 N-酰基烯胺盐不对称加氢，然后在温和的条件下利用酰化氨基酸水解酶去除 N-酰基。类似地，烯胺盐也能加氢得到对映体纯的 N-酰基胺，然后用次级酰胺水解酶去保护得到手性胺。该公司也结合氢甲酰化技术制备一系列的非手性醛前体，再用对映选择性酶反应生产 α-氨基酸。

(4) 生物催化产业孵化中心

英国在曼彻斯特大学成立了生物催化、生物转化和生物催化制造的先进中心（简称 CoEBio3），并在约克郡和苏格兰设立分部。此中心已经吸引很多企业的合作，如 AstraZeneca、BASF、Dowpharma、Excelsyn、GlaxoSmithKline、Lonza 等大公司，以及小型酶技术经营者如 Ingenza、Novacta Biosystems 和附属于 Codexis 的 Jülich Chiral Solutions。曼彻斯特大学化学教授及此中心的研究项目主管 Nicholas J. Turner 说："本中心与工业生产密切联系，我们可以从基因做到千克级产品，或者从基础研究做到实际生产。"后者是完全可能的，只要将该中心的技术与位于 Wilton 的过程创新中心的英国国立工业生物技术设施有机结合。该设施于 2007 年年初投入使用，可以进行生物催化剂的规模化生产和生物转化的过程放大。Turner 还说，此设备不仅使中心变得独一无二，还将对生物催化技术的应用至关重要。"如果你能证明你的技术在生产规模上有效，你就创造了巨大的价值。"他解释说："因为这样，在化学家和想应用该技术的人们看来，从实验室里得来的一些有趣的想法可以转化为他们能够看到的实实在在的产品。"

1.4.2 生物催化的成功实例

由于对高纯度手性中间体和原料活性成分需求的增长，使手性化合物的研究和生产迅速发展。BASF、DSM、Degussa、Lonza 以及许多日本公司从事大规模发酵和生物转化已有很长的历史。酶既是许多工业的终端产品和加工助剂，也被用来生产大宗食品添加剂和专用化学品[51(a)]。BASF 公司利用脂肪酶对某一种对映体进行选择性酶促酰化作用，从而拆分外消旋的醇和胺，得到易于分离的产物。该公司已开始利用新颖的脱氢酶来生产具有光学活性的苯乙烯氧化物和脂肪醇。BASF、Enzis（被 Codexis 收购）和新创立的 Oxyrane 等公司已经开发出用于手性中间体拆分的环氧水解酶。与金属催化剂拆分环氧化合物相比，这些酶可以得到更高的对映体选择性，显示出极强的竞争力[51(b)]。BASF 还与荷兰格罗宁根大学的 Dick B. Janssen 研究小组合作进行环氧化合物的其他研究。Janssen 小组还与 Enzis 公司进行卤代苷脱卤酶研究的合作。这些酶是典型的催化邻位卤代醇进行可逆性闭环以生产环氧化合物和卤化物的例子。但是，这些酶也可以接受其他小阴离子的亲核试剂，如叠氮、氰化物和亚硝酸离子，生成 β-取代醇和腈[51(c)]。

DSM 的 Wubbolts 博士称，C-C 键的生成反应是合成手段中最基础的反应，DSM 已在利用裂合酶和缩醛酶催化 C-C 键生成反应方面颇有成就。例如，通过修饰的脱氧核糖缩醛酶，增加其活性和底物耐受性，使其更有利于合成一种销量很大的药物 Lipitor 的中间体[52(a)]。据 Wubbolts 介绍，DSM 也在使用优化的 (R)- 和 (S)- 醇腈酶（HNLs）作为催化剂，以氢氰酸和醛（或酮）为底物大规模制备光学纯的氰醇。氰醇可以做很多药物的中间体，例如心血管药物的中间体 (R)-2-氯扁桃酸，血管紧张素转移酶抑制剂的中间体 (R)-2-羟基-4-苯基丁酸。DSM 和 RCAB 的研究者们同时将 HNLs 运用于中间体 1,2-氨基醇的千克级制备。他们开发的化学-酶法合成工艺，是合成 (R)-2-氨基-1-(2-呋喃)乙醇的简单途径[52(b)]。HNL 酶的立体选择性可将廉价的初始底物通过一步反应转化生成具有手性中心的产物，避免了保护/去保护的步骤。

氨基酸尤其是一些不能通过发酵得到的非天然氨基酸的衍生物都是有价值的中间体。许多精细化工公司通过水解拆分的方法来生产这些物质，规模已达到几百千克甚至上吨。其他的酶催化方法有还原性胺化和氨基转移。Excelsyn 公司通过收购 Great Lakes 精细化工公司而获得生物催化的研发能力，包括利用转氨酶、氨基氧化酶和解氨酶生产非天然氨基酸。另一种技术路径是通过还原性胺化反应将 α-酮酸转化为 L-氨基酸。Degussa 公司和德国斯图加特大学的合作者已经创建了带有亮氨酸脱氢酶和 FDH 的细胞体系，该体系利用甲酸铵作为辅酶再生的辅底物，催化还原性胺化反应，制备空间体积较大的 L-新戊基甘氨酸，其对映体过量值高于 99%、转化率达到 95%[52(c)]。这项技术是 Degussa 过去开发、并已实现吨级规模生产的 L-叔亮氨酸合成技术的扩展。

Merck 公司的生物过程研发部门报道了使用商业酶的成功例子。其中之一就是用一种酮还原酶[53(a)]完成实验室规模的 (S)-3,5-双三氟甲基苯乙醇的合成。两种对映体都是合成 P 物质/神经激肽 1 受体拮抗药物的中间体；(R)-对映体已经用于 Merck 公司的新型止吐药物 Emend 的生产中，(S)-对映体正在研究中。另一个例子中，使用 Biocatalytics 提供的酮还原酶[53(b)]，可对桥联双环酮的中间体的一个对映体进行拆分，该对映体曾用色谱法获得。

包括 Amano Enzyme、Biocatalytics、Jülich Chiral Solutions 和 Novozymes 在内的几家酶供应商，可以生产用于化学合成领域的酶制剂。一些公司已经开始出售成品，包括专用于筛选的生物催化剂组合。以 Biocatalytics 为例，它提供一种约包含 100 种酮还原酶的试剂盒，这些酶具有 (R)-或 (S)-对映选择性，能作用于广泛的底物[54]。Biocatalytics 公司的负责人 J. David Rozzell 说："我们致力于生产易于使用的酶，让从未用过酶的人都能简便地操作。例如，使用我们已结合辅酶体系的酮还原酶，你所要做的仅是添加水、酮和检测产物。"Biocatalytics 公司生产多种多样的酶系列，并且已推出一套含有 16 种烯酮还原酶（EREDs）的组合，这些酶能在其他可被还原的官能团（如羰基）存在的情况下，选择性还原碳碳双键。

1.4.3 生物催化的未来

（1）生物催化技术成为各公司争夺的目标

BMS 小组的负责人 Ramesh N. Patel 称，最近基于生物催化对手性小分子药物候选化合物合成的影响，数家制药公司研发部门更加看重生物催化对有机合成的重要性，纷纷扩展或重新启动其在此领域的活动。他可以举出数十项生物催化的成功案例[55]。Patel 称，BMS 从 20 年前就开始多方面的努力，寻找制备手性中间体的方法。目前，BMS 小组已经拥有广泛的酶和菌种，可以利用自己的设备对酶进行纯化、测序、克隆和表达。另外，该小组还与工程研发小组的化学化工人员进行合作。"衡量一条合成路线，首先是安全和质量，其次是费用，"Patel 说，"我们希望得到高效、经济的工艺，对最好的进行进一步开发。"生物催化的高对映选择性、高区域选择性都是需要考虑的关键因素，此外还包括温和的操作条件，这有助于避免外消旋化、差向异构和结构重排等普通化学合成容易发生的问题。

在投资启动生物催化相关的内部开发项目三年后，德固赛公司（现被 Evonik 收购）于 2004 年创建了生物催化技术中心（参见图 1.12）。2004 年 2 月，该生物催化中心即成为该公司合成和催化剂事业部的一部分。德固赛生物催化技术中心负责人 Wolfgang Wienand 说："我们把它视为工具箱的一部分，用来尽可能广泛地处理客户的问题。"其他公司大多数也都建立了研发某几类典型酶的技术平台，从而用于生产不同的化学物质。例如，脂肪

图 1.12 德固赛公司生物催化技术中心
已建立酶催化反应的技术平台（彩图见彩插）

酶就是一种优秀的拆分外消旋体的催化剂,尽管它存在最大理论产率只能达到50%这样的先天性缺陷。通过酶的作用产生手性中心是非常有价值的,因为将潜手性底物转化为单一对映体产物的过程可以达到100%的理论收率。

AstraZeneca公司的高级科学家Andrew Wells说,AstraZeneca公司研发部拥有一支致力于开拓生物催化过程的小组,成员大多由有机合成化学家组成。虽然他们正在拓展这一领域的工作,但是他们并没有菌种保藏中心,也没有能力进行酶的修饰或生产。"如果我们需要这些技术,我们会与外界合作,"他说。AstraZeneca是CoEBio3的创始成员,同时也是BiCE的成员。"我们仍然把有机化学能力作为核心,包括路线设计、优化和放大。我们把酶当作是工具箱中一类重要的催化剂。"

几年前,Codexis公司收购了德国Jülich精细化学品公司,并更名为Jülich手性试剂公司。该公司不仅出售一系列的酶,而且提供中间体,例如一些手性醇[56]。另外,Dowpharma、Cambrex和Archimica等精细化工公司,主要通过收购其他相关公司来大幅度增强其生物催化研发能力。

(2)技术合作与委托生产

为了扩展其能力,生物催化公司会与很多机构合作,包括小型的技术提供商和拥有先进生物催化中心的合作伙伴。除了几所大学的研究小组之外,热门的技术中心有奥地利包含14家研究机构的应用生物催化研究中心(RCAB)、德国Jülich研究中心和位于德国汉堡的生物催化创新中心。BASF、Degussa、DSM和Lonza参与了在伦敦学院大学(UCL)举办的生物转化-化学-工程互动交流计划(BiCE)。DSM还参与了荷兰的生物合成与有机合成整合计划(iBOS)。据Lonza的研究人员Hans-Peter Meyer和James E. Leresche说,Ciba、Fluka、Lonza、Novartis、Roche等公司共同创立了瑞士工业生物催化联合会,这个组织认为生物催化受困于菌种和酶的缺乏[57]。这些公司准备共享它们的菌种,以促进工业生物技术的发展。

Biocatalytics公司通过与RCAB紧密合作,已经在格拉茨建立自己的欧洲分部。它还与奥地利的生物技术公司Eucodis合作,从基因水平对酶进行改造,或开发新酶。如果客户有需要,Biocatalytics可以提供商品酶。Rozzell提到:"在2005年,我们为6种不同药物的合成提供了酶,这些药物已进入临床试验阶段。"

Jülich手性试剂公司在生产上与瓦克化学(Wacke Chemie)股份有限公司合作;在酶的表征方面与CLEA合作;还和冰岛的Prokaria公司一起生产许多种类的酶;除此之外,还与多所大学建立合作关系。Jülich手性试剂公司也出售Codexis公司的产品。

Codexis公司非常注重战略联盟,通过合作能够利用分子育种技术对酶进行优化和为制药行业合作伙伴设计生物催化工艺路线。"这项收购计划的一个目的,就是希望通过在市场上出售更加便于用户操作的酶——成品酶或原型酶,来推广生物催化技术,"Codexis公司的业务部高级副总裁Tassos Gianakakos解释说。他相信用户将会寻求像Codexis这样的公司,以获得更成熟的优化技术和过程开发技术。

蛋白质技术公司Proteus和精细化学公司PCAS,共同创建了PCAS Biosolution,以拓展化学-生物催化路线。"虽然总有很多可能的选择,但结合我们的专业经验,我们能迅速选定能使生物催化显示出竞争优势的路线,"Proteus业务开发和市场营销主管Jean-Marie Sonet认为,"一旦接到客户的委托,我们就要在最开始的阶段将生物催化方法整合进来。"

当然,一些大的精细化工企业和具有生物催化能力的委托生产公司也在加快步伐。药物研发人员指出，从事工艺开发的化学家们更多的时候一般选择去购买手性原材料，而不是自己合成手性的原料。事实上，精细化工厂商已在使用生物催化法生产市场所需的高纯度手性中间体。他们既可以按照客户订单，也可以根据产品目录进行生产。例如，BASF公司供应以 ChiPros® 为商标的手性砌块，DSM 公司生产品牌为 Chiralitree® 的手性中间体。除此之外，BASF已经决定拓展其业务范围，为外部客户提供服务。它提供酶库筛选、酶优化、催化过程开发以及酶制剂的生产和放大等服务。

"生物催化在制药公司正加快发展，"德固赛的 Wienand 补充道，"很多企业已经在应用方面做得很好，但他们很少做一些分子生物学方面的工作，那正是我们所要提供的服务"（参见图 1.13）。

图 1.13 Degussa 公司通过酶筛选和优化过程的自动化加快生物催化剂的应用进程（彩图见彩插）

(3) 生物催化的市场接纳情况

Codexis 公司的业务部高级副总裁 Tassos Gianakakos 认为，"不论程度如何，我们的目标市场已经开始缓慢地接受在传统的化学过程研发中采用生物技术，"他预计，由于现在的技术使酶可以作用于大部分底物和绝大多数反应，生物催化技术将会带来越来越多的成果。Gianakakos 说，"人们应该对生物催化技术有信心，它势必会对实际生产产生积极意义，" "随着化学家们开始使用成品酶，使用酶的意识正在提高，" "接纳新技术需要一些时间。"为了缩短接纳时间，Codexis 正不断努力，使生物催化过程更加便于应用、令人熟悉和更加高效。Gianakakos 说，"我们把它做得就像化学过程一样：底物浓度高，酶用量少，分离也很快。" "由于技术的融合，一些药物研发人员不久将会注意到生物催化，但它目前还是一个小范围的技术。"

Codexis 认为生物催化通常能将多达 12 步的合成过程缩减为三四步，减少 40%~60% 的生产成本，减少超过 25% 的资本支出，更重要的是减少对环境的破坏。生物催化还可以为特定底物量身定制酶和设计合成路线，获得新的知识产权。将来一定会出现催化更多不同反应的新酶。

销售成功将是证明其价值的另一个衡量标准，在进行了约五年的工作之后，现在 Codexis 的技术被运用于七项商业产品中，包括两项 Pfizer 的产品——动物健康产品 doramectin 和 Lipitor 的侧链中间体，以及 DSM 的产品——β-内酰胺抗生素中间体 7-氨基-3-去乙酰头孢烷酸。

由于合成路线可以大部分采用生物催化或者只在一步中运用生物催化，因而很难预测生物催化的市场大小。这个市场包括酶的销售、工艺研发服务、产品销售收入或产品的专利提成几个部分。例如，Codexis 公司拥有五个产品的专利提成权，并通过有偿加工方式为另两个产品提供原材料。"市场正在走入一个以两位数速率快速发展的时期，在今后的两三年中，每年可能以 25% 的增幅增长，" Gianakakos 说。随着越来越多生物催化过程的商业化，市场将接纳这项技术。"从最初的接受到成为固定用户之前，通常还需要一两年或更长时间去认识这项技术；一旦被人们接纳，生物催化技术将会得到非常快速的推广应用"。

（许建和）

参 考 文 献

[1] 海野肇，中西一弘，白神直弘．生物化学工学．东京：讲谈社，1992：1-2.
[2] (a) 罗贵民，曹淑桂，张今．酶工程．北京：化学工业出版社，2002：1-5；(b) 张玉斌．生物催化的手性合成．北京：化学工业出版社，2002：125-161；(c) 尤启冬，林国强．手性药物——研究与应用．北京：化学工业出版社，2004：128-135；(d) 孙志浩，许建和，杨立荣，等．生物催化工艺学．北京：化学工业出版社，2004：1-23；(e) 许建和，孙志浩，宋航，等．生物催化工程．上海：华东理工大学出版社，2008：1-19；(f) 安德列亚斯 S. 博马留斯，贝蒂娜 R. 里贝尔著．生物催化——基础与应用．孙志浩，许建和译．北京：化学工业出版社，2006：1-14；(g) 陶军华，林国强，安德列亚斯·李斯著．生物催化在制药工业的应用——发现、开发与生产．郁惠蕾，许建和译．北京：化学工业出版社，2010：1-18；(h) Whittall J, Sutton P W. Practical Methods for Biocatalysis and Biotransformations 2. John Wiley and Sons, 2012: 307-310.
[3] de Raadt A, Griengl H. Curr Opin Biotechnol. 2002, 13: 537.
[4] Chen R. Trends Biotechnol, 2001, 19: 13.
[5] Wescott C R, Klibanov A M. Biochim Biophys, 1994, 1206: 1.
[6] 戚以政，夏杰．生物反应工程．北京：化学工业出版社，2004：1-5.
[7] Palomo J M, et al. Tetrahedron: Asymmetry, 2002, 13: 1337.
[8] (a) Klibanov A M. Nature, 2001, 409: 241; (b) Arnold F H. Nature, 2001, 409: 253.
[9] Bornscheuer U. Curr Opin Biotechnol, 2002, 13: 543.
[10] Knowles J R. Nature, 1991, 350: 121.
[11] (a) Pan J, Yu H L, Xu J H, Lin G Q. Top Organomet Chem, 2011, 36: 67; (b) Yu H L, Xu J H, Lu W Y, Lin G Q. Adv Biochem Eng Biotechnol, 2009, 113: 1-31; (c) 许建和，林国强，潘江，郁惠蕾，王梅祥．手性合成与手性药物，北京：化学工业出版社，2008：24-87.
[12] (a) Liu Y Y, Xu J H, Hu Y. J Mol Catal B-Enzymatic, 2000, 10: 523; (b) Ju X, Yu H L, Pan J, et al. Appl Microbiol Biotechnol, 2010, 86: 83; (c) Zheng G W, Yu H L, Zhang J D, Xu J H. Adv Synth Catal, 2009, 351: 405; (d) Gao L, Xu J H, Li X J, Liu Z Z. J Ind Microbiol Biotechnol, 2004, 31: 525.
[13] (a) Gao R J, Feng Y, Ishikawa K, et al. J Mol Catal B-Enzymatic, 2003, 24-25: 1; (b) Gao X G, Cao S G, Zhang K C. Enzyme Microb Technol, 2000, 27: 74.
[14] (a) Zhang T Z, Ynag L R, Zhu Z Q, et al. J Mol Catal B-Enzymatic, 2002, 18: 315; (b) Yang G, Wu J P, Xu G, et al. J Mol Catal B-Enzymatic, 2009, 57: 96.
[15] (a) Lou W Y, Zong M H, Wu H, et al. Green Chem, 2005, 7: 500; (b) Lou W Y, Zong M H, Smith T J. Green Chem, 2006, 8: 147.
[16] (a) Tang Y X, Sun Z H, Hua L, et al. Process Biochem, 2002, 38: 545; (b) Hua L, Sun Z H, Zheng P, et al. Enzyme Microb Technol, 2004, 35: 161; (c) Chen B, Yin H F, Wang Z S, et al. Chem Commun, 2010, 46: 2754.
[17] (a) Du W, Xu Y Y, Liu D H. J Mol Catal B-Enzymatic, 2004, 30: 125; (b) Deng L, Tan T W, Wang F, et al. Eur J Lipid Sci Technol, 2003, 105: 727.
[18] (a) Liu Y B, Sha Q, Wu S, et al. J Ind Microbiol Biotechnol, 2006, 33: 274; (b) Jin H, Li Z Y. Biosci Biotechnol Biochem, 2002, 66: 1123.
[19] (a) Xu W, Xu J H, Pan J, et al. Org Lett, 2006, 8: 1737; (b) Zhao J, Chu Y Y, Li A T, et al. Adv Synth Catal, 2011, 353: 1510.
[20] (a) Wang M X. Top Organomet Chem, 2011, 36: 105; (b) Wang M X. Top Catal, 2005, 35: 117.
[21] (a) Wu Z L, Li Z Y. Chem Comm, 2003, (3): 386; (b) Zhang Z J, Xu J H, He Y C, et al. Process Biochem, 2010, 45: 887.
[22] (a) Yang Z Y, Ni Y, Lu Z Y, et al. Process Biochem, 2011, 46: 182; (b) Jiang S M, Li C H, Zhang W W, et al. Biochem J, 2007, 402: 429.
[23] (a) Tong A M, Lu W Y, Xu J H, Lin G Q. Bioorg Med Chem Lett, 2004, 14: 2095; (b) Yu H L, Xu J H, Wang Y X, Lu W Y, Lin G Q. J Comb Chem, 2008, 10: 79; (c) Zhang C Z, Yu H S, Bao Y M, et al. Chem

Pharm Bull, 2001, 49: 795.

[24] Zheng G W, Xu J H. Curr Opin Biotechnol, 2011, 22: 784.

[25] Wei Z L, Lin G Q, Li Z Y. (a) Tetrahedron, 1998, 54: 13059; (b) Bioorg Med Chem, 2000, 8: 1129.

[26] (a) Yang W, Xu J H, Xie Y, et al. Tetrahedron: Asymmetry, 2006, 17: 1769; (b) Ni Y, Li C X, Zhang J, et al. Adv Synth Catal, 2011, 353: 1213.

[27] (a) Nie Y, Xu Y, Mu X Q. Org Process Res Dev, 2004, 8: 246; (b) Zhang R Z, Zhu G Y, Zhang W C, et al. Protein Sci, 2008, 17: 1412.

[28] (a) Wu X R, Chen C, Liu N, et al. Bioresour Technol, 2011, 102: 3649; (b) Ye Q, Cao H, Mi L, et al. Bioresour Technol, 2010, 101: 8911; (c) Xie Q, Wu J, Xu G, et al. Biotechnol Prog, 2006, 22: 1301; (d) Yang Z H, Yao S J, Lin D Q. Ind Eng Chem Res, 2004, 43: 4871.

[29] (a) He J Y, Sun Z H, Ruan W Q, et al. Process Biochem, 2006, 41: 244; (b) Xiao M T, Huang Y Y, Shi X A, et al. Enzyme Microb Technol, 2005, 37: 589.

[30] (a) Chen Y Z, Xu J G, Xu X Y, et al. Tetrahedron Asymmetry, 2007, 18: 2537; (b) Lin H, Liu Y, Wu Z L. Chem Commun, 2011, 47: 2610; (c) Li A T, Zhang J D, Xu J H, Lu W Y, Lin G Q. Appl Environ Microbiol, 2009, 75: 551.

[31] (a) Lin G Q, Han S Q, Li Z Y. Tetrahedron, 1999, 55: 3531; (b) Chen P R, Han S Q, Lin G Q, Li Z Y. J Org Chem, 2002, 67: 8251; (c) Wang Z L, Liang R, Xu J H, et al. Appl Biochem Biotechnol, 2010, 160: 1865; (d) Yao S P, Lu D S, Wu Q, et al. Chem Commun, 2004, 17: 2006.

[32] Rouhi A M. Chem Eng News, 2003, 81 (18): 45.

[33] Schoemaker H E, Mink D, Wubbolts M G. Science, 2003, 299: 1694.

[34] Rouhi A M. Chem Eng News, 2004, 82 (24): 47.

[35] Straathof A, Panke S, Schmid A. Curr Opin Biotechnol, 2002, 13: 548.

[36] (a) Ni Y, Xu J H. Biotechnol Adv, 2012, 30: 1279; (b) Wang L J, et al. Bioresour Technol, 2011, 102: 7023.

[37] Li Y L, Xu Y, Xu J H. J Mol Catal B-Enzym, 2010, 64: 48.

[38] Schmid A, et al. Nature, 2001, 409: 258.

[39] 许建和,等. 生物加工过程, 2005, 3 (3): 1.

[40] 许建和,等. 生物加工过程, 2007, 5 (1): 1.

[41] Palo Alto. New Biocatalysts: Essential Tools for a Sustainable 21st Century Chemical Industry. The Council for Chemical Research, 2000.

[42] 黄量, 戴立信. 手性药物的化学与生物学. 北京: 化学工业出版社, 2002: 1.

[43] (a) Carey J S, et al. Org Biomol Chem, 2006, 4: 2337; (b) Edegger K, et al. J Mol Catal A: Chem, 2006, 251: 66.

[44] Thayer A M. Chem Eng News, 2006, 84 (33): 15.

[45] (a) Tao J, Xu J H. Curr Opin Chem Biol, 2009, 13: 43; (b) Sylvestre J, et al. Org Process Res Dev, 2006, 10 (3): 562.

[46] Goldberg S L, Nanduri V B, Chu L, Johnston R M, Patel R N. Enzyme Microb Technol, 2006, 39: 1441.

[47] Xie Z, Feng J, Garcia E, Bernett M, Yazbeck D, Tao J. J Mol Catal B: Enzym, 2006, 41: 75.

[48] Edegger K, Stampfer W, Seisser B, et al. Eur J Org Chem, 2006, (8): 1904.

[49] Rudroff F, Alphand V, Furstoss R, Mihovilovic M D. Org Process Res Dev, 2006, 10: 599.

[50] (a) Hu S, et al. Org Lett, 2006, 8: 1653; (b) Hu S, et al. Org Process Res Dev, 2006, 10: 650; (c) Yazbeck D, et al. Org Process Res Dev, 2006, 10: 655.

[51] (a) Ritter S K. Chem Eng News, 2006, 84 (14): 69; (b) Short P L. Chem Eng News, 2005, 83 (43): 27; (c) Elenkov M M, Hauer B, Janssen D B. Adv Synth Catal, 2006, 348: 579.

[52] (a) Edwards J H, et al. Org Process Res Dev, 2006, 10 (3): 661; (b) Purkarthofer T, et al. Org Process Res Dev, 2006, 10: 618; (c) Gröger H, et al. Org Process Res Dev, 2006, 10: 666.

[53] (a) Pollard D, et al. Tetrahedron: Asymmetry, 2006, 17: 554; (b) Truppo M, et al. J Mol Catal B: Enzym,

2006, 38: 158.
[54] Zhu D, et al. Tetrahedron, 2006, 62: 901.
[55] Patel R N. Curr Org Chem, 2006, 10: 1289.
[56] Daußmann T, Rosen TC, Dünkelmann P. Eng Life Sci, 2006, 6: 125.
[57] Leresche J E, Meyer H P. Org Process Res Dev, 2006, 10: 572.

第2章 生物催化剂的发现

2.1 概述

2.1.1 生物催化剂的基本概念

生物催化剂是生物反应过程中起催化作用的游离细胞、游离酶、固定化细胞或固定化酶的总称。生物催化剂按照其构造形态可以分为酶、细胞及多细胞生物体几种；按照其形式也可分为游离型催化剂和固定化型催化剂[1]。生物催化剂的发现也包括细胞和酶两个方面。从酶的发现过程可以看出，人们最早了解和应用的是游离的细胞活体，这些细胞包括原核细胞和真核细胞，也就是利用微生物、植物或动物细胞中特定的酶系作为生物催化剂[2]。

2.1.2 生物催化剂的来源与多样性

尽管生物催化剂可以来自于动物和植物，但是来源于微生物的新酶占整个生物催化剂来源的绝大多数，大约80%以上，动物和植物来源分别只占8%和4%[3]。尤其是随着现代分子生物学的发展，重组DNA技术的应用，微生物作为生物催化剂的主要来源更加显示出巨大的潜力和优势。通常所说的生物催化剂筛选，是要寻找包含所需酶活性的特种微生物菌株[4]。

生物催化剂来源的多样性也体现在微生物的多样性[5]。微生物世界的特征之一就是其多样性和万能性；微生物是地球上分布最广、物种最为丰富的生物种群。微生物种类繁多，包括细菌、真菌、病毒、单细胞藻类和原生动物[6]。在生物圈中，微生物分布范围最为广泛，可以说，微生物无所不在，一般生物不能生存的极端环境，如高温泉、大洋底层、强酸、强碱、高盐水域都有极端微生物生活。为适应环境对它们生存造成的压力，它们进化出许多特殊的生理活性物质[7]。微生物在生物圈的物质循环中起着关键作用，对人类生活和社会发展也起着其他生物不能替代的作用。微生物过去、现在和将来都是人类获取生物活性物质的丰富资源，也是生物催化剂的主要来源[8]。

微生物在自然界生存的场所与环境,即所谓生境(habitat),见表2.1。

表2.1 微生物的生境

生境	特点
土壤	一般土壤(表层、下表层),盐碱土,沙漠
水域	江、河、湖水,污水,污泥,盐湖,盐场,海水(海底沉积层)
动物	体表,肠道,反刍胃,昆虫消化道
植物	叶面,根际,热带雨林
极端环境	深海高温泉,深海火山口,极地,高山冻土
特殊环境	污染土壤,污染水域,沼气池
大气	

从表2.1可以看出,微生物到处都有,似乎极易获得。但实际上要获得所需要的菌种,并非如此简单。从过去百年来微生物学研究的结果来看,人们已获得的各种类型微生物仅仅是存在于生物圈微生物王国中的冰山一角[9]。人们对生物圈各种生物多样性的认识,尚很不全面,如表2.2所示。

表2.2 已知和估计的生物种类

生物	已知种类	估计总的种类	已知种类所占的百分率/%
病毒	5000	130000	4
细菌	4760	40000	12
古细菌	<500		0.1~1
真菌	69000	1500000	5
藻类	40000	60000	67
苔藓植物	17000	25000	68
裸子植物	750		
被子植物	250000	270000	93
原生动物	30800	100000	31

从表2.2数据可以看出,人们对低等生物种类知之甚少,对细菌、古细菌和病毒总数的估计不是很确切,因为从环境中分离和培养它们相对困难,特别是对于专性寄生性种类。为什么会出现这一种情况?主要是因为人们在实验室所设计的培养基和培养条件还不能重复生境中的条件,还不能适合各种微生物生长的需要[10~12]。但是,多方面的证据表明生境中微生物的种类极为丰富。大自然中的微生物是取之不尽、用之不竭的自然资源宝库[13,14]。

2.2 生物催化剂的发现和筛选

生物催化剂所催化的化学反应相对于化学催化剂来说更加绿色环保,反应得率高,副产物少,生物催化剂可降解,更为重要的是生物催化具有化学催化所不具备的高度的位置、区域和立体选择性,从而使得整个过程更加高效,成本也更低。由于上述原因,生物催化技术在过去的二三十年获得了迅猛发展,并正逐渐地替代传统的化学催化技术,在医药、食品和农业等领域发挥着越来越重要的作用。制药是生物催化应用最多的行业之一。几乎所有的抗生素和许多甾体激素都是由微生物催化生产出来的,例如:用基因工程菌生产人胰岛素和人生长激素、抗病毒和抗癌用干扰素、血凝因子和叶红素等血液制品以及各种疫苗和诊断用单克隆抗体。因此,从某种意义上说微生物是获取新酶及新化合物的有效途径,它们容易保藏、生长快速,而且经过改造后可以使得微生物只产生目标产物。甚至有科学家认为:几乎自然界中的任何产物,都可以由微生物或者其酶催化合成。微生物筛选是传统地发现新酶有效和主流的方法,至少在新酶发现的初期仍然是主要的途径,因为微生物可以非常容易地从土壤、水和动植物体中采样分离获得。近年来随着生物技术产业快速发展,对具有特殊催化性能的各种新颖酶的需求急剧增加,传统的通过微生物筛选来获得目标生物催化剂的方法已无法满足工业发展的需要,要求发展更加快速高效的新型生物催化剂发掘新技术。而随着分子生物学和生物信息学的迅速发展,基因工程技术的成熟,特别是在后基因组和大数据时代,基因数据库中已公布的基因序列数量的剧增,使得通过基因数据库挖掘新型生物催化剂的设想成为了现实,并正逐步取代传统的从土壤中筛选微生物的方法[15,16]。

在过去的十年里,由于微生物酶的特殊功能使其在工业中的应用得到了迅速发展,尤其是在解决环境、医药、农业等问题上[17]。一方面,当我们设计一个新的酶促反应过程时,必须找到一个适合这个理想反应的酶;另一方面,新酶的发现也可为新酶促过程的设计提供新思路。在生物催化技术发展的最初阶段,发现新酶最有效和成功的方法之一,就是从微生物生活的自然环境中分离筛选,获得一定数量的微生物菌种。这些微生物相互之间是不同的,它们能够合成、分解或修饰大量的有机化合物,从它们中间能够寻找到催化所需反应的微生物或者微生物酶。

表2.3列举了一些近年发现的具有工业应用价值的新酶。这些酶可以很好地合成具有生物活性或化学用途的化合物,所有这些酶都是通过大量的筛选后得到的。为了提高生物催化剂筛选的效率,一般需要遵循以下几条规律:①设计合适的用酶方法,使得目标反应非常清楚;②在有希望的微生物群体中寻找具有特定催化活性的微生物菌株;③建立便捷和敏感的分析方法,以便尽可能多地筛检大量的候选微生物样本。

表 2.3　近年发现的一些具有工业应用价值的新酶举例

目的产物	酶	来源微生物
D-氨基酸	D-乙内酰脲酶	*Pseudomonas putida*, *Bacillus* sp.
	D-氨基甲酰化酶	*Blastobacter* sp., *Agrobacterium* sp.
L-氨基酸	L-乙内酰脲酶	*Pseudomonas putida*
	L-氨基甲酰化酶	*Alcaligenes xylosoxidans*
L-酪氨酸,L-多巴	β-酪氨酸酶	*Erwinia herbicola*
L-色氨酸	色氨酸酶	*Proteus reugeri*
L-半胱氨酸	半胱氨酸脱硫水化酶	*Enterobacter cloacae*
	半胱氨酸合成酶	*Bacillus sephaericus*
D-半胱氨酸	β-氯-D-丙氨酸氯裂解酶	*Pseudomonas putida*
L-丝氨酸	丝氨酸羟甲基转移酶	*Hypomicrobium* sp.
(R)-4-氯-3-羟基丁酸甲酯	醛还原酶	*Sporobolomyces salmonicolor*

续表

目的产物	酶	来源微生物
丙烯酰胺	腈水合酶	*Pseudomonas chlororaphis*
	腈水合酶	*Rhodococcus rhodochrous*
烟碱	腈水合酶	*Rhodococcus rhodochrous*
丙烯酸	腈水解酶	*Rhodococcus rhodochrous*
烟酸	腈水解酶	*Rhodococcus rhodochrous*
6-羟基烟酸	水解酶	*Comamonas acidovorans*
6-羟基甲基吡啶酸	水解酶	*Alcaligenes faecalis*
焦棓酸	五倍子脱羧酶	*Gitrobacter* sp.
可可碱	氧化酶	*Pseudomonas putida*
D-泛解酰内酯	羰基还原酶	*Candida parapsilosis*
D-泛解酸	内酯酶	*Fusarium oxysprum*
乙酰辅酶A	多步酶联系统	*Brevibacterium ammoniagenes*
腺苷甲硫氨酸	腺苷甲硫氨酸合成酶	*Sccharomyces sake*
腺苷巯基丁氨酸	腺苷巯基丁氨酸水解酶	*Alcaligenes faedalis*
黄素腺嘌呤二核苷酸	FAD焦磷酸化酶	*Arthrobacter globiformis*
5'-磷酸吡哆醛	5'-磷酸吡哆胺氧化酶	*Pseudomonas fluorescens*
NADH	甲酸脱氢酶	*Arthrobacter* sp.
NADPH	葡萄糖脱氢酶	*Gluconobacter suboxydans*
γ-亚麻酸	多步转化	*Mortierella alpina*
花生四烯酸	多步转化	*Mortierella alpina*
二十碳五烯酸	多步转化	*Mortierella alpina*
蜂蜜酸	多步转化	*Mortierella alpina*

2.2.1 生物催化剂筛选的一般策略

生物催化剂的筛选，首先要根据所需要的目标化合物选择反应的类型，再根据反应的类型确定所需生物催化剂的种类，进而确定生物催化剂的筛选源，比如脂肪酶的筛选可考虑从油脂厂附近的土壤中采集土样进行筛选，纤维素酶则可从秸秆的堆积地或者森林里采集土样来筛选，农药厂周围的土壤则是产有机磷酸酯水解酶的微生物潜在聚集地，当需要耐高温的生物催化剂时则可考虑从火山口或温泉附近的土壤中进行筛选。在确定了反应类型和催化剂筛选源之后，就需要找到一种方便、灵敏、高效的筛选方法，以便于在最短的时间内从大量的微生物群体中找到符合要求的目标生物催化剂。由于地球上的一切生命在自然进化过程中已经适应了现状，微生物在自然界分布极其广泛，所有高等生物适合栖息的地方都能发现微生物的存在。甚至在诸如含硫的温泉这样其他生物不能生长的地方还有着像古细菌这样的微生物存在。因此，不管是在空气、水、土壤等常规环境中，还是在高温、高压、低水分活度、高度酸性或碱性的极端环境里都存在各种各样的微生物，而且在不同环境中生长的微生物具有与各自生理特征和代谢类型相对应的独特酶[18]。

尽管自然环境中存在各种各样的微生物，但是由于环境中的营养浓度要比实验室中低很多，即处于贫营养状态，所以从自然界中获得样本后，在实验室条件下进行培养可以迅速改变其环境的营养，当然其中十分重要的是需要考虑微生物对生存环境和营养的特殊要求。这就是为什么从如此缤纷的微生物世界中寻找理想的产酶微生物，需要采取一定的策略和方法的重要原因。

产酶微生物的发现通常包括分离和筛选两个环节。分离就是通过分离技术将目标微生物从其生存的各种环境中分离出来，筛选就是以性能为目标，选择确定适合的菌株。

在研究过程中为了获得常规生物催化剂，一般采取如下途径和方法。

① 从土壤、污染区等自然环境中分离筛选具有新的催化活力的催化剂。
② 从国内外市售的商品酶和菌种保藏机构保藏的相关微生物中发现目标催化剂。
③ 从宏基因组文库中发现新的生物催化剂。
④ 采用基因组数据库挖掘的方法来获得目标生物催化剂。

2.2.2　建立有效和方便的筛选分析方法

建立便捷、敏感的分析方法，对于从茫茫微生物海洋与大量基因克隆库中寻找所需要的产酶菌种十分重要，需有一定的选择方法和开发有效的筛子来筛选、确定所需酶的活性。

成功的选择（selection）方法是基于目标酶活性而精心设计的。用选择性筛子较易获得定性的结果，因为只有具有所需活性的菌群才能生长。例如一定的高温条件是筛选嗜热酶或嗜热菌的有效筛子，已经发现许多喜温微生物中的基因可以在大肠杆菌中进行表达。当对筛选的酶进行试管进化时，定向选择显得尤为重要，可以将突变所得的大量变种置于同一选择性条件下获取所需性状的目标酶。另一常用的筛子是底物选择性，实际上生物催化或转化的目标底物往往是最好的选择压力，也可以使用底物类似物，底物类似物的性质越接近实际的目标底物，就越容易发现我们所需的目标酶。最麻烦的是目标底物或底物类似物都不能用，这种情况下就需要通过液相色谱或气相色谱等较复杂的仪器和较费时的方法检测底物的消耗和产物的生成，工作量很大，效率很低，这将在很大程度上限制筛选的通量。

在没有恰当的选择方法时，往往就需要设计特定的筛选筛子。一般采用特定的底物或产物的生色反应，这是最关键也是最有效的技术，它可以对活性菌群进行可视的直接鉴别。通常利用底物的生色团设计灵敏的颜色反应，在进行酶催化时通过颜色的改变或是产色素，或能产生沉淀等特性进行快速筛选[19]。例如，伞形酮的酯和酰胺衍生物在极端 pH 和高温条件下都极不稳定，而其醚类衍生物由于是通过醚键将荧光基团和底物分子连接起来的，因而非常稳定，并且需要通过酶促反应、高碘酸钠氧化以及牛血清白蛋白分别处理后，才能释放出荧光化合物伞形酮（图 2.1）。

培养皿筛子或选择也是最为高效的方法之一，因为在自由排列的菌群中，在一块培养皿上可对 1000～10000 菌群进行可视筛选，筛选时更灵活、更方便，还能快速地筛选出无序的克隆库。若不能用固相平皿进行初筛，则比较好的策略是采用简便的液相分析方法进行可视筛选。液相体系的好处是可以进行自动化检验，例如微孔培养皿和微孔比色分析技术已经得到了很大发展。液相处理体系需要先将待筛选菌群的各个单菌落的细胞接种到整齐排列的微孔培养板（一般使用 96 孔或 384 孔）中培养，再用手工或机械方法把它们从微

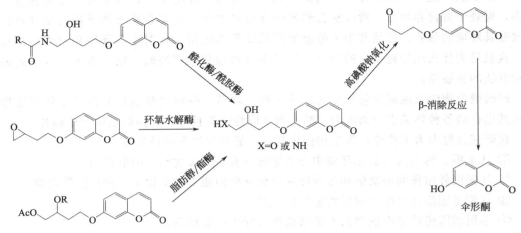

图 2.1 基于伞形酮衍生物的荧光检测方法

孔培养板的每一个小孔中转移到普通酶标板（96 孔或 384 孔）中进行定量或半定量的活力测定（通常采用生色底物进行可见光、化学发光或荧光光度分析）。目前已经有商品化的高通量筛选装置，可以通过高度自动化的测定进行筛选。但即使如此，与固体培养皿筛选体系相比，其筛选通量也仍然有限，而且成本相对较高。

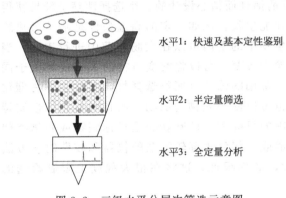

图 2.2 三级水平分层次筛选示意图

通过分级筛选可以明显提高筛选的效率。可以通过多步筛选分析来逐步缩小筛选范围。它快速、有效和经济，是经常使用的策略。一个三级水平的分层次筛选例子如图 2.2 所示，第一级水平：最普通的筛子——快速简单，这一类筛子筛去大部分非目标样本，但尽量保留有潜力的候选株；第二级水平：中间筛——这一步通常需要更多特定的底物或半定量方法；第三级水平：特定筛——最慢、最精确，这类筛通常需要准确的定量分析方法，包括液相色谱、气相色谱或分光光度测量、荧光分析等。

2.2.3　生物催化剂的发现和筛选途径

2.2.3.1　从自然界发现和筛选产酶微生物

通常合适的工业用菌株可以根据文献报道的微生物种属情况从国内外菌种保藏机构、生产与研究机构索取。但是，大量微生物新菌株和新酶的发现应该从适合生物转化条件的自然界中获取。

土壤、空气、动植物是微生物的主要来源。微生物在这些栖息的场所之间进行着一个自然的循环。土壤中的微生物可以随着下雨从地面进入河流，附着在灰尘微粒上的微生物又可以随着空气流动飞落到各种适合它生长的营养环境中，如动植物活体或腐败残骸体上等,可以在这些营养富集的地方大量繁殖,最后又会回到土壤之中,所以微生物的采样大多以土壤为样品。

采集样品时可以根据土壤有机质含量和通气状况、酸碱和植被状况、季节与地理状况、微生物营养类型、微生物的生理特性、特殊条件的环境情况科学地加以分析。例如:产生淀粉酶的各种微生物可以在淀粉加工或存在的场所分离;纤维素酶产生菌可从采集到的热带森林中的腐叶烂草下面的土壤或直接采集腐叶烂草来分离;许多的脂肪酶可以在油脂厂的土壤中分离;在糖果、蜜饯、蜂蜜的加工环境土壤中可能常存在各种糖,可作为分离利用糖质原料的耐高渗透压酵母、柠檬酸产生菌、氨基酸产生菌的土壤样品。蛋白酶产生菌可从加工皮革的生皮晒场、蚕丝、豆饼等腐烂变质的地方和土壤中分离。从油田的浸油土壤中能分离出利用石蜡、芳香烃和烷烃的微生物。从果树下、瓜田里的土壤中能分离出酵母菌。从白腐态树木上可分离分解木质素的菌,从褐腐态树木上则可分离分解纤维素的菌等。许多传统发酵食品的生产场所也是功能微生物的重要来源。因此,在采样前分析目标菌种的特性、科学地确定采样环境是很重要的。

2.2.3.2 从保藏微生物菌株中筛选生物催化剂

已知菌种可作为分离菌种的标准株,也可作为发现与筛选所需生物催化剂的出发菌种。已知菌种可从我国主要保藏单位(表2.4)或国外一些保藏中心(表2.5)获得。世界上有许多著名的菌种保藏中心,如ATCC(美国)、NRRL(美国)、DSMZ(德国)、IFO(日本)、CBS(荷兰)、UKNCC(英国)等,它们大多保藏有超过万株的各式各样的微生物或细胞菌株,可以参照其菌种目录购买所需要的菌种。国外一些著名菌种保藏机构及其网址见表2.5。

表2.4 我国主要菌种保藏单位及其隶属机构

保藏单位(缩写)	保藏单位名称	隶属机构
CGMCC	中国普通微生物菌种保藏管理中心	中国科学院微生物研究所
CMCC	中国医学微生物菌种保藏管理中心	中国药品生物制品检定所 中国医学科学院南京皮肤病研究所 中国预防医学科学院病毒学研究所
ACCC	中国农业微生物菌种保藏管理中心	中国农业科学院土壤肥料研究所
CICC	中国工业微生物菌种保藏管理中心	中国食品发酵工业研究院
CFCC	中国林业微生物菌种保藏管理中心	中国林科院森林生态环境与保护研究所
CACC	中国抗生素微生物菌种保藏管理中心	中国医学科学院医药生物技术研究所 四川抗生素工业研究所 华北制药厂抗生素研究所
CVCC	中国兽医微生物菌种保藏管理中心	中国兽药监察所
CCVCC	中国科学院病毒保藏中心	中国科学院病毒研究所
CBCAS	中国科学院细胞库	中国科学院上海细胞研究所 中国科学院昆明动物研究所
GBCAS	中国科学院基因库	中国科学院上海生物工程中心
IVPGC	中国科学院植物离体种质库	中国科学院植物研究所
FACHB	中国科学院淡水藻种库	中国科学院水生生物研究所
MBGS	中国科学院海洋生物种质库	中国科学院海洋研究所

表 2.5 著名的国际菌种保藏机构

菌种保藏机构	通信地址与网址
美国典型菌种收藏中心：ATCC (American Type Culture Collection)	12301 Parklawn Drive, Rockville, Maryland 20852, USA. http://www.atcc.org
美国农业服务菌种中心：NRRL(ARS) (Agricultural Research Service Culture Collection)	USDA, 1815 N. University Street, Peoria, Illinois 61604, USA. http://www.nrrl.ncaur.usda.gov
德国微生物和细胞收藏中心：DSMZ(DSM) (Deutsche Sammiung von Mikroorganismen und Zeilkulturen)	Mascheroder Weg lb, D-38124 Braunschweig, Germany. http://www.dsmz.de/dsmzhome.htm
大阪发酵研究所：IFO (Institute of Fermentation, Osaka)	17-85 Jusohomachi 2-chome, Yodogawaku, Osaka 532, Japan. http://www.soc.nacis.ac.jp/ifo/microorg/microorg.htm
荷兰菌种收藏中心：CBS (Centraalbureau voor Schimmel cultures)	Julianalaan 67, NL-2628 Delft BC, The Netherlands http://www.cbs.knaw.nl7www/database.html
苏格兰国家工业和海洋细菌收藏中心：NCIMB(NCIB) (National Collections of Industrial and Marine Bacteria)	23 St. Machar Drive, Aberdeen AB2 IRY, Scotland. http://www.ncimb.co.uk
英国国家酵母菌种收藏中心：NCYC (National Collection of Yeast Cultures)	Food Research Institute, Colney Lane, Norwich, Norfolk NR4 7UA, UK. http://www.bioportfolio.com/erbi/ncycl.html

此外，还可以从一些公开的微生物数据库查阅菌种和酶源的有关信息。已知的微生物数据库有：MINE（协调秘书，CBS, Osterstraat 1, NL-3740 AG Baarn, Netherlands）；MSDN（微生物菌种数据网络秘书，307 Huntingdon Road, Cambridge, CB30JX, UK, MSDN@CGNET.CON）；世界微生物数据中心（日本）（World Data Center for Microorganisms, Japan, http://www.wdcm.nig.ac.jp）；大肠杆菌基因库中心（CGSC, *E. coli* Genetic Stock Center, http://www.cgsc.biology.yale.edu/top.html）；微生物菌株数据网（MSDN, Microbial Strain Data Network, http://www.bdt.org.br/bdt/madn）；中国微生物信息网（Microbial Information Network of China, http://www.sun.im.ac.cn）等。

2.2.3.3 从商品酶库中筛选

筛选新酶最快、最简单的途径是在商品酶库中寻找所需的酶。这样做的好处是能直接利用各种市售酶作为筛选的酶源，使催化剂工程简单化。但对大多数生物催化过程来说，这只能提供数量非常有限的催化剂品种。比较常见的商品酶供应商有：Sigma、Novozyme、Amano 等（表 2.6）。

表 2.6 世界主要酶制剂供应商

公司名	国家	公司名	国家
Amano	日本	Novozyme	丹麦
Asahi	日本	Oriental Yeast	日本
Biocatalysts	英国	Osaka Saiken	日本
BioCatalytics	美国	Plant Genetic Systems	比利时
Biozyme	英国	Recordati	意大利
Boehringer	德国	Rhone-Poulenc	法国

续表

公司名	国家	公司名	国家
Calbiochem	美国	Rohm	德国
Chiroscience	英国	Sanofi	法国
Finnsugar	芬兰	Sigma	美国
Fluka	瑞士	Takeda Yakuhin	日本
Genzyme	英国	Tanabe Seiyaku	日本
Gist Brocades	荷兰	Thermogen	美国
Hansen	丹麦	Towa Koso	日本
ICN National Biochemicals	英国	Toyo Yozo	日本
International Bio-Synthetics	荷兰	US Pharmaceuticals	美国
Meito Sangyo	日本	Wako Pure Chemicals	日本
Miles Laboratories	美国	Worthington	美国
Nagase Sangyo	日本		

2.2.3.4 从宏基因组文库中筛选酶

近年来宏基因组技术已经成为新兴的研究领域并且得到了很好的发展，一方面通过对未培养微生物基因组的研究有助于了解自然界的微生物生态，另一方面通过宏基因组技术还可以获得生物技术领域发展亟须的各种各样新颖的酶和生物分子[20,21]。众所周知，自然界中可培养的微生物仅占不到总数的1%，而高达99%以上的微生物都是不可培养的（表2.7），因而未培养微生物可能是地球上最大的尚未开发的自然资源[22]。

表 2.7 陆地和水域中可培养微生物的比例

生 境	可培养微生物的比例/%	生 境	可培养微生物的比例/%
海水	0.001~0.100	活性污泥	1~15
淡水	0.25	沉积物	0.25
半自养湖	0.1~1.0	土壤	0.3
未污染河口	0.1~3.0		

作为微生物资源研究和开发领域里的一个重大探索，可以采用最新的分子生物学方法绕过菌种的分离纯化这一步骤，直接在自然界中寻找有开发价值的微生物基因。把来源于未经培养的微生物的DNA克隆到经培养驯化的宿主生物体（即可培养微生物，通常是大肠杆菌）中，然后用高通量筛选技术从重组的克隆里筛选新酶的编码基因。新酶编码基因的筛选策略包括两种：基于功能的筛选和基于序列的筛选（图2.3）。基于功能的筛选就是通过诱导基因的异源表达，并以该重组蛋白作为催化剂来催化特定底物比如指示底物反应或者从反应液中寻找新的有用化合物，进而来发现新的酶基因。基于序列的筛选也叫做分子筛选，它是在DNA水平上对基因文库采用分子生物学技术，例如PCR技术或Southern杂交等与功能检测无关的手段，筛选出相似的基因。比如，在某种特定的生物中发现了一种重要的酶（如酸性木聚糖酶），随后就能在相关的生物物种中利用反向遗传学技术寻找具有同源性的酶。酶蛋白是多种氨基酸按照特定顺序共价连接形成的聚合体。通过蛋白质N末端测序技术能够测得酶蛋白的氨基酸序列。由于遗传密码子在所有生物中是通用的，根据

三联体密码子就可以预测编码该蛋白质的基因可能的核苷酸序列。再根据核苷酸序列，就可以合成 15～20 个核苷酸长度的探针。因为 DNA 是双链构型，单链探针就能结合到 DNA 中的互补链上。通过 Southern 杂交，直接筛选得到具有同源性序列的新基因。也可以根据其他相关生物染色体中目的基因的 DNA 序列，合成一对引物，运用 PCR 技术从目的生物中扩增获得同源基因并转化到宿主生物（如大肠杆菌）中，进行同源酶基因的表达。

不过从宏基因组文库中发现新的生物催化剂仍然面临着一些挑战，主要有对用于宏基因组 DNA 文库构建的 DNA 的质量要求很高，需要有高效的提取方法，既能够提高环境 DNA 提取的得率，又具有很好的纯度；另外，需要找到能够用于宏基因组中目标基因表达的合适宿主，目前最常用的表达宿主为大肠杆菌，而有些基因在大肠杆菌中表达水平很低，甚至完全不能表达，因而有可能漏掉具有潜在应用的新型酶；最后，还需要有高效的筛选方

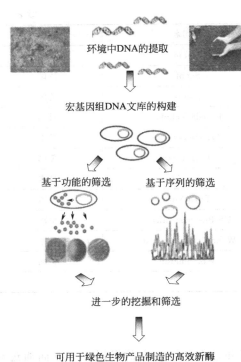

图 2.3 从宏基因组文库中发掘新的生物催化剂（彩图见彩插）

法来对大规模的宏基因组 DNA 文库进行筛选，从而快速获得所需要的目标催化剂。

2.2.3.5 从数据库中发现生物催化剂

在后基因组时代，如何巧妙利用飞速增长的基因组序列数据，快速发现具有工业应用潜力的新酶已成为当前研究的一大热点。如果能够针对工业生物转化所需的特定过程或产品，将全球共享的生物信息数据库资源转化为工业生物技术所需的生物催化剂实体酶资源，将可极大地促进生物催化技术的自主创新，推进生物制造产业的高起点、跨越式和可持续发展[23]。

随着基因组测序技术的飞速发展，生物数据库中基因和基因组序列数据呈爆炸式增长。截至 2014 年 7 月，共有 6398 个基因组完成测序。另外，全球还有 24588 个基因组测序计划正在进行中，其中包括了 458 个宏基因组测序计划（www.genomesonline.org/）。美国国家生物技术信息中心（National Center for Biotechnology Information，NCBI）网站（http：//www.ncbi.nlm.nih.gov/Genbank）的统计数据显示，截至 2014 年 6 月，该网站登记的基因序列有一亿七千三百万条，累计达到了 1618 亿个碱基对。如此庞大的基因数据库资源，无疑蕴藏着丰富的工业酶基因，对于生物科学家来说是一笔巨大的资源财富。当前研究者们所共同面临的机遇和挑战是由于这些数据库资源属于全球共享的资源，对于所有研究者来说机会都是均等的，如何能够在最短的时间内从海量的基因数据资源中迅速获得完整的目标酶基因和活性酶蛋白，并灵活地将所开发的新型生物催化剂应用于高附加值化合物的产业化生产中。

在后基因组时代，生物催化剂的发现已经从传统的从土壤中进行筛选转移到基因挖掘

（数据库挖掘）上。所谓基因挖掘就是根据一个特定反应所需的生物催化剂，从文献中寻找已报道的该类酶的基因序列并以该已报道的基因序列作为酶探针，在基因数据库中进行筛选比对，找到在结构和功能上类似的同源酶的编码序列。在此基础上，根据所获得的同源酶的基因编码序列进行基因全合成，或者设计引物从目标物种中大量扩增获得目的酶基因；然后选择适当的宿主，进行大规模异源重组表达，利用高通量筛选技术对所获得的重组酶库，针对目标反应进行高通量的功能筛选，所获得的催化性能优良的新型生物催化剂所组成的实体酶库，即可用于大规模生产高附加值的有用化合物（图2.4）。

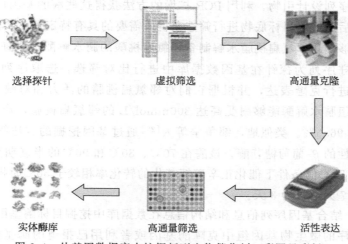

图 2.4　从基因数据库中挖掘新型生物催化剂（彩图见彩插）

2.2.3.5.1　从已测序的微生物基因组中挖掘目标酶基因

随着基因测序技术的飞速发展，越来越多的微生物基因组被测序，其中有一部分的开放阅读框可能编码的酶信息已被注释，但仍未通过实验证实；另外有大量的开放阅读框编码的酶信息仍未被注释或研究过。一方面可以将已被注释的潜在酶基因进行克隆表达，并通过活力检测来获得所需的生物催化剂；另一方面还可通过对其中的开放阅读框进行分析并和已报道的类似酶的相关保守序列信息进行比较找到潜在的目标酶的编码序列，进而通过克隆表达来获得目标生物催化剂。

倪燕等人通过对 *Bacillus* sp. 的基因组进行分析，发现其中有 13 个潜在的编码羰基还原酶的开放阅读框，并对这些潜在的目标酶基因进行克隆表达，发现其中一个酶（FabG）能够高浓度（620g/L）地将 2-羰基-4-苯基丁酸乙酯高立体选择性（>99% ee）地还原为 (S)-2-羟基-4-苯基丁酸乙酯[24]。另外一个酶（yueD）则对 4-氯-3-羰基丁酸乙酯表现出很高的催化活性，通过在两相反应体系中采用批次补料的策略，高达 215g/L（1.3mol/L）的底物可被完全转化，产物 (R)-4-氯-3-羟基丁酸乙酯的得率和对映体过量值分别为 97.3% 和 99.6%[25]。还有一个酶（YtbE）能够耐受高浓度的邻氯苯甲酰甲酸甲酯，该酶能够将 500g/L 的底物完全转化为世界第二大畅销药氯吡格雷的中间体 (R)-邻氯扁桃酸甲酯[26]。

赵晶等人[27]根据 α/β 水解酶家族中环氧水解酶的保守区域 HGXP，Sm-X-D-X-Sm-Sm（Sm：小的氨基酸残基，X：任意氨基酸残基，D：天冬氨酸残基）模块，催化三联体（天冬氨酸、组氨酸、天冬氨酸或谷氨酸），以及用于稳定过渡态的酪氨酸。对已经公布的巨大芽孢杆菌的全基因组序列利用 GLIMMER v3.02 软件分析所有的开放阅读框，并通过

BLAST软件搜索含有所有保守区域的开放阅读框,最后通过序列分析软件将所得到的开放阅读框与一些已知的环氧水解酶的氨基酸序列进行多序列比对,最终克隆得到了一个对邻位取代的苯基缩水甘油醚和对位取代的苯乙烯环氧化物具有高对映选择性和水解活力的环氧水解酶。

2.2.3.5.2 利用已知酶的基因序列作为探针在基因数据库中挖掘目标酶基因

当催化某类反应的相关酶基因序列已有文献报道后,就可以利用已经报道的基因序列为探针在基因数据库中进行检索,找到与探针序列具有同源性的潜在目标酶基因,进而根据检索到的基因序列设计引物,利用PCR扩增的方法获得这些酶的基因序列,并将它们进行克隆表达,最后通过以目标底物进行筛选获得所需要的具有特定催化功能的生物催化剂。

为了寻找能够催化邻氯扁桃腈水解制备邻氯扁桃酸的腈水解酶,张陈胜等[28]以扁桃腈水解酶基因的保守序列为探针在基因数据库中进行比对筛选,选取序列同源性在40%~70%之间的基因进行克隆表达,并根据它们对邻氯扁桃腈的活力和对映选择性进行筛选,最终获得一个重组腈水解酶能够耐受高达300mmol/L的邻氯扁桃腈,产物的得率和ee值分别为94.5%和96.5%。类似地,邹争争等人[29]通过基因挖掘的方法筛选到一个新的具有很好温度稳定性的β-葡萄糖苷酶,该酶在70℃、80℃和90℃的半衰期分别达到了533h、44h和5h。其在70℃的条件下催化正辛醇糖基化的转化率相较于50℃时提高了27%,反应时间也由原来的7天缩短为3天。

2.2.3.5.3 结合基因序列信息和结构信息在数据库中挖掘目标酶基因

通过从已测序的微生物基因组中克隆酶基因或者利用已报道的酶基因序列作为探针,在基因数据库中挖掘目标酶的基因资源业已取得了较好的效果,不过这些大多是根据已报道的催化特定底物的基因序列为探针挖掘到催化同样底物或类似底物的生物催化剂。然而针对某些特定底物的情况,仅仅通过催化类似反应酶基因序列的相关信息所挖掘到的酶,往往无法催化特定底物,或者不能达到预期的效果。如果能够将基因挖掘和结构比对的相关信息结合起来,将有望大大提高基因挖掘的效率。

由于转氨酶在有机合成领域具有重要的应用,近年来这类酶受到越来越多研究者的关注,然而大多数已报道的转氨酶都是 S-选择性的,而 R-选择性的转氨酶则非常少。Uwe等人为了获得 R-选择性的转氨酶,他们首先对文献报道的 S-选择性转氨酶的结构进行分析,找到可能将 S-选择性转氨酶转变为 R-选择性转氨酶所需要的突变位点和替代氨基酸,并根据这些相关信息在基因数据库中搜索已经含有这些氨基酸突变位点的基因序列,并将这些潜在的目标酶基因序列在大肠杆菌中进行克隆表达,通过针对目标底物和反应进行筛选,最终得到了17个能够催化合成一系列(R)-胺化合物的 R-选择性转氨酶,对映体过量值达到了99%以上[30]。

Jennifer等人为了获得具有特定底物专一性的腈水解酶,首先将文献报道的142条腈水解酶的基因序列进行筛除,把同源性90%以上的基因序列排除掉,然后将剩余的基因序列在GenBank数据库中进行检索,找到具有潜在腈水解酶催化活力的基因序列,并重复进行基因序列筛除,直到没有新的潜在腈水解酶序列被发现,然后将所获得的所有212条序列一方面通过序列比对进行分组,另一方面在PDB数据库中进行搜索,把序列比对结果和结构搜索结果关联起来,找到催化反应的保守氨基酸残基和结合特定底物的活性位点氨基酸残基,最终获得了一系列具有高度底物专一性的腈水解酶[31]。

2.3 总结与展望

随着现代生物技术的飞速发展以及工业上对各种高催化性能新型生物催化剂需求的急剧增长，生物催化剂的发现已经由传统的从自然界环境中进行筛选逐步地转向从基因组数据库中进行挖掘这一更加高效的手段转变，并且已经在许多新型生物催化剂的发掘方面取得了非常喜人的成果。然而，如何能够更加有针对性且高效地获得所需的理想生物催化剂，如何能够使挖掘得到的目标催化剂基因高效地在合适宿主中进行大量表达，高通量筛选方法的建立以及如何使所获得的生物催化剂更好地服务于生物技术产业，仍是目前存在的主要挑战。近年来，越来越多的蛋白质晶体结构的解析，将在基因水平和空间结构水平上保证基因组数据库挖掘的高效性和准确性，另外各种表达宿主（例如，毕赤酵母、假单胞菌等）的开发也将极大地提升目标基因，特别是真核基因的异源表达水平。最后，随着蛋白质工程手段的快速发展以及各种分析检测手段的完善，将有助于对所挖掘的生物催化剂进行改造以满足它们在工业化领域应用的要求。

（张志钧　李春秀　孙志浩）

参 考 文 献

[1] 孙志浩. 生物催化工艺学 [M]. 北京：化学工业出版社，2004.
[2] Bommarius A S, Riebel B R 著. 生物催化——原理及应用 [M]. 孙志浩，许建和译. 北京：化学工业出版社，2006.
[3] 焦瑞身. 微生物工程 [M]. 北京：化学工业出版社，2003.
[4] 俞俊棠，唐孝宣，邬行彦，李友荣，金青萍. 生物工艺学 [M]. 北京：化学工业出版社，2003.
[5] 曹军卫，马辉文. 微生物工程 [M]. 北京：科学出版社，2002.
[6] 刘志恒. 现代微生物学 [M]. 北京：科学出版社，2002.
[7] 诸葛健. 工业微生物资源开发应用与保护 [M]. 北京：化学工业出版社，2002.
[8] 杨汝德. 现代工业微生物学 [M]. 广州：华南理工大学出版社，2001.
[9] 韩贻仁. 分子细胞生物学 [M]. 北京：科学出版社，2001.
[10] 沈萍. 微生物学 [M]. 北京：高等教育出版社，2000.
[11] 岑沛霖，蔡谨. 工业微生物学 [M]. 北京：化学工业出版社，2000.
[12] 魏述众. 生物化学 [M]. 北京：中国轻工业出版社，1996.
[13] 无锡轻工业学院等编. 微生物学 [M]. 北京：中国轻工业出版社，1992.
[14] 周德庆. 微生物学教程 [M]. 北京：高等教育出版社，1991.
[15] 罗贵民. 酶工程 [M]. 北京：化学工业出版社，2003.
[16] 罗贵民，曹淑桂，张今. 酶工程 [M]. 北京：化学工业出版社，2002.
[17] Kurt Faber. Biotransformations in Organic Chemistry [M]. 4th edition. Springer-Verlag Heideberg, Germany, 2000.
[18] Fessner W-D. Biocatalysis- from discovery to application [M]. Berlin：Springer-Verlag, 1999.
[19] Reymond J L, Wahler D. Substrate arrays as enzyme fingerprinting tools [J]. ChemBioChem, 2002, 3：701-708.
[20] Gong J S, Lu Z M, Li H, Zhou Z M, Shi J S, Xu Z H. Metagenomic technology and gene mining：emerging areas for exploring novel nitrilases [J]. Appl Microbiol Biotechnol, 2013, 97：6603-6611.
[21] Cowan D, Meyer Q, Stafford W, Muyanga S, Cameron R, Wittwer P. Metagenomic gene discovery：past, present and future [J]. Trends Biotechnol, 2005, 23：321-329.
[22] Schmeisser C, Steeke H, Streit W R. Metagenomics, biotechnology with non-culturable microbes [J]. Appl Microbiol Biotechnol, 2007, 75：955-962.

[23] 李春秀，许建和. 后基因组时代工业酶资源的挖掘和应用 [J]. 生物产业技术，2011，1：41-49.
[24] Ni Y, Li C X, Zhang J, Shen N D, Bornscheuer U T, Xu J H. Efficient reduction of ethyl 2-oxo-4-phenylbutyrate at 620g/L by a bacterial reductase with broad substrate spectrum [J]. Adv Synth Catal, 2011, 353: 1213-1217.
[25] Ni Y, Li C X, Wang L J, Zhang J, Xu J H. Highly stereoselective reduction of prochiral ketones by a bacterial reductase coupled with cofactor regeneration [J]. Org Biomol Chem, 2011, 9: 5463-5468.
[26] Ni Y, Pan J, Ma H M, Li C X, Zhang J, Zheng G W, Xu J H. Bioreduction of methyl o-chlorobenzoylformate at 500g/L without external cofactors for efficient production of enantiopure clopidogrel intermediate [J]. Tetrahedron Lett, 2012, 53: 4715-4717.
[27] Zhao J, Chu Y Y, Li A T, Ju X, Kong X D, Pan J, Tang Y, Xu J H. An unusual (R)-selective epoxide hydrolase with high activity to facile preparation of enantiopure glycidyl ethers [J]. Adv Synth Catal, 2011, 353: 1510-1518.
[28] Zhang C S, Zhang Z J, Li C X, Yu H L, Zheng G W, Xu J H. Efficient production of (R)-o-chloromandelic acid by deracemization of o-chloromandelonitrile with a new nitrilase mined from *Labrenzia aggregate* [J]. Appl Microbiol Biotechnol, 2012, 95: 91-99.
[29] Zou Z Z, Yu H L, Li C X, Zhou X W, Hayashi C, Sun J, Liu B H, Imanaka T, Xu J H. A new thermostable β-glucosidase mined from *Dictyoglomus thermophilum*: properties and performance in octyl glucoside synthesis at high temperature [J]. Bioresour Technol, 2012, 118: 425-430.
[30] Hohne M, Schatzle S, Jochens H, Robins K, Bornscheuer U T. Rational assignment of key motifs for function guides *in silico* enzyme identification [J]. Nat Chem Biol, 2010, 6: 807-813.
[31] Seffernick J L, Samanta S K, Louie T M, Wackett L P, Subramanian M. Investigative mining of sequence data for novel enzymes: a case study with nitrilases [J]. J Biotechnol, 2009, 43: 17-26.

第3章
生物催化剂的改造

3.1 概 述

突变和自然选择造就了生命世界的多样性，大至形态，小至蛋白质分子。从这层意义上来说，具有催化功能的酶蛋白是进化的产物。具体地说，酶蛋白是生物体为了行使特定的生理功能而经过长期进化的产物。虽然许多天然酶已经在食品和精细化工等领域获得了广泛应用，但在漫长的自然进化过程中所得到的天然酶，往往只适合在特定的环境中行使催化功能。

工业催化有别于细胞生理环境中的天然酶催化，两者反应条件差别巨大，因此天然酶在应用于工业催化时往往就会表现出催化效率、稳定性、专一性等方面的不足，例如：①工业催化要求酶能够将高浓度底物转化为高浓度产物，而天然酶的催化活性往往受自身产物的反馈抑制；②工业催化往往要求酶能长期保持催化活性，而天然酶由于适应了产酶细胞中相关代谢途径的调控模式，业已形成易于快速凋亡和更新的特征；③根据工业催化反应中底物和产物的溶解性能或其他原因，经常需要在非水相、高温等环境下进行反应，而天然酶往往不适应这样的非天然环境；④工业催化的底物经常是非天然底物，天然酶对其催化效率往往十分低下。因此，为了获得适合工业应用的生物催化剂，有必要对天然酶加以分子改造。

近代分子生物学研究表明，酶的功能系由酶蛋白的结构所决定。通过改变酶蛋白的氨基酸序列，可改变酶的三维结构，进而改变酶的性质。由于直接改变酶的氨基酸序列较为困难，而改动为其编码的核苷酸序列相对容易，目前已有诸如定点突变、易错PCR等多种成熟技术可供采用。因此，人们通过改变酶编码基因的核苷酸序列，经基因工程重组表达可获得所需的突变酶。

酶的分子改造方法可以分为理性设计和定向进化两大类。前者需要对酶有足够的理解，例如三维结构与催化功能的信息，通过定点突变，获得性状优良的突变酶；后者则不依赖于对酶蛋白分子特性的认识，借助一轮或数轮的随机突变和对特定表型的高通量定向筛选，即可获得人们预期性状改良的突变酶，因此是一种人为干预下获取新酶种的进化技术。下面详细介绍这两大类方法，并对它们的组合应用进行探讨。

3.2 生物催化剂的理性设计

理性设计（rational design）是蛋白质工程的最早方法，如今也仍然是将所需性质导入目标蛋白质的最常用手段。

理性设计没有一套普遍规则，每一个案都要求尽可能全面地了解相关生物催化剂的具体结构-功能关系。理性设计所需酶的结构信息，包括一级结构——核酸序列和氨基酸序列，二级结构——预测的结构组件（如 α 螺旋、β 片层），三级结构——高分辨率的立体结构等。有了精确的蛋白质立体结构，酶的理性设计才较易实现。其主要策略是利用实验解析出的或通过同源模拟等方法建立的蛋白质模型，对其折叠、结构、催化机理、底物对接、稳定性等性质进行深入研究和计算机模拟，揭示结构与功能以及序列与性能之间的关系，从而合理地推测出在底物特异性、辅酶专一性、稳定性等方面起重要作用的氨基酸残基、残基片段或结构域，以及将这些位点替换成其他氨基酸残基后的可能影响[1,2]。对于不同的方法，其区别主要在于如何通过模型来描述目标蛋白质的性质、如何定量分析和评价稳定结构及维持功能的物理和化学相互作用，通常都要考虑氨基酸残基的可能构象、空间位阻、氢键、范德华力、静电相互作用以及溶剂化效应等[3,4]。

3.2.1 理性设计的工具

3.2.1.1 序列分析

目标酶的一级结构经基因工程实验确定后，相关的信息可以从公共数据库获得。其中，Brenda（http://www.brenda-enzymes.org）是一个较好的酶数据库（图 3.1）。可以用目标酶的名字、酶学委员会（EC）编号或者序列去搜索，进入与目标酶属于同一 EC 编号的酶数据集，其中包含该酶的各种来源信息、最适 pH、最适温度和三维结构链接，甚至还有已报道的突变体等信息。这些都可以作为理性设计的参考信息。

图 3.1 Brenda 酶综合信息系统主页面

收集到该酶的相关序列之后，用 ClustalW 服务器（http://www.ch.embnet.org/

software/ClustalW.html）做多重序列联配（图 3.2），可进一步分析目标酶与其他酶的亲缘关系。保守区段往往是催化位点、底物结合位点等关键区域。

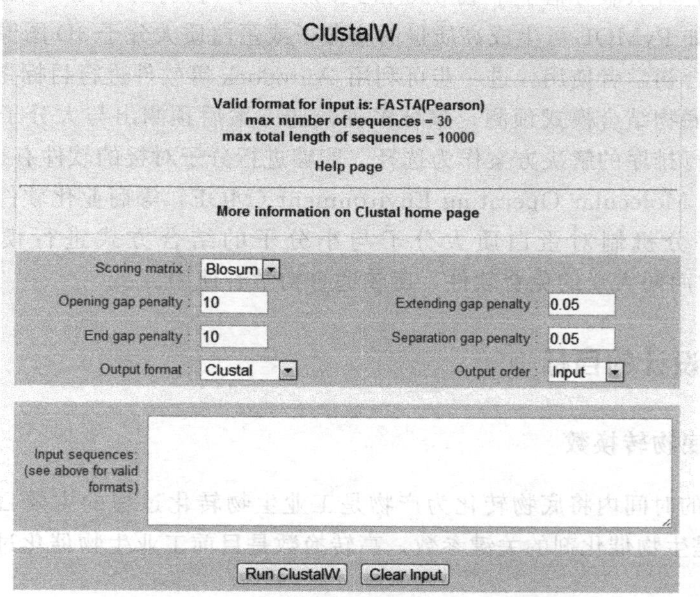

图 3.2　ClustalW 服务器序列输入界面

3.2.1.2　分子建模

理性设计乃是基于分子模拟所构建的分子图形。对于需要改造的目标酶，只有与它有一定同源性的酶的结构已被解出，才可以该结构为模板对其进行同源建模，最快速的方法就是在 SWISS-MODEL 同源建模服务器上提交蛋白质序列进行建模，参见图 3.3（http://swissmodel.expasy.org）。

图 3.3　SWISS-MODEL 分子建模服务器

3.2.1.3 分子图像与分子对接分析

建模成功后,可从服务器上下载 pdb 格式的分子结构文件,然后利用一些软件对分子图像进行分析。如 PyMOL 可生成高质量的小分子或蛋白质大分子 3D 图像,其明确的可视化用户界面很适合初学者使用。进一步可利用 Autodock 等软件进行目标蛋白质潜在结合位点检测及小分子底物结合模式预测。整合多种候选方案后预测出与大分子结合的能量,返回按评分结果进行排序的解决方案作为选择。能够进行分子对接的软件有很多,例如 Gold、Discover studio、Molecular Operating Environment(MOE)等商业化软件,它们都是基于不同的算法和评分机制对蛋白质大分子与小分子的结合方式进行模拟的付费软件。Autodock 是一款面向大众的免费软件,比较适合初学者使用。

3.2.2 理性设计的目标

3.2.2.1 底物转换数

在尽可能短的时间内将底物转化为产物是工业生物转化过程的主要目标,因此,酶的转换数(k_{cat})是生物催化剂的关键参数,高转换数是目前工业生物催化过程所需要的主要特征[5]。

天然酶的转换数和它们的生理功能相适应,因此与其催化生理反应的机理以及体内代谢平衡位置相关[5]。实际情况往往是:一个特定的酶虽能催化所需的生物转化反应,但因其转换数太低而往往不能在实际工业上应用,因此很有必要运用生物催化剂改造技术提高其转换频率。

使过渡态稳定化,从而降低活化能是提高酶转换数的一般着眼点。但在很多情况下,过渡态的形成可能并不是酶催化的限速步骤,此时稳定化过渡态的设计原则就显得过于简单化。例如,在给定时间内,单链莫内林蛋白质(monellin,一种甜蛋白)突变体作为蛋白酶底物被水解的程度与其蛋白质的去折叠自由能相关。这表明底物去折叠可能是该酶促反应的限速步骤。许多重要的工业用酶,例如纤维素酶、淀粉酶、脂肪酶甚至蛋白酶,是在对不可溶的底物发挥作用。纤维素酶和木聚糖酶都有一个结合结构域帮助酶吸附到底物上,而脂肪酶只在被吸附到油水界面的时候才有活力。在这些情况下,底物转换数可能受传质扩散速率限制,并受控于酶在底物表面的移动性或酶的吸附/解吸速率。因此,酶的底物转换数最终决定于酶的表面性质以及酶和底物界面的条件[6]。

总体上,理性设计提高底物转换数没有通用规则可循,只能具体情况具体分析,在找到限速步骤之后再运用各方面的信息设计个性化的改造方案。

3.2.2.2 稳定性

影响酶稳定性的因素包括热、pH、有机溶剂等。酶的工业催化环境一般和这些酶所处的天然环境有很大差别,因而不利于酶的稳定,并限制了酶的应用。因此,提高酶的稳定性是蛋白质工程的一个重要课题。引入二硫键和盐桥已被广泛地用于提高酶的稳定性。

(1)热稳定性

根据耐热程度,一般可将耐热酶分为 3 类:轻度耐热(45~65℃)、中度耐热(65~

85℃）与极端耐热（>85℃）。了解蛋白质热稳定性增强的结构基础是酶工业应用研究中的一个重要目标。大部分耐热酶都有热稳定性提高的共同结构特征。提高酶的热稳定性并没有普适的机制，然而，蛋白质工程的实践经验表明，根据从耐热或嗜热微生物中存在的天然耐热酶研究所得的结构信息，可为中温酶或低温酶改造时提供参考，以增强这些酶的热稳定性[7]。

提高热稳定性的因素包括环区长度减少以及随之而来的二级结构增加、敏感氨基酸残基（如半胱氨酸、天冬酰胺和谷氨酰胺）减少、芳香环堆积增加、疏水作用增加、金属离子结合能力提高以及寡聚增加。这些因素都已被大规模数据库分析、定向进化、晶体结构比较分析等主要方法鉴别出来。

对常温菌和嗜热菌的基因组或蛋白质家族的热稳定性相关数据库进行的全面分析比较表明：表面静电作用和氨基酸组成、环区缩短和螺旋电偶极增加、阳离子和芳香环（大π键）相互作用等，是提高热稳定性的重要全局性因素。从嗜热菌中分离得到的蛋白质中带电氨基酸残基较多，且更多地分布在酶蛋白的表面，这些残基参与了电荷相互作用网络，而不仅仅是成对相互作用。

定向进化后热稳定性提高的蛋白质变异体结构信息分析显示，电荷和芳香环相互作用是提高热稳定性的重要因素。分析结果还表明，相关蛋白的热稳定性可以通过不同的机制提高到相近的程度。

随着晶体结构数据的增多，可以比较从常温蛋白质到耐热蛋白质的系列结构，然后将耐热蛋白质中被推测的（疑似）耐热结构特性设计到常温蛋白质分子的对应部位以提高其热稳定性。晶体结构的比较研究表明，电荷相互作用的增加是耐热蛋白质热稳定性高的关键因素[7,8]。

因此，改变结构表面的氨基酸残基对于提高蛋白质热稳定性相对有效，且在增强突变体热稳定性的同时，仍保持催化特性。作为简化实验设计的一款非常有用的软件，B-FITTER乃是基于已知酶的三维结构而进行氨基酸残基摇摆性（flexibility）的排序分析。通常首先挑选出摇摆性排序靠前的氨基酸残基，然后利用迭代饱和突变，同时结合高通量筛选，就能够在短时间内得到理想的突变酶。典型实例是通过迭代饱和突变大幅度提高枯草杆菌来源的野生型脂肪酶热稳定性。具体操作中，先用 B-FITTER 软件分析脂肪酶的三维结构，挑选出 10 个摇摆性值高的氨基酸残基，组成 8 个突变库。利用迭代饱和突变方法建库和筛选，使得突变酶半致死温度（T_{50}）从 48℃提高到 93℃[9]。

（2）有机溶剂中的稳定性[8]

由于底物或者产物的性质原因，有些催化反应需要在有机溶剂或有机溶剂-水溶液中进行。已经发现一些天然酶在有机溶剂中很稳定，但是，绝大多数的酶易在有机溶剂中变性和失活，因此，发展非水相酶催化过程需要理性设计耐有机溶剂的酶。Martinez 等将 α-裂解蛋白酶（α-lytic proteinase）的 20 个带电氨基酸残基中的 4 个突变为更加疏水的氨基酸残基。结果一个双突变 α-裂解蛋白酶在 30℃、80%二甲基甲酰胺（DMF）中更稳定。当枯草杆菌蛋白酶 E 表面的带电氨基酸残基天冬氨酸分别被替换为天冬酰胺、丙氨酸和亮氨酸后，所得 3 个突变体的疏水性以及它们在 80% DMF 中的稳定性均有提高，但在 40% DMF 中的稳定性未见升高；若将 218 位的天冬酰胺突变为丝氨酸，则因酶蛋白分子内部氢键的相互作用发生改变而使酶在 40%和 80%两种浓度 DMF 中的稳定性都得到提高。这一研究表明，替换酶表面的带电氨基酸残基是提高酶在有机溶剂中稳定性的有用方法。而且单个氨基酸突变对稳定化的自由能贡献在 Asp248→Asn＋Asn218→Ser 双突变酶中具叠加效应，双突变酶在 80% DMF 中的稳定性是野生型酶的 3.4 倍[10,11]。

有关酶在有机溶剂中的稳定机制还是知之甚少，目前最可靠的理性设计策略是系统性地替换酶表面的带电氨基酸。同时，为了不致使酶失活，在选择突变点时，通常选择位于环区的非保守氨基酸这些备选氨基酸与其他氨基酸的氢键和静电作用相对较少，同时满足远离活性中心等条件。采用这一策略，在青霉素 G 酰化酶的 700 多个氨基酸残基中挑选了 2 个最符合条件的赖氨酸残基突变为丙氨酸。两个突变体在 50% DMF 中的稳定性都明显提高，双突变体的稳定性提高更为明显，在 50% DMF 中的稳定性提高了 8 倍以上[11]。

3.2.3 融合蛋白质

将酶分子和另外一个已知性质的短肽或蛋白质分子融合表达即得到融合蛋白质，这是理性设计的常用方法，最成功的例子是在蛋白质上引入由 6 个组氨酸串接而成的标签（His-tag），已知 His-tag 能特异性地和二价金属离子如 Ni^{2+} 或 Co^{2+} 结合。因此，具有 His-tag 的蛋白质可以方便地通过金属离子螯合色谱得以一步纯化，从而不必对每一种蛋白质摸索其特定的纯化条件，大大简化和加快了酶的开发速度。而且通过使用商品化针对 His-tag 的单克隆抗体，可以方便地用免疫学方法鉴定重组蛋白质。此外，还有谷胱甘肽合成酶和麦芽糖结合蛋白等，不仅和 His-tag 一样可以用于亲和色谱，而且还可以改善目标蛋白在大肠杆菌中的可溶性表达，提高表达效率。融合透明红颤菌血红蛋白则可以提高氧化酶活性中心附近的局部氧浓度，从而提高酶的表观活力。

3.2.4 模拟计算的最新进展

蛋白质工程研究的最终目标是实现真正的理性设计，创造出全新的生物酶催化剂。与耗时、费力地从自然界直接筛选和挖掘野生型酶，或者用定向进化结合高通量筛选方法改进已有野生型酶的催化性质相比，模拟计算的优点不仅在于大部分工作是由计算机运算完成，而且还能够根据催化反应的机理创造性地开发出相关生物催化剂的新类型。为实施模拟计算，首先需要综合分析已知酶的晶体结构、同源模型结构的比较、催化过程中过渡态的化学反应机制等方面的重要信息，然后在已有的蛋白质骨架上插入计算模拟所得催化中心位置的氨基酸残基。

总之，通过模拟计算创造新蛋白质离不开以下几个要素：一是精确的结构预测，二是催化反应条件下蛋白质的稳定性，三是正确模拟蛋白质和其他分子（例如底物、配体和辅酶因子）的相互作用。模拟计算的一个成功实例是全新反向醛缩酶（de novo retro-aldolase）的构建[12]，具体步骤包括：①依据量子力学原理，借助 ROSETTA 软件模拟计算该酶在催化过程中的过渡态结构和稳定的活性中心氨基酸空间位置；②寻找适合的蛋白质骨架，其结合中心口袋能够紧紧地容纳模拟的活性中心残基；③由于模拟出的新蛋白质结构催化活力较低，需经进一步的定向进化来微调活性中心的氨基酸位置，以提高其催化效率。

3.2.5 小结与展望

综上所述，理性设计的主要难点不在于蛋白质序列的惊人多样性而使人无从下手，而在于蛋白质结构与功能关系的极度复杂性，以及我们对蛋白质序列如何决定高级结构，高级结构如何影响酶特性所知甚少，诸如：蛋白质序列如何影响蛋白质的异源表达，高级结构的催化活力如何受非天然环境影响等方方面面。许多蛋白质工程实验表明，蛋白质性质的改变是许多细微调整的加和结果。而且，即使某一性状（如稳定性）得以成功改良，其他性状（催化活性和表达水平）却不一定能保持。虽然理性设计不乏成功例子，但也难以改变理性设计"看似有理"，却往往存在劳而无功的事实和整体成功率低的局面。

蛋白质的稳定性改造是成功率比较高的理性设计技术的应用。原因是已有的研究已经确定了影响热稳定性的许多结构特征，同时也由于提高稳定性的突变容易被鉴别而使得成功可能性很高。不过，鉴于对酶的基本性质与其结构之间构效关系的理解还非常不充分，加之影响活性的结构参数难以清楚地界定等因素，都使得酶催化效率的提高显得相对比较困难，尤其当底物为不溶性大分子时更加如此，而这又通常是大部分重要的工业用酶分子改造时常常面临的一道难题。

其他如底物特异性、对映体选择性的改良也面临相同的难题，还需要结合定向进化的方法。未来对理性设计的改进主要依赖于酶的结构-功能关系认识的重大突破，其次在于结构生物学（如结构解析）的更大进展和生物信息学技术（如建模程序）的完善。总之，最佳的蛋白质工程改造手段就是用最小的投入达到既定的目标。定向进化法对生物催化剂的改造业已取得很大成功，分析总结有益突变对蛋白质结构空间造成的影响，积累这些相关知识将有助于推动理性设计的发展和进步。同时，改造催化剂性质的理性设计也需要结合局部定向进化的方法来完成。

3.3 生物催化剂的定向进化

自然进化的结果使物种更加适应环境。而人工进化则是通过传统育种和分子育种方法使物种按照人类的特定需求发展得到的与产物合成量或品质相关的遗传新性状，如选育产量更高的水稻品种，更好的啤酒酵母和面包酵母，以提高人类的生存机会和生活水平。20世纪80年代初出现了依赖于结构分析和定点突变的"理性设计"[13]，以结构为基础的蛋白质设计取得了一定程度的成功。然而，即使对于结构数据业已明确的目标蛋白质而言，不仅在结构的解析和目标氨基酸残基的定点突变实验中工作量很大，而且多点突变对蛋白质功能的影响也难以预料。因此，研究者往往难以制定基于复杂序列空间的突变解决方案，理性设计经常出现的一个灾难性后果——酶失活，使得蛋白质工程策略在20世纪80年代末逐渐转向系统性的单点饱和突变或全序列多重突变，以增加改造成功的机会。单点饱和突变系用互补的简并引物进行定点突变，而全序列多重随机突变则有赖于DNA复制时聚合酶的非保真性（见表3.1）。这一策略在枯草芽孢杆菌碱性蛋白酶的抗氧化改造等课题上获得了成功。因此，人们逐渐认识到建立一个大量随机突变库并辅以高通量的筛选方法，即定向进化技术（directed evolution），可能是蛋白质工程发展的一条新出路。

表 3.1 常见 DNA 聚合酶的碱基错配率

DNA 聚合酶	碱基错配率/每轮复制	DNA 聚合酶	碱基错配率/每轮复制
大肠杆菌体内	$1\times10^{-10}\sim1\times10^{-8}$	KlenTaq	5.1×10^{-5}
Replicase	1.03×10^{-4}	Vent	$(2.4\sim5.7)\times10^{-5}$
Vent(exo$^-$)	1.9×10^{-4}	Pfu,PfuTurbo	1.6×10^{-6}
Taq	$(2.0\sim21)\times10^{-5}$		

定向进化旨在体外模拟自然进化机制（突变、重组）通过选择/筛选使分子的特性朝着预期或需要的方向发展，大大缩短了形成遗传新性状的时间进程。这种模拟自然的进化过程又常常称为人工进化（artificial evolution）、分子进化（molecular evolution）、实验室进化（laboratory evolution）或驱动进化（forced evolution）。酶的特性和功能的筛选/选择策略和方法是定向进化技术重要的组成，只有通过定向的筛选/选择才能驱使或表征分子的特性/功能朝着预期或需要的方向发展，这就是定向进化的一个准则"所得即所选（you get what you select for）"[14]。而在进化上对酶分子特定特性的筛选策略是建立在酶对特定底物或其衍生物活力检测方法基础之上的，针对不同酶分子的每一个定向进化方向都需要一个特定的筛选系统。因此突变和重组导致变异的多样性及选择方法的高效性，是决定定向进化成败和效率的关键因素。

定向进化的本质是采用分子进化方法产生分子多样性，并对目的特性进行筛选的循环过程，如图 3.4 所示，一个简单的循环过程通常分 3 步进行：①通过随机突变和/或基因体外重组创造基因多样性；②导入适当载体后构建突变文库；③通过灵敏的筛选方法，选择阳性突变子[15]。

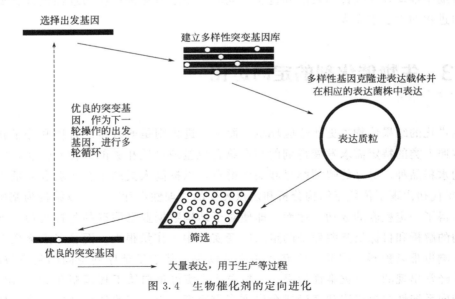

图 3.4 生物催化剂的定向进化

3.3.1 定向进化的方法

分子定向进化的思想最早出现于 1967 年，Spiegelman 及其同事把 RNA 作为定向进化的目标[16]。1984年Eigen和Gardiner提出分子进化的理论[17]。1993年Arnold研究组首先将分子进化的理念用于酶分子，建立了基于随机突变的定向进化方法——易错PCR[18]。1994年Stemmer进一步发展了蛋白质基因间随机重组的方法——DNA混组（DNA shuffling），有力地推动了定向进化的发展[19]。1999年Stemmer等又把DNA混组延伸到家族混组（family shuffling），将单一来源DNA分子进化扩大到家族分子间的组合进化[20]。

3.3.1.1 饱和突变

饱和突变（saturation mutation，SM）是一种将蛋白质的特定氨基酸残基分别用其他19种氨基酸替换的蛋白质特定位点的分子进化技术[21]，即以亲本酶基因作为模板，针对目标基因的特定位点设计包含所有密码子突变的简并引物，通过PCR扩增在这一位点产生包含20种氨基酸的文库（图3.5）。与NNN相比，引物设计选用NNK简并密码子理论上筛

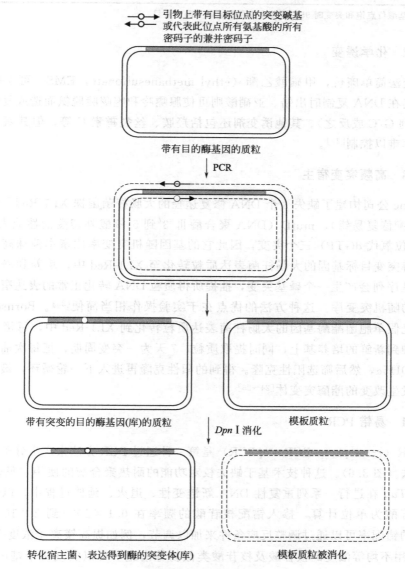

图3.5 定点饱和突变

选 100 个转化子就达到 95% 覆盖率，对覆盖 19 种氨基酸的突变体进行筛选的工作量可减少一半。当多个位点同时突变时，简并引物的选择可更显著地降低筛选工作量，如果是两个位点同时饱和突变，通过采用合适的简并引物（如采用简并密码子 NNK、NDT）可以大幅减少待筛选突变库的数量（表 3.2）。

表 3.2 密码子使用统计分析

简并密码子	密码子数	编码氨基酸数目	终止密码子数目	编码的氨基酸	95%覆盖率（2个位点）[①]
NNN	64	20	3	全部	12269
NNK	32	20	1	全部	3066
NDT	12	12	0	RNDCGHILFSY VRNDCGHILFSYV	430
DBK	18	12	0	ARCGILMFSTW VARCGILMFSTWV	969
NRT	8	8	0	RNDCGHSY RNDCGHSY	190

① 当 2 个氨基酸位点饱和突变时 95% 覆盖率需要筛选的克隆子数目。

3.3.1.2 化学诱变

化学诱变法简单廉价，甲磺酸乙酯（ethyl methanesulfonate，EMS）可烷基化鸟嘌呤的胍基，使其在 DNA 复制时出错。亚硝酸则可使腺嘌呤和胞嘧啶脱氨而造成复制时的碱基颠换（A/T 到 G/C 或反之）。其他诱变剂还包括羟胺、丝裂霉素 C 等，但其氨基酸替换类型少且突变率难以控制[22]。

3.3.1.3 高频突变宿主

Stratagene 公司构建了缺失 3 个 DNA 修复途径的大肠杆菌菌株 XL1-Red。该菌株发生了 mutS（错配修复易错）、mutD（DNA 聚合酶Ⅲ 3′到 5′核酸外切酶活性缺失）和 mutT（不能水解 8 位氧代 dGTP）三个突变，因此它的基因随机突变率比亲本菌株高约 5000 倍。只要将含有待突变目标基因的大肠杆菌表达质粒转化至 XL1-Red 中，培养到静止期后，平均每 2kb 碱基序列会产生一个碱基突变，抽提所得质粒 DNA 转化正常的表达宿主，即可建立目标基因的随机突变库。这种方法的优点在于实验操作相当简便[23]。Bornscheuer 等将含野生型荧光假单胞菌酯酶基因的大肠杆菌表达质粒转化到 XL1-Red 中，每培养 24h 取少量培养物接种到新鲜的培养基上，同时提取质粒，7 天为一突变周期，把每次抽提的质粒转化大肠杆菌 DH5α，然后筛选阳性克隆。得到的阳性克隆再进入下一轮循环，最终筛选获得立体专一性发生改变的酯酶突变体[24~26]。

3.3.1.4 易错 PCR

易错 PCR（error-prone PCR，epPCR）是第一种通过 PCR 方法来产生分子多样性的随机点突变方法（图 3.6）。这种技术基于缺失校对功能的耐热聚合酶的使用（见表 3.1），如 PCR 反应中 *Taq* 在进行一系列重复性 DNA 新链变性、退火、延伸过程中，以每扩增一个循环、每核苷酸为单位计算，掺入错配核苷酸的频率在 0.1×10^{-4} 到 2×10^{-4} 之间[26]。*Taq* 聚合酶的错配率可以通过调整反应条件来加以调节，例如提高镁离子浓度[25]、添加锰离子[27]、采用不均等浓度的核苷酸及核苷酸类似物等措施，可以实现每个基因 2~5 碱基替代的平均突变水平。因此，易错 PCR 法适用于在目标基因中以一定的频率随机引入点突变的随机突变基因库构建。如果使用不同浓度的镁离子或锰离子，该方法对于给定的目标蛋白质，可以达到平均 5.7 个氨基酸替代效率。

陈克勤等用易错 PCR 改造枯草芽孢杆菌蛋白酶 E，得到的变异体在 60% 和 85% DMF 中的催化效率 k_{cat}/K_m 比野生酶分别提高了 256 倍和 131 倍，比活力提高了 157 倍[28]。通过多轮的易错 PCR 可以逐步累积有益突变，可能获得比单轮高突变率易错 PCR 更有益的结果。

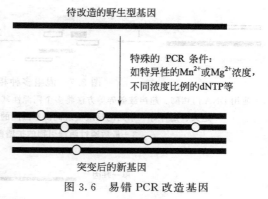

图 3.6 易错 PCR 改造基因

针对 Taq 酶在易错 PCR 反应中更易在 A 与 T 碱基发生错配的倾向，已发展出与之互补的倾向 G 与 C 碱基错配和无碱基错配偏好的 GeneMorph 方法。另外，还有更加复杂的序列饱和突变（sequence saturation mutagenesis，SeSaM）方法，其所提供的偏好性亦可与基于 Taq 酶的易错 PCR 互补，并且增强了颠换突变的发生，采用 dNTPαS 和三种兼并碱基还可以控制突变倾向性程度，连续核苷酸突变的发生率比易错 PCR 提高了 $10^5 \sim 10^6$ 倍[21,29]。

3.3.1.5 逐点饱和突变

易错 PCR 文库只需一对引物即可构建突变文库，但相邻碱基同时突变的概率相当低，造成有些氨基酸残基替换非常困难，从而需要极大的筛选工作量才能实现在任意位点的所有氨基酸替换的筛查。而逐点饱和突变是针对每个氨基酸残基合成一对互补简并引物，做饱和突变；对一个氨基酸残基数为 N 的目标蛋白质，要合成 N 对简并引物，做 N 次饱和突变。它的好处是可针对蛋白质的任何限定位置或区域进行构建任意氨基酸替换的突变文库，这样可以排除突变的倾向性和偏好性，对每个位点的所有突变进行检验。该方法最初应用于改造腈水解酶催化 3-羟基戊二腈生成重要医药中间体 (R)-4-氰基-3-羟基丁酸，经过逐点饱和突变后获得的最好突变是 190 位的丙氨酸（Ala，GCN）突变为组氨酸（His，CAT/C），产物立体选择性从 87.6% ee (R 型) 提高到 98.5% ee (R 型)[21]。这一突变体需要三联体密码子中至少前两个碱基的连续突变，而采用易错 PCR 不太可能得到。

3.3.1.6 DNA 混组

上述方法产生的遗传突变只发生在单一分子内部而属于无性进化（asexual evolution）。而 DNA 混组（DNA shuffling）这一技术超越了以前的无性进化，模仿了自然进化的另一个重要方面：不同基因间的重组突变。具体过程如图 3.7 所示：将相关的 DNA 序列随机打断，然后以这些片段互为引物，在 DNA 聚合酶的作用下链式延伸重组成为嵌合基因库。当存在有选择压力或符合筛选设定，即可鉴别出编码所需功能的子代序列。所需克隆可被反复选育，产生含有多种有利突变的后代，直到进化序列含有所需功能。混组的 DNA 不仅可以是如图 3.7 的同源家族蛋白质基因之间（家族混组，family shuffling），也可以是同一蛋白质的不同有益突变体之间混组，如图 3.8。

图 3.7 混组多种相关的亲本 DNA 序列

1—应用 DNA 内切酶、超声波破碎等方法将多个同源性基因打碎；2—在无引物的 PCR 过程中，通过 PCR 中的变性、退火、延伸等一系列的反应实现同源基因间的重组，从而获得大量的具有多样性的嵌合基因；3—最后通过两端引物的扩增而获得具有目的长度的杂合基因

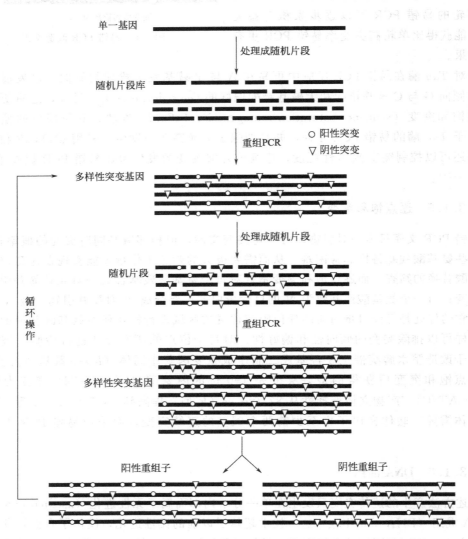

图 3.8 同一蛋白质不同突变体的 DNA 混组技术示意图

通过同源重组或者分子嵌合将多个不同来源 DNA 片段连接起来的方法统称为 DNA 混组。DNA 混组和自然有性重组的一个显著差别是混组不仅实现了自然界的双亲本重组，而且还可实现亲本分子的多亲本重组。多亲本重组的益处十分显著，使得人们在蛋白质序列空间的更广阔区域进行筛查成为可能。

3.3.1.7 基因重装配

基因重装配(gene reassembly)技术是在核酸外切酶Ⅲ及连接酶(或核酸外切酶Ⅲ、连接酶及DNA聚合酶)的共同作用下,能够将带有重叠序列(序列长度和组装的片段大小相关,15~150bp)的多个DNA片段经一步等温处理在体外进行拼接组装,使多个DNA片段不经过限制内切酶酶切而直接克隆入载体,实现基因(片段)的精确组装[30]。基因重装配技术也可以将有益的突变(或多个位点的饱和突变)进行组合,产生一个更理想的蛋白质突变体或组合突变库(图3.9)。同源性较高基因族间的混组(如DNA shuffling)频率与基因重装配频率相当,而对于难以混组的基因族,基因重装配方法有助于提高混组的频率。另外,基于蛋白质结构信息的混组位点的选择、组装中的密码子优化等都可以在基因重装方法中实现,从而提高相关基因在筛选所用宿主中的表达量。

3.3.1.8 其他重组方法简述

近10多年来,根据DNA同源性的重组技术还派生出交错延伸(staggered extension protocol,StEP)PCR[31]、合成改组(synthetic shuffling,SS)[32]、寡聚核苷酸组装(assembly of designed oligonucleotides,ADO)[33]、用于亲缘较远亲本间重组的过渡模板随机嵌合(random chimeragenesis on transient templates,RACHITT)[34]、指数扩增重组(recombination-dependent exponential amplification PCR,RDA-PCR)[35]、突变及单向组装(mutagenic and unidirectional reassembly,MUR)[36]和模板截短延伸(recombined extension on truncated templates,RETT)[37]、体外随机引发重组(random-priming in vitro recombination,RPR)、外显子改组(exon shuffling,ES)、随机插入/缺失突变(random insertion/deletion,RID)等。基于巧妙设计二联体密码子(6碱基复合物,20个氨基酸设计成14个这种二联体密码子)的密码子改组(stagge codon shuffling,SCS)[38]及可以连续同源重组的体内DNA混组(in vivo DNA shuffling)方法[39]。

非同源或低同源重组方法近年来也取得较大发展。为了弥补DNA shuffling中交叉只发生在同源区的缺点,Ostermeier[2,40]建立了渐增切割产生杂合酶方法(incremental truncation for the creation of hybrid enzymes,ITCHY)来使两个基因间杂合。基于单交换的ITCHY文库可以使酶在整个范围进行交换而不是严格在特定部位,也可以通过exonuclease Ⅲ酶处理的片段大小控制交换数。其主要的缺点是每个杂合酶上只有一个交叉。SCRATCHY方法[41,42]结合了ITCHY和DNA混组,可以在多处进行交叉融合,并且这种交叉并不依赖于序列的同源性。除ITCHY外非顺序同源蛋白质重组(sequence homology-independent protein recombination,SHIPREC)是又一个重要的不依赖同源序列的重组技术。SHIPREC比DNA shuffling更有利的地方是可以用于亲缘关系较远基因的杂合,它依赖于序列长度而不是序列的相似度。

近几年来,基于计算或结构指导的重组技术也越来越得到重视,非序列依赖定点杂合(sequence-independent site-directed chimeragenesis,SISDC)[3]和基于结构的蛋白质组合(structure based combinatorial protein engineering,SCOPE)[43]都是基于蛋白质结构作为指导进行模块设计来构建杂合文库。SISDC是在多个不连续位点重组远源(或非亲缘)蛋白质的常用方法,从亲本酶来定义能相互交换的最小肽模块,而不是通过SCHEMA运算对蛋白质三维结构计算来设定杂合位点。计算机运算SCHEMA常被用于估算三维结构中

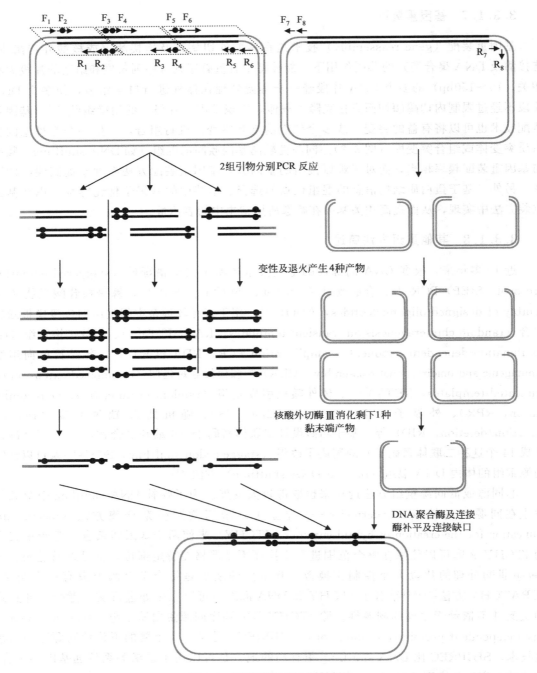

图 3.9 基因重装用于突变重组

小黑点（●）为引物上待引入的（兼并）突变。虚线方框内的 2 组引物（如 F_1/R_1、F_2/R_2）分别 PCR，回收目的大小片段，变性退火，产生 4 种 DNA 片段、核酸外切酶Ⅲ消化 3′端双链 DNA 片段、剩余 3′端单链 DNA 片段，DNA 聚合酶和连接酶补平、连接 3′端单链 DNA 片段和载体间的缺口，转化宿主构建成突变体（库）

蛋白质的中断位置（disruption）[44]。SCOPE 是又一种用于特定蛋白质突变的技术，设计、合成结构单元间连接元件的杂合寡聚核苷酸，通过一系列 PCR 组装后产生带有多个交换的杂合基因文库，这种方法在创建非同源基因多交换突变体文库上特别有用。

综上所述，重组突变方法各有特点及适用范围，并不是所有方法都被广泛使用，甚至有些构思独特的方法初次提出后再也没有见到再次应用的报道。其可能原因是其操作复杂或要求实验条件较高。在实际应用中，可首选 DNA 混组与基因重装配这两种简单易用的重组方法。

3.3.2　亲本酶的选择

在制定定向进化实验方案时，首先需要考虑的因素是考察作为模板的亲本酶的"可进化性"，自然进化和实验室进化研究表明：亲本酶的"可进化性"对定向进化的结果产生重要的影响，其与酶可转化底物的多样性和催化活性的多样性有着直接的联系。作为进化的起点，亲本酶应当具有可以测量的目标活性，或者能够催化类似底物的同类反应，仅通过定向进化来获得全新的催化活性非常困难。还有研究表明，酶的自然进化历史是评价其可进化性的重要参考，那些具有多种功能和广泛底物谱的酶家族成员在实验室中也具有较高的可进化性。

酶的可进化性还与突变耐受性和热稳定性相关。突变耐受性是指一个蛋白质抵抗氨基酸序列的突变对其折叠或催化活性干扰的能力。突变耐受性越高，突变体在进化中"存活"的可能性越大。热稳定性对酶的催化功能并没有直接的影响，但是热稳定性的提高使酶得以容忍更多的去稳定化的突变，从而产生更高比例的、能够正确折叠的突变体，也就相当程度地提高了酶的突变耐受性。以热稳定酶和非热稳定酶作为模板进行定向进化的对照实验表明：热稳定的酶是定向进化更好的起点。

3.3.3　不同策略决定进化路径

根据对目标性质的影响，突变可以被分为有益突变、中性突变和有害突变。对于随机突变，30%~50%的突变是有害的，50%~70%的突变近似中性，而有益突变的频率为突变总数的 0.5%~0.01%。随机突变的有益突变率如此之低，说明在随机突变中，两个以上的有益残基组合出现的概率更低。这就意味着当对整条基因随机突变的时候，最好是能够获得一系列单个有益的突变，然后再通过多轮随机突变或者重组方法使这些有益突变逐渐累积起来。但也有研究表明，高突变率反而是有益的[45]。比如，近年来不断发展的构建"智能库"的方法就是在一特定区域进行完全随机突变或者产生很高的突变率。再如，对定向进化过程的计算表明，一个足够高的选择压力（但非极端压力）和平均每个蛋白质 2~3 个氨基酸突变率的组合能够获得更为理想的结果。

酶定向进化可以根据其所筛选的特性有不同的进化方向，同时在同一种进化方向上也有许多进化路径，这些不同的路径可能使得向目的（最优）突变体进化时产生一定程度的偏差。因此，定向进化的一个挑战也在于如何挑选一个有效的定向进化的技术路线[46]，例如一般情况下，很少发生单个氨基酸替换就可以使一个酶对某种新的底物呈现高特异性。为了获得这个新底物的特异性，可以先将野生型从一个"专才"进化成为一个具有更广泛底物谱或更多副活性的"通才"，再将这个"通才"通过负筛选去除原先或其他底物特异性，然后通过正筛选进化为针对目标底物活性的"专才"[47]。

3.3.4 生物催化剂的高通量筛选

酶可以从产酶生物中获得,既可以产生于环境中的生物,如微生物,也可以来自宏基因组文库,还可以通过酶的从头(*de novo*)设计及从酶的突变文库中筛选。定向进化的第一定律:所得即所选(you get what you screen for),这表明建立筛选和选择系统的重要性,它往往影响着酶分子改造的最终结果。一个快速、高可靠性的筛选/鉴定系统乃是决定定向进化实验成功与否的关键点之一。对于一个成功的定向进化实验,大文库的产生并不是必需条件,而目的特性的有效显现则是必需的[48]。

高通量筛选是定向进化(也称非理性设计、无理设计)中的理性部分,针对最终应用目的来设计高通量筛选方法是定向进化中最具挑战性的工作,也是定向进化成功与否的关键。在不少情况下,定向进化实验中建立筛选方法的难度不亚于蛋白质的理性设计。高通量筛选方法可以分为选择(selection)和筛检(screening)两大类。筛检是对文库中的每个个体进行活性的分析检测,如果从表型上不能区分活性,则只能逐个测试。基于荧光或生色底物的检出手段是目前最常用的有效筛检方法,所能筛检的数目大概是 10^5。噬菌体展示、核糖体展示或细胞展示等方法具有更高的筛检量,但是通用性差。相反,"选择"则使得没有活性或者活性不够高的个体无法存活,强化了表型和筛选目标之间的关联性。与筛检相比,选择的主要优点是可以同时分析较大文库中的个体,不符合要求的个体在"选择"体系中根本不出现。采用大肠杆菌体内遗传选择的方法时,一次实验可以筛选 10^{10} 个克隆。因此,选择是高通量筛选的首选方法。当然,对于给定的催化过程,建立合适的"选择"方法往往不那么容易,非水相催化尤其如此。而且,设计的"选择"方法越复杂,就越有可能产生假阳性或假阴性。当这种现象很严重时,就需要探寻其他有效的"筛选"方法。

筛检与选择方法的比较参见表3.3。首先是基于活细胞的筛选,适用于直接检测文库中克隆子的酶活,可以是酶活或/和细胞存活相关联的遗传筛选。这种筛选具有高通量的潜能,但是在发展和实施上具有不少困难。其次是基于微孔板或微芯片的发色或荧光分析,具有最灵活、广阔的应用前景,荧光流式细胞仪技术的普适性好且通量可高达每天 10^8 个突变体。第三类筛选依赖于气相色谱(GC)、液相色谱(HPLC)、质谱(MS)或核磁(NMR)等分析仪器的产物检测,这种方法需要有较强的设备支撑,通常只能做到中等通量,但是一旦仪器可以获得,即可快速地适用于任何检测。

表3.3 筛检和选择方法的比较

筛选策略	文库大小	优势	劣势
选择	10^9	只产生目标突变体	活性和生长相关
平板筛检	10^5	操作简单	范围有限
微孔板筛检	10^4	可用于几乎所有筛选	筛选效率相对较低
细胞包于液滴的筛检	10^9	可用于较大文库	基于荧光检测及DNA修饰酶
细胞微反应器的筛检	10^9	可用于较大文库	基于荧光检测
细胞表面展示	10^9	可用于较大文库	基于荧光检测
体外区室化	10^9	非转化子的较大文库	基于荧光检测及DNA修饰酶

3.3.5 小结与展望

针对不同的目的特性采用不同的策略可以起到事半功倍的效果，进化策略的确定不仅可以减小文库筛选的工作量，还影响目的特性进化的成败，同时与目的特性相关的机理也决定了策略的选取。在进化实验的每个节点后采用不同的策略也决定了进化路径及进化所能达到的高度。

3.4 理性设计与定向进化的组合应用

虽然业已开发了许多分子进化方法，但是酶特性的最优进化结果通常是经过不同方法的结合，并通过逐步对有益突变的多步积累而获得[49]。近年来蛋白质工程的发展表明，理性设计和定向进化都是生物催化剂改造的有力手段。两种方法对酶的改造和再设计都发挥了不可替代的作用，但是它们也都具有自身的局限性。

理性设计的局限性在于：绝大多数酶的结构仍然没有被解析，通过同源建模方法建立起来的计算机模型受模板影响而不能够准确地反映其真实结构；其次，即使结构已被解析的酶，由于结构-功能关系的复杂性或未知性、计算能力及数据的有限性，使得突变残基所造成的效应不能被准确地预测，或者不能有效预测所有目标特性。另外，理性设计常常局限于酶的局部，如活性中心、底物识别等部位，对于短距离相互作用（如底物与蛋白质间的空间碰撞和氢键等）尚有可能较好地估计，但对于远距离的相互作用则不能作出准确的预测。如在理性设计中，研究者只能通过分子图像分析改变看起来合理（如靠近活性中心、结合口袋等）的氨基酸残基。然而，对定向进化所得变异体的结构分析表明，一些有益的突变点往往远离催化部位。

对于定向进化技术而言，必须首先建立一种对目标特性能够进行检测或鉴定的高通量筛选方法。但是，并不是所有的目标特性都可以用来建立有效的高通量筛选方法。有时即使可以建立高通量的筛选方法，也并非所有的筛选手段在规定的尺度下都易于实现。其次，定向进化的更为本质的局限性在于引入的突变是随机的，突变率、突变空间是有限的，这使得在新催化能力的创造上非常有限，因为功能的产生通常需要蛋白质结构发生较大的变化，即在序列空间上发生较远的跳跃。最后，突变或重组方法的局限性使得蛋白质序列的多样性在整个序列空间中仍然只占很少的一部分，并且具有相当的突变冗余以及倾向性突变。

虽然定向进化的惊人效果使其在蛋白质工程中越来越受到重视，相关方法被广泛采用。然而，基于结构解析和结构-功能研究的理性设计结合定向进化技术，可以最大程度地改进酶的性能。理性设计能够减少定向进化必须筛选的序列空间，而定向进化的结果可以反过来为理性设计提供更多关于蛋白质的序列-结构-功能或性质相关的信息，两者的结合是目前蛋白质工程方法学研究中的重要方向。

这种结合可以通过理性设计有针对性地对酶进行改造，随后通过定向进化进一步改进目标功能或性质。这样的组合，一方面通过理性设计为定向进化提供相对于野生型酶目标活性更高或性质更好、甚至野生酶不具备的目标性质的起始点；利用已有的蛋白质序列-结构-功能及性质关系，对定向进化的策略进行指导，构建"理性"设计的突变库，增加聚焦度，减少盲目性，从而达到提高突变库质量的目的。例如，对底物特异性或对映体选择性之类性质有较大影响的那些与底物结合或催化有关的残基，而这类残基只占整条肽链很少一部分，显而易见，相比于整条肽链的随机突变，只在这些相关残基位点构建一个相对较小、但是突变种类更丰富的突变库，既能减少筛选工作量，也能以更大的概率获得更好的突变体。此外，如果通过分析发现，某个位点需要某类氨基酸（如为了扩大底物结合部位的空间而需要较小的残基，再如为了增强与某种底物的结合能力而需要疏水氨基酸），则可以缩小突变库的大小，通过使用简并密码子，构建更为集中的突变库。当不能确定该使用何种性质的氨基酸时，则可以构建一个包含各种性质氨基酸的突变库。另外也可以通过类似于生物信息学在理性设计中应用的策略，构建一系列序列-功能、序列-性能关系的模型，对定向进化的结果进行分析总结，并进一步用于更有效的突变组合。

另一方面，通过定向设计来发现理性设计所不能预测到的重要突变位点。有趣的是，现在定向进化技术提供了进行结构/功能研究的很好机会。定向进化库中的蛋白质变异体代表了微型进化时间线和集中的多样性。这些数据有助于理解蛋白质功能怎样在微小的结构变化过程中逐步进化和蛋白质的新功能是如何通过结构变化被创造出来的；有助于实现定向进化在理论和经验之间的平衡；也有助于统计性地理解序列空间。

大概只有 0.1% 的随机点突变可改良单基因。因此，在这样的一个文库中，绝大部分克隆的活性都降低或甚至没有活性。Stemmer 将这样的库称为劣质库，找到改良的克隆需要测定非常多的变异体。这种库需要"选择"方法或以高效的展示方法进行筛选。但是，展示都是基于结合性能的筛选方法，与工业催化性能并不兼容。进一步而言，满足工业催化的障碍是几乎所有的蛋白质工程和酶筛选技术都只针对某种单一性能。单一性能筛选显然是和理想工艺的要求不相兼容的。理想工艺要求催化剂同时符合一系列的性能参数要求，这就需要多性能参数筛选或设计策略[50,51]。同时，提高突变库的质量意味着只需测定少量克隆即可获得改良的变异体。用一组同源性很高的基因进行 DNA 混组，并且严格控制混组条件，可以提高库的质量[50,52,53]。

结构信息和基因混组技术的结合（称为组合改造）会比单一方法更具优势。理性设计之所以不能达到所期望的性质，是因为我们对蛋白质折叠、动力学和稳定性的知识还不够。实际上，在活性中心做很小的改变，就足以对酶的功能产生极大的影响；但是只有采用组合改造的方法才能对酶进行微调，以达到改造酶的最终要求。

3.4.1 理性设计与定向进化的组合——半理性设计

德国 Manfred T. Reetz 教授提出迭代饱和突变（iterative saturation mutagenesis，ISM）方法（图 3.10）。此定向进化的基本思路是体外建立饱和突变体库，进行高通量筛选，鉴定理想的突变酶作为下一轮突变库的模板，重复循环之前的步骤，最终达到设定的目标。首先分析酶分子三维结构模型，选定关键的位点组成突变体库。如果确定了四个突变体库，第一轮是建立四个突变体库并完成筛选工作，从中选择最好的突变酶作为模板，完成第二轮建库和筛选工作，理论上有 24 条路径，总共需要筛选 64 个突变体库。当然，在实际应用研究中，如果完成一条路径的建库和筛选就能够获得理想的突变体，那就无需再探究其他途径。迭代饱和突变在用于扩大酶催化底物谱，提高酶催化的立体选择性、热稳定性和有机溶剂耐受性等方面，都取得了很好的效果[54～56]。

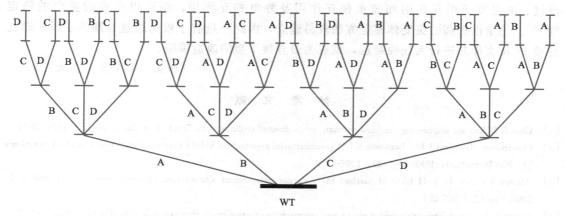

图 3.10　单个酶分子中四个突变体库的迭代饱和突变（彩图见彩插）

活性中心组合饱和突变（combinatorial active-site saturation test，CAST）方法，尤其适用于优化酶催化剂的立体选择性或者扩展底物谱。CAST 的基本思路是首先分析目标酶的三维结构或者同源建模的结构，确定酶催化的活性中心，在确定范围内（比如 0.5nm）挑选出一些氨基酸残基，以一个氨基酸残基、两个或者三个氨基酸残基归为一组，最好相邻或者相近氨基酸归为一组，以便 PCR 扩增实验中易于操作。设计简并引物并建立突变体库后，为了评估突变体库质量，可以挑取多个转化子依次测序，或者集中多个转化子混合样品测序。CAST 方法最初被成功用于黑曲霉来源的环氧化物水解酶的分子改造。野生型酶催化模式底物缩水基甘油苯基醚的立体选择性（E 值）是 4.6，经过 5 轮迭代饱和突变后得到含有 9 个单点突变的最佳突变酶，其立体选择性提高到 115，此过程共筛选了 20000 个克隆；与其相比，利用 epPCR 方法改造，同样筛选了 20000 个克隆，只是得到立体选择性略有提高的突变酶（$E=11$）[55]。

此外，ISOR、OSCARR、OPW-PCR 等方法也被用于建立高质量突变体库[57]。

3.4.2　不同进化方向采用不同策略

简而言之，蛋白质工程首先要选择合适的亲本酶基因进行重组表达，建立测活体系和/或筛选方法。如果知道结构与功能的关系，第一步先采用理性设计方法。此后，以随机突变技术微调得到突变体，并辅以高效的体内或体外筛选。

对底物的特异性和催化活性的改造，可以通过改变底物结合位点、辅酶结合位点、重新布置带电荷的残基等手段来增加目标底物的过渡态稳定性。影响底物选择性和特异性的氨基酸残基常位于酶活性位点或底物结合口袋处。突变活性位点或周围的氨基酸残基，特别是与底物结合或催化相关的氨基酸残基，获得成功的概率更高。采用基于结构指导的计算机运算、分子模拟及底物对接分析可以很好地确定这些相关位点，采用（组合）饱和定点突变技术可以减少文库筛选工作量[9]。如果能建立酶活性与宿主细胞的生长关联，则可极大地提高进化效率，得到的突变点可作为理性设计的起点。

与稳定性有关的氨基酸残基通常并不处于靠近活性位点的位置，在基于结构指导的理性设计中,常选取离活性位点一定距离之内的氨基酸残基作为候选突变位点[4],增加酶分子的结构刚性[48]、替换易被氧化的氨基酸残基、提高蛋白质内核的疏水性、增加氢键和二硫键、加强离子相互作用和疏水相互作用及静电相互作用,都可以影响酶蛋白的稳定性[58]。稳定性提高的突变体鉴定方法较易建立,因此一旦有了较高通量的筛选手段,建立易错 PCR 文库并进行大规模筛选,就成为最直接了当的改造策略。

(杨晟 郑华宝 张大龙)

参 考 文 献

[1] Chen R D. Enzyme engineering: rational redesign versus directed evolution [J]. Trends Biotechnol, 2001. 19 (1): 13-14.

[2] Ostermeier M, Shim J H, Benkovic S J. A combinatorial approach to hybrid enzymes independent of DNA homology [J]. Nat Biotechnol, 1999. 17 (12): 1205-1209.

[3] Hiraga K, Arnold F H. General method for sequence-independent site-directed chimeragenesis [J]. J Mol Biol, 2003. 330 (2): 287-296.

[4] Polizzi K M, et al. Structure-guided consensus approach to create a more thermostable penicillin G acylase [J]. Biotechnol J, 2006. 1 (5): 531-536.

[5] Burton S G, Cowan D A, Woodley J M. The search for the ideal biocatalyst [J]. Nat Biotechnol, 2002. 20 (1): 37-45.

[6] Rubingh D N. Protein engineering from a bioindustrial point of view [J]. Curr Opin Biotechnol, 1997. 8 (4): 417-422.

[7] Yano J K, Poulos T L. New understandings of thermostable and peizostable enzymes [J]. Curr Opin Biotechnol, 2003. 14 (4): 360-365.

[8] Ogino H, Ishikawa H. Enzymes which are stable in the presence of organic solvents [J]. J Biosci Bioeng, 2001. 91 (2): 109-116.

[9] Reetz M T, Carballeira J D. Iterative saturation mutagenesis (ISM) for rapid directed evolution of functional enzymes [J]. Nat Protoc, 2007. 2 (4): 891-903.

[10] Martinez P, et al. Stabilization of Subtilisin-E in organic-solvents by site-directed mutagenesis [J]. Biotechnol Bioeng, 1992. 39 (2): 141-147.

[11] Yang S, et al. Rational design of a more stable penicillin G acylase against organic cosolvent [J]. J Mol Catal B-Enzym, 2002. 18 (4): 285-290.

[12] Jiang L, et al. De novo computational design of retro-aldol enzymes [J]. Science, 2008. 319 (5868): 1387-1391.

[13] Tobin M B, Gustafsson C, Huisman G W. Directed evolution: the 'rational' basis for 'irrational' design [J]. Curr Opin Struct Biol, 2000. 10 (4): 421-427.

[14] Schmidt-Dannert C, Arnold F H. Directed evolution of industrial enzymes [J]. Trends Biotechnol, 1999. 17 (4): 135-136.

[15] Turner N J. Directed evolution of enzymes for applied biocatalysis [J]. Trends Biotechnol, 2003. 21 (11): 474-478.

[16] Mills D R, Peterson R L, Spiegelm S. An extracellular Darwinian experiment with a self-duplicating nucleic acid molecule [J]. Proc Natl Acad Sci USA, 1967. 58 (1): 217-224.

[17] Eigen M, Gardiner W. Evolutionary Molecular Engineering Based on Rna Replication [J]. Pure Appl Chem, 1984. 56 (8): 967-978.

[18] Chen K Q, Arnold F H. Tuning the activity of an enzyme for unusual environments-Sequential random mutagenesis of Subtilisin-E for catalysis in dimethylformamide [J]. Proc Natl Acad Sci USA, 1993. 90 (12): 5618-5622.

[19] Stemmer W P C. Rapid evolution of a protein in-vitro by DNA shuffling [J]. Nature, 1994. 370 (6488): 389-391.

[20] Stemmeier W P C, Soong N W. Molecular breeding of viruses for targeting and other clinical properties [J]. Tumor Targeting, 1999. 4 (2): 59-62.

[21] DeSantis G, et al. Creation of a productive, highly enantioselective nitrilase through gene site saturation mutagenesis (GSSM) [J]. J Am Chem Soc, 2003. 125 (38): 11476-11477.

[22] Labrou N E. Random mutagenesis methods for in vitro directed enzyme evolution [J]. Curr Protein Pept Sci, 2010. 11 (1): 91-100.

[23] Greener A, Callahan M. XL1-Red: A highly efficient random mutagenesis strain [J]. Strategies, 1994. 7: 32-34.

[24] Bornscheuer U T, Altenbuchner J, Meyer H H. Directed evolution of an esterase for the stereoselective resolution of a key intermediate in the synthesis of epothilones [J]. Biotechnol Bioeng, 1998. 58 (5): 554-559.

[25] Fromant M, Blanquet S, Plateau P. Direct random mutagenesis of gene-sized DNA fragments using polymerase chain-reaction [J]. Anal Biochem, 1995. 224 (1): 347-353.

[26] Zhou Y H, Zhang X P, Ebright R H. Random mutagenesis of gene-sized DNA-molecules by use of PCR with Taq DNA-polymerase [J]. Nucleic Acids Res, 1991, 19 (21): 6052-6052.

[27] Cadwell R C, Joyce G F. Randomization of genes by PCR mutagenesis [J]. PCR Methods Appl, 1992. 2 (1): 28-33.

[28] Chen K, Arnold F H. Tuning the activity of an enzyme for unusual environments: sequential random mutagenesis of subtilisin E for catalysis in dimethylformamide [J]. Proc Natl Acad Sci USA, 1993. 90 (12): 5618-5622.

[29] Wong T S, et al. Transversion-enriched sequence saturation mutagenesis (SeSaM-Tv+): a random mutagenesis method with consecutive nucleotide exchanges that complements the bias of error-prone PCR [J]. Biotechnol J, 2008. 3 (1): 74-82.

[30] Mathur E J G T, Green B D, Podar M, Richardson T H, Kulwiec M, Chang H W. A biodiversity-based approach to development of performance enzymes: applied metagenomics and directed evolution [J]. Ind Biotechnol, 2005. 1 (4): 283-287.

[31] Zhao H, et al. Molecular evolution by staggered extension process (StEP) in vitro recombination [J]. Nat Biotechnol, 1998. 16 (3): 258-261.

[32] Ness J E, et al. Synthetic shuffling expands functional protein diversity by allowing amino acids to recombine independently [J]. Nat Biotechnol, 2002. 20 (12): 1251-1255.

[33] Zha D X, Eipper A, Reetz M T. Assembly of designed oligonucleotides as an efficient method for gene recombination: A new tool in directed evolution [J]. Chem Bio Chem, 2003. 4 (1): 34-39.

[34] Coco W M, et al. DNA shuffling method for generating highly recombined genes and evolved enzymes [J]. Nat Biotechnol, 2001. 19 (4): 354-359.

[35] Ikeuchi A, et al. Chimeric gene library construction by a simple and highly versatile method using recombination-dependent exponential amplification [J]. Biotechnol Prog, 2003. 19 (5): 1460-1467.

[36] Song J K, et al. Construction of DNA-shuffled and incrementally truncated libraries by a mutagenic and unidirectional reassembly method: changing from a substrate specificity of phospholipase to that of lipase [J]. Appl Environ Microbiol, 2002. 68 (12): 6146-6151.

[37] Lee S H, et al. A new approach to directed gene evolution by recombined extension on truncated templates (RETT) [J]. J Mol Catal B-Enzym, 2003. 26 (3-6): 119-129.

[38] Rao A, et al. Application of the "codon-shuffling" method. Synthesis and selection of de novo proteins as antibacterials [J]. J Biol Chem, 2005. 280 (25): 23605-23614.

[39] Xu S J, et al. Directed evolution of extradiol dioxygenase by a novel in vivo DNA shuffling [J]. Gene, 2006. 368: 126-137.

[40] Ostermeier M, Nixon A E, Benkovic S J. Incremental truncation as a strategy in the engineering of novel biocatalysts [J]. Bioorg Med Chem, 1999. 7 (10): 2139-2144.

[41] Lutz S, Ostermeier M, Benkovic S J. Rapid generation of incremental truncation libraries for protein engineering using alpha-phosphothioate nucleotides [J]. Nucleic Acids Res, 2001. 29 (4): E16.

[42] Lutz S, et al. Creating multiple-crossover DNA libraries independent of sequence identity [J]. Proc Natl Acad Sci USA, 2001. 98 (20): 11248-11253.

[43] O'Maille P E, Bakhtina M, Tsai M D. Structure-based combinatorial protein engineering (SCOPE) [J]. J Mol Biol, 2002. 321 (4): 677-691.

[44] Meyer M M, et al. Library analysis of SCHEMA-guided protein recombination [J]. Protein Sci, 2003. 12 (8):

1686-1693.

[45] Drummond D A, et al. Why high-error-rate random mutagenesis libraries are enriched in functional and improved proteins [J]. J Mol Biol, 2005. 350 (4): 806-816.

[46] Tracewell C A, Arnold F H. Directed enzyme evolution: climbing fitness peaks one amino acid at a time [J]. Curr Opin Chem Biol, 2009. 13 (1): 3-9.

[47] Khersonsky O, Roodveldt C, Tawfik D S. Enzyme promiscuity: evolutionary and mechanistic aspects [J]. Curr Opin Chem Biol, 2006. 10 (5): 498-508.

[48] Leemhuis H, Kelly R M, Dijkhuizen L. Directed evolution of enzymes: library screening strategies [J]. IUBMB Life, 2009. 61 (3): 222-228.

[49] Leak D J. Benchtop evolution: Using forced evolution to generate gene and protein variants in the laboratory. The Biochemist, 2009, 31 (1): 36-39.

[50] Petrounia I P, Arnold F H. Designed evolution of enzymatic properties [J]. Curr Opin Biotechnol, 2000. 11 (4): 325-330.

[51] Arnold F H. Combinatorial and computational challenges for biocatalyst design [J]. Nature, 2001. 409 (6817): 253-257.

[52] Ness J E, et al. DNA shuffling of subgenomic sequences of subtilisin [J]. Nat Biotechnol, 1999. 17 (9): 893-896.

[53] Cherry J R, et al. Directed evolution of a fungal peroxidase [J]. Nat Biotechnol, 1999. 17 (4): 379-384.

[54] Reetz M T. Laboratory evolution of stereoselective enzymes: a prolific source of catalysts for asymmetric reactions [J]. Angew Chem Int Ed Engl, 2011. 50 (1): 138-174.

[55] Reetz M T, Wang L W, Bocola M. Directed evolution of enantioselective enzymes: iterative cycles of CASTing for probing protein-sequence space [J]. Angew Chem Int Ed Engl, 2006. 45 (8): 1236-1241.

[56] Zheng H, Reetz M T. Manipulating the stereoselectivity of limonene epoxide hydrolase by directed evolution based on iterative saturation mutagenesis [J]. J Am Chem Soc, 2010. 132 (44): 15744-15751.

[57] Wang M, Si T, Zhao H. Biocatalyst development by directed evolution [J]. Bioresour Technol, 2012. 115: 117-125.

[58] Vieille C, Zeikus G J. Hyperthermophilic enzymes: Sources, uses, and molecular mechanisms for thermostability [J]. Microbiol Mol Biol Rev, 2001. 65 (1): 1-43.

第4章
酶的高通量筛选方法

4.1 概述

将酶作为工具引入合成化学领域已经成为备受关注的重要研究方向，酶促反应也被越来越广泛地应用于多种化学品和药物活性成分的合成[1,2]，如：L-叔亮氨酸、6-羟基烟酸、5-甲基吡嗪-2-羟酸、(R)-2-羟基苯氧基丙酸和类固醇等[3]。为达到更好的催化效果以满足应用需求，需要挖掘和构建具有更高稳定性、催化活性或底物专一性的酶。近年来由于DNA重组技术的快速发展，人们可以通过高通量筛选直接从DNA表达库中获得那些过去难以从微生物细胞中分离出的新酶，并且可以通过定向进化的方法快速获得酶学性质改良的酶。采用以上方法改造原有的酶或者鉴定新酶的前提条件是，需建立高灵敏度、高效率、简单易操作的高通量筛选方法[4]。

颜色变化是追踪酶反应进程最便捷的方法之一［产生或消耗NAD(P)H的反应是一个例外，该反应被广泛地应用于酶活性的测定］，但大多数酶反应不直接产生颜色变化。利用显色底物可将颜色变化引入到许多反应中，但这是以人工合成底物代替真正底物为代价的。最好的解决方法是将酶催化真正的底物反应与产生颜色变化的反应相耦合。在很多通过耦合反应建立的成熟测定方法中，将酶反应与pH变化结合，可以便捷地通过pH指示剂对酶反应进行快速测定。

面对多样化的合成需求，底物谱是判断一种酶有无利用价值的最显著特征。为测定酶的底物选择性，比较一种酶对两种底物的反应，需要两种基于颜色反应的测定酶活方法，即将该酶与两种底物分别反应，或者将酶与两种底物的混合物同时反应。最简单的方法是比较酶对两种不同底物的反应速率以衡量该酶的底物专一性，但是该测定方法仅限于对底物选择性的估计，因为酶与两种底物的不同结合位点和不同反应速率都会造成酶对两种底物的选择性差异。分别测定每个底物的酶反应速率会忽略当酶活性部位同时结合两种底物时的情形。

很少有报道通过同时测定酶对两种底物混合物的反应速率来衡量酶的底物选择性，但是可以通过采用一种参照化合物进行两次测定，适用于该方法的参照物很多，与单独测定法不同，这种方法可以得到比较精确的选择性数值。该检测方法的重点是先测定酶对实际底物和参照化合物的选择性。为了方便检测，可以选择一种显色底物作为参照，当酶与其实际底物进行反应时显示一种颜色，而酶与参照化合物进行反应时显示另一种颜色（通过反应释放显色基团）。通过这一竞争性实验，可以得到酶对这一底物的真实选择性，然后选用同一参照物衡量酶对另一种实际底物的选择性。最后，由于两组实验中选用的参照化合物是相同的，通过比较即可评价酶对两种实际底物的不同选择性。一般倾向于选择比色测定法，是因为在检测过程中并不是通过两种底物的直接竞争反应，而是通过比较每个底物与同一参照化合物的两步"快速选择法"来测定酶对不同底物的选择性。

本章将通过实例对氧化还原酶、转氨酶和水解酶在定向进化研究中所用的一些高通量筛选方法进行详细阐述。

4.2 氧化还原酶的高通量筛选方法

4.2.1 脱氢酶

在进行生物氧化还原反应时，脱氢酶催化氢原子从底物移去或转移，这一酶催化反应被广泛地应用于醛酮类化合物羰基（C=O）和 C=C 双键的生物还原。由脱氢酶催化还原形成手性中心的反应通常是有机合成中的关键步骤，大多数的脱氢酶需要尼克酰胺［NAD(P) 和 NAD(P)H］作为辅因子，而另一些辅因子如吡咯并喹啉（PQQ）和核黄素（FAD, FMN）较为少见[1]。通过尼克酰胺辅因子的生成或消耗，可以测定这些脱氢酶的反应动力学参数。将这一反应与染色反应结合后，脱氢酶催化的还原反应就可以通过比色法测定，在定向进化研究中应用的高通量筛选方法即是基于这种比色法，可用于对突变株进行筛选和鉴定。

4.2.1.1 基于 NAD(P)H 生成的比色筛选法

NAD(P)H 在 340nm 具有光吸收峰的特性常被用于测定脱氢酶的活性，但是由于细胞溶解物和 96 孔板自身存在背景干扰，使该方法并不适用于进行高通量筛选。虽然可以使用对这一紫外波长范围没有光吸收的特殊比色皿消除干扰后进行测定，但这会提高大规模筛选过程的成本，利用比色测定法进行高通量筛选可以解决以上遇到的这些问题。这种间接比色测定法的关键在于寻找合适的化学合成物或者二级酶。化学合成物如氮蓝四唑（NBT），它可以被还原形成有色的甲臜（formazan），其在可见光区具有光吸收。这一显色反应在生物催化过程中是不可逆的，因此可以通过在滤光盘或者标准 96 孔板上进行反应，从而简单方便地实现高通量筛选。这一产生有色甲臜的级联反应与脱氢酶在催化过程中生成 NAD(P)H 的催化活性紧密相关。

氮蓝四唑/吩嗪硫酸甲酯（PMS）检测法已经成熟地应用于多种不同的高通量筛选模式，NBT/PMS 检测法可以用于检测硝化纤维膜、电泳凝胶以及液相色谱中脱氢酶的活性，在有 PMS 存在条件下脱氢酶的辅因子 NAD(P)H 可以与 NBT 反应生成蓝紫色化合物有色甲臜（图 4.1）。除了 PMS，其他化合物如硫辛酰胺脱氢酶或新蓝 R（8-二甲氨基-2-苯并吩嗪）也适用于该反应[5]。与 PMS 相比，新蓝 R 质子传递速率更快并且光敏感度更小，新蓝 R 的价格约为 4 美元/g，而 PMS 的价格则为近 16 美元/g，尽管存在价格劣势，但 PMS 仍是 NBT 比色检测法最主要的转移剂。在进行液相 NBT/PMS 检测时，通常需要添加 0.1% 的明胶防止蓝紫色沉淀的形成[6]。利用分光光度计在 400~700nm 波长范围扫描，生成的蓝紫色化合物甲䐶在 555nm 处具有最高的吸收峰。

图 4.1　NBT 比色法测定脱氢酶活力
PMS—吩嗪硫酸甲酯；NBT—氮蓝四唑

使用微孔板在 580nm 波长下通过比色反应检测蓝紫色产物的生成，利用 NBT/PMS 方法可以筛选并鉴定 E.coli 中具有较高活性和热稳定性的 6-磷酸葡萄糖脱氢酶的突变体[7]。这种方法还可用来在硝化纤维膜上筛选脱氢酶的突变体：将突变体库转移到硝化纤维膜滤器上，然后使用溶菌酶溶液洗涤使克隆体裂解，之后将 NBS/PMS 混合液喷洒在薄膜上以检测脱氢酶的活性。具有活性的突变体会在硝化纤维膜上产生蓝色的晕圈。这种方法已被 Holbrook 等成功地应用于乳糖脱氢酶的筛选，在筛选过程中不再需要使用昂贵的 1,6-二磷酸果糖（FBP）作为激活剂[8]，他的团队还利用此方法成功地构建得到具有新的底物特异性的乳酸脱氢酶[9]。

此外，这种高通量筛选方法还能够实现在不需进行蛋白质纯化的前提下挖掘出新的醇脱氢酶[10]。这种结合了生物信息学、聚合酶链反应和酶的体外直接表达技术的新型筛选方法可以对新的醇脱氢酶进行快速检测和鉴定。利用此方法，已有 18 个具有广泛底物谱的新型醇脱氢酶被发现和鉴定。

苯胺红色染料（p-rosaniline）可以用来替代 NBT，并且在反应中不需要添加任何转移剂，但是必须添加酸性亚硫酸盐才能产生玫瑰色的颜色变化。脱氢酶的活性可以通过观察平板表面红色变化程度来检测，该方法可以短时间内快速检测数以千计的克隆体[11]。

4.2.1.2　基于 NADH 消耗的比色方法

与 NADH 的产生类似，NADH 的消耗也可被直接或间接地检测。酶的动力学参数可以通过直接检测 NADH 的消耗引起的 340nm 处吸光度的变化计算。结合 NADH 消耗和 NBT/PMS 这类液-固比色测定法可以对酶活进行间接测定，残留的 NADH 用加入 PMS/NBT 溶液滴定可产生不能溶解的蓝紫色甲䐶晶体。

通过酶标仪检测 580nm 波长处吸光值的减少或直接用肉眼观测固体培养基蓝紫色背景下的白色菌斑可以实现氧化还原酶的高通量筛选。该方法依赖于 NADH 在强碱性环境下的不稳定性，在这种条件下 NADH 会分解形成具有荧光性的产物[12]。近来，这种方法已被用来在微孔板上进行高通量筛选[13]。总之，所有利用 NADH 或 NADPH 作为辅酶的氧化还原酶都可以通过此方法被筛选出来。

4.2.2 氧化酶类

氧化酶催化底物脱氢并将脱下的氢原子转移至分子氧,形成过氧化氢或水。这些基本的反应使得氧化酶被广泛作为定向进化实验的主要对象。近来,一些氧化酶开始获得大规模使用,例如作为食品抗氧化剂的 D-葡萄糖氧化酶,但是由于其并不理想的生物催化能力(如催化活性低),大多数氧化酶类的经济价值并没有引起人们的注意[1]。氧化酶高通量筛选方法的发展及其在定向进化研究中的应用,可以改善天然氧化酶的各种不足。

4.2.2.1 半乳糖氧化酶

半乳糖氧化酶能够催化伯醇氧化生成对应的醛和过氧化氢,这一十分有用的化学转化反应,使它成为近年来定向进化的对象。利用标准化学方法对伯醇进行氧化时需要使用重金属和有机溶剂,而半乳糖氧化酶的使用则给伯醇氧化反应提供了一个环境友好的选择[14,15]。半乳糖氧化酶具有广泛的底物特异性、严格的区域选择性和立体选择性,因此它可以广泛地应用于化学合成、医疗诊断以及生物传感器[14]。例如在某些结肠癌诊断过程中,半乳糖氧化酶可以用来检测作为肿瘤标志物的二糖 Gal-GalNAc。从自然宿主中分离得到的半乳糖氧化酶由于其表达量和活性的限制,而不能用于大规模的工业化生产[16]。发展液相和固相的高通量筛选方法,有助于获得具有高表达量和高比活力的半乳糖氧化酶突变体。

(1) 辣根过氧化物酶/ABTS/过氧化氢检测法(HRP/ABTS/H_2O_2)

半乳糖氧化酶的活性可以通过将 H_2O_2 的生成与 HRP/ABTS/H_2O_2 反应相耦合。HPR 催化 ABTS [2,2'-联氮双(3-乙基苯并噻唑啉-6-磺酸)] 聚合生成绿色可溶性终产物,其通过分光光度计在 405nm 波长处进行检出。鉴于 ATBS 在水溶液中良好的溶解性、高吸收系数以及实验良好的重现性,使得该方法非常适用于 96 孔板操作[16]。

此外,ABTS 毒性低,热稳定性好(可进行高温灭菌),催化合成的绿色终产物性质稳定,但该方法存在自发氧化及敏感度不够的弊端[17]。目前已利用该方法成功获得了一个热稳定性更好且在大肠杆菌高效表达的半乳糖氧化酶[14],同时 HRP/ABTS/H_2O_2 检测法在筛选真菌中糖氧化酶类也有成功的应用[18]。

(2) 辣根过氧化物酶/4-氯萘酚/过氧化氢检测法(HRP/4CN/H_2O_2 检测法)

除了用 96 孔板进行筛选的传统方法之外,一种涉及数字成像的新技术在对大型酶库进行筛选时显示出了巨大的潜力[15]。与传统筛选方法相比,数字成像技术具有效率高这一明显优势,这一筛选系统将简单常用的比色测定法和单像素成像光谱技术有机地结合起来,在固相上完成筛选。利用 4-氯萘酚进行筛选时会形成一种不溶的化合物,其在 550nm 处具有吸光值,当氧化酶活性存在时就可以在固相载体上显色,利用数码成像设备可以及时追踪每一个显色吸光度的像素。Delgrave 等利用该技术成功分离出了半乳糖氧化酶的突变体,其活性是野生型的 16 倍,K_m 仅为野生型的 1/3[15]。

4.2.2.2 D-氨基酸氧化酶

黄素蛋白 D-氨基酸氧化酶(D-AO)催化 D-氨基酸脱氨基反应,生成对应的 α-亚氨基酸。因其可以催化 7-氨基去乙酰氧基头孢菌素酸的脱氨基反应合成头孢菌素类抗生素的基本构建模块——头孢菌素 C，使得该酶近来备受关注[19]。此外，D-氨基酸氧化酶还可以用于催化拆分外消旋氨基酸混合物制备 α-酮酸。基于色原化合物邻联茴香胺氧化反应建立的高通量筛选方法已经被用于筛选和鉴定产 D-氨基酸氧化酶的菌株[17]。

过氧化物酶/邻联茴香胺检测法：核黄素辅因子 $FADH_2$ 可被分子氧氧化为 FAD，同时产生 H_2O_2，H_2O_2 与 HRP 结合后可形成有色复合物。由于 ABTS 存在自氧化、稳定性差和敏感度低的问题，使其不适用于 D-氨基酸氧化酶的测定，而邻联茴香胺则可以很好地替代 ABTS[17]。在酸性条件下，HRP 与邻联茴香胺及 H_2O_2 反应可形成红色化合物，同时邻联茴香胺还是过氧化氢酶的竞争性抑制剂，在反应过程中会与 HRP 争夺底物 H_2O_2。通过将底物简单地更换为特定氧化酶底物，该检测方法也可应用于其他氧化酶的筛选。

4.2.2.3 过氧化物酶

过氧化物酶利用 H_2O_2 作为氧化剂可催化氧化各种底物分子，许多过氧化物酶的活性位点都含有铁原卟啉Ⅸ基团，其他则含有钒，也有某些细菌来源的过氧化物酶没有金属辅因子[20]。无论是工业应用还是在生物技术领域，过氧化物酶催化的反应都有潜在的重要应用价值[21]。例如 HRP 不仅是诊断化验、生物传感器和化学染色领域的重要指示剂，而且作为一种化学合成催化剂它可以催化芳香族化合物的聚合、脱水反应，杂环化合物氧化反应及环氧化反应[21,22]。此外，过氧化物酶在生物修复机制中还具有去除酚类和芳胺的作用[23]。但是，许多过氧化物酶在 H_2O_2 浓度过高的氧化条件下稳定性差，同时还有许多底物不能够被过氧化物酶氧化。因此，已开发一系列的过氧化物活性检测方法用于高通量筛选，从而发现和改造更多新的、性能更好的过氧化物酶。

（1）ABTS 和邻联茴香胺检测法

在前述提及的检测半乳糖氧化酶和 D-氨基酸氧化酶活性部分的叙述中，ABTS 和邻联茴香胺都可以用来检测过氧化物酶的活性。在 H_2O_2 存在的条件下，ABTS 可以被氧化生成绿色化合物（图 4.2），而邻联茴香胺则被氧化显现红色。这类检测方法与测定氧化酶类似，不同的是此时反应的底物为 H_2O_2。

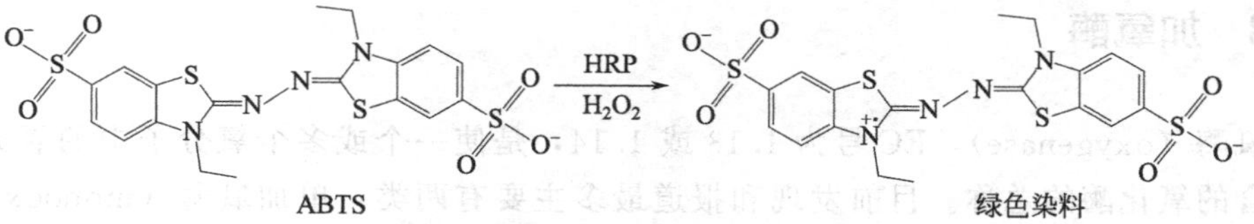

图 4.2 基于 $HRP/ABTS/H_2O_2$ 反应的氧化酶活性比色测定法

ABTS 检测法已被成功用于筛选底物特异性改变的细胞色素 c 过氧化物酶突变体[24]。利用 DNA 洗牌和饱和突变技术，Iffland 和他的同事通过 ABTS 法筛选获得了多个细胞色素 c 氧化酶突变体，其对 ABTS 的活性相对于其天然底物（细胞色素 c）提高了 70 倍[24]。利用 ABTS 检测法对 HRP 随机突变库进行筛选时可以获得热稳定性更好、对各种化学物理变性剂耐受度更强、对其他有机底物活性更好的突变株[25]。利用 ABTS 的检测法，通过定向进化也可以获得在大肠杆菌中能够功能表达的 HRP 突变株，实验发现通过定向进化得到的突变株其热稳定性和抗氧化性分别比来源于 *Coprinus cinereus* 的亚铁血红素过氧化物酶提高了174倍和100倍,并且通过定向进化也可以提高马心肌血红蛋白的过氧化物酶活性[26]。邻联茴香胺检测法的可行性在底物活性提高的HRP突变体筛选实验中得到了印证[27,28]。应用便捷的邻联茴香胺检测法进行高通量筛选,通过测定过氧化物酶活性可用于确诊镰刀状细胞贫血和进行临床瓜氨酸治疗[29]。

(2) TMB检测法

在众多对过氧化物酶进行活力测定的比色法中,基于无色化合物$3,3',5,5'$-联苯胺(TMB)的测定方法灵敏度最高。TMB作为过氧化物酶反应的底物,起初会被氧化形成一种蓝色的电荷转移复合体,最终转化为一种稳定的黄色终产物。具体操作方法是:使用酶标仪在650nm波长下检测由TMB、H_2O_2和细胞溶解液组成的混合溶液中蓝色产物的生成情况。此方法常用于基于HRP的生物传感器,依赖TMB检测法可以确定过氧化物酶突变产生的影响,并且该方法也是在对过氧化物酶进行定向进化实验时合理有效的检测方法[30]。

(3) 愈创木酚检测法

愈创木酚过氧化物酶检测法是另一种可进行高通量筛选的比色检测法。当反应环境中存在过氧化物酶和H_2O_2时,无色的愈创木酚被氧化产生苯氧自由基,这些苯氧自由基经过聚合作用最终形成在470nm处具有光吸收的棕色产物。这一检测法可在微孔板或固体平板上进行,通过添加少量抗坏血酸盐即可消除背景干扰物的影响。利用愈创木酚检测法,成功地从组合突变库中检出改变底物专一性的细胞色素c氧化酶突变体[31]。此外,利用该检测法,通过定向进化使得细胞色素c氧化酶突变株对非天然底物的偏好性提高了1000倍[32]。

(4) 4-肼基-7-硝基-2,1,3-苯并氧杂二唑(MNBDH)检测法

MNBDH是一种对过氧化物酶进行筛选时非常适用的底物,当有氢/氧化物存在时,MNBDH中的肼结构可被过氧化物酶氧化生成具有强烈荧光的硝基苯胺,该测定方法灵敏度优于ABTS等显色法,但是目前还没有利用该方法对过氧化物酶进行定向进化以及利用该方法挖掘新的过氧化物酶的报道[33]。

4.2.3 加氧酶

加氧酶(oxygenase),EC号为1.13或1.14,是使一个或多个氧分子中的氧原子与底物相结合的氧化酶的总称。目前发现和报道最多主要有两类:单加氧酶(monooxygenase)和双加氧酶(dioxygenase)。在单加氧酶催化反应中,酶将氧气分子中的一个氧原子整合入底物中,将另一个氧原子还原为一分子水,并同时伴随着NADH或NADPH氧化[34]。单加氧酶催化反应主要包括非活性碳原子的羟基化和烯烃的环氧化。在双加氧酶催化的反应中,酶将氧分子的两个氧原子全部整合到底物分子中,同时也伴随着NADH或者NADPH的氧化。双加氧酶催化的主要反应则为芳香烃化合物的双羟基化,它们在化学合成、环境修复、毒理学和基因诊疗领域具有很高的潜在应用价值[35]。

加氧酶中具有代表性的酶包括:细胞色素P450单加氧酶、二铁加氧酶(如甲烷单加氧酶和甲苯单加氧酶)、非亚铁血红素双加氧酶(例如萘双加氧酶)等。然而,天然存在的加氧酶存在一定的缺陷,例如:稳定性差、体外活性低等。因此,对现有的单加氧酶或者双加氧酶进行蛋白质工程改造来获得具有高活性和高稳定性的突变体，并将其应用于有机合成或生物技术领域，已经成为了现阶段人们研究的热点。从庞大的突变体库中筛选出优良的新酶突变体，需要一个高效、灵敏的高通量筛选方法作为保障。目前已经建立了许多高通量筛选方法并实现了应用，本小节着重对一些加氧酶的筛选方法以及它们的应用进行阐述。

4.2.3.1 基于底物和产物光学性质的检测方法

许多单加氧酶和双加氧酶的底物都是芳香族化合物，它们在被氧化后会形成颜色产物或产生吸光度的变化。还有一种情况就是在适当的条件下反应的产物可进一步自行氧化形成颜色产物。虽然并不是所有加氧酶产物都会产生这种现象，这却是对加氧酶活性进行高通量筛选最方便快捷的方法。2-羟基联苯-2-单加氧酶（HpbA），除其自然催化活性外，可对多种不同 2-取代苯酚选择性催化为 o-羟基以合成相对应的儿茶酚，但效率较低[36]。对 HpbA 进行随机突变，用于获得对 2-取代酚醛类底物活性更高的特异性突变体，筛选是通过反应产物自发氧化后产生的颜色反应来实现的[36]。通过该方法筛选得到的突变体在以 2-甲氧基苯酚作为底物时催化效率提高了 8 倍，在以 2-叔丁基苯酚为底物时催化效率提高了 5 倍[36]。

筛选联苯双加氧酶（BPDO）方法稍有不同，BPDO 可用于降解多氯联苯（PCB），在工业上十分重要，对其进行定向进化可以扩展其底物特异性[37]。筛选通过对二氢二醇脱氢酶（BphB）和 2,3-二羟基联苯-1,2-双加氧酶（BphC）的共表达实现，BPDO 的反应产物最终可转化为对应的二醇并形成黄色的环化物（图 4.3）。该方法最初被用于 DNA 洗牌法所建突变库的筛选，以获得对 PCB 具有更好降解能力的突变体，之后该方法用于获得对单环芳香烃类底物（如苯和甲苯）具有更高活性的双加氧酶突变体[38]。

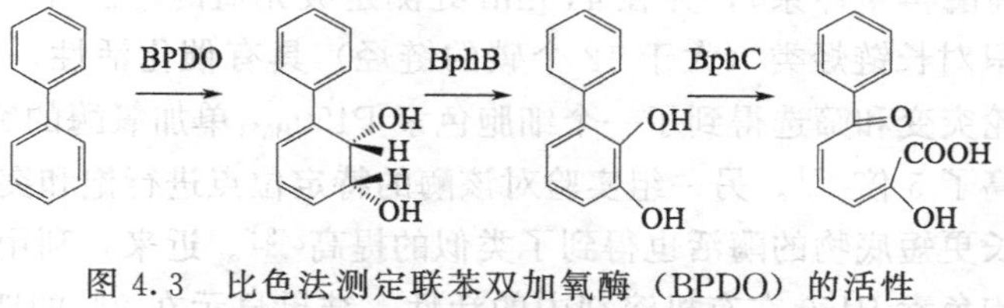

图 4.3　比色法测定联苯双加氧酶（BPDO）的活性

在另一实例中，利用产物颜色反应可以对邻苯二酚-2,3-双加氧酶复合基因进行筛选以提高其热稳定性[39]。此例中无色的底物邻苯二酚可以转化为亮金黄色的产物[40,41]。使用该方法进行筛选，分离所得双加氧酶突变体的热稳定性提高了 26 倍。最后，依赖于产物自氧化形成的红棕色产物，可以对甲苯-4-单加氧酶突变株进行筛选，可以获得对催化邻甲酚和邻甲氧基苯酚具有更高活性的突变体[4]。经由饱和突变获得的突变体以邻甲酚和邻甲氧基苯酚为底物时其催化效率分别提高 7 倍和 2 倍[42]。

4.2.3.2 基于吉布斯试剂和 4-氨酰安替比林的检测方法

4-氨酰安替比林（4AAP）和吉布斯试剂这两种化合物非常相似，它们都能够与邻位及间位取代的酚类化合物发生强烈反应生成色彩鲜艳的产物。此外，它们也可以与对位被卤化物或环氧基取代的化合物反应生成颜色产物[43]。由于许多加氧酶都可产生这类化合物，使该反应可用于测定加氧酶的活力。双加氧酶的顺式二氢二醇产物也可用该方法检测，因为顺式二氢二醇首先经由酸处理或经顺式二氢二醇脱氢酶作用可以转化形成苯酚。两种方式形成的产物都可以通过分光光度计测定[44]。在生物催化反应结束后加入两种试剂之一，几分钟内即可出现显色反应，区别在于当使用4AAP进行检测时需要硫酸钾或类似氧化剂提供基本的氧化环境[45]。

尽管4AAP试剂已经很少用于高通量筛选，吉布斯试剂却已用于定向进化实验。吉布斯试剂已用于分离获得以4-甲基吡啶为底物的甲苯双加氧酶。经过几轮突变和筛选，得到了终止密码子被苏氨酸取代的突变体，当以4-甲基吡啶为底物时其活性提高了6倍，同时其对天然底物的活性也有提高。

4.2.3.3 对硝基苯氧基类似物（pNA）检测法

利用化学法对线性链烃进行碳氢氧化通常需要耗费大量能源，并且会对环境造成污染。一些单加氧酶，如细胞色素P450氧化酶可以催化烷烃羟基化，但是反应速率很低。酶催化氧化对硝基苯氧基类似物可得到对硝基苯酚钠，这一可对线性链烃氧化进行检测的方法得到了发展和应用。当这种类似物由加氧酶催化后发生羟基化，可形成半缩醛并进一步分解为醛和对硝基苯酚钠，后者为亮金黄色物质（图4.4）。这一方法的弊端在于pNA底物并不是一种合适的底物，从而导致定向进化所获得的突变酶只能作用于pNA。但是与其他替代试剂相比，这是通过单加氧酶催化长链碳氢化合物羟基化最简单易行的方法。在进行检测分析时只需加入底物pNA和NADPH（或使用辅酶再生体系），并在410nm处测定吸光值的增加即可[46]。

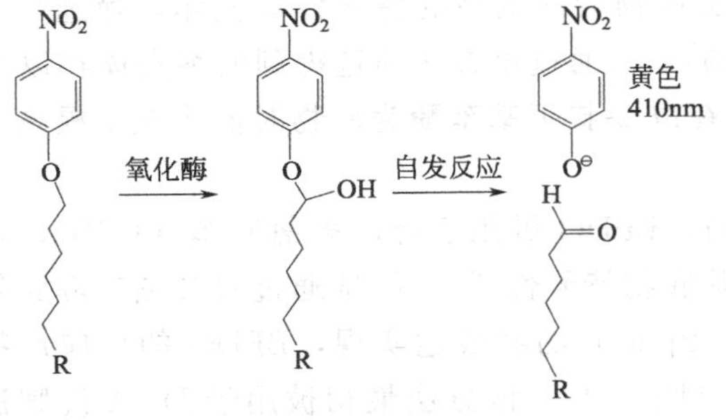

图4.4 比色法测定细胞色素P450单加氧酶活力

通常单加氧酶只对长链烃类（大于12个碳的链烃）具有催化活性，利用辛烷pNA作为筛选底物，经过两轮突变和筛选得到了一个细胞色素$P450_{BM3}$单加氧酶的突变体，该突变体对辛烷的催化活力提高了5倍[47]。另一组实验对该酶的特定位点进行饱和突变，利用pNA作为筛选底物，对于链长更短底物的酶活也得到了类似的提高[48]。近来，利用pNA检测法也可用于定向进化提高细胞色素P450在有机溶剂中的活性，结果显示在2%的四氢呋喃溶液中细胞色素P450活性提高了10倍，在25%的二甲亚砜溶液中其活性提高了6倍。综上所述，以pNA作为筛选底物的检测方法，在长链烷烃单加氧酶的改造过程中是非常实用的筛选方法。

4.2.3.4 辣根过氧化物酶耦合检测法

使用HRP/H_2O_2对加氧酶反应产物进行检测是一种很有前景的方法[49]。该方法可用于检测加氧酶催化芳香族底物（例如萘）羟化所生成的芳香族化合物。这些羟化后的芳香族化合物继而可以被氧化，转化为有色或荧光化合物。待测的芳香族化合物经过单羟化和双羟化可形成二聚体，在进行检测时由于形成的聚合物自身结构不同，它们会显示出不同的颜色或荧光特性（图4.5）。在固体培养基或细胞培养时加入H_2O_2，同时在细胞中表达HRP，正突变菌株会显示出强荧光特性或产生颜色。

该方法耦合顺式二氢二醇脱氢酶的筛选方法已经被用于甲苯双加氧酶的筛选。此外，在H_2O_2作为氧化剂条件下，该方法还可用来筛选以萘为底物的细胞色素P450氧化酶[49]。

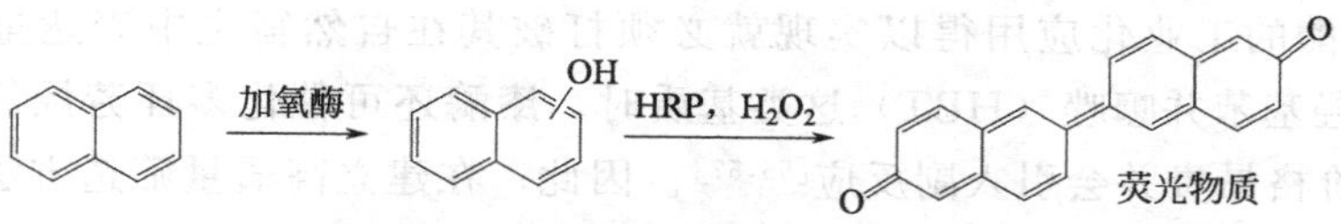

图 4.5　基于辣根过氧化物酶（HRP）的荧光法用于氧化酶活性的检测

在某些情况下可以得到不同区域选择性羟基化活性提高 20 倍的突变体[50]。

4.2.3.5　吲哚检测法

吲哚可被单加氧酶或双加氧酶氧化，使其 2 位和 3 位羟基化形成环氧化合物，当暴露在空气中时，酶催化产物会进一步氧化聚合显示出靛蓝色和靛红色，这两种颜色产物都可由分光光度法快速检测。结合特定位点的饱和突变，使用该方法已获得高活性的细胞色素 $P450_{BM3}$ 突变体，其转化数由之前因太低无法检出的值提高至 $2.7s^{-1}$[51]。该方法近来也被用于扩展甲苯双加氧酶底物的特异性，使其能够利用对二甲苯作为底物。经过一轮突变筛选，该酶对二甲苯的催化活性提高了 4.3 倍，同时对其他一些非天然底物的催化活性也有不同程度的提高[52]。在针对底物特异性进行定向进化时，此加氧酶检测方法非常适用于去除催化活性差的克隆体。

4.2.3.6　基于 pNTP 的高通量筛选方法

Schwaneberg[51]等报道一种新颖的高通量筛选方法用于细胞色素 $P450_{BM3}$ 的定向进化，此方法根据产物环氧化物的特性，利用亲核试剂对硝基苯硫醇（pNTP）作为指示剂来测定细胞色素 $P450_{BM3}$ 的活力。首先底物烯烃经过加氧酶催化生成环氧化物，然后加入对硝基苯硫醇与环氧化物发生亲核反应，使原本带有黄色的对硝基苯硫醇变为无色的产物，这样可以通过在 405nm 下检测其吸收的减弱来测定环氧化物的生成量，从而判断细胞色素 $P450_{BM3}$ 的活力。此方法的优点是整个检测过程非常简单，不需要任何加热和冷却步骤。将此方法用于细胞色素 $P450_{BM3}$ 催化苯乙烯环氧化反应活力的定向进化，最终得到了三个突变体，其立体选择性从 R 逆转为 S。

4.2.3.7　基于 NBP 的高通量筛选方法

Aronld 研究组[53]报道了一种基于比色法的高通量筛选法，并可用于加氧酶催化烯烃的环氧化反应。经酶催化得到的环氧产物与亲核试剂 4-(4-硝基苄基)吡啶反应，在碱性或者酸性条件下生成紫色的络合物，其吸光值可以在 600nm 下检测。因此可以根据络合物的生成量计算酶催化反应的产物量，从而得出加氧酶的催化活力。

4.2.4　漆酶

漆酶属于蓝铜氧化酶家族，是一类可以氧化酚类、多酚类、取代苯酚类、二元胺类、苯胺类和其他类似化合物的多铜酶类[54]。利用分子氧作为电子受体，电子以每次一个的方式从底物转移至三环铜基团，它可被漆酶进一步氧化或进行水合、聚合这类非酶催化作用。漆酶是自然界中常见的酶类，其主要来源是真菌和植物[54]。漆酶作为一种工业酶制剂近来得到了大量的关注，常用于对纺织业和造纸业废水的漂白、污水处理、生物除污等领域[55]。要使漆酶的工业化应用得以实现就必须打破其在自然宿主中表达量低的瓶颈。此外，当存在1-羟基苯并噻唑（HBT）这类基质时，漆酶还可催化多环芳烃氧化，但这类基质通常有毒，价格昂贵并会引入副反应[56,57]。因此，在建立高通量筛选方法时，必须考虑并克服这些障碍。以下将叙述几种已被成熟应用的筛选方法[58]。

4.2.4.1 ABTS检测法

ABTS检测法是一种应用灵活并且适用于许多氧化酶、过氧化物酶的筛选方法，它同样可用于对漆酶的筛选，反应产生的绿色化合物可由分光光度计检测。该方法可用于提高酿酒酵母中真菌漆酶的表达量[59]，定向进化后蛋白质的表达量提高了8倍，酶催化转化数比之前提高了22倍。ABTS检测法还可用于筛选异源表达的漆酶，如在宿主 *Yarrowia lipolytica* 中表达来源于云芝的漆酶[60]。该方法非常适合进行酶的功能选择和稳定性提高的筛选，是一种非常具有前景的检测方法。

4.2.4.2 Poly R-478检测法

Poly R-478是一种聚合染料，当环境中存在HBT这类介质时，在漆酶催化木质素降解过程中，Poly R-478可作为一种替代底物，被漆酶催化氧化时产生脱色反应，因此可以很容易检测漆酶活性[61]。漆酶催化Poly R-478的活性与多环芳烃的氧化相关联。Poly R-478检测法简单易操作，即将筛选库与水溶性染料混合检测其在520nm处吸光值的减少即可，该方法可用来从真菌中挖掘新的漆酶，获得可降解多环芳烃的菌株[62]。

4.2.4.3 其他检测方法

其他几种针对漆酶的检测方法还未作为高通量筛选方法实现重要的应用，例如漆酶可催化蒽转化为9,10-蒽醌，继而可被还原为橙色的9,10-蒽氢醌，可在419nm波长下检测[63,64]。另一种检测方法是在酸性条件下催化碘化钠合成黄色的三碘化物，可以通过检测353nm波长下吸光值的变化计算漆酶活性。这两种方法的应用都需要HBT或ABTS这类介质的存在，它们可以应用于漆酶的定向进化以获得具有所期望酶活的突变体，同时也希望这种检测方法能减少介质的使用。

4.3 转氨酶的高通量筛选方法

转氨酶（transaminase）是一种磷酸吡哆胺依赖型的酶，其可以催化可逆的转氨基反应，将氨基从一个氨基供体转移到羰基的受体。转氨酶已经被广泛用于手性胺的合成。

4.3.1 基于底物和产物性质的筛选方法

Kim[65]等发现一种分光光度法快速测定ω-转氨酶活力的方法，通过利用硫酸铜与甲醇的混合物作为染色液与反应生成的氨基酸反应生成蓝色的复合物，在595nm下通过吸光值的变化来测定转氨酶活力。此方法与HPLC的结果具有较好的一致性，两者误差低于

10%。然后将此方法用于 ω-转氨酶的定向进化,来改善其对底物 3-氨基-3-苯基丙酸的活力,结果得到的突变体较原始酶的活力提高了三倍。

4.3.2 基于 NAD(P)H 再生的筛选方法

Shigeaki Harayama[66]等首先发现了一种快速检测 α-转氨酶(AAT)底物特异性的高通量筛选方法。此方法是通过与一个具有热稳定性的 ω-转氨酶(OAT)和热稳定性的醛脱氢酶(ALDH)相偶联所实现的。首先谷氨酸作为氨基供体在 AAT 的催化下生成 2-氧代酮戊二酸,此 2-氧代酮戊二酸再作为氨基受体在 OAT 催化的反应中接受氨基供体 5-氨基戊酸的氨基使之变为戊二酸半缩醛,然后再被 ALDH 还原为戊二酸,同时伴随着辅酶 NADPH 的生成,生成的 NADPH 再将无色的四氮唑盐(NBT)还原为带有颜色的甲䐶(formazan)。通过检测甲䐶的生成量可以得到 α-转氨酶的酶活力(图 4.6)。

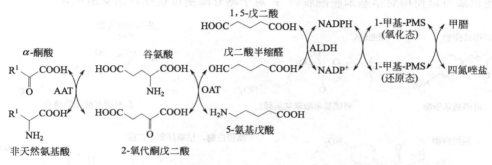

图 4.6 α-转氨酶(AAT)催化非天然氨基酸活性的高通量筛选检测方法
AAT—α-转氨酶;OAT—ω-转氨酶;ALDH—醛脱氢酶

4.3.3 pH 指示法

Turner[67]研究发明了一种 pH 指示法测定转氨酶活力的高通量方法,苯乙酮在转氨酶的催化作用下与 L-丙氨酸反应生成 1-苯乙胺和丙酮酸,然后丙酮酸被 L-乳氨酸脱氢酶还原为相应的羟基酸。葡萄糖酸脱氢酶用于辅酶 NADH 的再生,使产生的丙酮酸不断还原为其产物,消除了由于其浓度过高产生的抑制作用,同时反应还产生了相同量的葡萄糖酸,从而导致 pH 值的下降。因此,可以在反应液中加入 pH 指示剂酚红来检测转氨酶的活力(图 4.7)。此方

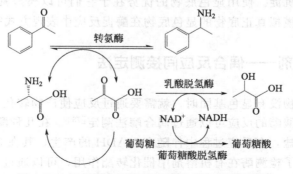

图 4.7 pH 指示法测定转氨酶活力的高通量方法

法的优点是在测定转氨酶活力的同时可以消除丙酮酸产生的抑制，使反应不断地向生成 1-苯乙胺的方向进行，从而大大提高了反应的效率。

4.4 水解酶的高通量筛选方法

4.4.1 使用显色底物直接测定

直接使用显色底物是最简单便捷的测定方法，即通过酶催化反应引入颜色变化。最常见的是使用对硝基苯衍生物作为显示底物测定水解酶活性，通过添加对硝基苯衍生物以模拟水解酶的自然底物（图 4.8）。对于脂肪酶、磷脂酶和酯酶，可以选择对硝基苯酚酯[68]；对于蛋白酶可以使用对硝基苯胺酰胺[69]；对于糖苷酶则可选择对硝基酚糖苷[70]。

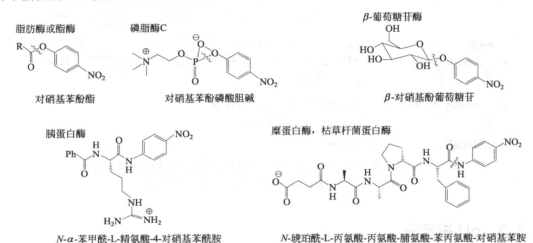

图 4.8 用于比色法测定水解酶活力的典型对硝基苯衍生物

试卤灵和 1-萘酚的衍生物也是常用的显色底物，使用试卤灵衍生物作为显色底物可以通过分光光度法测定牛乳糖苷酶[71]、纤维素酶[72]、酯酶和磷脂酶的活性[73,74]，并且它尤其适用于酶浓度低的情况，因为试卤灵具有强烈的光吸收，其吸收系数约为 70000L/(mol·cm)。1-萘酚衍生物常用于活性胶染色，通过水解作用产生 1-萘酚，可以与重氮化合物反应生成红褐色的不溶性沉淀。使用显色底物的优势在于它们可以模拟真正的底物，但目前还不能确定真正底物与模拟真正底物的显色底物在酶促反应中表现方式完全相同。

4.4.2 pH 指示剂——偶合反应间接测定法

当检测反应的底物没有显色基团时，就需要通过反应使产物转化为有色化合物。例如，脂肪酶或酯酶水解乙酸酯的反应可以通过偶合酶法测定[75]。在几种酶的顺序作用下，乙酸盐被催化形成柠檬酸盐，在反应过程中伴随有 NADH 的产生，其在 340nm 下具有光吸收。在另一个例子中，为了检测酶在有机溶剂中催化转酯作用，可以通过检测乙醛的释放实现，乙烯酯通过酯基转移作用可以形成酯类物质和乙醛[76]，乙醛与 4-肼基-7-硝基-2-氧-1,3-二唑反应可产生强荧光物质。以上两个例子都受限于特定的底物,在第一个例子中是乙酸盐,在第二个例子中是发生酯基转移的乙烯酯。

依赖 pH 指示剂进行检测是一种更常见的方法,以酯类在中性 pH 条件下进行的水解反应为例,丙酮缩甘油丁酸盐进行水解时形成丙酮缩甘油并释放质子,通过 pH 指示剂检测质子的释放可以检测酯类的水解过程。从 20 世纪 40 年代开始研究人员就通过使用 pH 指示剂检测质子的释放或消耗[77,78],以检测如氨基酸脱羧酶[79]、碳酸酐酶[80]、胆碱酯酶[81]、己糖激酶[82,83]和蛋白酶[84]催化酯类水解的反应进程。在某些情况下,研究人员使用 pH 指示剂只能进行定性测定,但在另一些情况下指示剂的颜色变化与质子数量成正比,可对反应进行定量测定,但其定量测定需要引入对照实验并需要对反应条件进行优化。

4.4.2.1 使用 pH 指示剂的定量测定法

使用 pH 指示剂进行测定的关键在于选择合适的缓冲溶液和 pH 指示剂[85]。无论是缓冲液还是 pH 指示剂都必须对质子有相同的亲和力,以保证在进行反应时 pH 发生变化,质子化的缓冲液和指示剂保持不变,当 pH 改变 0.1 时[79],若二者 pK_a 相差 0.3 则会带来 8% 的误差。在一个标准检测实验中,当 pH 改变 0.05 时(10% 的底物被水解),不同的 pK_a 会导致产生非线性变化和错误的测定值。虽然 pH 指示剂和缓冲液之间 pK_a 难以保证完全相同,但是通过标定实验[77]或使用更复杂的计算方程式[79]还是可以得到可信的结果。

如果 pH 指示剂作为唯一的反应介质作用于释放的质子,那么水解反应的速率就等于指示剂质子化的速率。溶液的颜色变化即表示了指示剂的质子化程度 [式(4.1)],其中 $\Delta A/\mathrm{d}t$ 表示溶液吸光度的改变,$\Delta \varepsilon$ 表示指示剂质子化前后吸收系数之差,l 为光程长度(cm)。

$$\text{速率} = \Delta[\text{指示剂浓度} \cdot \mathrm{H}^+]/\text{时间} = \frac{\Delta A/\mathrm{d}t}{\Delta \varepsilon \cdot l} \tag{4.1}$$

在实际应用中,很难以指示剂作为反应的唯一介质,因为在这种情况下即使很小的条件改变也会导致颜色的迅速变化,因此研究人员通常都会加入一些缓冲溶液,在这种情况下水解作用的反应速率就等于指示剂和缓冲液质子化速率之和 [式(4.2)]。

$$\text{速率} = \Delta[\text{指示剂浓度} \cdot \mathrm{H}^+]/\text{时间} + \Delta[\text{缓冲液浓度} \cdot \mathrm{H}^+]/\text{时间} \tag{4.2}$$

当指示剂和缓冲液的 pK_a 值相同时,其质子释放速率遵循它们的浓度比 [式(4.3)]。体系中缓冲液越少检测的灵敏度越高[73,74,86]。释放出的质子部分流向不产生颜色变化的缓冲液,部分流向会发生颜色改变的指示剂,因此通过减少缓冲液的浓度或者增加指示剂的浓度可以提高检测的灵敏性。当缓冲液浓度比指示剂高时,公式(4.3)中 (1+[缓冲液浓度]/[指示剂浓度]) 将被 ([缓冲液浓度]/[指示剂浓度]) 所替代。

$$\text{速率} = \frac{\Delta A/\mathrm{d}t}{\Delta \varepsilon \cdot l} + \frac{[\text{缓冲液浓度}]}{[\text{指示剂浓度}]} \frac{\Delta A/\mathrm{d}t}{\Delta \varepsilon \cdot l} = \frac{\Delta A/\mathrm{d}t}{\Delta \varepsilon \cdot l} \left(1 + \frac{[\text{缓冲液浓度}]}{[\text{指示剂浓度}]}\right) \tag{4.3}$$

大多数水解酶在自然 pH 下具有最高的活性,因此在 pH 7.2 条件下进行检测,使用与进行反应的混合溶液具有相似的 pK_a 值的对硝基苯酚作为 pH 指示剂(图 4.9),确保 pH 的改变与颜色改变之间符合线性关系[73]。质子化前后吸收系数的巨大差异 [404nm 波长下 200~18000L/(mol·cm)] 使检测具有良好的灵敏度。最后,与对硝基苯酚相比,一些芳香烃指示剂可以结合更多的蛋白质[87]。保证尽量高的 pH 指示剂的浓度可以获得最好的检测灵敏性。在进行检测时,因最高吸光度的限制,对硝基苯酚/对硝基苯酚钠的浓度设定为 0.45mmol/L(当使用 96 孔板进行检测时,由于光由上至下穿过液体,光程距离取决于液体体积,因此指示剂的浓度随液体体积而改变。对于一些酸性指示剂,其在水溶液中的低溶解度会对其浓度产生限制)。在这样的指示剂浓度下其起始吸光度约为 1.2,这使得即使吸光度水平较低时也能保证检测结果的精确性。选择 BES [N,N-(2-羟乙基)-2-牛磺酸] 作为反应的缓冲液,因其 pK_a 值与对硝基苯酚相同[88]。为了获得最高的检测灵敏性,需要选择一个较低的缓冲液浓度水平(约为 5mmol/L),以保证在 pH 发生很小变化(当 10% 底物水解 pH 变化小于 0.05)时仍能保证检测数据的准确性。因为酶的动力学常数会因 pH 改变发生变化,所以 pH 值发生微小变化都是十分重要的。

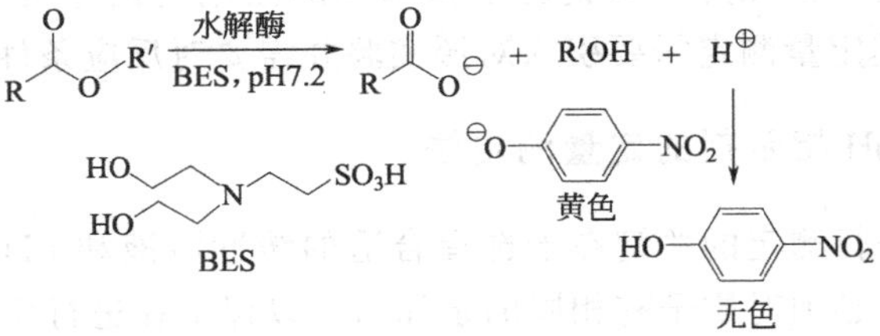

图 4.9 对硝基苯酚作为 pH 指示剂检测酯的水解

在其他 pH 条件下,需要选择其他合适的缓冲液/指示剂组合。例如在 pH 6 时可以选择氯酚红(pK_a 6.0)和 MES [2-(N-吗啉代)-乙磺酸,pK_a 6.1];在 pH 8 时可以选择苯酚红(pK_a 8.0)和 EPPS [N-(2-羟乙基)哌嗪-N-(3-丙磺酸),pK_a 8.0];在 pH 9 时选择百里酚蓝(pK_a 9.2)和 CHES [2-(N-环己氨)乙磺酸,pK_a 9.3] 最佳。

在进行检测时,0.5~2mmol/L 是一个合适的底物浓度范围,通常会选择 1mmol/L。因为当底物浓度低于 0.5mmol/L 时会导致吸光度变化太小而难以保证检测结果的准确性。例如在标准情况下(pH 7.2,0.45mmol/L 对硝基苯酚,5mmol/L BES),底物浓度为 0.25mmol/L 时水解 5% 的底物所产生的吸光度变化仅为 0.005。因为只有澄清溶液才能够用分光光度法测量,因此需要根据底物在水中的溶解性设定其浓度上限。通常有机底物在水中的溶解度都很差,因此需要添加有机溶剂——7% 乙腈。对于极难溶的底物需要使用乳化剂制备澄清溶液。在检测过程中允许存在小程度的条件改变,例如加入 7% 的乙腈。事实上当加入 10% 的乙醇,对硝基苯酚的 pK_a 仅从 7.15 增加至 7.17。这一结果说明了低于 10% 的助溶剂不会对测定结果的准确性产生影响,同样,如果测定的酶水解体系中存在少量盐(商品水解酶制剂中含有缓冲盐,蛋白酶制剂含有 2mmol/L $CaCl_2$),也不会对测量的准确性产生影响。

4.4.2.2 应用

无论酶是否能够催化特定的底物,使用 pH 指示剂都可以对酶促反应进行快速测定,与复杂的后续实验相比,这种检测方法可以快速地排除针对某一底物不适合的酶或针对某一酶不适合的底物,这有利于寻找最佳的酶与底物的组合。

(1) 筛选活性水解酶(针对特定底物测试多种水解酶的活性)

该检测方法的一个重要用途是从商业酶制剂中快速筛选获得可以接受非天然底物的酶。我们总共筛选了 100 种商品水解酶制剂,从中获得了两种酶,它们可以催化水解大位阻型螺旋化合物,这种化合物可以作为手性助剂[89]。对筛选得到的几个候选水解酶进行后续实验,并确定了它们的活性和最适反应条件,最终利用枯草杆菌蛋白酶实现了制备规模的拆分这一手性助剂。

在第二个项目中，以一种手性砌块丙酮缩甘油丁酯为底物[85]，共筛选了72种商品水解酶制剂（脂肪酶、酯酶和蛋白酶）。大多数水解酶都能够与这种位阻较小的底物进行反应，通过初筛淘汰了72种酶制剂中的20种，其余用于进行下一阶段的筛选。在第三个项目中，我们再次对100种酶制剂进行筛选，最终获得了少量能够催化水解 N-乙酰磺酰胺分子中酰胺键形成磺酰胺的酶[90]。由于这一水解过程不能够释放质子，所以这一检测方法通常不适合检测酰胺类化合物的水解，但是 N-乙酰磺酰胺的水解反应是一个特例，亚磺酰胺并不像其他胺类化合物具有强碱性，因此它不能够接受由酸电离释放出的质子，于是 pH 指示剂检测法依然适用于对这种特殊氨基化合物水解作用的检测。

近来已有其他研究人员使用类似的 pH 指示剂检测法用于测定糖基转移酶[91]、卤代烷脱卤酶[92,93]和腈水解酶[94]的活性。

(2) 测定新型水解酶的底物谱（对一种特定水解酶测试多个底物的活性）

该检测方法另一个重要的用途是对新发现的水解酶（如来源于嗜热微生物的水解酶）进行底物谱测定。在微生物学和分子生物学不断发展的情况下，从一些不常见微生物（比如嗜热微生物）中获得了数以百计的新酶。这些酶在有机合成中具有重要作用，因为它们能够承受更高的温度，而在高温下反应速率更快，底物也具有更好的溶解性[95]。此外，这些酶也可适用于其他极端条件下的催化反应，如高浓度的有机溶剂。为了将这些新酶用于有机合成，首先需要知道酶的底物谱和酶对底物的选择性。pH 指示剂检测法可以快速地对新酶进行底物谱的测定。近来，我们和其他研究人员通过 pH 指示剂检测法对20种不同的酯酶进行了标准底物谱的测定，测定的底物库包括超过50种不同的酯类[96~98]。

进行标准底物谱测定首先需要对每一组底物/酯酶按照水解速率的快慢分为较慢（每分钟每毫克蛋白质水解1mmol 底物）、快速（每分钟每毫克蛋白质水解10mmol 底物）和很快（每分钟每毫克蛋白质水解超过10mmol 底物）三类。19种酯酶和31种底物一共构成了589种不同的底物/酯酶组合。对这些数据进行分析研究得到以下结论：最好的底物是活性酯，在底物库中它们的化学活性最强，包括乙烯酯和苯基酯。在链长不同的乙烯基和乙基酯中，大多数酯酶对己酸酯和辛酸酯表现出偏好性，而其中一种酯酶更偏好于乙酸酯。含有产生位阻效应酰基基团的酯类和极性酯通常都是不易被催化水解的底物。有三组酯酶在对不同底物进行催化时显示出相似的催化速率，这可能因为它们相似或为同一种酶。通过进行这种基础标准底物谱测定，可以使我们明确了解酯酶催化的底物类型，也为之后的实验提供了通用的结论依据。进一步实验通常是对底物的选择性进行精确的定量测定，其中包括对检测参照物的筛选。

4.4.2.3 与其他检测方法的对比

使用 pH 指示剂对酶反应进行检测具有以下几个方面的优势。首先，与传统筛选方法相比，其筛选速度提高了数百倍。当样品的数量巨大时可以使用96孔板进行筛选。此外，与利用硅胶板薄层色谱定性地检测水解酶催化活性不同，pH 指示剂检测法是一种定量检测法。其次，所有的反应和检测都可以在微孔板上进行，而不需要对产物进行气相色谱、高效液相色谱和核磁共振检测。第三，利用 pH 指示剂法进行检测时需要的底物和水解酶的量很少，通常每个微孔仅需 20mg 底物和 0.6~35mg 水解酶。第四，该方法可以测定任何酯类的水解作用而不局限于显色的酯类。其筛选最重要的准则为"所筛即所得"，即筛选得到的就是目标化合物而不是目标化合物的类似物,这也是 pH 指示剂检测法最重要的优势。

pH 指示剂检测法同样存在一些缺点,与对硝基苯酚酯水解法检测的结果相比,其检测敏感度较差,前者敏感性为后者的 7 倍。例如,如果某一水解酶水解无色酯和对硝基苯酚酯的速率相同,那么为了获得相同的吸光度变化,使用 pH 指示剂检测法需要 7 倍量的水解酶。用 pH 指示剂法检测酶催化对硝基苯酚酯水解产生的对硝基苯基酯,每合成一分子的对硝基苯基酯就需要释放 12 个质子。其次,pH 指示剂检测法需要澄清的检测体系,当底物为水不溶性时,为了获得澄清的检测溶液需要筛选助溶剂和对反应体系进行优化。第三,只有在反应过程中产生或消耗质子的反应才能够使用 pH 指示剂检测法对反应进行检测,因此该方法不能用来检测大多数氨基化合物和糖类化合物的水解过程。

4.4.3 选择性的估算和测定

选择性是酶的基本特征之一,对于一个酶,其催化一对不同底物的真实选择性可通过特异性常数之比 (k_{cat}/K_m) 表示[99]。酶催化不同底物时,k_{cat}/K_m 的值是不同的。例如酶的对映体选择性(或对映体比率,E)是对映体的特异性常数比值 [式(4.4)]。

$$对映体比率\ E = \frac{(k_{cat}/K_m)快反应对映体}{(k_{cat}/K_m)慢反应对映体} \quad (4.4)$$

酶的其他选择性包括对底物的选择性(如对酰基链长度不同酯类物质的选择性)、区域选择性(如对几种核苷派生酯类的选择性)和非对映立体选择性(如对顺式异构体或反式异构体的选择性)。通过测定酶催化每个底物的动力学参数对酶的选择性进行判断是非常麻烦的,在测定中需要进行多个动力学研究,这使得测定实验非常耗时乏味。此外,由于每一个测定值都有一定的不确定性,结合四个测量值计算得到的选择性也有很高的不确定性。

最好的测定方法是通过竞争性实验对选择性进行测定。将两种底物混合后进行酶催化反应,在反应过程中两种底物竞争酶的活性部位,转化形成不同的产物,通过对两种转化产物的量进行测定可以得到酶对底物的选择性。其中一种方法是由 C.J.Sih 和他的团队建立的对映体选择性检测法,该方法是建立其他方法时参照的"黄金标准"[100]。为了测定 E 值,研究人员建立了反应并对以下两个方面进行测定:起始底物的对映体纯度(ee_s)和产物的对映体纯度(ee_p)或转化率(c)。这种检测的困难之处在于对对映体纯度的检测,通常需要耗费大量的时间。如果不能进行自动化操作,利用该方法对上百种商品酶制剂及微生物进行筛选将非常困难。

4.4.3.1 无参照化合物条件下对选择性的测定

在某些情况下,只需要对酶的选择性进行定性测定,因此只需要对酶催化两种底物的反应速率进行简单的比较。例如,为了测定若干种脂肪酶催化 4-硝基苯基-2-苯基丙酸酯的立体选择性,可以通过测定水解生成每种对映体的初始反应速率完成(表 4.1)。真正的 E 值需要通过竞争性实验测定,实验需要分别测定反应产物和初始底物的对映体纯度。估算 E 值(estimated E)可通过对两个对映体产物的初始反应生成速率进行简单的比较来计算[式(4.5)]。在酶的催化作用下底物水解生成了黄色的对硝基苯酚钠,于是并不需要使用 pH 指示剂对水解反应进行检测。根据估算 E 值可以分辨立体选择性的酶和非立体选择性的酶,但无法对反应进行定量测定。对映体选择性快速值(Quick E),是可以定量反映 E

值的真实值，在后面有讨论。

$$估算 E 值 = \frac{独立测定的快反应速率}{独立测定的慢反应速率} \tag{4.5}$$

表 4.1　几种水解酶对 4-硝基苯基-2-苯基丙酸酯对映选择性的真实值和估算值[103]

4-硝基苯基-2-苯基丙酸酯　　　　　试卤灵十四烷酸酯

水解酶	真实 E 值①	估算 E 值②	快速 E 值③
Pseudomonas cepacia 脂肪酶	29	20	29
Candida rugose 脂肪酶	3.5	1	3.5
Candida rugose 脂肪酶纯酶	>100	40	210
Porcine pancreatic 脂肪酶	1.5	1.4	1.4
Candida antarctica 脂肪酶 A	1.4	4	2.3

① 对映选择性 E 值真实值的测定：控制水解转化消旋底物 4-硝基苯基-2-苯基丙酸酯（4-nitrophenyl 2-phenylpropanoate）转化率 40%，通过 HPLC 手性柱测定产物和剩余底物的对映体纯度。
② 对映选择性 E 值估算值：分别水解 4-硝基苯基-2-苯基丙酸酯一对对映异构体的初速率之比。初速率通过分光光度法测定对硝基苯酚的释放量来计算。
③ 对映选择性 E 值快速值：以试卤灵十四烷酸酯为参考化合物预测 E 值。
注：在所有例子中，倾向于水解（S）型 4-硝基苯基-2-苯基丙酸酯。

在其他的例子中，通过分别测定水解酶催化丙酮缩甘油丁酯生成的两种对映产物的初始生成速率，对 52 种水解酶的对映体选择性进行估算。使用 pH 指示剂检测法测定水解速率，并以此估算酶催化合成对映异构体的选择性[101,102]。结果如表 4.2 所示，结果显示真实的立体选择性和估算的立体选择性保持一致，利用这种定性检测方法，以丙酮缩甘油丁酯为底物，利用马肝酯酶催化其水解可以获得具有一定对映体选择性的产物，据此可将该酶鉴定为一种新的水解酶。

表 4.2　几种水解酶对于丙酮缩甘油丁酯对映选择性的真实值和估算值[85]

水解酶	真实 E 值①	估算 E 值②
马肝酯酶	15	12
Rhizopus oryzae 脂肪酶	5.0	11
角质酶	5.0	2.3
Candida rugose 脂肪酶	3.0	4.9
酯酶 E013	1.0	1.0

① 对映选择性 E 值真实值的测定：控制水解转化消旋底物丙酮缩甘油丁酯转化率 40%，通过气相色谱手性柱测定产物和剩余底物的对映体纯度。
② 对映选择性 E 值估算值：分别水解丙酮缩甘油丁酯一对对映异构体的初速率之比。初速率通过以对硝基苯酚作为 pH 指示剂，检测丙酮缩甘油丁酯水解释放的酸量来计算。
注：除了马肝酯酶，所有例子中倾向于水解（R）-丙酮缩甘油丁酯。

当估计选择性与真实选择性差距很大时，该方法毫无利用价值。例如利用水解酶催化顺-(2S,4S) 和反-(2S,4S) 二氧戊环衍生物，分别测定水解产生的两种异构体的初始生成速率，对 91 种商品水解酶制剂的非对映体选择性进行估计，酶催化合成两种异构体的初始速率之比即可表示估算的非对映体选择性。表 4.3 来源于地衣芽孢杆菌的三种水解酶——

胆甾醇酯酶、胰凝乳蛋白酶和枯草杆菌蛋白酶，估算这三种酶的非对映体选择性可得到很好的结果，但其真实非对映体选择性很差，因此利用这种估计选择性方法在筛选鉴定选择性酶时是不够准确的。

表 4.3 几种水解酶对于甲基 (4S)-2-苄氧基-1,3-二氧戊环-4-羧酸非对映选择性 D 值的真实值、估算值和快速值[106]

水解酶	真实 D 值①	估算 D 值②	快速 D 值
胆甾醇酯酶	13	160	17
枯草杆菌蛋白酶	6.3	>100	4.4
胰凝乳蛋白酶	7.7	>100	6.4

① 非对映选择性 D 真实值的测定：控制转化非对映异构体底物转化率 40%，通过核磁测定产物和剩余底物的非对映纯度。
② 非对映选择性 D 估算值的测定：比较分别水解一对非对映异构体底物的初速率。初速率通过分光光度法测定对硝基苯酚的释放量来计算。
注：所有的水解酶倾向于水解反式异构体。

选择性估计法最主要的优点在于它的快速和简易性，而其最主要的缺点则是由于估算值与真实值之间存在差距，造成具有产生误导的风险。对于一个由 100 个酶构成的酶库使用该方法进行筛选仅需若干小时。在实际应用中，常在定量筛选前进行估计筛选，将底物分为快速、中速和慢速反应组，通过筛选获得的信息有助于为实验选择合适的参照化合物。

4.4.3.2 利用参照化合物对选择性进行定量测定

因为在反应中没有涉及底物间的竞争作用，估计选择性测定法仅仅只是一种对酶催化选择性的估计。通过分别测定两种底物的初始消耗速率，排除了两种底物对酶的竞争性结合作用。但是无论是 k_{cat} 还是 K_m 都会影响酶的选择性，因此不考虑底物对酶的竞争性结合作用会导致结果的不准确，如表 4.3 的实例。为了了解竞争性结合对酶选择性的影响，假设存在这样一种情况，两种底物具有相同的 k_{cat} 值但它们的 K_m 值不同。在竞争性实验中，酶更易与一种构型底物结合并发生转化反应，这将使酶催化反应对底物显示出选择性。假设两种底物在不同的容器中反应，分别被同一酶催化，反应结果仅依赖于底物的浓度。当底物浓度处于饱和过量时，两个反应将具有相同的反应速率，即表示酶对两种底物没有选择性，这就导致我们得到错误的选择性估算值。当底物浓度大大低于 K_m 时，选择性估算值与选择性真实值接近。对于其他反应条件和动力学参数的情况下，都会过高或者过低地估计选择性的真实值。

测定真实选择性需要进行竞争性实验，将两种底物加入反应混合体系中即可建立一个竞争性反应体系，但这会使对反应结果的分析变得复杂。必须在一个反应中将酶对两个底物的催化完全区分开，通过高效液相色谱或气相色谱的检测可以区分两个底物，与比色法相比，使用该方法对酶的选择性进行测定非常耗时。另一种方法是加入用一种能够通过 pH 指示剂检测法检测的真实底物和另一种带有显色基团并且水解后产生与 pH 指示剂检测法不同颜色变化的参照化合物，通过进行这样的实验可以得到酶催化真实底物和参照物准确的选择性［式(4.6)］。

$$\frac{\text{底物 1}}{\text{参考化合物}}\text{选择性} = \frac{\text{底物 1 反应速率}}{\text{参考化合物反应速率}} \cdot \frac{[\text{参考化合物浓度}]}{[\text{底物 1 浓度}]} \quad (4.6)$$

在第二个实验中，第二种底物与参照化合物之间同样存在竞争，得到酶催化第二个真实底物和参照物准确的选择性[式(4.7)]。

$$\frac{底物2}{参考化合物}选择性 = \frac{底物2反应速率}{参考化合物反应速率} \cdot \frac{[参考化合物浓度]}{[底物2浓度]} \quad (4.7)$$

最后通过对比即可得到酶对两种真实底物的真实选择性[式(4.8)]。

$$\frac{底物1}{底物2}选择性 = \frac{\frac{底物1}{参考化合物}选择性}{\frac{底物2}{参考化合物}选择性} \quad (4.8)$$

通过每种真实底物与参照物分别竞争反应以替代同一反应中两种真实底物之间的竞争，我们将这种方法定义为选择性快速检测法。Quick E 为对映体选择性快速值，Quick D 为非对映立体选择性快速值，Quick S 为底物选择性快速值。

(1) 显色底物

在快速测定对映体选择性的实验中，可以使用显色底物和显色参照物[103]。4-硝基苯基-2-苯基丙酸酯水解生成黄色的产物——对硝基苯酚，通过测定反应在404nm波长下吸光度的增量即可计算得到每种对映体的初始生成速率，二者的比值即为对映体比率，它与 E 值具有70%的误差。引入竞争性实验后，在反应体系中加入试卤灵十四烷酸酯作为参照化合物，可以通过分光光度计分别在404nm波长下检测水解生成 (S)-2-苯基丙酸酯的初始反应速率和572nm波长下参照化合物水解的起始反应速率（图4.10）。

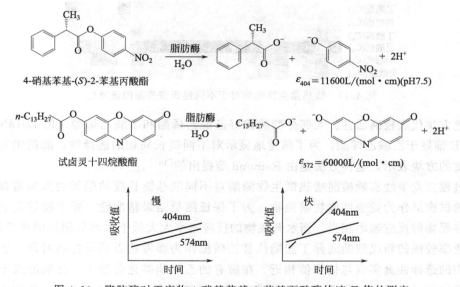

图4.10 脂肪酶对于底物 4-硝基苯基-2-苯基丙酸酯快速 E 值的测定

两组实验，一组为 (S)-对映异构体与参照物之间存在竞争，另一组为 (R)-对映异构体与参照物之间存在竞争，根据公式计算 Quick E 值。同时采用高效液相色谱这种较为耗时的方法测定 (S)-对映异构体与 (R)-对映异构体直接进行竞争反应的真实 E 值，结果显示二者数值相符。利用这种测定方法可以在对映体选择性低（$E=1.4$）、中（$E=27$）和高（$E=210$）三种情况下准确测定对映体选择性。每组实验仅需要30s即可完成，因此测定一个 Quick E 也仅仅需要1min。

第一步脂肪酶分别催化 S-底物和参考化合物试卤灵十四烷酸酯产生黄色和粉色。当两种底物都水解时，溶液的颜色变为深橙色，如果只有参考化合物水解时产生粉色。第二步的步骤与第一步相同，只是用的是 R-底物。通过公式(4.8)的计算，可以获得快速 E 值。

（2）pH 指示剂

将测定 Quick E 值的思路应用于非显色性底物，需要使用 pH 指示剂检测底物的水解情况，使用显色的酯类作为参照化合物。首先，实验证明了它可以测定二氧戊环的非对映体选择性。此方法测得的 Quick D 值与通过 NMR 检测得到的两种异构体直接参与的水解竞争反应的结果相一致。

4.4.3.3 应用

（1）对水解酶进行的底物谱测定

与传统方法相比，通过测定 Quick S 值对水解酶的选择性进行底物谱测定更方便、更快速。例如测定来源于嗜热微生物酯酶对不同链长酰基酯的底物谱印证了该酯酶 E018b 对含有乙酰基底物的偏好性（图 4.11）。

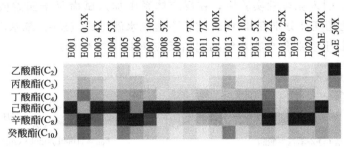

图 4.11　嗜热微生物酯酶对于不同链长酰基酯的选择性

深色方块代表较高活性。大部分酯酶偏好己酸乙烯酯和辛酸乙烯酯，但 E018b 和橘皮酯酶 AcE 偏好于乙酸乙烯酯。为了清楚地显示对不同链长底物的选择性，酶的绝对活性用不同色度的方块表示，这种方法是由 Remond 等提出的[107]。

通过建立竞争性实验检测嗜热微生物酯酶对不同酰基链长度的酯类的真实选择性，使用显色的试卤灵作为竞争性底物参照物。为了保证测量结果精准性，要求酶催化底物和其竞争性参照物的反应速率相当。当水解底物的反应速率大大低于水解参照物的反应速率时，用反应速率较慢的新戊酸酯或异丁酸酯代替乙酸酯作为参考物以延长检测时间。实验证实酶对底物的选择性真实值与估算值相近。在所有的乙烯酯类化合物中，己酸酯或辛酸酯是酶催化反应的最适底物，除了 E018b 的最适底物是乙酸酯。通过在反应中直接加入乙酸酯的竞争物丁酸乙烯酯，并使用 ^{1}H-NMR 对反应产物进行检测，证实了 E018b 对乙酰基具有很高的偏好性。两种底物和产物的核磁共振结果显示该酶对乙酰基具有高达 17 倍的偏好性，而通过 Quick S 值测得数据为 24 倍。出乎意料的是来源于橘皮的乙酸酯酶对乙酰基的偏好性只有 4 倍。

（2）用于筛选定向进化突变体库

Quick E 值最重要的一个用途是从酯酶的随机突变体库中筛选获得具有对映体选择性

的突变体。为了筛选获得那些对映体选择性有一定程度提高的突变体，对对映体选择性进行准确测定是极其重要的步骤。为了提高酯酶 PFE 水解 3-溴-2-甲基丙酸甲酯（MPMB）的立体选择性，我们对在大肠杆菌中表达的酶进行了随机突变[104]。通过对 288 株细胞的粗酶液进行检测，得到的 Quick E 值显示大多数突变体都与野生菌株保持了相同的立体选择性（Quick $E=12$），但是有一个突变株 MS6-31 的立体选择性有明显的提高（Quick $E=21$）。DNA 测序结果显示，其序列的 $C_{689}T$ 位点发生了突变，230 位的苏氨酸突变为异亮氨酸。在验证反应中，显示该突变株的 $E=19$，这与 Quick E 保持了很好的一致性。即使使用细胞裂解液进行测定造成了在 Quick E 值和真实 E 值之间有一定的数值差异，这仍然在实验误差范围之内，但这种测定方法更适合对纯酶的测定。

定向进化下一阶段的工作致力于在底物结合位点附近进行聚焦突变[105]。通过对在 28 位和 121 位进行突变，得到了更多对映体选择性突变体，但同时也暴露出了 Quick E 值筛选法的缺陷。当慢对映体的反应速率太慢时则不能被精确测定，从而使 Quick E 值难以测定。起初，我们可以提高底物浓度，但是底物的溶解性限制了底物的添加量。我们不能够简单地在反应测定体系中加入更多的酶，因为这会导致参照物被迅速水解。最终我们选择使用水解速率更慢的参照物以解决该问题，如使用异丁酸酯代替乙酸酯。利用荧光假单胞菌酯酶对二者进行水解，后者的反应速率是前者的 63 倍。使用新的参照物，我们可以测定更高的对映体选择性，但此时的测定误差仍比测定低对映体选择性时大。在实际应用中，这种精确度已经能够满足对高对映体选择性突变体的筛选鉴定。为了在实际测定时获得精确度更高的 Quick E 值，需要寻找水解反应速率更低的参照化合物。

4.4.3.4 优势和缺陷

Quick E 法最重要的优势在于其检测速度快，体现了与参照物之间竞争性的 Quick E 值与直接体现两种异构体之间竞争性的真实 E 值之间存在四方面的差异。首先，最重要的一点是 Quick E 值筛选法不需要对对映体纯度进行测定，在对酶进行底物谱测定时，为了得到准确的对映体纯度值，需要使用不同的手性高效液相色谱和气相色谱柱及不同的检测方法。第二，Quick E 值筛选法仅需要测定初始反应速率（转化率<5%），而不需要等待反应转化率达到 30% 或 40%。第三，可以使用酶标仪在 96 孔板上同时进行比色法测定。第四，Quick E 值的反应体系小，通常只有 0.1mmol，对于单位浓度的底物可以使用更多的酶对其进行催化，从而得到更快的反应速率。相对于测定真实 E 值，这些优势使测定 Quick E 值更快速。Quick E 值检测法是对大量样本进行检测的理想方法，它与测定真实 E 值所依赖的方程和假设完全相同。

Quick E 值检测法的一个缺陷在于它需要纯的对映异构体，尽管需求量很少。在很多情况下，如此少量的需求可以通过 HPLC 手性制备或其他方法完成。另一缺陷在于检测需要澄清的底物溶液，对于难溶的疏水性底物往往需要加入助溶剂，并且有时难以实现。

无论对真实 E 值检测法还是 Quick E 值检测法，测定高对映体选择性都是一种挑战。对于真实 E 值测定法，测定高对映体选择性时，只有当异构体反应速率很慢时才能保证测定值的准确性。对于 Quick E 值检测法，测定高对映体选择性时，需要异构体和参照物同时具有较慢的反应速率，并且通常都需要参照物的反应速率更慢一些。使用 Quick E 值检测法测定高对映体选择性时的另一个限制是由于起始反应速率较慢，必须对对映体纯度有一定的要求，以保证测定值的准确。如果水解反应慢的异构体被反应快速的异构体污染，那必将导致测定的 Quick E 比真实 E 值低。

4.5 总 结

从环境中筛选挖掘新酶和通过定向进化获得特异性突变体可以得到催化性能更好的酶。而建立酶的高通量筛选方法则是获得这些性能优良的新酶和特异性突变体的关键。在本章中，我们讨论了许多针对氧化还原酶、转氨酶和水解酶有效的高通量筛选方法，这些方法已成功地应用于获得新酶和改善原有酶的特性。这些酶不仅仅在生物催化、生物降解、医疗诊断和基因治疗领域具有重要的潜在应用价值，而且对它们的研究有助于我们理解细胞新陈代谢、探寻蛋白质结构和功能的关系。相信在不远的将来，这些高通量筛选方法在获得催化性能优异酶的过程中将会得到越来越广泛的应用。

（倪晔 李爱涛 郁惠蕾）

参 考 文 献

[1] Faber K. Biotransformations in Organic Chemistry: a Textbook. 4th Ed. Springer, Berlin, 2000.

[2] Schmid A, Dordick J S, Hauer B, Kiener A, Wubbolts M, Witholt B. Industrial biocatalysis today and tomorrow [J]. Nature, 2001, 409: 258-268.

[3] Powell S K, Kaloss M A, Pinkstaff A, McKee R, Burimski I, Pensiero M, Otto E, Stemmer W P, Soong N W. Breeding of retroviruses by DNA shuffling for improved stability and processing yields [J]. Nat Biotechnol, 2000, 18: 1279-1282.

[4] Schmidt-Dannert C. Directed evolution of single proteins, metabolic pathways, and viruses [J]. Biochemistry, 2001, 40: 13125-13136.

[5] Demirjian D C, Shah P C, Moris-Varas F. Screening for novel enzymes [J]. Top Curr Chem, 1999, 200: 1-29.

[6] Fibla J, Gonzalezduarte R. Colorimetric assay to determine alcohol dehydrogenase activity [J]. J Biochem Biophys Meth, 1993, 26: 87-93.

[7] Mayer K M, Arnold F H. A colorimetric assay to quantify dehydrogenase activity in crude cell lysates [J]. J Biomol Screening, 2002, 7: 135-140.

[8] Allen S J, Holbrook J J. Production of an activated form of *Bacillus stearothermophilus* L-2-hydroxyacid dehydrogenase by directed evolution [J]. Protein Eng, 2000, 13: 5-7.

[9] ElHawrani A S, Sessions R B, Moreton K M, Holbrook J J. High-throughput screening methods for oxidoreductases [J]. J Mol Biol, 1996, 264: 97-110.

[10] Ravot G, Wahler D, Favre-Bulle O, Cilia V, Lefevre F. High throughput discovery of alcohol dehydrogenases for industrial biocatalysis [J]. Adv Synth Catal, 2003, 345: 691-694.

[11] Conway T, Sewell G W, Osman Y A, Ingram L O. Cloning and sequencing of the alcohol dehydrogenase II gene from *Zymomonas mobilis* [J]. J Bacteriol, 1987, 169: 2591-2597.

[12] Kaplan N O, Colowick S P, Barnes C C. Effect of alkali on diphosphopyridine nucleotide [J]. J Biol Chem, 1951, 191: 461-472.

[13] Tsotsou G E, Cass A E G, Gilardi G. High throughput assay for cytochrome P450 BM3 for screening libraries of substrates and combinatorial mutants [J]. Biosens Bioelectron, 2002, 17: 119-131.

[14] Sun L H, Petrounia I P, Yagasaki M, Bandara G, Arnold F H. Expression and stabilization of galactose oxidase in *Escherichia coli* by directed evolution. Prot Eng, 2001, 14: 699-704.

[15] Delagrave S, Murphy D J, Pruss J L R, Maffia A M, Marrs B L, Bylina E J, Coleman W J, Grek C L, Dil-

worth M R, Yang M M, Youvan D C. Application of a very high-throughput digital imaging screen to evolve the enzyme galactose oxidase [J]. Protein Eng, 2001, 14: 261-267.

[16] Yang G Y, Shamsuddin A M. Gal-GalNAc: a biomarker of colon carcinogenesis [J]. Histol Histopathol, 1996, 11: 801-806.

[17] Gabler M, Hensel M, Fischer L. Detection and substrate selectivity of new microbial D-amino acid oxidases [J]. Enzyme Microb Technol, 2000, 27: 605-611.

[18] Danneel H J, Ullrich M, Giffhorn F. Goal-oriented screening method for carbohydrate oxidases produced by filamentous fungi [J]. Enzyme Microb Technol, 1992, 14: 898-903.

[19] Conlon H D, Baqai J, Baker K, Shen Y Q, Wong B L, Noiles R, Rausch C W. Two-step immobilized enzyme conversion of cephalosporin C to 7-aminocephalosporanic acid [J]. Biotechnol Bioeng, 1995, 46: 510-513.

[20] Valderrama B, Ayala M, Vazquez-Duhalt R. Suicide inactivation of peroxidases and the challenge of engineering more robust enzymes [J]. Chem Biol, 2002, 9: 555-565.

[21] Veitch N C, Smith A T. Horseradish peroxidase [J]. Adv Inorg Chem, 2001, 51: 107-162.

[22] Colonna S, Gaggero N, Richelmi C, Pasta P. Recent biotechnological developments in the use of peroxidases [J]. Trends Biotechnol, 1999, 17: 163-168.

[23] Nicell J A, Bewtra J K, Biswas N, Stpierre C C, Taylor K E. Enzyme catalyzed polymerization and precipitation of aromatic compounds from aqueous solution [J]. Can J Civil Eng, 1993, 20: 725-735.

[24] Iffland A, Gendreizig S, Tafelmeyer P, Johnsson K. Examining reactivity and specificity of cytochrome c peroxidase by using combinatorial mutagenesis [J]. Biochem Biophys Res Commun, 2001, 286: 126-132.

[25] Morawski B, Quan S, Arnold F H. Functional expression and stabilization of horseradish peroxidase by directed evolution in *Saccharomyces cerevisiae* [J]. Biotechnol Bioeng, 2001, 76: 99-107.

[26] Lin Z, Thorsen T, Arnold F H. Functional expression of horseradish peroxidase in *E. coli* by directed evolution [J]. Biotechnol Prog, 1999, 15: 467-471.

[27] Cherry J R, Lamsa M H, Schneider P, Vind J, Svendsen A, Jones A, Pedersen A H. Directed evolution of a fungal peroxidase [J]. Nat Biotechnol, 1999, 17: 379-384.

[28] Wan L, Twitchett M B, Eltis L D, Mauk A G, Smith M. *In vitro* evolution of horse heart myoglobin to increase peroxidase activity [J]. Proc Natl Acad Sci USA, 1998, 95: 12825-12831.

[29] Waugh W H. Simplified method to assay total plasma peroxidase activity and ferriheme products in sickle cell anemia, with initial results in assessing clinical severity in a trial with citrulline therapy [J]. J Pediatr Hematol Oncol, 2003, 25: 831-834.

[30] Josephy P D, Eling T, Mason R P. The horseradish peroxidase-catalyzed oxidation of 3,5,3′,5′-tetramethylbenzidine. Free radical and charge-transfer complex intermediates [J]. J Biol Chem, 1982, 257: 3669-3675.

[31] Wilming M, Iffland A, Tafelmeyer P, Arrivoli C, Saudan C, Johnsson K. Examining reactivity and specificity of cytochrome c peroxidase by using combinatorial mutagenesis. Chembiochem, 2002, 3: 1097-1104.

[32] Iffland A, Tafelmeyer P, Saudan C, Johnsson K. Directed molecular evolution of cytochrome c peroxidase. Biochemistry, 2000, 39: 10790-10798.

[33] Meyer J, Buldt A, Vogel M, Karst U. 4-(N-Methylhydrazino)-7-nitro-2,1,3-benzooxadiazole (MNBDH): A novel fluorogenic peroxidase substrate [J]. Angew Chem Int Ed Engl, 2000, 39: 1453-1455.

[34] Nelson D R, Kamataki T, Waxman D J, Guengerich F P, Estabrook R W, Feyereisen R, Gonzalez F J, Coon M J, Gunsalus I C, Gotoh O. The P450 superfamily: update on new sequences, gene mapping, accession numbers, early trivial names of enzymes, and nomenclature [J]. DNA Cell Biol, 1993, 12: 1-51.

[35] Butler C S, Mason J R. Structure-function analysis of the bacterial aromatic ring-hydroxylating dioxygenases. Adv Microb Physiol, 1996, 38: 47-84.

[36] Meyer A, Schmid A, Held M, Westphal A H, Rothlisberger M, Kohler H P, van Berkel W J, Witholt B J. Changing the substrate reactivity of 2-hydroxybiphenyl 3-monooxygenase from *Pseudomonas azelaica* HBP1 by directed evolution [J]. J Biol Chem, 2002, 277: 5575-5582.

[37] Suenaga H, Goto M, Furukawa K. Emergence of multifunctional oxygenase activities by random priming recombi-

nation [J]. J Biol Chem, 2001, 276: 22500-22506.

[38] Kumamaru T, Suenaga H, Mitsuoka M, Watanabe T, Furukawa K. Enhanced degradation of polychlorinated biphenyls by directed evolution of biphenyl dioxygenase [J]. Nat Biotechnol, 1998, 16: 663-666.

[39] Suenaga H, Mitsuoka M, Ura Y, Watanabe T, Furukawa K. Directed evolution of biphenyl dioxygenase: emergence of enhanced degradation capacity for benzene, toluene, and alkylbenzenes [J]. J Bacteriol, 2001, 183: 5441-5444.

[40] Okuta A, Ohnishi K, Harayama S. PCR isolation of catechol 2,3-dioxygenase gene fragments from environmental samples and their assembly into functional genes [J]. Gene, 1998, 212: 221-228.

[41] Kikuchi M, Ohnishi K, Harayama S. Novel family shuffling methods for the in vitro evolution of enzymes [J]. Gene, 1999, 236: 159-167.

[42] Tao Y, Fishman A, Bentley W E, Wood T K. Altering toluene 4-monooxygenase by active-site engineering for the synthesis of 3-methoxycatechol, methoxyhydroquinone, and methylhydroquinone [J]. J Bacteriol, 2004, 186: 4705-4713.

[43] Otey C R, Joern J M. High-throughput screen for aromatic hydroxylation [J]. Methods Mol Biol, 2003, 230: 141-148.

[44] Joern J M, Sakamoto T, Arisawa A, Arnold F H. A versatile high throughput screen for dioxygenase activity using solid-phase digital imaging [J]. J Biomol Screening, 2001, 6: 219-223.

[45] Sakamoto T, Joern J M, Arisawa A, Arnold F H. Laboratory evolution of toluene dioxygenase to accept 4-picoline as a substrate [J]. Appl Environ Microbiol, 2001, 67: 3882-3887.

[46] Farinas E T, Schwaneberg U, Glieder A, Arnold F H. Directed evolution of a cytochrome P450 monooxygenase for alkane oxidation [J]. Adv Synth Catal, 2001, 343: 601-606.

[47] Li Q S, Schwaneberg U, Fischer M, Schmitt J, Pleiss J, Lutz-Wahl S, Schmid R D. Rational evolution of a medium chain-specific cytochrome P450 BM3 variant [J]. Biochim Biophys Acta, 2001, 1545: 114-121.

[48] Seng Wong T, Arnold F H, Schwaneberg U. Laboratory evolution of cytochrome P450 BM3 monooxygenase for organic cosolvents [J]. Biotechnol Bioeng, 2004, 85: 351-358.

[49] Joo H, Arisawa A, Lin Z, Arnold F H. A high-throughput digital imaging screen for the discovery and directed evolution of oxygenases [J]. Chem Biol, 1999, 6: 699-706.

[50] Joo H, Lin Z, Arnold F H. Laboratory evolution of peroxide-mediated cytochrome P450 hydroxylation [J]. Nature, 1999, 399: 670-673.

[51] Li Q S, Schwaneberg U, Fischer P, Schmid R D. Directed evolution of the fatty acid hydroxylase P450 BM3 into an indole-hydroxylating catalyst [J]. Chemistry, 2000, 6: 1531-1536.

[52] Newman L M, Garcia H, Hudlicky T, Selifonov S A. Directed evolution of the dioxygenase complex for the synthesis of furanone flavor compounds [J]. Tetrahedron, 2004, 60: 729-734.

[53] Alcalde M, Farinas E T, Arnold F H. Alkene epoxidation catalyzed by cytochrome P450 BM-3 139-3 [J]. J Biomol Screening, 2004, 9: 141-146.

[54] Thurston C F. The structure and function of fungal laccases [J]. Microbiol-Uk, 1994, 140: 19-26.

[55] Duran N, Rosa M A, D'Annibale A, Gianfreda L. Applications of laccases and tyrosinases (phenoloxidases) immobilized on different supports: a review [J]. Enzyme Microb Technol, 2002, 31: 907-931.

[56] Johannes C, Majcherczyk A, Huttermann A. Degradation of anthracene by laccase of Trametes versicolor in the presence of different mediator compounds [J]. Appl Microbiol Biotechnol, 1996, 46: 313-317.

[57] Pickard M A, Roman R, Tinoco R, Vazquez-Duhalt R. Polycyclic aromatic hydrocarbon. metabolism by white rot fungi and oxidation by *Coriolopsis gallica* UAMH 8260 laccase [J]. Appl Environ Microbiol, 1999, 65: 3805-3809.

[58] Alcalde M, Bulter T. Colorimetric assays for screening laccases. Methods Mol Biol, 2003, 230: 193-201.

[59] Bulter T, Alcalde M, Sieber V, Meinhold P, Schlachtbauer C, Arnold F H. Functional expression of a fungal laccase in *Saccharomyces cerevisiae* by directed evolution [J]. Appl Environ Microbiol, 2003, 69 (2): 987-995.

[60] Jolivalt C, Madzak C, Brault A, Caminade E, Malosse C, Mougin C. Expression of laccase Ⅲ b from the white-rot

fungus *Trametes versicolor* in the yeast *Yarrowia lipolytica* for environmental applications [J]. Appl Microbiol Biotechnol, 2005, 66: 450-456.

[61] Field J A, de Jong E, Feijoo Costa G, de Bont J A. Biodegradation of polycyclic aromatic hydrocarbons by new isolates of white rot fungi [J]. Appl Environ Microbiol, 1992, 58: 2219-2226.

[62] Kiiskinen L L, Ratto M, Kruus K. Screening for novel laccase-producing microbes [J]. J Appl Microbiol, 2004, 97: 640-646.

[63] Alcalde M, Bulter T, Arnold F H. Colorimetric assays for biodegradation of polycyclic aromatic hydrocarbons by fungal laccases [J]. J Biomol Screening, 2002, 7: 547-553.

[64] Xu F. Dioxygen reactivity of laccase: dependence on laccase source, pH, and anion inhibition [J]. Applied Biochem Biotechnol, 2001, 95: 125-133.

[65] Hwang B Y, Kim B G. High-throughput screening method for the identification of active and enantioselective ω-transaminases [J]. Enzyme Microb Technol, 2004, 34: 429-436.

[66] Sawai T, Koma D, Hara R, Kino K, Harayama S. A high-throughput and generic assay method for the determination of substrate specificities of thermophilic α-aminotransferases [J]. J Microbiol Methods, 2007, 71: 32-38.

[67] Truppo M D, Rozzell J D, Moorec J C, Turner N J. Rapid screening and scale-up of transaminase catalysed reactions [J]. Org Biomol Chem, 2009, 7: 395-398.

[68] Kurioka S, Matsuda M. Phospholipase C assay using *p*-nitrophenylphosphorylcholine together with sorbitol and its application to studying the metal and detergent requirement of the enzyme [J]. Anal Biochem, 1976, 75: 281-289.

[69] Graham L D, Haggett K D, Jennings P A, Le Brocque D S, Whittaker R G. Random mutagenesis of the substrate-binding site of a serine protease can generate enzymes with increased activities and altered primary specificities [J]. Biochemistry, 1993, 32: 6250-6258.

[70] Arnaldos L, Serrano M L, Calderon A A, Munoz R. A rapid and continuous spectrophotometric method to measure β-glucosidase activity based on *p*-nitrophenyl β-O-D-glucopyranoside hydrolysis [J]. Phytochem Anal, 1999, 10: 171-174.

[71] Hofmann J, Sernetz M. Immobilized enzyme kinetics analyzed by flow-through microfluorimetry: Resorufin-β-d-galactopyranoside as a new fluorogenic substrate for β-Galactosidase. Anal Chim Acta, 1984, 163: 67-72.

[72] Guilbault G G, Heyn A N J. Fluorometric determination of cellulase [J]. Anal Lett, 1967, 1: 163-171.

[73] Vorderwülbecke T, Lieslich K, Erdmann H. Comparison of lipases by different assays [J]. Enzyme Microb Technol, 1992, 14: 631-639.

[74] Kramer D N, Guilbault G G. Resorulin acetate as a substrate for determination of hydrolytic enzymes at low enzyme and substrate concentrations [J]. Anal Chem, 1964, 36: 1662-1663.

[75] Baumann M, Sturmer R, Bornscheuer U T. A high-throughput-screening method for the identification of active and enantioselective hydrolases [J]. Angew Chem Int Ed Engl, 2001, 40: 4201-4204.

[76] Konarzycka-Bessler M, Bornscheuer U T. A High-throughput-screening method for determining the synthetic activity of hydrolases [J]. Angew Chem Int Ed Engl, 2003, 42: 1418-1420.

[77] Wajzer M J, Hebd C R. Seances Acad Sci, 1949, 229: 1270-1272.

[78] John R A. Photometric in enzyme assays//Eisenthal R, Danson M J, Eds. IRL, Oxford, 1992: 81-82.

[79] Rosenberg M, Herreid R M, Piazza G J, O'Leary M H. Indicator assay for amino acid decarboxylases [J]. Anal. Biochem, 1989, 181: 59-65.

[80] Gibbons B H, Edsall J T. Rate of hydration of carbon dioxide and dehydration of carbonic acid at 25 degrees [J]. J Biol Chem, 1963, 238: 3502-3507.

[81] Lowry O H, Roberts N R, Wu M L, Hixon W S, Crawford E J. The quantitative histochemistry of brain Ⅱ. Enzyme measurements [J]. J Biol Chem, 1954, 207: 19-37.

[82] Darrow R A, Colowick S P. Hexokinase from Baker's yeast: ATP+Hexose→ADP+Hexose-6-phosphate+H$^+$ [J]. Meth Enzymol, 1962, Vol. Ⅴ: 226-235.

[83] Crane R K, Sols A. Animal tissue hexokinases: (Soluble and particulate forms) Hexose+ATP→Hexose-6-P+ADP. Meth Enzymol, 1955, Vol. Ⅰ: 277-286.

[84] Whittaker R G, Manthey M K, Le Brocque D S, Hayes P J. A microtiter plate assay for the characterization of serine proteases by their esterase activity [J]. Anal Biochem, 1994, 220: 238-243.

[85] Jones L E, Lowendahl A C, Kazlauskas R J. Quantitative screening of hydrolase libraries using pH indicators: Identifying active and enantioselective hydrolases [J]. Chem Eur J, 1984, 4: 2324-2331.

[86] Khalifah R G. The carbon dioxide hydration activity of carbonic anhydrase I. Stop-flow kinetic studies on the native human isoenzymes B and C [J]. J Biol Chem, 1971, 246: 2561-2573.

[87] Banyai E. in *Indicators* // Bishop E ed. Oxford: Pergamon Press, 1972: 75.

[88] Beynon R J, Easterby J S. Buffer solution, The basics. Oxford: IRL Press, 1996: 72.

[89] Mugford P F, Lait S M, Keay B A, Kazlauskas R J. Enantiocomplementary enzymatic resolution of the chiral auxiliary: *cis*, *cis*-6-(2,2-Dimethylpropanamido) spiro [4.4] nonan-1-ol and the molecular basis for the high enantioselectivity of *Subtilisin Carlsberg* [J]. Chem Bio Chem, 2004, 5: 980-987.

[90] Savile C K, Magloire V P, Kazlauskas R J. Subtilisin-catalyzed resolution of *N*-acyl arylsulfinamides [J]. J Am Chem Soc, 2005, 127: 2104-2113.

[91] Deng C, Chen R R. A pH-sensitive assay for galactosyltransferase [J]. Anal Biochem, 2004, 330: 219-226.

[92] Holloway P, Trevors J T, Lee H. A colorimetric assay for detecting haloalkane dehalogenase activity [J]. J Microbiol Methods, 1998, 32: 31-36.

[93] Zhao H. A pH-indicator-based screen for hydrolytic haloalkane dehalogenase [J]. Methods Mol Biol, 2003, 230: 213-221.

[94] Banerjee A, Kaul P, Sharma R, Banerjee U C. A high-throughput amenable colorimetric assay for enantioselective screening of nitrilase-producing microorganisms using pH sensitive indicators. J Biomol Screening, 2003, 8: 559-565.

[95] Taylor I N, Brown R C, Bycroft M, King G, Littlechild J A, Lloyd M C, Praquin C, Toogood H S, Taylor S J C. Application of thermophilic enzymes in commercial biotransformation processes. Biochem Soc Trans, 2004, 32: 290-292.

[96] Demirjian D C, Shah P C, Morís-Varas F. Screening for Novel Enzymes (Biocatalysis-From Discovery to Application) [J]. Top Curr Chem, 1999, 200: 1-29.

[97] Liu A M F, Somers N A, Kazlauskas R J, Brush T S, Zocher F, Enzelberger M M, Bornscheuer U T, Horsman G P, Mezzetti A, Schmidt-Dannert C, Schmid R D. Mapping the substrate selectivity of new hydrolases using colorimetric screening: lipases from *Bacillus thermocatenulatus* and *Ophiostoma piliferum*, esterases from *Pseudomonas fluorescens* and *Streptomyces diastatochromogenes* [J]. Tetrahedron Asymmetry, 2001, 12: 545-556.

[98] Somers N A, Kazlauskas R J. Mapping the substrate selectivity and enantioselectivity of esterases from thermophiles [J]. Tetrahedron Asymmetry, 2004, 15: 2991-3004.

[99] Fersht A. Enzyme Structure and Mechanism. 2nd edn. New York: Freeman, 1985: 103-106.

[100] Chen C S, Fujimoto Y, Girdaukas G, Sih C J. Quantitative analyses of biochemical kinetic resolutions of enantiomers [J]. J Am Chem Soc, 1982, 104: 7294-7299.

[101] Zandonella G, Haalck L, Spener F, Faber K, Paltauf F, Hermetter A. Enantiomeric perylene-glycerolipids as fluorogenic substrates for a dual wavelength assay of lipase activity and stereoselectivity [J]. Chirality, 1996, 8: 481-489.

[102] Reetz M T, Zonta A, Schimossek K, Liebeton K, Jaeger K E. Creation of enantioselective biocatalysts for organic chemistry by in vitro evolution [J]. Angew Chem Int Ed Engl, 1997, 36: 2830-2832.

[103] Janes L E, Kazlauskas R J. Quick *E*. A fast spectrophotometric method to measure the enantioselectivity of hydrolases [J]. J Org Chem, 1997, 62: 4560-4561.

[104] Horsman G P, Liu A M F, Henke E, Bornscheuer U T, Kazlauskas R J. Mutations in distant residues moderately increase the enantioselectivity of *Pseudomonas fluorescens* esterase towards methyl 3-bromo-2-methylpropanoate and ethyl 3-phenylbutyrate [J]. Chem Eur J, 2003, 9: 1933-1939.

[105] Park S, Morley K, Horsman G P, Holmquist M, Hult K, Kazlauskas R J. Focusing mutations into the *P. fluorescens* esterase binding site increases enantioselectivity more effectively than distant mutations [J]. Chem Biol, 2005, 12:

45-54.

[106] Jones L E, Cimpoia A, Kazlauskas R J. Protease-mediated separation of cis and trans diastereomers of 2(R,S)-benzyloxymethyl-4(S)-carboxylic acid 1,3-dioxolane methyl ester: Intermediates for the synthesis of dioxolane nucleosides [J]. J Org Chem, 1999, 64: 9019-9029.

[107] Wahler D, Badalassi F, Crotti P, Remond J L. Enzyme fingerprints of activity, and stereo-and enantioselectivity from fluorogenic and chromogenic substrate arrays [J]. Chem Eur J, 2002, 8: 3211-3228.

第5章 酶和细胞的固定化

5.1 生物催化剂固定化技术的出现及发展

5.1.1 游离酶的缺陷

酶具有专一性强、催化效率高、反应条件温和等显著特点，在医药、轻工、食品、化工、分析检测、环境保护和科学研究等各方面的应用已取得了显著的成效。尽管如此，在酶的应用过程中，人们也注意到游离酶的一些不足之处。

(1) 稳定性较差

少数酶具有较好的稳定性，比如在食品、轻工领域广泛应用的 α-淀粉酶，在 PCR 技术中普遍采用的 *Taq* 酶等具有很好的热稳定性，可以耐受较高的温度；胃蛋白酶等可以耐受较低 pH 值的反应条件。但是大多数酶在高温、强酸、强碱和重金属离子等外界因素影响下，都很容易变性失活。

(2) 难以重复使用

游离酶具有很好的水溶性，一般是在水相溶液中与底物作用，反应结束后，溶解于水中的酶与底物和产物混在一起，即使酶仍然具有很高的活力，也难以回收利用。这种一次性使用酶的方式，不仅使生产成本提高，而且难以实现酶法连续化生产。

(3) 增加了产物分离、纯化的难度

酶促反应结束后产物、酶与其他杂质混在一起，给产物的分离纯化带来一定的困难，也使酶促生产成本较高，不利于酶法合成的推广应用。

针对游离酶的这些不足之处，研究人员采取了许多方法以改善酶的性能、改进酶促反应过程，其办法之一就是固定化技术的应用[1~8]。

5.1.2 酶固定化技术的出现及发展

固定化酶的研究历史可以追溯到 1916 年，Nelson 和 Griffin 首先将酵母中提取出来的蔗糖酶吸附在骨炭粉上，发现吸附后的酶仍然显示出和游离酶相同的催化活性。但是这一发现并没有引起人们的重视，沉睡了近 40 年，直到 1953 年，德国 Grubhofer 和 Schletth 开始了系统的酶固定化研究，他们采用聚氨基苯乙烯树脂为载体，经重氮化法活化后，分别与羧肽酶、淀粉酶、胃蛋白酶、核糖核酸酶等结合，制成固定化酶，并对其进行了表征。到 20 世纪 60 年代，以 Katchalski 教授为首的以色列 Wisman 研究所对酶的固定化方法以及固定化酶的性质进行了大量的研究，推动了固定化酶技术的发展。1969 年，日本的千畑一郎首次将固定化氨基酰化酶应用于工业生产规模中，从 DL-氨基酸连续生产 L-氨基酸，实现了酶应用史上的一大变革，从而开创了固定化酶应用的新纪元。

此后，酶固定化技术迅速发展，促使酶工程作为一个独立的学科从发酵工程中脱颖而出。在 20 世纪 70 年代的两次国际酶工程年会上，中心议题都是酶的固定化问题，之后有关固定化酶的论文和专利逐年增加。目前，人们对固定化酶极感兴趣，对固定化酶的应用也与日俱增。已有多种固定化酶获得大规模的工业应用，例如，固定化氨基酰化酶生产 L-氨基酸、固定化青霉素酰化酶生产 6-氨基青霉烷酸、固定化葡萄糖异构酶生产高果糖浆等。此外，固定化酶在分析、生物、医学和生化研究中也得到广泛应用。

5.1.3　细胞固定化技术的出现及发展

在酶的固定化过程中，分离、提取获得一定纯度的酶是其中的必要步骤，但酶的提取、纯化比较麻烦，并且对于固定化酶的活性和成本也有较大的影响。为了减少从微生物或其他生物体中提取酶的麻烦，同时也为了充分利用生物细胞的多酶系统，人们想到对生物催化剂的另一种形式，即整细胞进行固定化。20 世纪 70 年代出现了细胞固定化技术，应用该技术进行生物催化剂的固定化可省去酶的提取分离工艺，使酶的活力损失达到最低限度。1973 年，日本首次在工业上成功地应用固定化大肠杆菌菌体中的天冬氨酸酶，由延胡索酸连续生产 L-天冬氨酸。

由于微生物和植物细胞存在细胞壁，阻碍了许多代谢产物的分泌。如果能除去细胞壁，就可以增加细胞膜的透过性，从而使较多的胞内物质分泌到细胞外。微生物细胞和植物细胞除去细胞壁后，可以获得原生质体，但原生质体很不稳定，细胞膜容易破裂。如果将原生质体用多孔凝胶包埋起来，制成固定化原生质体，由于有载体的保护作用，就可以提高原生质体的稳定性。1982 年，日本采用固定化原生质体生产谷氨酸获得成功。

5.2　固定化生物催化剂的命名及形式

酶的固定化，最初是将水溶性酶与水不溶性载体结合起来，获得不溶于水的酶衍生物，所以曾被称作"水不溶酶"（water insoluble enzyme）和"固相酶"（solid phase enzyme）。但是后来人们发现，将酶包埋在凝胶内或置于超滤装置中，在这种情况下，小分子反应底物或产物可以自由地出入，而酶虽然仍处于溶解状态，却被限制在一个有限的空间内不能自由移动，在这种情况下，用"水不溶酶"或"固相酶"的名称就不恰当了。在1971年第一届国际酶工程会议上，正式建议采用"固定化酶"（immobilized enzyme）的名称。并且在该次会议上，将酶粗略分为天然酶和修饰酶两大类，其中固定化酶属于修饰酶的范畴。

从固定化酶的发展来看，所谓的固定化酶，是指经过一定技术处理后，在一定空间内呈闭锁状态存在的酶制剂，能连续地催化反应，反应后的酶制剂可以回收重复使用。不管用何种方法制备的固定化酶，都应该满足上述固定化酶的定义。例如，将一种不能透过高分子化合物的半透膜置入容器内，并加入酶及高分子底物，使之进行酶反应，小分子产物可以连续不断地透过滤膜，而酶因其不能透过滤膜而被截留，可以重复使用，这里的酶实质上也是一种固定化的酶。

与固定化酶的定义类似，固定化细胞的定义就是将具有一定生理功能的生物体细胞（如微生物、植物细胞、动物组织或细胞）用一定的方法固定在载体上并在一定的空间范围内发挥催化作用的生物催化剂。

依制备方式的不同，固定化催化剂的形状有颗粒、条块、酶管和薄膜等多种形式，其中颗粒形式的固定化酶占主要地位，它和条块形的固定化酶以及酶管主要用于工业酶促反应，而薄膜形式的固定化酶主要用于酶电极。

5.3 固定化生物催化剂制备的原则

固定化生物催化剂制备的材料、手段是多种多样的，其应用目的、应用环境及具体要求各不相同，尽管如此，固定化生物催化剂的制备都应该遵循一些基本的原则[9]。

① 固定化方法和条件的选择应尽量避免酶的失活。酶的活性中心（催化部分）和空间结构（结合部分）的维持是其具有催化活性所必需的条件，因此，在酶固定化过程中，必须注意避免酶活性中心的氨基酸残基发生变化，也就是说酶与载体的结合部位不应当是酶的活性部位；由于酶蛋白的高级结构是凭借氢键、疏水键和离子键等弱键维持，所以固定化时要尽量采取温和的条件，尽可能避免过高的温度和盐浓度、强酸和强碱，以及强极性有机溶剂的处理，要尽量避免可能导致酶蛋白高级结构破坏的固定化条件，否则，酶的催化能力会降低，甚至丧失，或者酶对底物的专一性会发生改变。

② 选择的载体应具有较高的上载量。载体应当拥有比较大的比表面积以及比较多的活性官能团，从而单位质量的载体有较高的酶活力上载，也即固定化催化剂的比活力比较高，从而有利于获得比较高的生产率和时空产率。

③ 固定化生物催化剂应有较高的稳定性，酶或细胞应与载体牢固结合，从而使固定化生物催化剂能回收储藏，利于长期反复使用。

④ 固定化生物催化剂的空间位阻应较小，尽可能不妨碍酶与底物的接近，以提高催化的效率。

⑤ 固定化生物催化剂的载体应具有高的化学稳定性和一定的机械强度，也即所选载体不应与底物、产物或反应介质发生化学反应；固定化生物催化剂能承受一定的压力，不能因机械搅拌而破碎；应该有利于生产自动化、连续化。

⑥ 固定化生物催化剂的成本要低，以利于工业应用。

5.4 固定化酶的制备方法

酶的固定化方法有很多种[10~13]，依据酶与载体、试剂的作用方式，其制备方法大致可分为四大类：非共价载体结合法、共价载体结合法、包埋法和交联法。前三种方法中，酶结合在载体的表面或高分子载体的孔隙中，因此称为载体固定化法；与之相应，交联法可以不需要额外的载体材料，因此也被称为无载体固定化法。

固定化的载体材料是多种多样的，包括天然高分子化合物及其衍生物、合成高分子聚合物、无机材料等。随着纳米材料制备技术的发展，酶的纳米固定化载体发展迅速，纳米级的载体尺寸赋予了固定化酶许多优异的特性，比如大的比表面积、高的酶活载荷、低的传质阻力等；纳米磁性材料的使用使得所制备的固定化酶可以很方便地在磁场作用下进行快速分离，这些特性使得纳米固定化酶在分析、医疗、化工等领域具有巨大的应用潜力[14,15]。另外，静息微生物菌体本身也可认为是一种天然的载体固定化酶，选择适当的条件，如经过热处理使其他酶失活，而保存所需酶的活性，可以获得较高专一性的催化剂；为了克服细胞壁传质阻力的影响，人们还通过基因工程手段，使酶直接表达并固定化于细胞表面，从而更好地发挥其催化效能，特别是应用于高分子底物的转化。图5.1对酶固定化的一些基本方法进行了简单概括，常用的酶固定化模式参见图5.2。

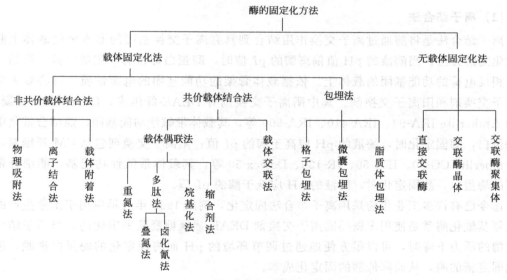

图 5.1 酶固定化方法的分类

5.4.1 非共价载体结合法

非共价载体结合酶固定化法是指将酶通过离子键、氢键、疏水作用力、范德华力等非共价键作用力结合于适当的载体表面，通常也称为吸附法。

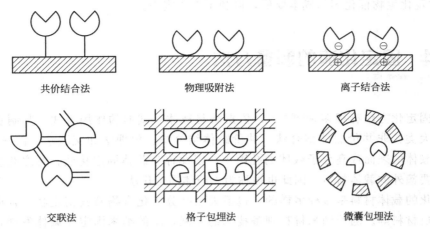

图 5.2 固定化酶模式示意图

(1) 物理吸附法

物理吸附法是将酶蛋白吸附到水不溶性的惰性载体上，制成固定化酶的方法。可以使用的载体很多，无机载体有硅藻土、多孔玻璃、活性炭、酸性白土、漂白土、羟基磷灰石、磷酸钙、高岭石、氧化铝、硅胶、膨润土、金属氧化物等；天然高分子载体有淀粉、白蛋白等。此外，针对酶的物理吸附固定化，人们也研究开发了系列大孔吸附型树脂、陶瓷、具有疏水基团的载体（比如丁基或己基-葡聚糖凝胶），以及以单宁作为配基的纤维素衍生物等载体。

(2) 离子结合法

离子结合法是将酶通过离子交换作用结合到具有离子交换基团的非水溶性载体上制成固定化酶的方法。当酶液的 pH 值偏离酶的 pI 值时，酶蛋白即带有一定的电荷，可结合到带有相反电荷的功能基团的载体上。依据载体骨架的功能基团的电荷性质，可将载体分为阴离子交换剂和阳离子交换剂。其中阴离子交换剂有 DEAE-纤维素，DEAE-葡聚糖凝胶，树脂 Amberlite IRA-93、IRA-410、IRA-900 等，其载体带碱性功能基团，能结合带负电荷的酶蛋白，酶固定化时，酶液的 pH 应高于酶的 pI 值；阳离子交换剂包括 CM-纤维素，树脂 Amberlite CG-50、IRC-50、IR-120、Dowex-50 等，其载体带酸性功能基，能结合带正电荷的酶蛋白，酶固定化时，酶液的 pH 应低于酶的 pI 值。

迄今已有许多工业化酶采用离子结合法固定化，例如 1969 年最早应用于工业生产的固定化氨基酰化酶就是使用多糖类阴离子交换剂 DEAE-葡聚糖凝胶固定化的。当离子结合固定化酶的活力下降时，可以很方便地通过调节环境的 pH 而将固定化的酶蛋白洗脱，进而上载固定新的酶，从而降低酶的固定化成本。

采用物理吸附法和离子结合法制备固定化酶，操作较简便、条件温和，酶的高级结构保留较好，活性中心的氨基酸残基不易被破坏，能得到酶活回收率较高的固定化酶。但不足之处是，由于酶与载体的结合作用力较弱，当反应液的 pH、离子强度、温度和底物浓度不适宜时，酶容易解吸附，应用时须注意。

(3) 载体附着法

对于非水相介质体系的酶促反应，由于酶蛋白不溶于非水相介质，可以简单地将酶的干粉悬浮于介质中，反应结束后可以通过过滤或离心的方法对酶粉进行分离和再利用。但是，将酶粉直接悬浮于非水介质中，酶蛋白容易聚集，无法像在水溶液中一样均匀分布，从而产生较严重的传质问题，导致活性较低。针对这种特定环境（非水相介质）的应用，由于无需考虑酶的溶解问题，可在酶粉制备过程中，使其附着在具有较大表面积的载体，比如盐晶、硅藻土上，即可改善酶与介质的接触。

许建和等报道将少量脂肪酶 PS 溶液与饱和硫酸钠溶液混合后，加入 10 倍体积预冷的异丙醇，收集沉淀的盐晶，真空干燥除去溶剂后应用于环戊烯酮的转酯化反应，比活力较商品酶提高了 6.7 倍；而将含有高浓度无机盐（如氯化钾、硫酸钾）的酶液直接冻干，也可以获得高活性的固定化酶[16]。

5.4.2 共价载体结合法

该方法中酶通过共价键结合于载体表面。依据固定化载体骨架的属性，可将固定化载体分为三类：天然有机载体（如琼脂糖、交联葡聚糖、纤维素、甲壳素、壳聚糖、蛋白质、细胞等）、无机物（如硅胶、玻璃、陶瓷等）以及合成聚合物（聚酯、聚丙烯酰胺凝胶、尼龙等）。载体表面的功能基团包括环氧基、羟基、氨基、羧基、酸酐等，除了环氧基，其他基团由于自身活性较低，因此在应用前需要进行活化处理。载体活化以及酶上载的方式，归纳起来有两类：一是将载体表面有关基团活化，然后与酶蛋白表面氨基酸残基的相应基团进行偶联反应，又称为载体偶联法；另一类是在载体上接上一个双功能试剂，然后将酶偶联于双功能试剂的另一端，也称为载体交联法。可与载体共价结合的蛋白质表面氨基酸活性基团有 α-氨基或 ε-氨基，α、β 或 γ 位的羧基、巯基、羟基、咪唑基、酚羟基等。参与共价结合的氨基酸残基不应是酶催化活性所必需的，否则往往造成固定后酶活性的完全丧失。

与非共价载体结合法相比，共价载体结合酶固定化法的优点是酶与载体结合牢固，一般不会因底物浓度高或存在盐类等原因而轻易脱落，稳定性较好；但其缺点在于操作较复杂、固定化条件较剧烈。由于采用了比较剧烈的固定化反应条件，可能会引起酶蛋白高级结构的变化，破坏部分活性中心，因此固定化酶的活力回收往往比较低，酶活回收率一般为 30% 左右，甚至底物专一性等酶的性质也会发生变化。

5.4.2.1 载体偶联法

依据载体表面活性基团的不同，载体偶联共价结合有多种方法。一些载体表面基团，如羟基、氨基、羧基等自身活性较低，需要采取一定措施对其进行活化。活化方法包括重氮法、多肽法、烷基化法、缩合剂法等，下面作简要介绍。

(1) 重氮法

含有芳香族氨基（Ph—NH$_2$）的载体，可通过稀盐酸和亚硝酸钠处理生成重氮盐，然后再与酶蛋白的氨基、酚羟基、咪唑基等基团发生偶联反应，制成固定化酶，其反应过程如下所示：

$$R-NH_2 \xrightarrow[HCl]{NaNO_2} [R-N\equiv N]Cl^- \xrightarrow{[E]} R-N=N-[E]$$

常用的载体有：对氨苄基纤维素、对氨基聚苯乙烯、3-对-氨苯氧基-2-羟丙酰纤维素、氨基酸共聚物和交联葡聚糖-氨茴香酸酯等。很多酶，尤其是酪氨酸含量较高的木瓜蛋白酶、脲酶、葡萄糖氧化酶、碱性磷酸酯酶、β-葡萄糖苷酶等能与多种重氮化载体连接，获得活性较高的固定化酶。

(2) 多肽法

多肽法是采用多肽化学合成的方法，使酶蛋白和载体之间以肽键连接而制成固定化酶的方法，又包括叠氮法和卤化氰法等。

① 叠氮法　对于甲酯化的羧甲基纤维素类载体，可与水合肼作用形成酰肼，然后再与亚硝酸反应得到叠氮化合物，随后在低温条件下，和酶的游离氨基反应形成肽键；活化的叠氮化合物也能和酶的羟基或巯基反应，偶联生成固定化酶，如图 5.3 所示。

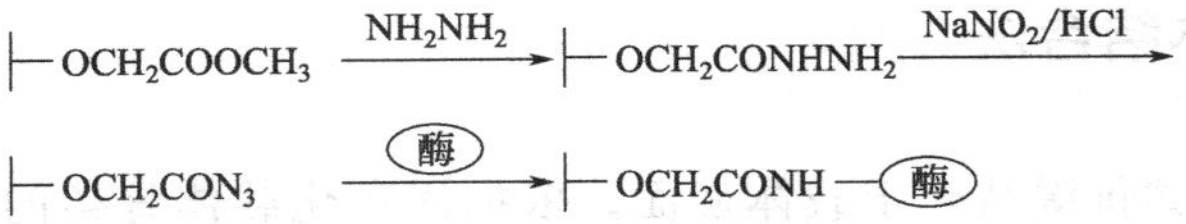

OCH2COOCH3
NH2NH2
OCH2CONHNH2
NaNO2/HCl
OCH2CON3
酶
OCH2CONH
酶

图 5.3　叠氮法示意图

② 卤化氰法　对于纤维素、交联葡聚糖或琼脂糖等多糖类载体，可以先用卤化氰（常用溴化氰）活化，然后在偏碱性环境中与酶进行偶联，制成固定化酶，如图 5.4 所示。

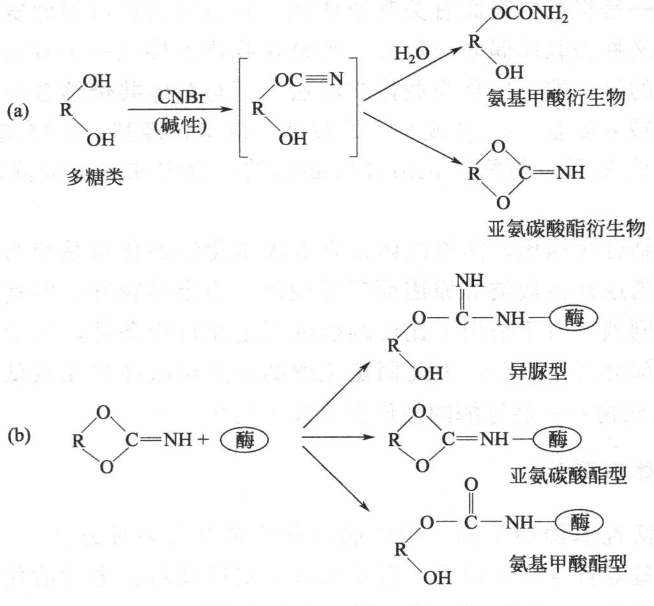

(a)
多糖类
CNBr
(碱性)
H2O
氨基甲酸衍生物
亚氨碳酸酯衍生物
(b)
酶
异脲型
亚氨碳酸酯型
氨基甲酸酯型

图 5.4　卤化氰法示例

活化的载体能在很温和条件下与酶蛋白的氨基发生反应，适宜于以纤维素、葡聚糖、琼脂糖及胶原等含羟基聚合物为载体的酶固定化，以溴化氰活化的琼脂糖已被广泛应用于实验室制备固定化酶以及亲和色谱的固定化吸附剂。

(3) 烷基化法

利用蛋白质的 N 末端游离氨基、酪氨酸的酚羟基、半胱氨酸的巯基等与含卤素官能团的非水溶性载体发生烷基化反应（由酶蛋白的活性基团取代卤素官能团）而制备固定化酶

(图 5.5)。常用的载体有氯乙酰纤维素、溴乙酰纤维素、碘乙酰纤维素、聚乙二醇碘乙酰纤维素和二氯-S-三嗪纤维素等。其中二氯-S-三嗪纤维素带正电荷，对中性或碱性的酶蛋白进行固定化较为有利，用其制备的固定化酶活性较高。

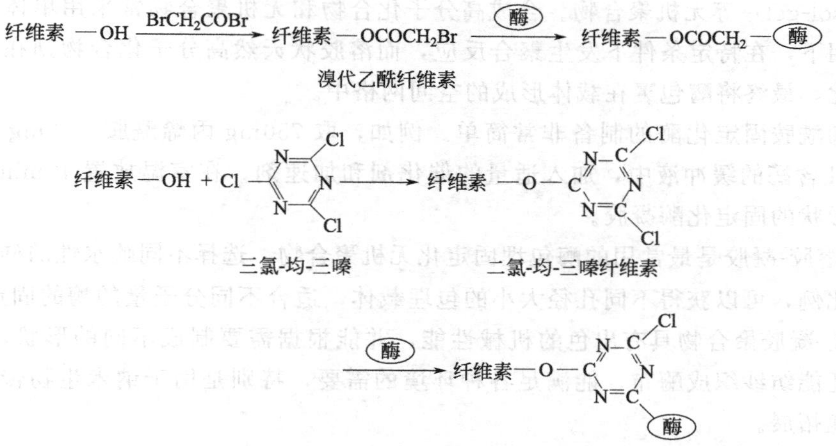

图 5.5 烷基化法示例

(4) 缩合剂法

将酶液与含羧基或氨基的载体在缩合剂碳化二亚胺或伍德沃德试剂 K（N-乙基-5-苯异噁唑-$3'$-磺酸）作用下，酶蛋白的氨基与载体的羧基（或者酶蛋白的羧基与载体的氨基）发生缩合反应，制成固定化酶。

除了采用上述方法对载体进行活化外，一些载体自身含有高活性的官能团，比如环氧基团，在室温、中性或偏碱性环境中，可与氨基、巯基、羟基等多种基团反应，生成稳定的共价键。将酶液与这些载体混合，搅拌一段时间，即可实现酶的偶联固定化，制备高稳定性的固定化酶。目前已有许多商品化的环氧树脂，比如 Eupergit C 系列树脂。使用环氧树脂进行酶的固定化，适用性广，方法简便，活力回收高，正在成为一种酶固定化的优选。

5.4.2.2 载体交联法

载体交联法是使酶蛋白在双功能试剂的作用下，与不溶于水的载体结合制备固定化酶的方法。常用的双功能试剂是戊二醛，相应的载体是带有氨基的载体，如 AE-纤维素、DEAE-纤维素、壳聚糖等。载体的氨基和酶蛋白中的氨基在戊二醛双功能试剂的作用下，形成席夫（Schiff）碱，相互共价偶联生成固定化酶。由于制备方法简便，对于带有氨基的载体，这种载体交联法是较为常用的酶固定化方法。

5.4.3 包埋法

包埋法分为格子型和微囊型两种，前者是将酶包裹在凝胶的微小格子中；后者是将酶包裹在高分子半透膜中。由于只有小分子可以通过高分子凝胶的网格扩散，这种扩散阻力同时会导致固定化酶动力学行为的改变，降低酶活性，所以这种固定化酶制剂只能应用于底物和产物分子量都较小的酶促反应中。

(1) 格子包埋法

这是常用的包埋方法,所用的载体材料有淀粉、蒟蒻粉、明胶、胶原、海藻酸和角叉菜胶等天然高分子化合物,聚丙烯酰胺、聚乙烯醇和光敏树脂等合成高分子化合物以及溶胶-凝胶(sol-gel)等无机聚合物。合成高分子化合物和无机聚合物常采用单体或预聚物在催化剂作用下,在特定条件下发生聚合反应,而溶胶状天然高分子化合物则在一定条件下水合凝胶化,最终将酶包裹在载体形成的空间网格中。

聚丙烯酰胺固定化酶的制备非常简单。例如,取750mg丙烯酰胺、40mg双丙烯酰胺溶解于4ml含酶的缓冲液中,加入适量的催化剂和加速剂,在室温放置10min,即可聚合生成一定形状的固定化酶凝胶。

SiO_2溶胶-凝胶是最常用的酶包埋固定化无机聚合物,选择不同疏水性的硅烷单体,调整单体的比例,可以获得不同孔径大小的包埋载体,适合不同分子量的酶的固定化[17]。由于无机硅胶-凝胶聚合物具有出色的机械性能,并能根据需要制成不同的形状,比如微粒、毛细管,还能纺纱织成酶布,能满足各种环境的需要,特别是用于纳米生物传感器,其应用正在迅速拓展。

用格子包埋法制备固定化酶的过程,一般不需要载体与酶蛋白的氨基酸残基发生结合反应,很少改变酶的高级结构,酶活回收率较高,适用于固定各种类型的酶。应用包埋法还可把酶固定在合成纤维中制成酶布,或者把酶固定在滤纸上制成酶纸,对于工业生产和医学临床使用都比较方便。

(2) 微囊包埋法

微囊型固定化酶通常为直径几微米到几百微米的球状体,由于颗粒直径小,比较有利于底物和产物扩散,但是制备反应条件要求高,制备成本也高。而且包埋时发生化学聚合反应,酶容易失活,必须巧妙设计反应条件。微囊型固定化酶的制备有下列几种方法。

① 界面聚合法　利用疏水性单体和亲水性单体在界面发生聚合的原理包埋酶。例如,将含10%血红蛋白的酶溶液与1.6%己二胺的水溶液混合后,立即在含1%斯盘-85(Span-85)的氯仿-环己烷中分散乳化,之后加入溶解了癸二酰氯的有机相后,便可在油-水界面上发生聚合反应,形成尼龙膜从而将酶包埋。除尼龙膜外还有聚酰胺、聚脲等可形成微囊。此法制备的微囊大小能随乳化剂浓度和乳化时的搅拌速度而进行调节,制备过程所需时间短,但在包埋过程中由于发生化学反应会引起酶失活。

② 界面沉淀法　利用某些高聚物在水相和有机相的界面上溶解度极低的原理而形成皮膜将酶包埋。例如,先将含高浓度血红蛋白的酶溶液在水不互溶的有机相中乳化,在油溶性的表面活性剂存在下形成油包水的微滴;再将溶解了高聚物的有机溶剂加入乳化液中,然后加入一种不溶解高聚物的有机溶剂,使高聚物在油-水界面上发生沉淀、析出,形成膜从而将酶包埋;最后在乳化剂的作用下由有机相移入水相。此法条件温和,酶失活少,但要完全除去膜上残留的有机溶剂并不容易。作为膜材料的高聚物有硝酸纤维素、聚苯乙烯和聚甲基丙烯酸甲酯等。

③ 二级乳化法　酶溶液先在高聚物(常用乙基纤维素、聚苯乙烯等)有机相中乳化分散,乳化液再在水相中分散形成次级乳化液。当有机高聚物溶液固化后,每个固体球内包含着多滴酶液。此法制备比较容易,但膜比较厚,会影响底物扩散。

(3) 脂质体包埋法

此外还有脂质体包埋法，由表面活性剂和卵磷脂等形成液膜包埋酶，其特征是底物或产物的膜透过性不依赖于膜孔径大小，而只依赖于膜成分的溶解度，底物透过膜的速度较快。

5.4.4 无载体固定化法

在酶固定化研究的早期，对酶的交联进行了较详细的研究。但用这种方法获得的固定化蛋白质材料，其机械和流体动力学性质较弱，故人们把广泛的兴趣转向了载体固定化方法。开发了各种形式、高性能的固定化载体，能够满足工业加工的机械强度，即使在搅拌罐及柱式反应器中应用也没有问题。尽管如此，载体固定化酶有其固有的缺陷：固定化酶中没有催化活性的载体占据了固定化酶的相当大一部分质量（通常＞90%，甚至＞99%），制备所得固定化酶的比活力相对较低，扩散障碍显著，并且影响介质的流体力学行为。与载体固定化酶相比，无载体酶固定化方法可以避免载体造成的缺陷，因此对其研究仍然在持续进行，开发了交联酶晶体、交联酶聚集体等酶固定化方法，并用于工业化生产。

5.4.4.1 交联酶晶体

酶蛋白结晶获得的酶晶体结构有序、稳定，具有一定的刚性，利用交联剂形成的化学键合作用来稳定酶晶体，以防止其在水相环境中的溶解，即可制得交联酶晶体。早在20世纪60年代，Ouiocho等使用双功能试剂戊二醛对核糖核酸酶A、枯草杆菌蛋白酶、羧肽酶B、醇脱氢酶和一些脂肪酶晶体进行了交联，制备了交联酶晶体，制备的交联酶晶体具有很高的比活力，对热失活、有机溶剂和蛋白酶解造成的失活显示了出色的抗性，并且具有良好的机械性能，能满足工业应用的环境。尽管如此，酶晶体制备费时费力，成本高，严重限制了这种方法的推广应用。

5.4.4.2 交联酶聚集体

2000年，Sheldon课题组分别使用硫酸铵、叔丁醇、聚乙二醇作为沉淀剂，对青霉素G酰化酶进行沉淀，随后用戊二醛进行交联，开创了交联酶聚集体技术的先河。随后，该技术被迅速应用于脂肪酶、蛋白酶、酰胺酶、酯酶、植酸酶、羟腈化酶等多种酶的固定化[18,19]。

在高浓度盐、有机溶剂以及某些非离子聚合物等沉淀剂的存在下，酶蛋白会聚集形成一种较稳定的超分子聚集体沉淀，聚集体的形成并不影响蛋白质原有的三级结构，酶的活性得到很好的保留。但在没有沉淀剂的环境中，这种由非共价作用结合形成的聚集体会溶解分散到水相中，而如果在沉淀酶液中加入戊二醛等双功能试剂，通过酶蛋白的共价交联，获得的交联酶聚集体不仅在移除沉淀剂后不再溶解，并且酶的三维构象以及其活性可以很好地保持，如此即可实现酶的高效固定化。

交联酶聚集体技术方法简单，在酶液中加入适当的沉淀剂，使酶蛋白充分沉淀，随后无需进行沉淀的分离，在沉淀酶液中直接加入双功能试剂进行化学交联，即可制得水不溶性的交联酶聚集体。与交联酶晶体技术相比，交联酶聚集体技术用简单的蛋白质沉淀方法代替了交联酶晶体技术中繁琐的蛋白质纯化、结晶过程，同时保留了前者高比活力的优点，并且采用交联酶聚集体技术，可以很容易地实现两种或者多种酶的共固定化，应用于多步生物催化转化，故具有更大的应用前景。该技术已经实现了商业化，"交联酶聚集体"的缩写 CLEA 现在已成为注册商标。

5.4.5 组合固定化

吸附法、格子包埋法固定化酶活力回收高，但由于酶与载体的作用力弱，应用时容易发生酶的泄漏，并且酶的三级结构容易受到破坏，从而导致固定化酶的使用半衰期较短；共价交联法由于酶与载体之间通过共价键结合，酶不易泄漏，稳定性好，但由于固定化过程涉及化学反应，会影响酶的活性中心及三维空间结构，导致固定化活力回收低。实际应用中，可将两类方法组合应用，首先采用吸附法、格子包埋法等对酶进行初步固定化，固定化后酶的活性中心得到了保护，三维结构也相对固定，随后使用戊二醛等双功能试剂对酶蛋白分子进行进一步交联固定。采用这种方法制备的固定化酶活力损失小，并且固定化酶的稳定性可以得到很大的提高，具有显著优点。

另外，对酶蛋白预先进行适当的修饰，然后采用适当方法对修饰的侧链进行交联或者聚合，也是一种有效的酶固定化方法。例如将乙烯基结合到酶表面，随后共价整合到一个正在延长的聚合链中，这种化学修饰酶能够引入到"生物催化塑料"中，进而在水相和有机相中都具有活性。

5.4.6 酶固定化方法的优缺点

酶的固定化方法很多，各有其特点，对任何酶都适用的方法是没有的。表 5.1 给出主要的酶固定化方法的优缺点。

表 5.1 固定化方法的优缺点比较

性质	无载体固定化法		非共价载体结合法		共价载体结合法		包埋法
	交联酶晶体	交联酶聚集体	物理吸附法	离子结合法	载体偶联法	载体交联法	
制备难易	难	易	易	易	难	难	难
酶活力	高	高	高	高	中	中	高
结合力	强	强	中	弱	较强	较强	强
再生	不可以	不可以	可以	可以	不可以	不可以	不可以
底物专一性	有变化	有变化	无变化	无变化	有变化	有变化	无变化
空间位阻	中	中	小	小	较大	较大	中
固定化成本	高	低	低	低	中	高	中

5.5 固定化酶的性质

与游离酶相比，固定化后酶的性质会发生一定的改变，其原因有两方面：一是酶蛋白本身的变化，主要是由于活性中心的氨基酸残基、蛋白质的高级结构和电荷状态等发生了变化；二是受固定化载体的物理或化学性质的影响，催化剂的催化作用由均相转为异相，由此带来的扩散限制效应、空间障碍、载体性质造成的分配效应等因素对酶的性质产生影响。

5.5.1 酶活性

酶经过固定化后，活性一般会降低，原因包括：①酶分子在固定化过程中，空间构象会有所变化，甚至影响活性中心的氨基酸；②固定化后，酶分子空间自由度受到限制（空间位阻），会直接影响到活性中心对底物的定位作用；③内扩散阻力使底物分子与活性中心的接近受阻；④包埋时酶被高分子物质半透膜包围，大分子底物不能透过膜与酶接近。

固定化酶的活性在多数情况下比游离酶小，而且由于扩散位阻的影响，其专一性也会发生改变。一般来说高分子底物受到空间位阻的影响比小分子底物大。例如，用羧甲基纤维素作为载体固定化的胰蛋白酶，对高分子底物酪蛋白的活性只有游离酶的30%，而对小分子底物苯酰精氨酸-对硝基酰替苯胺的活性保持80%。

不过也有个别情况，酶在固定化后其活性反而比游离酶有所提高，可能归功于偶联酶得到了化学修饰的缘故。

5.5.2 稳定性

固定化酶的稳定性是关系到其能否实际应用的重要问题，在大多数情况下，酶经过固定化后其稳定性都有所增加，这是十分有利的。Merlose曾选择50种固定化酶，就其稳定性与固定化前的游离酶进行比较，发现其中有30种酶经固定化后稳定性提高，12种酶无变化，而8种酶的稳定性降低。然而，由于目前尚未找到固定化方法与稳定性之间的规律性，因此要预测怎样才能提高稳定性还有一定困难。

固定化酶的稳定性包括多个方面：酶自身的热稳定性、对各种化学试剂的稳定性、对蛋白水解酶的稳定性、储存稳定性以及操作稳定性等。

首先，固定化酶的稳定性表现在热稳定性提高。作为生物催化剂，酶也和普通化学催化剂一样，温度越高，反应速率越快。但是，酶是蛋白质组成的，一般对热不稳定，因此，大多数酶不能在高温条件下催化反应。由于固定化酶耐热性提高，酶的最适温度提高，酶催化反应能在较高温度下进行，从而反应速率加快，酶作用效率提高。

其次，对各种有机试剂及酶抑制剂的稳定性提高。固定化酶对各种有机溶剂的稳定性的改善，使本来不能在有机溶剂中进行的酶反应成为可能。可以预计，今后固定化酶在有机合成中应用会进一步发展。

此外，酶固定化后对不同pH（酸度）稳定性、对蛋白酶稳定性、储存稳定性和操作稳定性都有影响。据报道，有些固定化酶经过储藏，可以提高其活性。青霉素酰化酶在不同pH的缓冲液中，于37℃保温16h后测定残余酶活力，固定化酶在pH 5.5~10.3的范围内活性稳定，而游离酶则仅在pH 7.0~9.0稳定，固定化酶的pH稳定性明显优于游离酶。

固定化酶稳定性提高的原因可能有：①固定化后酶分子与载体多点连接，酶的刚性增强，可防止酶分子伸展变形；②载体的存在避免了酶与化学试剂和蛋白水解酶的直接接触；③酶活性的缓慢释放；④将酶与固态载体结合后，由于酶失去了分子间相互作用的机会，从而抑制了酶的自发降解。

5.5.3 固定化酶最适温度的变化

酶经固定化后，其最适反应温度比游离酶有所提高，提高的程度因酶而异，大致可提高 5～15℃。酶反应的最适温度是酶的热稳定性与反应活性权衡的综合结果。由于固定化后，酶的热稳定性提高，所以最适温度也随之提高，这是非常有利的结果。例如，在果葡糖浆的生产中，由于受到热力学平衡的限制，反应在 60℃ 进行，果糖的平衡浓度仅为 42%，如果固定化酶的最适温度能提高到 90℃，则生产的果葡糖浆中果糖含量可达到 55%。

5.5.4 固定化酶最适 pH 的变化

酶经固定化后，其最适 pH 及 pH-酶活性曲线常常会发生偏移。用二乙氨乙基纤维素或二乙氨乙基交联葡聚糖，以离子结合法固定的氨基酰化酶，其最适 pH 比固定化前降低 0.5；而用二乙氨乙基纤维素固定的蔗糖酶、ATP 脱氢酶，其最适 pH 比固定化前增加了 2.0。这种最适 pH 值移动的现象，主要是由于微环境表面电荷性质的影响。一般来说，用带负电荷的载体（阴离子聚合物）制备的固定化酶，其最适 pH 较游离酶偏高，这是因为多聚阴离子载体会吸引溶液中阳离子，包括 H^+，使其附着于载体表面，结果使固定化酶扩散层中 H^+ 浓度比周围的外部溶液高，即偏酸，这样外部溶液中的 pH 必须向碱性方向偏移，才能抵消微环境作用，使其表现出酶的最高活性；反之，使用带正电荷的载体，其最适 pH 向酸性方向偏移。

5.5.5 底物专一性

固定化酶的底物专一性与游离酶比较可能有些不同，其变化与底物分子量的大小有关。酶被固定到高分子不溶性载体上后，会产生立体障碍，使高分子底物与酶的接近受到干扰，大分子底物难于接近酶分子而使催化速率降低。另外，用包埋法进行酶固定化时，因为酶被高分子物质半透膜所包围，自然就难以对高分子底物发挥作用。但是，固定化载体不会对小分子底物造成立体障碍，其容易接近酶表面，所以对于小分子底物固定化酶与游离酶的作用没有显著差别。

由于固定化酶活性的变化，对于那些既可作用于大分子底物，又可作用于小分子底物的酶，其固定化后底物专一性往往会发生变化。例如，胰蛋白酶既可作用于高分子的蛋白质，又可作用于低分子量的二肽或多肽，固定在羧甲基纤维素上的胰蛋白酶，对二肽或多肽的作用保持不变，而对酪蛋白的活性仅为游离酶的 3% 左右；以羧甲基纤维素为载体采用叠氮法制备的固定化核糖核酸酶，当以核糖核酸为底物时，催化速率仅为游离酶的 2% 左右，而以环化鸟苷酸为底物时，催化速率可达游离酶的 50%～60%。与此不同，对于那些作用于小分子底物的酶，例如氨基酰化酶、葡萄糖氧化酶、葡萄糖异构酶等，固定化酶的底物专一性与游离酶相同。

5.5.6 固定化酶的优缺点

与游离酶相比，固定化酶具有下列显著优点：
① 在大多数情况下，与游离酶相比，能够提高酶的稳定性；
② 可以在较长时间内进行重复批式反应或者连续反应，有利于较大规模的酶应用；
③ 酶的利用率比游离酶强若干倍，酶的使用效率提高，成本降低。
④ 酶反应过程能够加以严格控制；
⑤ 较游离酶更适合于多酶反应，有利于多酶系统的利用，提高酶反应的效率；
⑥ 反应产物及剩余底物极易与固定化酶分离；
⑦ 产物溶液中没有酶的残留，简化了产物的提纯工艺；
⑧ 可以增加产物的收率，提高产物的质量。

与此同时，固定化酶也存在一些缺点，实际应用中需要注意：①胞内酶的固定化必须经过酶的分离手续；②固定化时，酶活力有损失；③酶的固定化增加了酶制剂生产的成本，使工厂初始投资大；④只适用于可溶性底物，而且较适用于小分子底物，对大分子底物不适宜；⑤与整细胞相比不适宜于多酶反应，特别是需要辅因子参与的反应。

5.6 细胞的固定化

在固定化催化剂的研究制备过程中，起初都是采用经提取和分离纯化后的酶进行固定化。随着固定化技术的发展，发现可采用含酶菌体或菌体碎片进行固定化，直接应用菌体或菌体碎片中的酶或酶系进行催化反应。通过各种方法将细胞与水不溶性的载体结合，制备固定化细胞的过程称为细胞固定化。固定化细胞受到物理化学等因素约束或限制在一定的空间界限内，但细胞仍保留催化活性并具有反复或连续使用的活性。微生物细胞、植物细胞和动物细胞都可以制成固定化细胞。固定化的细胞按其生理状态可分为固定化死细胞和活细胞两大类。固定化活细胞能进行正常的生长、繁殖和新陈代谢，又称为固定化增殖细胞。固定化细胞是在酶固定化基础上发展起来的一项技术，是酶工程研究的重要内容。

5.6.1 固定化细胞的特点

固定化细胞的研究和应用始于20世纪70年代，发展迅速，其在大规模生产中的应用超过固定化酶。固定化细胞与固定化酶相比，具有下述显著特点。

(1) 固定化微生物细胞
① 固定化微生物细胞保持了细胞的完整结构和天然状态，性能更加稳定。
② 固定化微生物细胞保持了细胞内原有的酶系、辅酶体系和代谢调控体系，可以按照原来的代谢途径进行新陈代谢，并进行有效的代谢调节控制。催化氧化、还原反应时无需额外添加辅酶再生体系。对于其他多步催化转换，如合成干扰素等，其优势更加明显。
③ 使用固定化增殖细胞发酵具有显著优越性。发酵稳定性好，可以较长时间反复使用

或连续使用。例如，用海藻酸钙凝胶包埋法制备的固定化黑曲霉细胞，用于生产糖化酶可以连续使用一个月。

④ 固定化微生物细胞密度大、可增殖，因而可获得高度密集而体积缩小的工程菌集合体，不需要微生物菌体的多次培养、扩大，从而缩短了发酵生产周期，可提高生产能力。应用海藻酸钙凝胶固定化黑曲霉细胞生产糖化酶，产率提高 30% 以上。用中空纤维固定化大肠杆菌生产 β-酰胺酶，产率提高 20 倍。

⑤ 应用固定化细胞进行发酵，发酵液中游离的菌体较少，有利于产品分离纯化，提高产品质量。

（2）固定化植物细胞

植物是许多天然色素、药物、香精和酶的重要来源。20 世纪 80 年代发展起来的植物细胞培养和发酵技术，为上述这些天然产物的工业化生产开辟了新途径，呈现出良好的发展前景。然而由于植物细胞体积较大，对剪切力较敏感，加上生长周期长、容易聚集成团等原因，使植物细胞悬浮培养及发酵生产中存在稳定性较差、产率不高等问题。而具有独特性能的固定化植物细胞的应用，则是解决这些问题的重要途径。

固定化植物细胞具有以下特点。

① 植物细胞经固定化后，由于有载体的保护作用可减轻剪切力和其他外界因素的影响，植物细胞的存活率和稳定性获得提高。

② 使用固定化植物细胞进行发酵时可以方便地在不同的培养阶段更换不同的培养液，即首先可在生长培养基中生长增殖，达到一定的细胞密度后，再换成发酵培养基，用于生产各种所需的代谢产物。

③ 固定化植物细胞易于与培养液分离，利于产品的分离纯化，提高产品质量。并且细胞经固定化后，被束缚在一定的空间范围内进行生命活动，不容易聚集成团。

（3）固定化动物细胞

动物细胞可生产激素、酶和免疫物质等动物功能蛋白质，由于动物细胞体积大，又没有细胞壁的保护作用，在培养过程中极易受到剪切力等外界因素的影响；此外，由于动物细胞生长较缓慢、培养基组分较复杂和昂贵、产率不高等原因，使动物细胞在生产上的应用和推广受到限制。为此需在提高动物细胞稳定性、缩短生产周期、提高生产速率方面下功夫，其重要的途径之一就是对动物细胞进行固定化。

绝大部分动物细胞属于附着细胞，它们必须附着在固体表面才能进行正常的生长繁殖。这就使固定化技术在动物细胞培养方面具有更重要的意义。固定化动物细胞有下列特点。

① 细胞存活率高。动物细胞经固定化后，由于有载体的保护作用，可以减轻或免受剪切力的影响，同时动物细胞可附着在载体表面生长，从而可显著提高动物细胞的存活率。

② 生产效率高。动物细胞固定化后，可先在生长培养基中生长繁殖，使细胞在载体上形成最佳分布达到一定的细胞密度，然后可简便地改换成发酵培养基，控制发酵条件，使细胞从生长期转变到生产期，以利于提高产率。

③ 固定化动物细胞可反复使用或连续使用较长的时间。例如，中国仓鼠卵细胞（CHO）生产人干扰素可以稳定地生产 30 天。

④ 固定化细胞易于与产物分开，利于产物分离纯化，提高产品质量。

由于固定化细胞既有效地利用了游离细胞的完整的酶系统和细胞膜的选择通透性，又进一步利用了酶的固定化特点，兼具二者的优点，制备又比较容易，所以在工业生产和科学研究中广泛应用。当然，固定化细胞也有它的局限性，例如在利用胞内酶的同时，由于细胞内多种酶的存在，有的情况下会生成不需要的副产物；细胞膜、细胞壁和载体都存在着扩散限制作用，不利于产率的进一步提高；载体形成的孔隙大小影响高分子底物的通透性，使其适用对象受到限制等。但这些缺点并不影响它的实用价值。实际上，固定化细胞技术现在已经在工业、农业、医学、环境科学、能源开发等领域获得广泛应用。

目前，随着基因工程技术的发展，固定化细胞技术也应用于基因工程菌。质粒的不稳定性对基因工程菌的培养和产物的生产有着极大的影响，将基因工程菌固定化可提高基因工程菌的稳定性、生物量和重组蛋白质的产量。基因工程技术已成为改良微生物的重要手段，在利用微生物的过程中，运用具有很多优势的固定化技术，有利于促进生物细胞的研究和应用。

5.6.2 细胞固定化方法

制备固定化酶和固定化细胞都是以酶的应用为目的，其制备原理相似，制备方法和应用方法也大体相同。但是由于细胞种类多种多样，大小和特性各不相同，因此固定化方法的适用性差异也较大。前述固定化酶的方法大部分适合于微生物细胞的固定化，包括固定化静息细胞和活细胞。最适合于细胞固定化的方法主要是吸附法和包埋法两大类。此外，多次重复使用菌体沉淀也是一种简单的细胞固定化形式，对于絮凝酵母，可直接利用其絮凝特性，方便菌体的沉淀分离；而对于霉菌，其菌丝体很容易通过过滤离心的方式分离，为提高其稳定性，还可以使用双功能试剂如戊二醛对其进行交联获得高稳定性的固定化细胞，这种方法作为一种简单高效的细胞固定化方式，已在工业上应用。利用戊二醛交联处理的镰胞霉菌细胞催化泛解酸内酯的水解拆分，重复使用 110 次，细胞活性没有显著丧失[20]。

固定化完整细胞的方法虽有多种，但还没有一种理想的通用方法，每种方法都有其优缺点。对于特定的应用，必须找到价格低廉、简便的方法，高的活力保留和操作稳定性，是评价固定化生物的重要条件。

（1）吸附法

利用各种固体吸附剂，将细胞吸附在其表面而使细胞固定化的方法称为吸附法。用于细胞固定化的吸附剂主要有：硅藻土、多孔陶瓷、多孔玻璃、多孔塑料、金属丝网、微载体和中空纤维等。

用吸附法制备固定化微生物细胞时，操作简便易行，对细胞的生长、繁殖和新陈代谢没有明显的影响，但吸附力较弱，吸附不牢固，细胞容易脱落，使用受到一定的限制。

吸附法也是制备固定化动物细胞的主要方法。动物细胞大多数具有附着特性，能够很好地附着在容器壁、微载体和中空纤维等载体上。其中微载体已有专门生产出售，供固定化动物细胞使用。

吸附法制备固定化植物细胞，是将植物细胞吸附在泡沫塑料的大孔隙或裂缝之中，也可将植物细胞吸附在中空纤维的外壁。用中空纤维制备固定化植物细胞和动物细胞，有利于动植物细胞的生长和代谢，具有较好的应用前景，但成本较高而且难于大规模生产应用。

(2) 包埋法

将细胞包埋在多孔载体内部而制成固定化细胞的方法称为包埋法。包埋法可分为凝胶包埋法和半透膜包埋法。以各种多孔凝胶为载体，将细胞包埋在凝胶的微孔内而使细胞固定化的方法称为凝胶包埋法，是应用最广泛的细胞固定化方法，适用于各种微生物、动物和植物细胞的固定化，使用的载体主要有海藻酸钙凝胶、琼脂凝胶、角叉菜胶、聚丙烯酰胺凝胶和光交联树脂等。细胞经包埋固定化后，被限制在凝胶的微孔内发挥催化作用或进行生长、繁殖和新陈代谢。

下面对部分凝胶包埋法进行简单介绍。

① 海藻酸钙凝胶包埋法。称取一定量的海藻酸钠，溶解于水中，配制成一定浓度的海藻酸钠溶液；经杀菌冷却后，与一定体积的细胞或孢子悬浮液混合均匀；然后用注射器或滴管将冷凝悬液滴到一定浓度的氯化钙溶液中，即可形成球状固定化细胞胶粒。海藻酸钙凝胶包埋法制备固定化细胞的操作简便，条件温和，对细胞无毒性，通过改变海藻酸钠的浓度可以改变凝胶的孔径，适合于多种细胞的固定化。但磷酸盐会使凝胶结构破坏，在使用时应控制好培养基中磷酸盐的浓度，并且需要在培养基中保持一定浓度的钙离子，以维持凝胶结构的稳定性。

② 琼脂凝胶包埋法。将一定量的琼脂加入水中，加热使之溶解；冷却至48～55℃，加入一定量的细胞悬浮液，迅速搅拌均匀后，趁热分散在预冷的甲苯或四氯乙烯溶液中，形成球状固定化细胞胶粒；分离后洗净备用。也可将琼脂细胞混悬液摊成薄层，待其冷却凝固后，在无菌条件下，将固定化细胞胶层切成所需的形状。由于琼脂凝胶的机械强度较差，而且氧气、底物和产物的扩散较困难，故其使用受到限制。

③ 角叉菜胶包埋法。将一定量的角叉菜胶悬浮于一定体积的水中，加热溶解、灭菌；冷却至35～50℃，与一定量的细胞悬浮液混匀，趁热滴到预冷的氯化钾溶液中，或者先滴到冷的植物油中；成形后再置于氯化钾溶液中，制成小球状固定化细胞胶粒，也可按需要制成片状或其他形状。角叉菜胶还可以用钾离子以外的其他阳离子，如铵离子（NH_4^+）、钙离子（Ca^{2+}）等，使之凝聚成形。

角叉菜胶具有一定的机械强度，若使用浓度较低、强度不够时，可用戊二醛等交联剂再交联处理，进行双重固定化。角叉菜胶包埋法操作简便，对细胞无毒害，通道性能较好，是一种良好的固定化载体。

④ 明胶包埋法。配制一定浓度的明胶悬浮液，加热溶解、灭菌；冷却至35℃以下，与一定浓度的细胞悬浮液混合均匀，冷却凝聚后制成所需形状的固定化细胞。若机械强度不够，可用戊二醛等双功能试剂交联强化。

⑤ 聚丙烯酰胺凝胶包埋法。先配制一定浓度的丙烯酰胺和亚甲基双丙烯酰胺溶液，与一定浓度的细胞悬浮液混合均匀；加入一定量的过硫酸铵和四甲基乙二胺（TEMED），混合后让其静置聚合，获得所需形状的固定化细胞胶粒。

用聚丙烯酰胺凝胶制备的固定化细胞机械强度高，可通过改变丙烯酰胺的浓度以调节凝胶的孔径，适用于多种细胞和酶的固定化。然而由于丙烯酰胺单体对细胞有一定的毒害作用，在聚合过程中，应尽量缩短聚合时间，以减少细胞与丙烯酰胺单体的接触时间。

⑥ 光交联树脂包埋法。选用一定分子量的光交联树脂预聚物，例如相对分子质量为1000～3000的光交联聚氨酯预聚物，加入1%左右的光敏剂，加水配成一定浓度，加热至

50℃左右使之溶解；与一定浓度的细胞悬浮液混合均匀，摊成一定厚度的薄层，用紫外线照射 3min 左右，即可交联固定化制成固定化细胞，然后在无菌条件下，切成一定形状。

光交联树脂包埋法制备固定化细胞是行之有效的方法，通过选择不同分子量的预聚物可使聚合而成的树脂孔径得以改变，适合于多种不同直径的酶分子和细胞的固定化；光交联树脂的强度高，可连续使用较长的时间。用紫外线照射几分钟就可完成固定化，时间短，对细胞的生长繁殖和新陈代谢没有明显的影响。

5.7 固定化生物催化剂的应用

固定化生物催化剂作为一种高效的催化剂，在食品、纺织、制药等轻工和化工等领域得到了广泛的应用。表 5.2 中列出了一些固定化酶在工业生产中的应用[21]。

表 5.2 固定化酶在工业生产中的应用

酶	催化过程	年生产规模/t
葡萄糖异构酶	生产高果糖浆	10^7
脂肪酶	食用油转酯化	10^5
Lactase	乳糖水解	10^5
脂肪酶	生产生物柴油	10^4
青霉素 G 酰化酶	抗生素修饰	10^4
天冬氨酸酶	生产 L-天冬氨酸	10^4
嗜热蛋白酶	合成阿斯巴甜	10^4
脂肪酶	醇和胺的手性拆分	10^3

5.7.1 固定化催化剂在工业生产中的应用

5.7.1.1 果葡糖浆的生产

葡萄糖异构酶可以催化葡萄糖异构转化为甜度较高的同分异构体果糖，生成的葡萄糖与果糖的混合物称为果葡糖浆。早在 20 世纪 50 年代，日本就开发了果葡糖浆的酶法生产过程，之后传入美国。由于 1958 年古巴革命，其蔗糖出口中止，欧美等国的蔗糖供应严重不足，从而促进了果葡糖浆生产的迅猛发展。

如果以蔗糖的甜度作为 100，则葡萄糖和果糖的甜度分别为 75 和 160。市场销售的果葡糖浆中果糖的比例有 42%、55% 和 90% 三种，分别称为 HFCS-42、HFCS-55 和 HFCS-90。其中 HFCS-55 的甜度与蔗糖相当。果葡糖浆被广泛应用于食品添加剂，全球果葡糖浆的年产量高达 1000 万吨。由于果葡糖浆的市场非常巨大，许多公司开发了各自的固定化葡萄糖异构酶制剂，用于果葡糖浆的生产，见表 5.3。

表 5.3 固定化葡萄糖异构酶产品

产品名	生产厂家	固定化方法	市场销售
Optisweet® 22	Miles-Kali/Solvay	吸附到 SiO_2 上，随后用戊二醛交联	否

续表

产品名	生产厂家	固定化方法	市场销售
Takasweet®	Miles Lab/Solvay	聚胺/戊二醛交联细胞,挤压成球	否
Maxazyme® GI	Gist-Brocades	交联细胞,包埋于明胶珠中	否
Ketomax GI-100	UOP	戊二醛交联后吸附于聚乙烯亚胺处理的氧化铝上	否
Spezymes	Genencor	交联酶晶体,吸附于球形 DEAD-纤维素上	否
Sweetase®	Denki Kagku-Nagase	热处理的细胞包埋于聚合物珠中	否
Sweetzyme® T	Novozymes A/S	戊二醛交联含有无机载体的整细胞匀浆液	是
GENSWEET® SGI	Genencor/DuPont	吸附于 DEAE-纤维素阴离子树脂	是
GENSWEET® IGI	Genencor/DuPont	聚乙烯亚胺/戊二醛交联混合黏土的整细胞	是

由于葡萄糖到果糖的异构化反应存在热力学平衡,60℃催化反应时,得到的是果糖比例为42%的果葡糖浆 HFCS-42,进而需要采用柱色谱分离的方法,获得果糖比例为90%的果葡糖浆 HFCS-90,然后与 HFCS-42 混合兑制成果糖比例为55%的果葡糖浆 HFCS-55。目前固定化葡萄糖异构酶是世界上生产应用规模最大的固定化酶。

5.7.1.2 生物柴油的生产

生物柴油是通过化学或脂肪酶催化的方法对脂肪酸进行酯化或对油脂进行转酯化生成的短链醇的脂肪酸烷基酯,与常规柴油相比,具有可再生、易降解、燃烧后污染物排放低、温室气体排放低等优点,是一种绿色的生物燃料。

北京化工大学与清华大学在固定化脂肪酶催化生产生物柴油方面做了大量研究,其研究成果已经实现产业化示范。

2006年湖南省海纳百川生物工程有限公司与清华大学合作,建立了一条年产20000t 生物柴油的生产线,并于2008年扩产为年产40000t。固定化酶重复使用300次以上,有机溶剂回收率达98%以上,副产品甘油通过发酵转化成高附加值的1,3-丙二醇。

2007年上海绿铭环保科技股份有限公司与北京化工大学合作,建立了一条年产1万吨生物柴油的生产线,成为国内首家采用生物酶法处理废弃食用油脂工业化生产生物柴油的企业。酶促转酯化反应在搅拌罐反应器中进行,催化剂的用量为油脂的0.4%,优化条件下,脂肪酸甲酯的产率达90%。

除此之外,国内建有年产万吨级生物柴油生产能力的企业还有海南正和生物能源公司、四川古杉油脂化工公司、福建卓越新能源发展公司、西安兰天生物工程公司等。

5.7.1.3 L-氨基酸的生产

氨基酰化酶是世界上第一种应用于工业化生产的固定化酶。1969年,日本田边制药公司用 DEAE-葡聚糖凝胶为载体,通过离子吸附法将氨基酰化酶制成固定化酶,用于 DL-乙酰氨基酸的拆分生产 L-氨基酸。固定化的氨基酰化酶对映选择性地催化 L-乙酰氨基酸水解生成 L-氨基酸,剩余的 D-乙酰氨基酸经过消旋化,重新生成 DL-乙酰氨基酸,再进行拆分。与使用游离酶相比,生产成本下降了大约40%。

1973年,田边公司将表达天冬氨酸酶的大肠杆菌整细胞包埋固定化于聚丙烯酰胺凝胶中,用于 L-天冬氨酸的工业化生产,半衰期为120天,开创了固定化整细胞应用于工业化生产的先河[22]。之后田边公司又将整细胞包埋于 κ-卡拉胶中，并加入戊二醛和己二胺进行交联，半衰期延长到 680 天。将固定化整细胞装在填充柱中，一个 1000L 容量的固定床反应器的 L-天冬氨酸月产量达 100t，产物可以很容易地通过结晶分离。将含有天冬氨酸-β-脱羧酶的假单胞菌菌体，用凝胶包埋法制成固定化天冬氨酸-β-脱羧酶，也于 1982 年用于工业化生产，催化 L-天冬氨酸脱去 β-羧基，生产 L-丙氨酸。

5.7.1.4 生产 L-苹果酸

L-苹果酸的口感具有接近天然苹果的酸味，与柠檬酸相比，具有酸度大、味道柔和、滞留时间长等特点，已成为继柠檬酸、乳酸之后用量排第三位的食品酸味剂，广泛应用于高档饮料、食品等行业。延胡索酸酶可以催化延胡索酸水合生成 L-苹果酸，由于固定化酶制备过程中酶的提取技术复杂，收率低，成本高，因此在实际生产中多使用固定化细胞，采用的载体包括海藻酸钙凝胶、角叉菜胶以及聚丙烯酰胺凝胶等。

20 世纪 70 年代，日本采用聚丙烯酰胺凝胶包埋含有产氨短杆菌菌体，成功地用于延胡索酸生产 L-苹果酸的工业化生产，后来改用角叉菜胶包埋具有高活力延胡索酸酶的黄色短杆菌菌体，使 L-苹果酸的产率比前者提高 5 倍。将表达延胡索酸酶的固定化细胞装入柱式反应器，以延胡索酸钠作为底物，流经反应器，经固定化细胞中的延胡索酸酶的催化作用，即可将富马酸转化为 L-苹果酸，反应在 37℃ 进行，转化率高达 98% 以上，固定化酶半衰期达 160 天。

我国也于 20 世纪 80 年代末，陆续建设了多条 L-苹果酸的固定化酶/细胞生产线。

5.7.1.5 医药合成领域的应用

青霉素和头孢菌素类化合物是目前临床应用最广泛的抗生素药物，由于细菌耐药性的发展，原有的青霉素和头孢菌素已经不能满足有效治疗感染，通过将青霉素的母核 6-氨基青霉烷酸（6-APA）、头孢菌素 C 的母核 7-氨基头孢霉烯酸（7-ACA）以及头孢菌素 G 的母核 7-氨基脱乙酰氧头孢烷酸（7-ADCA）进行修饰，接上不同的侧链而获得多种广谱抗菌的治疗药物，统称半合抗工业[23]。

早在 1973 年，固定化青霉素酰化酶已用于工业化生产制造各种半合成青霉素和头孢菌素。使用固定化青霉素酰化酶，通过改变 pH 值等条件，既可以催化青霉素或头孢菌素水解生成 6-APA 或 7-ACA，也可以催化 6-APA 或 7-ACA 与其他的羧酸衍生物进行反应，以合成新的具有不同侧链基团的青霉素或头孢菌素。目前我国抗生素年产量超过 10 万吨，大约 50% 的青霉素用作 6-APA 的原料，合成各种半合成抗生素，7-ACA 的年产量超过 8000t。

5.7.1.6 纺织领域的应用

酶催化具有作用温和、环保节能的特点，酶制剂可以替代传统化学试剂进行生态型染整加工。而以纤维材料为载体的固定化酶，不仅能开发生物活性材料，处理印染废水，还能赋予纺织品抗菌防污等特殊功能。包括过氧化氢酶、过氧化酶、溶菌酶、漆酶、脂肪酶、纤维素酶、蛋白酶等在内的多种酶已被固定化，用于纺织印染行业，有效提高了织物的品质[24]。

5.7.2 固定化酶在酶传感器中的应用

由于酶催化反应具有灵敏度高、专一性强的特点,将固定化酶与能量转换器(例如电极、场效应管、离子选择场效应管等)有机结合而构成生物传感器之一酶传感器,亦称为酶电极,可广泛应用于工业过程监测和环境监测等领域。固定化方法一般采用凝胶包埋法制成强度较高、通透性较好、厚度较小的酶膜,并将它与适宜的电极紧密结合。

1967 年 Updike 和 Hicks 制造出酶电极并把它用于葡萄糖的定量分析。用聚丙烯酰胺凝胶包埋法使葡萄糖氧化酶固定化,形成厚度为 $20\sim50\mu m$ 的酶膜,再与氧电极与使氧容易通过的聚四氟乙烯等高分子薄膜密切结合,组成葡萄糖氧化酶电极。使用时,把酶电极浸入样品溶液中,样品液中的葡萄糖扩散到酶膜中,酶催化葡萄糖与氧反应,生成葡萄糖酸,使氧被消耗,再由氧电极测定氧浓度的变化,即可知道样品中葡萄糖的浓度。

类似的,将固定化青霉素酶的酶膜与 pH 电极结合,当电极浸入含有青霉素的溶液中时,青霉素酶催化青霉素水解生成青霉烷酸,引起溶液中氢离子浓度增加,通过 pH 电极测定 pH 值变化,即可检测出样品溶液中青霉素的含量。

酶电极用于样品组分的分析检测,有快速、方便、灵敏、精确的特点。它发展很快,现已开发出测定各种糖类、抗生素、氨基酸、甾体化合物、有机酸、脂肪、醇类、胺类以及尿素、硝酸、磷酸等物质的酶电极。所采用的电极应根据酶催化反应后物质变化的特性进行选择。常用的有 pH 电极等离子选择电极以及氧电极、二氧化碳电极等气体电极。

5.7.3 固定化酶在临床检验方面的应用

将葡萄糖氧化酶、过氧化物酶和还原性色素固定化于纸片上即可制成糖检测试纸,可方便地用于医院检验和家庭自我保健。

应用固定化酶制备新型生物传感器近几年取得了突破性进展。这种技术的应用,产生一些新的分析检测装置,如 Pharmacia 公司的 BIA 系统和目前市售的葡萄糖检测仪,免疫分析检测早孕、乙肝和尿糖的试纸等,可以在各种不同的领域如临床医学、过程控制、环境检测、基础研究、航空航天、半导体和计算机技术等方面有广泛的用途。现在已经有人设计出在晶体管芯片上,亲和固定化几十种配基,能在几秒钟内测定一系列生物化学和医学诊断学的数据,成为 21 世纪揭示人类生命科学奥秘的有力武器。

(潘江 赵健)

参 考 文 献

[1] 蒋中华,张津辉主编. 生物分子固定化技术及应用 [M]. 北京:化学工业出版社,1998.
[2] 孙志浩主编. 生物催化工艺学 [M]. 北京:化学工业出版社,2004:299-326.
[3] 罗贵民主编. 酶工程 [M]. 第二版. 北京:化学工业出版社,2008:34-74.
[4] 郭勇主编. 酶的生产与应用 [M]. 北京:化学工业出版社,2003:143-161.
[5] 周晓云主编. 酶学原理与酶工程 [M]. 北京:中国轻工业出版社,2005:34-74.
[6] 袁勤生主编. 酶与酶工程 [M]. 上海:华东理工大学出版社,2012:163-190.
[7] 郭勇编著. 酶工程 [M]. 第三版. 北京:科学出版社,2009:158-181.
[8] Mateo C, Palomo J M, Fernandez-Lorente G, Guisan J M, Fernandez-Lafuente R. Improvement of enzyme activity,

stability and selectivity via immobilization techniques [J]. Enzym Microb Technol, 2007, 40 (6): 1451-1463.

[9] Liese A, Hilterhaus L. Evaluation of immobilized enzymes for industrial applications [J]. Chem Soc Rev, 2013, 42 (15): 6236-6249.

[10] 曹林秋著. 载体固定化酶：原理、应用和设计 [M]. 杨晟，袁中一译. 北京：化学工业出版社，2008.

[11] 杨杰，张玉彬，吴梧桐. 固定化酶技术及其在医药上的应用新进展 [J]. 药物生物技术，2013, 20 (4): 549-555.

[12] Sheldon R A. Enzyme immobilization: The quest for optimum performance [J]. Adv Synth Catal, 2007, 349 (8-9): 1289-1307.

[13] Cantone S, Ferrario V, Corici L, Ebert C, Fattor D, Spizzo P, Gardossi L. Efficient immobilisation of industrial biocatalysts: criteria and constraints for the selection of organic polymeric carriers and immobilisation methods [J]. Chem Soc Rev, 2013, 42 (15): 6262-6276.

[14] Verma M L, Barrow C J, Puri M. Nanobiotechnology as a novel paradigm for enzyme immobilisation and stabilisation with potential applications in biodiesel production [J]. Appl Microbiol Biotechnol, 2013, 97 (1): 23-39.

[15] Ansari S A, Husain Q. Potential applications of enzymes immobilized on/in nano materials: A review [J]. Biotechnol Adv, 2012, 30 (3): 512-523.

[16] Xu J H, Zhou R, Bounscheuer U T. Comparison of differently modified *Pseudomonas cepacia* lipases in enantioselective preparation of a chiral alcohol for agrochemical use [J]. Biocatal Biotransform, 2005, 23 (6): 415-422.

[17] Tielmann P, Kierkels H, Zonta A, Ilie A, Reetz M T. Increasing the activity and enantioselectivity of lipases by sol-gel immobilization: further advancements of practical interest [J]. Nanoscale, 2014, 6 (12): 6220-6228.

[18] Sheldon R A. Characteristic features and biotechnological applications of cross-linked enzyme aggregates (CLEAs) [J]. Appl Microbiol Biotechnol, 2011, 92 (3): 467-477.

[19] Talekar S, Joshi A, Joshi G, Kamat P, Haripurkar R, Kambale S. Parameters in preparation and characterization of cross linked enzyme aggregates (CLEAs) [J]. RSC Adv, 2013, 3 (31): 12485-12511.

[20] Hua L, Sun Z H, Zheng P, Xu Y. Biocatalytic resolution of DL-pantolactone by glutaraldehyde cross-linked cells of *Fusarium moniliforme* CGMCC 0536 [J]. Enzym Microb Technol, 2004, 35 (2-3): 161-166.

[21] DiCosimo R, McAuliffe J, Pouloseb A J, Bohlmannb G. Industrial use of immobilized enzymes [J]. Chem Soc Rev, 2013, 42 (15): 6437-6474.

[22] Zajkoska P, Rebroš M, Rosenberg M. Biocatalysis with immobilized *Escherichia coli* [J]. Appl Microbiol Biotechnol, 2013, 97 (4): 1441-1455.

[23] 张业旺，刘瑞江，闻崇炜，徐希明. 青霉素酰化酶促合成 β-内酰胺抗生素的过程优化研究进展 [J]. 中国抗生素杂志，2010, 35 (10): 721-726.

[24] Soares J, Moreira P R, Queiroga A C, Morgado J, Malcata F X, Pintado M. Application of immobilized enzyme technologies for the textile industry: a review [J]. Biocatal Biotransform, 2011, 29 (6): 223-237.

第6章 单加氧酶

加氧反应（oxygenation）是向有机化合物分子中引入功能基团的重要反应。化学加氧方法通常使用高价金属化合物或有机过氧羧酸等为氧化剂，立体选择性差、副反应多，而且重金属氧化剂会造成严重的环境污染。生物催化氧化可有效地避免环境污染问题，而且生物催化剂可催化氧化不活泼的有机化合物，如催化烷烃碳-氢键的活化加氧，这类反应使用化学氧化法必须在高温、高压及催化剂存在下才可进行。此外，生物催化氧化反应还具有很高的立体、区域和对映选择性。

单加氧酶（monooxygenase）催化氧分子（O_2）中的一个氧原子加成到底物分子中，而另一个氧原子最终被还原型辅酶 NADH 或 NADPH 还原为水。单加氧酶可催化多种加氧反应，包括羟化、环氧化、Baeyer-Villiger 氧化以及杂原子氧化等。

根据单加氧酶所用的辅因子不同，可将它们分为黄素单加氧酶、金属单加氧酶和非辅因子依赖单加氧酶。在黄素单加氧酶中，活性中心以黄素为辅基。金属单加氧酶又分为血红素单加氧酶以及非血红素单加氧酶。本章将重点介绍细胞色素单加氧酶和黄素单加氧酶。

6.1 细胞色素 P450 单加氧酶

血红素依赖的单加氧酶又称为细胞色素 P450 单加氧酶（简称 P450 酶），在生物体中广泛存在[1]，它是以血红素为辅基的蛋白质，属于 b-型血红素蛋白家族，因还原型 P450 酶与一氧化碳结合的复合物在 450nm 处有一强吸收峰而得名。在哺乳动物中，P450 酶主要存在于肝脏内，进行外源化合物比如药物的降解。P450 酶能催化氧化疏水性的外源化合物，使其转化为水溶性的羟基化合物，从而易于排泄出体外；此外，哺乳动物体内，P450 酶也在甾类激素类化合物的合成中起重要作用。昆虫、植物[2]体内都有 P450 酶的存在。在各种微生物中也存在 P450 酶，在烃类化合物的同化利用[3]以及环境污染物的代谢降解中发挥着重要作用。

6.1.1 细胞色素 P450 单加氧酶的结构分类

根据酶系中各组分存在形式的不同，P450 酶系可分为七类，如图 6.1 所示。在自然

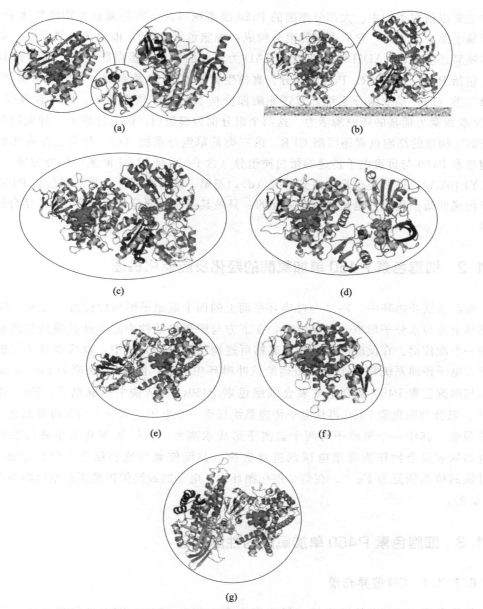

图 6.1 细胞色素 P450 单加氧酶分类示意图[4,5]（彩图见彩插）

(a) 经典的第一类 P450 酶系统，例如包括 P450$_{cam}$（PDB code 2CPP）、2Fe-2S 假单胞铁氧化还原蛋白（1PDX）和 FAD 结合的假单胞铁氧化还原蛋白还原酶（1QIR）；(b) 膜结合的第二类 P450 酶系统，例如来源于兔的 CYP2C5(1DT6) 和细胞色素 P450 还原酶(CPR，1AMO)；(c) 第三类 P450 酶系统以 P450 部分和 CPR 部分融合的 P450$_{BM3}$ 为代表，如 BM3 的亚铁血红素部分（1FAG）和鼠 CPR 融合；(d) 第四类 P450 酶系统是 P450-PFOR 系统，P450 部分（P450 eryF，PDB code 1OXA）与来源于 *Pseudomonas cepacia* 的邻苯二甲酸双加氧酶还原酶相连；(e) 第五类 P450 酶系统是 XplA P450-黄素氧还蛋白融合型，例如人 CYP2D6（2F9Q）与来源于 *E. coli* 的黄素氧还蛋白（1AG9）的融合蛋白；(f) 第六类 P450 酶系统是 McCYP51FX P450 部分与铁氧化还原蛋白融合系统，来源于 *M. tuberculosis* 的 CYP51 (1EAI) 与来源于 *Pyrococcus furiosus* 3Fe-4S 铁氧化还原蛋白（1SJI）相融合；(g) 第七类 P450 酶系统是来源于 *Pseudomonas fluorescens* 的 P450-乙酰辅酶 A 脱氢酶（ACAD）融合系统，如来源于 *Sorangium cellulosum* 的 P450 epoK（1Q5E）与来源于猪肝的 FAD 结合的中链乙酰辅酶 A 脱氢酶（3MDE）的融合蛋白

备注：辅因子用空间立体球表示。红色为卟啉环，黄色和橙色分别表示黄素（FAD 和 FMN），橙色/蓝色表示铁硫簇

界中主要以前四类为主。大部分细菌的P450酶系统以及所有的真核生物线粒体P450酶系统都属于第一类（a），它们由三种组分构成：细胞色素P450，催化单加氧反应；电子传递载体铁氧还蛋白；NADH依赖性的以FAD为辅基的铁氧还蛋白脱氢酶。如CYP101A1系统，包括P450$_{cam}$、PdR、Pdx三部分。真核生物微体P450酶系统（与内质网膜结合），属于第二类（b），是双组分系统，其还原酶部分是NADPH依赖性的，同时含有以FAD和FMN双黄素为辅基的还原酶活力。这两个组分都为膜蛋白，嵌合在膜上。如兔的细胞色素CYP2C5和鼠的细胞色素还原酶CPR。第三类是单组分系统（c），与第二类有相似性，但细胞色素P450与负责电子传递的蛋白质组分（含FAD和FMN辅基）融合为单一多肽链，如CYP102A2。第四类也是单组分系统（d），与第一类有相似性，其细胞色素P450与负责电子传递的蛋白质组分也是融合在一起的，只是其还原酶部分含有黄素FMN结合位点和铁硫簇。

6.1.2 细胞色素P450单加氧酶的羟化反应催化机理

血红素铁卟啉环中，Fe^{3+}与卟啉环平面上的四个氮原子形成配位键，此外，Fe^{3+}还在卟啉环上方与水分子形成一个配位键，在下方与酶蛋白活性中心半胱氨酸残基的硫原子形成另一个配位键。在反应的第一步，底物可逆地结合到酶分子中，取代水分子与铁卟啉环接近；电子传递系统将一个电子传递给铁卟啉环中的铁，使Fe^{3+}还原为Fe^{2+}。随后，分子氧与细胞色素P450结合生成氧合细胞色素P450，氧从铁中提取电子，Fe^{2+}被氧化为Fe^{3+}。氧合细胞色素P450再从电子传递系统接受一个电子，氧分子的共价键弱化，最终氧分子裂解，其中一个氧原子与两个氢离子形成水离去，Fe^{3+}被氧化为更高价态的Fe^{5+}，高价的铁氧复合物作为强亲电试剂进攻底物，并促使氧与底物结合，释放单加氧产物，同时铁的价态恢复为Fe^{3+}。在整个催化循环中，电子的最终供体是还原型辅酶NAD(P)H（图6.2）。

6.1.3 细胞色素P450单加氧酶的性质表征

6.1.3.1 CO差异光谱

细胞色素P450中的铁能与一氧化碳络合，并在450nm存在特征吸收峰，因此可以用CO差异光谱的方法对细胞色素P450进行定量。P450$_{SMO}$的光谱分析按照Omura和Sato的方法[10,11]进行。取10mg连二亚硫酸盐加入到酶液中，将酶液分为两部分分别加入到两个试管中，其中一根试管中缓慢地通入一氧化碳气体大约1min，然后立即通过紫外分光光度计对酶液进行光谱扫描，扫描波长范围为350～500nm，P450$_{SMO}$浓度由所得一氧化碳差异光谱曲线，按照摩尔吸收系数$\varepsilon_{450-490}=91L/(mmol\cdot cm)$计算得到，计算公式如下：

$$C_{P450}(\mu mol/L)=(A_{450}-A_{490})\times 1\times 1000/\varepsilon$$

式中，C_{P450}为P450$_{SMO}$浓度；A_{450}为P450$_{SMO}$在450nm下的吸光度值；A_{490}为P450$_{SMO}$在490nm下的吸光度值；1为光程距离1cm；ε为摩尔吸收系数。

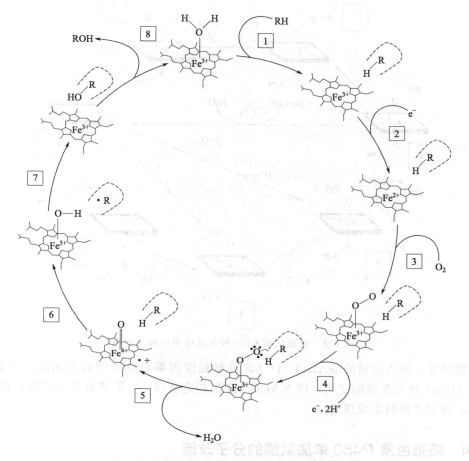

图 6.2 细胞色素 P450 羟化反应机理示意图[6~9]

6.1.3.2 底物结合常数

细胞色素 P450 单加氧酶结合底物后,其血红素上的铁原子就会从低自旋状态向高自旋状态转变,从波谱变化来看,吸收广谱峰会从 418nm 向 390nm 偏移。取一定量的酶液,向其中滴加底物,扫描 350~450nm 波谱的变化。通过 Michaelis-Menten 曲线拟合差异光谱 $A_{390-418}$ 与底物浓度之间的关系,即可得到底物结合常数 k_d[12]。

6.1.3.3 辅酶耦合效率

如图 6.3 所示,在细胞色素 P450 整个催化反应的循环中,存在三条支路,使得辅酶的利用效率大大下降[13]。其一是 O_2 结合到卟啉环上之后,以超氧根离子的形式脱落;其二是两个电子未耦合,以致形成过氧化氢,使得羟化产物减少;其三是四个电子未耦合,即 NADH 与 O_2 的比例为 1:4,以水的形式将电子消耗掉,而未用于羟化反应,并伴随生成少量 H_2O_2。

NAD(P)H 的耦合效率通常为产物的生成速率与 NAD(P)H 的消耗速率的比值。NAD(P)H 的消耗速率可以用分光光度计来测量,反应体系为 1ml,加入一定量的酶液及一定浓

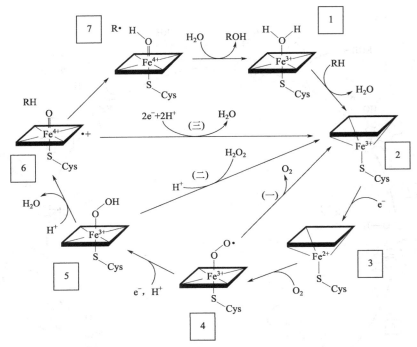

图 6.3 细胞色素 P450 羟化反应中的辅酶利用

度的底物调零,加入过量的 NAD(P)H(其过量程度视耦合效率的高低而定)开始反应,考察其 340nm 处吸光值的变化。待 NAD(P)H 消耗完全后,立即萃取反应产物,检测产物的生成,测定产物的生成速率。

6.1.4 细胞色素 P450 单加氧酶的分子改造

最近十余年来美国 F. H. Arnold 院士、德国 M. T. Reetz 等科学家通过理性设计、定点突变及定向进化等方式对该类酶进行分子改造,显著扩大了该酶的底物谱,提高了酶的活性、选择性和稳定性。例如 $P450_{BM3}$ 的天然底物为长链脂肪酸,经改造后对于烷烃、萜类、杂芳族化合物、胆固醇类、生物碱、多环芳烃和其他药物分子都具有一定活性[14]。通过对 $P450_{BM3}$ 的血红素区域、FMN 区域和 FAD 区域分别建库进化后进行片段重组,所得突变体催化氧化丙烷的 TTN 高达 45800,NADPH 消耗与底物氧化的耦合效率高达 98.2%,催化丙烷的活性已经接近天然酶催化天然底物的效率,相比于其他人工改造酶催化非天然底物的效率显著提高[15]。通过理性设计实现了单加氧酶催化胆固醇羟化反应区域选择性的精确调控,在 2 位和 15 位羟化的选择性分别达到了 97% 和 96%[16]。经随机突变和 DNA 重组等定向进化手段以及与热稳定性还原酶耦合等方法,显著提高了 $P450_{BM3}$ 的热稳定性[17]。

$P450_{BM3}$ 单加氧酶经分子改造后催化非天然底物的性能见表 6.1。

表 6.1 $P450_{BM3}$ 单加氧酶经分子改造后催化非天然底物的性能

编号	反应	选择性/%	ee/%	TTN
1	![反应] $P450_{BM3}$突变体 9-10A(F87A)	88	93	1640

续表

编号	反 应	选择性/%	ee/%	TTN
2	 (烯烃) →P450$_{BM3}$突变体 SH-44→ (环氧化物)	88	71	1090
3	 (环己烯酮衍生物) →P450$_{BM3}$突变体 R47L/Y51F/F87V→ (羟基产物)	—	39	600
4	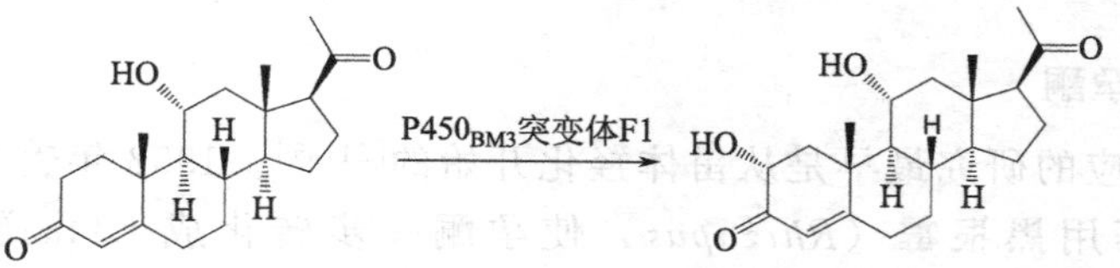 (甾体化合物) →P450$_{BM3}$突变体 F1→ (羟基化产物)	82	28	280
5	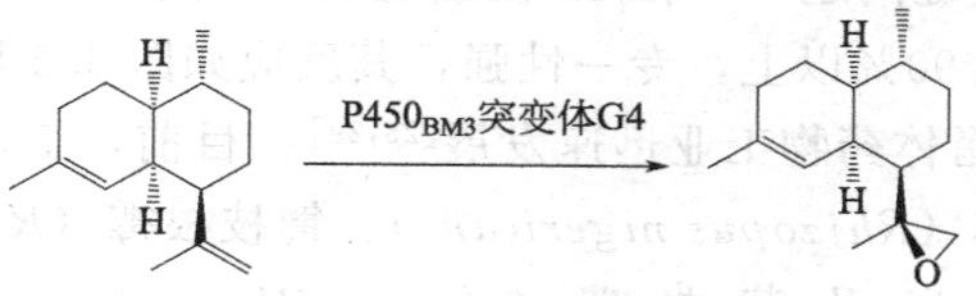 (萜烯化合物) →P450$_{BM3}$突变体 G4→ (环氧化产物)			500
6	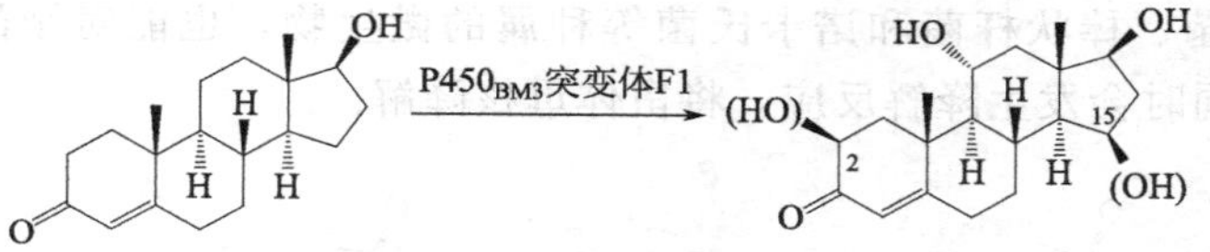 (甾体化合物) →P450$_{BM3}$突变体 F1→ (羟基化产物)	KSA-2:94%(2β) KSA-14:96%(15β)	— —	134 170

6.1.5 细胞色素 P450 单加氧酶催化的反应

单加氧酶可以催化各种不同类型化合物的加氧反应，包括羟化、环氧化、脱烷基化、硫醚氧化等。传统研究中，P450 酶多被用于研究外源物质及前药在体内的转化作用[12,18]；而在过去的近几十年中，研究主要集中于微生物和哺乳动物来源的 P450 酶，被用于催化生产一系列精细化工产品、香料、药物中间体[19]。

6.1.5.1 羟化反应

(1) 生产降血脂药物普伐他汀

他汀类（statins）药物可竞争性抑制 3-羟基-3-甲基戊二酰辅酶 A 还原酶的活力，进而抑制胆固醇生物合成。因此，他汀类药物被广泛地用于降低心血管患者血液中的低密度脂蛋白的含量[20]。在他汀类药物中，普伐他汀（pravastatin）具有极大的优势，它可选择性抑制肝脏和小肠中胆固醇的合成而不影响外周细胞胆固醇的合成[21,22]。J. W. Park 等[23]从土壤中筛选得到 *Streptomyces* sp. Y-110，可羟化美伐他汀（compactin）生成普伐他汀。在单批次反应中，24h 内普伐他汀的最大产量为 340mg/L。随着康他丁浓度的增加，普伐他汀的产量逐渐减少，因此该课题组还考察了分批补料对普伐他汀产量的影响，通过每天向发酵液中补加一定量的美伐他汀，最终普伐他汀的产量可达到 1000mg/L（图 6.4）。

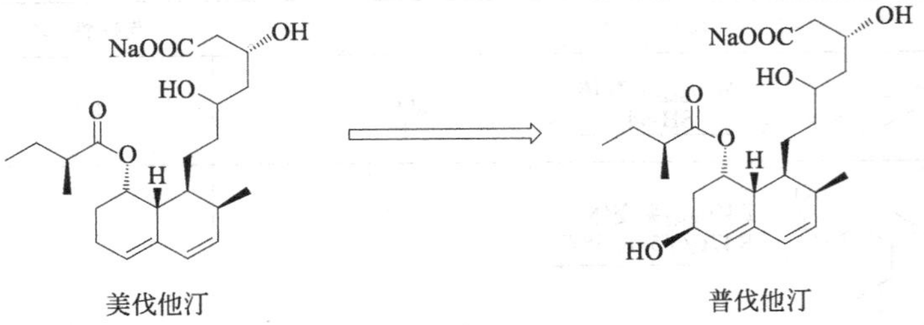

图 6.4 羟化反应生成普伐他汀示意图（彩图见彩插）

（2）皮质激素合成中羟化孕酮

对立体选择性生物羟化反应的研究最早是从甾体羟化开始的[24,25]。1952 年美国普强（Upjohn）药厂的 Peterson 等用黑根霉（*Rhizopus*）使孕酮一步转化成 C11α-羟基孕酮[26,27]，解决了皮质激素合成中的关键问题——在 11 位碳上引入氧原子，不仅省去了化学合成的 10 个工序，并且转化率高达 90% 以上，专一性强，其反应如图 6.5 所示。从此开辟了甾体微生物合成的新途径，促使甾体药物工业迅速发展[28,29]。目前，工业上用于甾体 C11α-羟化反应的微生物主要有黑根霉（*Rhizopus nigericans*）、葡枝根霉（*R. stolonifer*）、赭曲霉（*Aspergillus ochraceus*）以及黄曲霉（*Aspergillus flavus*）、绿僵菌（*Metarhizium* sp.）等。放线菌、棒状杆菌和诺卡氏菌等种属的微生物，也能对孕酮等甾体化合物进行 C11α-羟化，但同时会发生降解反应，将甾体母核降解。

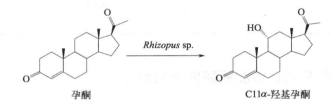

图 6.5 根霉菌催化孕酮选择性氧化为 C11α-羟基孕酮

（3）生产抗癌药物紫苏醇

紫苏醇，俗称二氢枯草醇，其用途十分广泛。作为单体香料，紫苏醇是赋予枯茗香气、龙涎香气的化合物，可用于仿制柑橘、香草、水果型的食用香精、食品的赋香剂和酱油的防腐剂[30~35]。作为有机合成重要中间体，紫苏醇是合成紫苏醛、紫苏葶等的关键中间体，还可以用来合成植物生长调节剂、农用杀虫剂 L5 和昆虫拒食剂[36]；紫苏醇具有独特的药用效果，用于器官移植，可以降低同种异体移植的排斥作用；作为一种治疗及预防癌症的单萜类药物，紫苏醇具有广谱、高效、低毒的抗癌作用特点，国外已经进入临床阶段[37~41]。虽然紫苏醇存在于多种天然植物精油中，但因含量太低、分离不易而成本过高，因此生物合成紫苏醇就显得尤为重要。

Bruno Buhler 等人[42]将野生菌 *Pseudomonas putida* KT2440 中负责柠檬烯羟化的 CYP153A6 基因导入 *E. coli* W3110 中进行表达，发现产物主要以紫苏醇的形式存在（图 6.6），其主要原因是野生宿主菌 *Pseudomonas putida* KT2440 中存在的脱氢酶导致后续醇的进一步氧化，使得紫苏醛或紫苏酸的产量占总产物产量的 26%，而宿主 *E. coli* 中并不存在该基因。以 $E.coli$ 为宿主，26h 紫苏醇的产量为 39.2mmol/L。

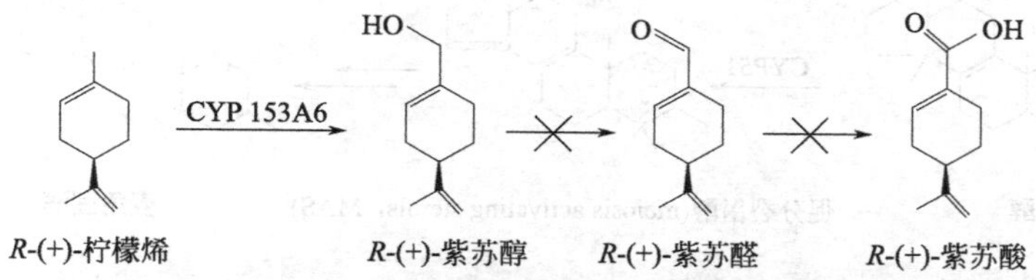

图 6.6　重组 CYP153A6 酶催化生产紫苏醇

6.1.5.2　环氧化反应

P450 酶可以催化烯烃的环氧化，最常见的就是催化不饱和脂肪酸的环氧化。Ruettinger 和 Fulco[43] 在研究巨大芽孢杆菌细胞色素 P450 单加氧酶对不饱和脂肪酸的环氧化过程中发现，该 NADPH 依赖性的单加氧酶能同时催化羟化和环氧化两个反应。此结论被另一研究小组所证实[44]：他们研究的是恶臭假单胞菌（$Pseudomonas\ putida$）的 $P450_{cam}$，这种已知可对樟脑不活泼碳原子进行羟基化的酶同样也可催化脱氢樟脑的环氧化。用该酶立体选择地进行顺-β-甲基苯乙烯的环氧化，所得（1S, 2R)-环氧产物的 ee 值为 78%（图 6.7）[45]。除此之外，CYP1A1 还可以催化多环芳香化合物的环氧化（图 6.8）[46]。

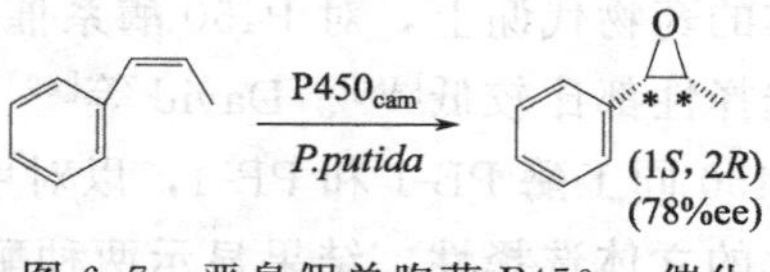

图 6.7　恶臭假单胞菌 $P450_{cam}$ 催化顺-β-甲基苯乙烯的立体选择环氧化

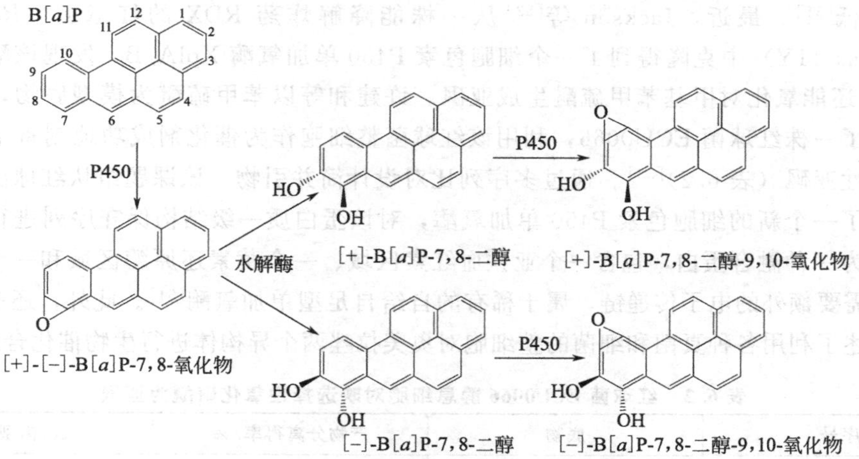

图 6.8　CYP1A1 催化多环芳香化合物的环氧化

6.1.5.3　脱烷基反应

CYP51 可催化羊毛甾醇的 14α-脱甲基，进一步反应可生成麦角固醇（图 6.9）[47]。在 CYP51 催化脱甲基过程中包含了三个步骤，每一步需要一分子氧气和两分子 NADPH 的参与。前两步是经典的单加氧反应，14 位甲基相继转化为 14 位羧基醇和 14 位羧基醛，最后 14 位羧基醛释放一分子甲酸的同时在甾醇的 $\Delta 14$，15 位引入一个双键。

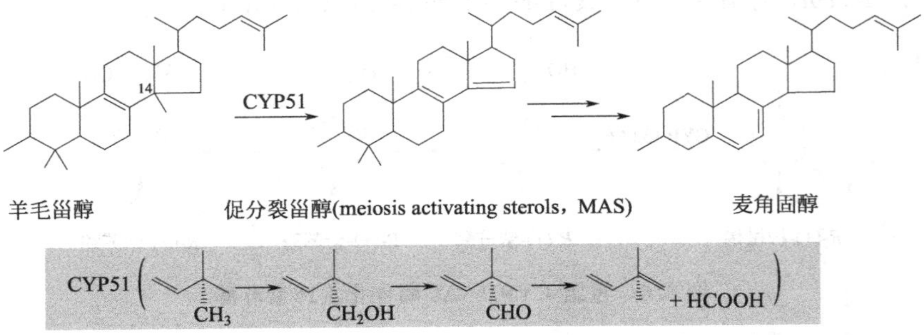

图 6.9　CYP51 催化羊毛甾醇的 14α-脱甲基反应

6.1.5.4　硫醚氧化

在硫醚不对称氧化方面，细胞色素 P450 单加氧酶的研究主要集中在哺乳动物肝脏微粒体的药物代谢上，对 P450 酶系催化硫醚氧化的选择性研究发现该酶主要生成 S-亚砜，而且选择性都比较低[48]。David 等[49]从经过苯巴比妥诱导的鼠肝中纯化得到了两种细胞色素 P450 同工酶 PB-1 和 PB-4，以对甲苯基乙基硫醚作为底物，分析了这两种酶催化硫醚亚砜化的立体选择性，结果显示两种酶主要催化硫醚生成 S-亚砜。

在微生物中，一些细胞色素 P450 单加氧酶也发现具有硫醚亚砜化的活性。如 P450$_{BM3}$，最初由 Miura 和 Fulco[50]从 *Bacillus megaterium* 中分离得到，能催化中长链脂肪酸的末端羟基化。Fruetel 的研究发现该酶也能立体选择性催化硫醚生成亚砜。同时 Fruetel 还发现 P450$_{cam}$和 P450$_{terp}$也能立体选择性催化硫醚生成亚砜，主要产物为 S-亚砜，但活性和选择性都比较低[51]。最近，Jackson 等[52]从一株能降解炸药 RDX 的红球菌（*Rhodococcus rhodochrous* 11Y）中克隆得到了一个细胞色素 P450 单加氧酶 XplA/B，发现该酶不仅能降解 RDX，还能氧化对甲基苯甲硫醚生成亚砜。许建和等以苯甲硫醚为模型底物，从土壤中筛选获得了一株红球菌 ECU0066，利用该红球菌整细胞作为催化剂成功地制备了一系列光学活性手性亚砜（表 6.2）[53]。通过多序列比对设计简并引物，该课题组从红球菌基因组中克隆得到了一个新的细胞色素 P450 单加氧酶，对该蛋白质一级结构保守序列进行分析发现该蛋白质为一种融合蛋白，包含一个亚铁血红素区域、一个黄素还原酶区域和一个硫铁蛋白区域，不需要额外的电子传递链，属于稀有的自给自足型单加氧酶[54]。此外，还有一项美国专利也描述了利用各种真菌和细菌的整细胞对奥美拉唑两个异构体进行生物催化合成[55]。

表 6.2　红球菌 ECU0066 静息细胞对映选择性氧化硫醚为亚砜

序号	底物	产物分离得率/%	ee(构型)/%
1	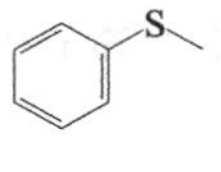 PhSMe	44.2	99.0(S)
2	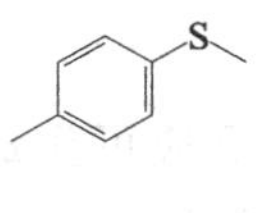 4-MeC6H4SMe	85.7	97.3(S)
3	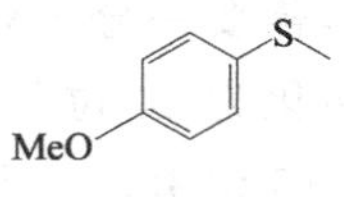 4-MeOC6H4SMe	61.2	38.2(R)

续表

序号	底物	产物分离得率/%	ee(构型)/%
4	4-F-C6H4-S-CH3	69.6	91.7(S)
5	4-Cl-C6H4-S-CH3	60.0	98.8(S)
6	C6H5-S-C2H5	81.8	17.4(S)
7	2-(甲硫基)噻唑-S-CH3	20.0	90.3(−)
8	2-(甲硫基)噻吩	13.7	71.3(S)

6.2 黄素依赖的单加氧酶

除了细胞色素 P450 单加氧酶，黄素依赖的单加氧酶也广泛存在于原核生物和真核生物中。辅因子黄素包括 FMN 和 FAD，它们与酶的结合方式可以是紧密的（作为辅基），也可以作为辅酶。黄素依赖的单加氧酶可以催化各类反应，包括环氧化、Baeyer-Villiger 氧化和卤化反应。

6.2.1 黄素依赖型单加氧酶的分类

依靠还原型辅酶 NAD(P)H 提供电子的黄素单加氧酶称为外源黄素依赖型单加氧酶，另外也发现了少数依靠自身底物还原黄素的酶，被称为内源黄素依赖型单加氧酶，例如乳酸单加氧酶（EC 1.13.12.4）催化乳酸氧化为丙酮酸，产生还原型黄素，紧接着这一还原型黄素与分子氧反应进一步氧化丙酮酸生成二氧化碳和乙酸。由于内源黄素依赖型单加氧酶非常稀少，对于黄素单加氧酶的分类主要针对外源黄素依赖型单加氧酶[56]。

根据氨基酸序列的同源性和可获知的结构信息，可将外源黄素依赖型单加氧酶分为 6 类（表 6.3）。除了 C 类依赖于 FMN 外，其他 5 类都依赖于 FAD。这一依赖于 FMN 的 C 类酶包括一个或两个单加氧酶亚基和一个还原酶亚基，还原酶亚基向单加氧酶亚基提供还原型的 FMN。这类酶的典型代表是荧光素酶（luciferases）[57,58]，它是通过氧化长链脂肪醛释放光，因此也称为第 Ⅱ 类 B-V 单加氧酶[59,60]。D 类、E 类和 F 类酶包含两个亚基，其中还原酶亚基向单加氧酶亚基提供还原型的 FAD（即 $FADH_2$）。这三个依赖于 FAD 亚类酶的主要区别在于它们催化反应的类型不同，D 类酶催化氧化苯环，而另两个亚类酶分别催化环氧化和卤代反应，这三个亚类酶的典型代表见表 6.3[61~63]。而 A 类和 B 类的还原酶部分和单加氧酶部分是在一条肽链上，它们仅需要作为辅因子的 FAD 和电子供体的 NADPH，尽管也有例外，如水杨酸 1-单加氧酶利用的电子供体是 NADH[64]。这两类亚类酶的区别在于，在所有已报道的 B 类酶都是严格依赖于 NADPH 的，结构上有两个二核苷结合区域（分别结合 FAD 和 NADPH），NADP$^+$ 全程参与了这个催化循环[65,66]。B 类酶中包括含黄素单加氧酶（FMOs）[67]、N-羟化单加氧酶（NMOs）和第 I 类 BVMOs[68]。而 A 类酶可以是依赖于 NADH 或 NADPH 的，结构上只有一个二核苷结构区域，NADP$^+$ 的释放是紧接着 FAD 的还原的。A 类酶中被广泛研究的酶有对羟苯甲酸羟化酶（PHBH）和角鲨烯单加氧酶[69,70]。

表 6.3 外源黄素依赖型单加氧酶的分类

亚类	典型代表	催化反应①	亚基	辅因子	辅酶
A	对羟基苯甲酸羟化酶	羟化、环氧化	α	FAD	NAD(P)H
B	环己酮单加氧酶	Baeyer-Villiger 反应, N-氧化	α	FAD	NADPH
C	荧光素酶	光发射反应, Baeyer-Villiger 反应	α+β	—	FMN/NAD(P)H
D	对羟基苯乙酸羟化酶	羟化	α+β	—	FAD/NAD(P)H
E	苯乙烯单加氧酶	环氧化	α+β	—	FAD/NAD(P)H
F	色氨酸 7-卤化酶	卤化	α+β	—	FAD/NAD(P)H

① 绝大多数给出的是体内氧化活性。

6.2.2 黄素依赖型单加氧酶的催化机理

黄素类单加氧酶是以核黄素为辅基的单加氧酶，具有与细胞色素 P450 类单加氧酶不同的反应机理。细胞色素 P450 单加氧酶的催化机理与高价过渡态金属离子的化学催化剂的催化机理相似。而黄素类单加氧酶的催化机理则与有机过氧化物或过氧羧酸的催化机理相似，其一般的催化机理如图 6.10 所示[56]。与分子氧反应的黄素辅因子必须处于还原态，这种富电子黄素中间体可以利用分子氧作为底物[71]。将一个电子从还原态黄素传递给氧，形成一个超氧化黄素基团[72]，就大多数黄素蛋白单加氧酶而言，在黄素的 C(4a) 和氧之间形成稳定共价的化合物，从而产生了一个有反应活性的 C(4a)-过氧化氢黄素（hydroperoxyflavin）

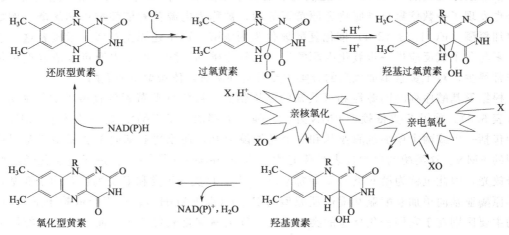

图 6.10 黄素类单加氧酶催化底物的氧化机理

(图 6.10），而过氧化黄素（peroxyflavin）是不稳定的且容易分解形成过氧化氢和氧化态黄素。但是，黄素依赖型单加氧酶可以通过氧化底物来稳定这一过氧化黄素的状态[73]。当过氧化黄素处于质子化状态时，无论是亲核或亲电进攻底物都可以进行。因此，氧分子的单个原子可以加到底物分子中，而另一个氧原子还原形成水。

6.2.3　黄素依赖型单加氧酶催化的反应

黄素蛋白单加氧酶催化的氧化反应包括环氧化反应、羟基化反应、氨基氧化反应和磺化氧化反应等，见图 6.11。氧化反应的种类和选择性是由酶活性位点的结构和化学性质决定的。然而，基于序列和结构同源性黄素蛋白单加氧酶被分为几个亚类，且每个亚类的酶只可以催化有限的几种氧化反应。这表明黄素蛋白单加氧酶催化的氧化反应类型在某种程度上取决于酶蛋白的结构，每种结构可以催化特定种类的氧化反应。

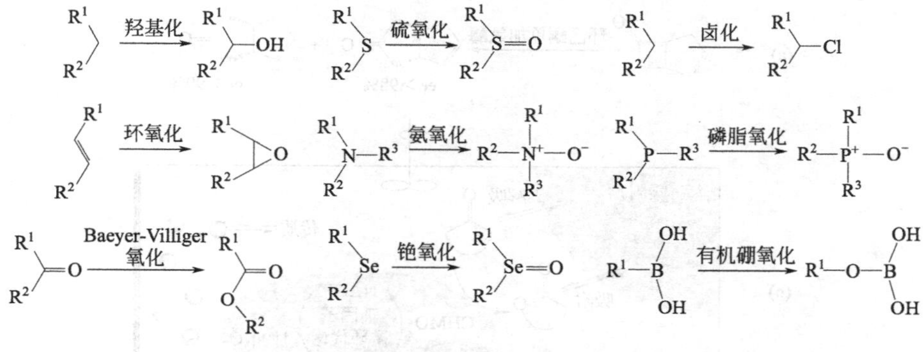

图 6.11　黄素依赖型单加氧酶催化的反应类型

（1）苯乙烯单加氧酶催化的选择性环氧化反应

光学纯的苯乙烯氧化物是医药工业中重要的合成原料。一种具有发展前景的对应选择性单加氧酶是来自 *Pseudomonas* sp. VLB120 的苯乙烯单加氧酶（属于 E 类黄素单加氧酶）。这种酶可以催化苯乙烯生成（S）-苯乙烯氧化物，其对映体过量值高于 99%[74]。将 Sty A 和 Sty B 在 *E. coli* 中重组表达[75]，利用这一整细胞可以合成一系列不同结构的手性芳香基氧化物[76]。此反应系统已被成功放大，现中试规模（30L 生物催化分批加料，两相系统）可生产将近 400g（S）-苯乙烯氧化物[77]。

（2）羟基联苯 3-单加氧酶催化的苯环羟基化反应

Held 等利用重组表达羟基联苯 3-单加氧酶（A 类黄素单加氧酶）的 *E.coli* 细胞催化转化 2 位取代的苯酚生成 3 位取代的儿茶酚[78]，这一反应通过化学方法是很难实现的。在整细胞催化反应的同时引入了产物原位去除，可以减轻产物对细胞的毒性。Meryer 等通过定向进化的手段成功拓展了这一酶的底物范围[79,80]。

（3）硫芴单加氧酶催化的脱硫反应

柴油等含硫燃料的燃烧会产生大气的主要污染物硫的氧化物，而柴油中 70% 的硫以硫芴的形式存在。常规化学羟化脱硫的方法并不能有效地去除这些化合物[81]，而利用黄素单加氧酶的酶促反应可以做到这点，因此具有很好的应用前景[82]。目前已有几种不同的方法，通过构建工程菌提高脱硫活性，开发硫芴单加氧酶（C类黄素单加氧酶）的催化潜能。相比于野生菌株，在 *E.coli* 和 *P.putida* 中高效表达黄素还原酶可以大大提高脱硫效率[83,84]。进一步通过连续富集[85]和基因洗牌[86]的手段，提高了该酶对烷基硫芴的活性。

（4）环己酮单加氧酶的催化多样性

在所有的黄素单加氧酶中，BV单加氧酶是研究最广泛的一类酶，而其中以环己酮单加氧酶（B类黄素单加氧酶）研究最多，已有报道环己酮单加氧酶可以催化100种以上的底物[87]。Reetz等利用定向进化的手段，通过一个氨基酸的改变提高了环己酮单加氧酶的立体选择性[88,89]。环己酮单加氧酶催化反应的一个典型应用实例，是利用表达环己酮单加氧酶的重组大肠杆菌细胞实现了千克级的内酯的生产[90]。利用环己酮单加氧酶催化不对称氧化消旋的双环 [3.2.0] 庚-2-烯-6-酮 [图6.12(a)]，同时利用树脂原位补加底物和去除产物、甘油控制策略和改进氧化反应装置等手段 [图6.12(b)]，实现这一反应的高生产率和高得率，且产物和底物的光学纯度都达到了98%以上。

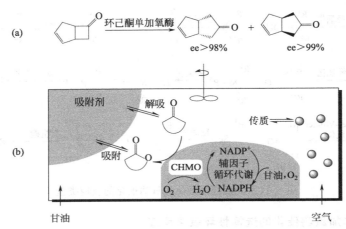

图6.12 利用环己酮单加氧酶催化不对称氧化消旋的双环 [3.2.0] 庚-2-烯-6-酮

6.3 非血红素单加氧酶

除了血红素单加氧酶之外，还存在许多非细胞色素P450型的羟化酶[91~95]，如甲烷单加氧酶（methane monooxygenase，MMO）和食油假单胞菌的正辛烷 ω-羟化酶。

6.3.1 甲烷单加氧酶

甲烷单加氧酶（methane monooxygenase，MMO）是一类非常重要的非细胞色素P450单加氧酶。这些酶比细胞色素P450氧化酶活性更高，可催化甲烷氧化为甲醇。一些甲烷单加氧酶已经被纯化，对 *Methylosinus trichosporium* OB3b 的甲烷单加氧酶研究表明，该酶系含有三个组分：一个羟化酶，一个NADH还原酶以及一个偶合蛋白（MMOB）[96]。甲烷单加氧酶系中羟化酶的结构已通过蛋白质结晶X射线衍射确定[97,98]，对 *Methylococcus capsulatus*（Bath）的甲烷单加氧酶晶体结构[99]研究表明：酶的活性位点是氧或羟基氧桥接的双核铁簇，如图6.13所示，在催化反应过程中铁在两种价态形式之间相互转换[100]。

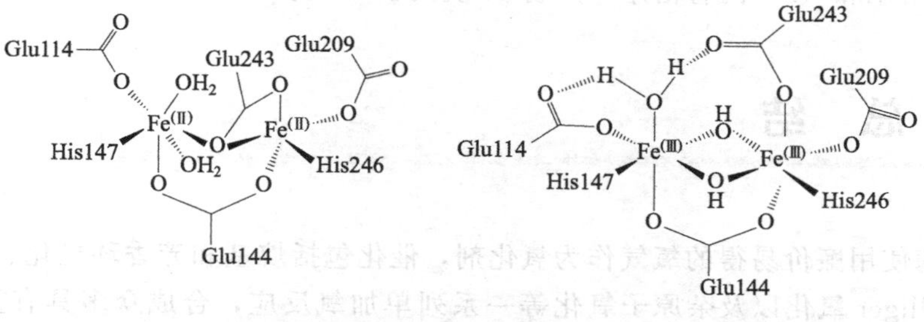

图6.13 甲烷单加氧酶的活性中心结构（彩图见彩插）

甲烷单加氧酶除了能直接催化甲烷与分子氧反应生成甲醇外，还发现可以催化其他反应。Elliot等人[101]发现荚膜甲基球菌（*M. capsulatus*）的甲烷单加氧酶可以催化多类烯烃环氧化。甲烷单加氧酶有宽的底物选择性，可催化多种芳香族烯烃、脂肪族（包括脂环类）烯烃的环氧化，但对映选择性普遍不高。Hou等利用荚膜甲基球菌（*M. capsulatus*）和发孢甲基弯菌（*M. trichosporium*）的甲烷单加氧酶催化$C_2 \sim C_4$短链烯烃的环氧化，产物的ee值在14%到28%之间[102,103]。Seki等人研究了细菌 *M. trichosporium* 对卤代烯丙基衍生物的环氧化，发现随着底物取代基的不同，对映选择性会发生翻转。

6.3.2 ω-羟化酶系统

食油假单胞菌（*Pseudomonas oleovorans*）的ω-羟化酶系统在NADH和氧气的存在下，可催化脂肪酸的ω-羟化以及烷烃的末端羟化。Abbott等人[104~106]发现该酶系除了催化烷基羟化外，还可催化末端烯烃的环氧化，生成相应的1,2-环氧化物。1-辛烯可被酶催化环氧化为(R)-1,2-环氧辛烷，ee值为70%；而1,7-辛二烯完全转化为7,8-环氧-1-辛烯（ee>90%），并可进一步生成具有两个环氧环的产物（de≈70%）[107]，第一个环氧乙烷环的生成使得后继环氧化反应的立体选择性有所下降，见图6.14。

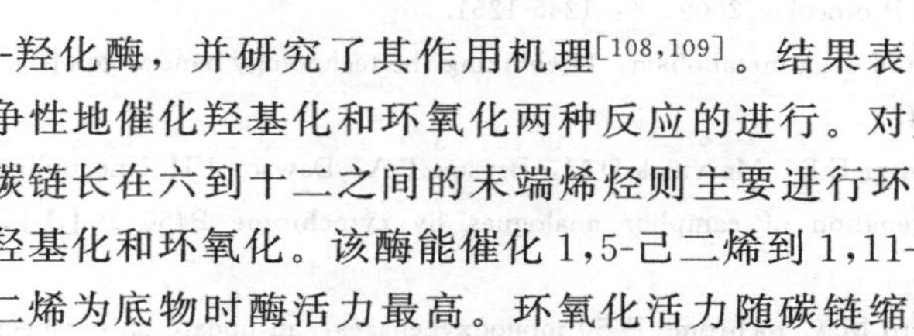

图6.14 食油假单胞菌催化1,7-丁二烯的不对称环氧化

Coon等分离了ω-羟化酶，并研究了其作用机理[108,109]。结果表明，取决于底物的结构，这种酶也可以竞争性地催化羟基化和环氧化两种反应的进行。对短于六碳的化合物主要为羟基化反应；而碳链长在六到十二之间的末端烯烃则主要进行环氧化反应。但是，此酶无法对环烯烃进行羟基化和环氧化。该酶能催化1,5-己二烯到1,11-十二烯等系列二烯烃底物的环氧化，以辛二烯为底物时酶活力最高。环氧化活力随碳链缩短而急剧下降，但当链增长时酶活力仅有轻微下降。而短链二烯主要羟化为对应的不饱和醇。

这些研究成果为工业应用铺平了道路。Shell 和 Gist-Brocades 公司[110]应用食油假单胞菌等菌株环氧化前手性的烯丙基醚，得到（S）-环氧化物，随后通过化学方法转变为β-阻断剂（S）-美托洛尔和（S）-阿替洛尔，产物 ee 值大于 95％。

6.4 总　结

单加氧酶使用廉价易得的氧气作为氧化剂，催化包括烷基和芳香环羟化、烯烃环氧化、酮 Baeyer-Villiger 氧化以及杂原子氧化等一系列单加氧反应，合成众多具有重要应用价值的手性化合物，其在手性合成中巨大的应用潜力受到了有机化学家的青睐。尽管如此，由于单加氧酶催化反应需要还原型辅酶 NAD(P)H，与脱氢酶催化的还原反应一样，辅酶的高效再生和电子传递成了限制单加氧酶工业化应用的瓶颈所在。尽管已经有很多酶法耦合辅酶高效再生的研究报道，但是将这些成果真正应用到大规模的工业化生产尚需时日。

（郁惠蕾　栾政娇）

参 考 文 献

[1] Nelson D R, Kamataki T, Waxman D J, Guengerich F P, Estabrook R W, Feyereisen R, Gonzalez F J, Coon M J, Gunsalus I C, Gotoh O, Okuda K, Nebert D W. The P450 superfamily: Update on new sequences, gene mapping, accession numbers, early trivial names of enzymes, and nomenclature [J]. DNA Cell Biol, 1993, 12: 1-51.

[2] Inoue K. Carotenoid hydroxylation-P450 finally [J]. Trends Plant Sci, 2004, 9: 515-517.

[3] Iida T, Ohta A, Takagi M. Cloning and characterization of an n-alkane-inducible cytochrome P450 gene essential for n-decane assimilation by Yarrowia lipolytica [J]. Yeast, 1998, 14: 1387-1397.

[4] Munro A W, Girvan H M, McLean K J. Cytochrome P450-redox partner fusion enzyme [J]. Biochim Biophys Acta, 2007, 1770: 345-359.

[5] Hannemann F, Bichet A, Ewen K M, Bernhardt R. Cytochrome P450 systems—biological variations of electron transport chains [J]. Biochim Biophys Acta, 2007, 1770: 330-344.

[6] Werck-Reichhart D, Feyereisen R. Cytochromes P450: a success story [J]. Genome Biology, 2000, 1: 3003.1-3003.9.

[7] Atkins W M, Sligar S G. Deuterium isotope effects in norcamphor metabolism by cytochrome P450cam: kinetic evidence for the two-electron reduction of a high valent iron-oxo intermediate [J]. Biochemistry, 1988, 27: 1610-1616.

[8] Munro A W, Lindsay J G. Bacterial cytochromes P450 [J]. Mol Microbiol, 1996, 20: 1115-1125.

[9] Schlichting I, Berendzen J, Chu K, Stock A M, Maves S A, Benson B E, Sweet R M, Ringe D, Petsko G A, Sligar S G. The catalytic pathway of cytochrome P450cam at atomic resolution [J]. Science, 2000, 287: 1615-1622.

[10] Omura T, Sato R. The carbon monoxide-binding pigment of liver microsomes. I. Evidence for its hemoprotein nature [J]. J Biol Chem, 1964, 239: 2370-2378.

[11] Guengerich F P, Martin M V, Sohl C D, Qian C. Measurement of cytochrome P450 and NADPH-cytochrome P450 reductase [J]. Nature Protocols, 2009, 4: 1245-1251.

[12] Miners J O. Evolution of drug metabolism: hitchhiking the technology bandwagon [J]. Clin Exp Pharmacol Physiol, 2002, 29: 1040-1044.

[13] Kadkhodayan S, Coulter E D, Maryniak D M, Bryson T A, Dawson J H. Uncoupling oxygen transfer and electron transfer in the oxygenation of camphor analogues by cytochrome P450$_{cam}$ [J]. J Biol Chem, 1995, 270: 28042-28048.

[14] Urlacher V B, Girhard M. Cytochrome P450 monooxygenases: an update on perspectives for synthetic application [J]. Trends Biotechnol, 2012, 30: 26-36.

[15] Fasan R, Chen M M, Crook N C, Arnold F H. Engineered alkane-hydroxylating cytochrome P450$_{BM3}$ exhibiting nativelike catalytic properties [J]. Angew Chem Int Ed, 2007, 46: 8414-8418.

[16] Kille S, Zilly F E, Acevedo J P, Reetz M T. Regio-and stereoselectivity of P450-catalysed hydroxylation of steroids controlled by laboratory evolution [J]. Nature Chem, 2011, 3: 738-743.

[17] Li Y G, Drummond D A, Sawayama A M, Snow C D, Bloom J D, Arnold F H. A diverse family of thermostable cytochrome P450s created by recombination of stabilizing fragments [J]. Nature Biotechnol, 2007, 25: 1051-1056.

[18] Guengerich F P. Cytochrome P450 enzymes in the generation of commercial products [J]. Nat Rev D rug Discov, 2002, 1: 359-366.

[19] Urlacher V B, Eiben S. Cytochrome P450 monooxygenases: perspectives for synthetic application [J]. Trends Biotechnol, 2006, 24: 324-330.

[20] Arai M, Serizawa N, Terahara A, Tsujita Y, Tanaka M, Masuda H, Ishikawa S. Pravastatin sodium (CS-514), a novel cholesterol-lowering agent which inhibits HMG-CoA reductase [J]. Sankyo Kenkyusyo Nenpo, 1988, 40: 1-38.

[21] Serizawa N, Matsuoka T. A two component-type cytochrome P450 monooxygenase system in a prokaryote that catalyzes hydroxylation of ML-236B to pravastatin, a tissue-selective inhibitor of 3-hydroxy-3-methylglutaryl coenzyme A reductase [J]. Biochim Biophys Acta, 1991, 1084: 35-40.

[22] Tsujita Y, Kuroda M, Shimada Y, Tanzawa K, Arai M, Kaneko I, Tanaka M, Masuda H, Tarumi C, Watanabe Y. CS-514, a competitive inhibitor of 3-hydroxy-3-methylglutaryl coenzyme A reductase: tissue-selective inhibition of sterol synthesis and hypolipidemic effect on various animal species [J]. Biochim Biophys Acta, 1986, 877: 50-60.

[23] Park J W, Lee J K, Kwon T J, Yi D H, Kim Y J, Moon S H, Suh H H, Kang S M, Park Y I. Bioconversion of compactin into pravastatin by *Streptomyces* sp. [J]. Biotechnol Lett, 2003, 25: 1827-1831.

[24] Mahato S B, Garai S. Advances in microbial steroid biotransformation [J]. Steroids, 1997, 62: 332-345.

[25] Holland H L. Recent advances in applied and mechanistic aspects of the enzymatic hydroxylation of steroids by whole-cell biocatalysts [J]. Steroids, 1999, 64: 178-186.

[26] Weaver E A, Kenney H E, Wall M E. Effect of concentration on the microbiological hydroxylation of progesterone [J]. J Am Chem Soc, 1952, 74: 5933-5936.

[27] Murray H C, Peterson D H. Oxygenation of steroids by mucorales fungi: US, 2602769. 1952.

[28] 叶丽, 史济平. 甾体微生物在制药工业中的应用 [J]. 工业微生物, 2001, 31: 40-48.

[29] 郭一平, 郑璞. 甾体微生物C11α-羟化反应的研究进展 [J]. 浙江工业大学学报, 2004, 32: 437-441.

[30] 黄致喜, 王慧辰. 萜类香料化学 [M]. 北京: 中国轻工业出版社, 1999: 112.

[31] 李谦和, 尹笃林, 肖毅. 紫苏荜的合成 [J]. 应用化学, 2000, 17: 536-538.

[32] 王小梅, 李谦和. 活性 MnO_2 选择氧化紫苏醇合成紫苏醛 [J]. 合成化学, 2004, 12: 408-409.

[33] Nakanishi K, Harutah H, Yagi H. Dialkylaminoethyl compound: Japan, 75-01027. 1975.

[34] Chastain D E, Sanders C C, Sanders Jr W E. Using perillyl alcohol to kill bactericide and yeast icide: US. 5110832. 1990.

[35] 单绍军, 哈成勇. 萜类化合物为手性源合成昆虫拒食剂 [J]. 化学通报, 2004, 17: 496-498.

[36] Imagawa D K, Sing M S. Use of perillyl alcohol in organ transplantation: US, 6133324. 2000.

[37] Wagner J E, Huff J L, Rust W L, Kingsley K, Plopprer G E. Perillyl alcohol inhibits breast cell migration without affecting cell adhesion [J]. J Biomed Biotechnol, 2002, 2: 136-140.

[38] 李谦和, 詹小雄, 冯真真, 李雪辉, 王乐夫. 紫苏醇的合成研究进展 [J]. 林产化学与工业, 2007, 27: 121-125.

[39] Yuri T, Danbara N, Tsujita-Kyotoku M, Kiyozuka Y, Senzaki H, Shikata N, Kanzaki H, Tsubura A. Perillyl alcohol inhibits human breast cancer cell growth *in vitro* and *in vivo* [J]. Breast Cancer Res & Treat, 2004, 84: 251-260.

[40] Murren J R, Pizzorno G, Distasio S A, McKeon A, Peccerillo K, Gollerkari A, McMurray W, Burtness B A, Rutherford T, Li X, Ho Peter T C, Sartorelli A. Phase I study of perillyl alcohol in patients with refractory ma-

lignancies [J]. Cancer Biol Thera, 2002: 130-135.

[41] Liu G, Oettel K, Bailey H, Ummersen L V, Tutsch K, Staab M J, Horvath D, Alberti D, Arzoomanian R, Rezazadeh H, McGovern J, Robinson E, DeMets D, Wilding G. Phase II trial of perillyl alcohol (NSC 641066) administered daily in patients with metastatic androgen independent prostate cancer [J]. Investigational New Drugs, 2003, 21: 367-372.

[42] Cornelissen S, Julsing M K, Volmer J, Riechert O, Schmid A, Buhler B. Whole-cell-based CYP153A6-catalyzed (S)-limonene hydroxylation efficiency depends on host background and profits from monoterpene uptake via AlkL [J]. Biotechnol Bioeng, 2013, 10: 1282-1292.

[43] Ruettinger R T, Fulco A J. Epoxidation of unsaturated fatty acids by a soluble cytochrome P-450-dependent system from *Bacillus megaterium* [J]. J Biol Chem, 1981, 256: 5728-5734.

[44] Gelb M, Malkonen P, Sligar S G. Cytochrome P450cam catalyzed epoxidation of dehydrocamphor [J]. Biochem Biophys Res Commun, 1982, 104: 853-858.

[45] Ortiz de Montellano P R, et al. Theoretical and experimental analysis of the absolute stereochemistry of *cis-. beta.-*methylstyrene epoxidation by cytochrome P450cam [J]. J Am Chem Soc, 1991, 113: 3195-3196.

[46] Shimada T, Fujii-Kuriyama Y. Metabolic activation of polycyclic aromatic hydrocarbons to carcinogens by cytochromes P450 1A1 and1B1 [J]. Cancer Sci, 2004, 95: 1.

[47] Lepesheva G I, Watweman M R. Sterol 14α-demethylase cytochrome P450 (CYP51), a P450 in all biological kingdoms [J]. Biochim Biophys Acta, 2007, 1770: 467-477.

[48] Hamman M A B D, Haehner-Daniels S A, et al. Stereoselective sulfoxidation of sulindac sulfide by flavin containing monooxygenases. Comparison of human liver and kidney microsomes and mammalian enzymes [J]. Biochem Pharmacol, 2000, 60: 7-17.

[49] David J W, David R L, Christopher W. Chiral sulfoxidations catalyzed by rat liver cytochromer P450 [J]. Biochemistry, 1982, 21: 2499-2507.

[50] Miura Y, Fulco A J. (ω-2) Hydroxylation of fatty acids by a soluble system from *Bacillus megaterium* [J]. J Biol Chem, 1974, 249: 1880-1888.

[51] Fruetel J, Chang Y T, Collins J, Loew G, Ortiz de Montellano P R. Thioanisole sulfoxidation by cytochrome P450cam (CYP101): experimental and calculated absolute stereochemistries [J]. J Am Chem Soc, 1994, 116: 11643-11648.

[52] Jackson R G, Rylott E L, Fournier D, Hawari J, Bruce N C. Exploring the biochemical properties and remediation applications of the unusual explosive-degrading P450 system XplA/B [J]. Proc Natl Acad Sci USA, 2007, 104: 16822-16826.

[53] Li A T, Zhang J D, Xu J H, Lu W Y, Lin G Q. Isolation of *Rhodococcus* sp. ECU0066: A new sulfide monooxygenase producing strain for asymmetric sulfoxidation [J]. Appl Environ Microbiol, 2009, 75: 551-556.

[54] Zhang J D, Li A T, Yang Y, Xu J H. Sequence analysis and heterologous expression of a novel cytochrome P450 monooxygenase from *Rhodococcus* sp. for asymmetric sulfoxidation [J]. Appl Microbiol Biotechnol, 2010, 85: 615-624.

[55] Holt T, Lindberg P, Reeve C, Taylor S. Preparation of pharmaceutically active compounds by biooxidation: U S, 5840552. 1998.

[56] van Berkel W J H, Kamerbeek N M, Fraaije M W. Flavoprotein monoxygenases, a diverse class of oxidative biocatalysts [J]. J biotechnol, 2006, 124: 670-689.

[57] Baldwin T O, Ziegler M M. The biochemistry and molecular biology of bacterial bioluminescence//Müller F, Ed. Chemistry and Biochemistry of Flavoenzymes. Boca Raton, FL: CRC Press, 1992: 467-530.

[58] Viviani V R. The origin, diversity and structure function relationships of insect luciferases [J]. Cell Mol Life Sci, 2002, 59: 1833-1850.

[59] Taylor D G, Trudgill P W. Camphor revisited-studies of 2, 5-diketocamphane 1,2-monooxygenase from *Pseudomonas putida* ATCC 17453 [J]. J Bacteriol, 1986, 165: 489-497.

[60] van der Werf M J. Purification and characterization of a Baeyer-Villiger mono-oxygenase from *Rhodococcus erythrop-*

olis DCL14 involved in three different monocyclic monoterpene degradation pathways [J]. Biochem J, 2000, 347: 693-701.

[61] Panke S, Witholt B, Schmid A, Wubbolts M G. Towards a biocatalyst for (S)-styrene oxide production: characterization of the styrene degradation pathway of *Pseudomonas* sp. Strain [J]. Appl Environ Microbiol, 1998, 64: 2032-2043.

[62] Prieto M A, Garcia J L. Molecular characterization of 4-hydroxyphenylacetate 3-hydroxylase of *Escherichia coli*. A two-protein component enzyme [J]. J Biol Chem, 1994, 269: 22823-22829.

[63] Keller S, Wage T, Hohaus K, Holzer M, Eichhorn E, van Pee K H. Purification and partial characterization of tryptophan 7-halogenase (PrnA) from *Pseudomonas fluorescens* [J]. Angew Chem Int Ed, 2000, 39: 2300-2302.

[64] White-Stevens R H, Kamin H. Studies of a flavoprotein, salicylate hydroxylase. 1. Preparation, properties and uncoupling of oxygen reduction from hydroxylation [J]. J Biol Chem, 1972, 247: 2358-2370.

[65] van den Heuvel R H H, Tahallah N, Kamerbeek N M, Fraaije M W, van Berkel W J H, Janssen D B, Heck A J R. Coenzyme binding during catalysis is beneficial for the stability of 4-hydroxyacetophenone monooxygenase [J]. J Biol Chem, 2005, 280: 32115-32121.

[66] Torres Pazmiño D E, Baas J B, Janssen D B, Fraaije M W. The kinetic mechanism of phenylacetone monooxygenase from *Thermobifida fusca* [J]. Biochemistry, 2008, 47: 4082-4093.

[67] Ziegler D M. An overview of the mechanism, substrate specificities and structure of FMOs [J]. Drug Metab Rev, 2002, 34: 503-511.

[68] Kamerbeek N M, Janssen D B, van Berkel W J H, Fraaije M W. Baeyer-Villiger monooxygenases, an emerging family of flavin-dependent biocatalysts [J]. Adv Synth Catal, 2003, 345: 667-678.

[69] Entsch B. Hydroxybenzoate hydroxylase // Lidstrom M E, Ed. Methods in Enzymology. San Diego, CA: Academic Press, 1990: 138-147.

[70] Laden B P, Tang Y Z, Porter T D. Cloning, heterologous expression, and enzymological characterization of human squalene monooxygenase [J]. Arch Biochem Biophys, 2000, 374: 381-388.

[71] Massey V. Activation of molecular oxygen by flavins and flavoproteins [J]. J Biol Chem, 1994, 269: 22459-22462.

[72] Ghisla S, Massey V. Mechanisms of flavoprotein catalyzed reactions [J]. Eur J Biochem, 1989, 181: 1-17.

[73] Entsch B, van Berkel W J H. Flavoprotein structure and mechanism. 1. Structure and mechanism of *p*-hydroxybenzoate hydroxylase [J]. FASEB J, 1995, 9: 476-483.

[74] Panke S, Witholt B, Schmid A, Wubbolts M G. Towards a biocatalyst for (S)-styrene oxide production: characterization of the styrene degradation pathway of *Pseudomonas* sp. Strain [J]. Appl Environ Microbiol, 1998, 64: 2032-2043.

[75] Panke S, Wubbolts M G, Schmid A, Witholt B. Production of enantiopure styrene oxide by recombinant *Escherichia coli* synthesizing a two-component styrene monooxygenase [J]. Biotechnol. Bioeng., 2000, 69: 91-100.

[76] Schmid A, Hofstetter K, Feiten H J, Hollmann F, Witholt B. Integrated biocatalytic synthesis on gram scale: the highly enantioselective preparation of chiral oxiranes with styrene monooxygenase [J]. Adv Synth Catal, 2001, 343: 732-737.

[77] Panke S, Held M, Wubbolts M G, Witholt B, Schmid A. Pilot-scale production of (S)-styrene oxide from styrene by recombinant *Escherichia coli* synthesizing styrene monooxygenase [J]. Biotechnol Bioeng, 2002, 80: 33-41.

[78] Held M, Suske W, Schmid A, Engesser K H, Kohler H P E, Witholt B, Wubbolts M G. Preparative scale production of 3-substituted catechols using a novel monooxygenase from *Pseudomonas azelaica* HBP 1 [J]. J Mol Catal B Enzym, 1998, 5: 87-93.

[79] Meyer A, Schmid A, Held M, Westphal A H, Rothlisberger M, Kohler H P, van Berkel W J H, Witholt B. Changing the substrate reactivity of 2-hydroxybiphenyl 3-monooxygenase from *Pseudomonas azelaica* HBP1 by directed evolution [J]. J Biol Chem, 2002, 277: 5575-5582.

[80] Meyer A, Wursten M, Schmid A, Kohler H P, Witholt B. Hydroxylation of indole by laboratory-evolved 2-hydroxybiphenyl 3-monooxygenase [J]. J Biol Chem, 2002, 277: 3461-34167.

[81] Abbad-Andaloussi S, Warzywoda M, Monot F. Microbial desulfurization of diesel oils by selected bacterial strains

[J]. Oil Gas Sci Technol, 2003, 58: 505-513.

[82] Gray K A, Mrachko G T, Squires C H. Biodesulfurization of fossil fuels [J]. Curr Opin Microbiol, 2003, 6: 229-235.

[83] Galan B, Diaz E, Garcia J L. Enhancing desulphurization by engineering a flavin reductase-encoding gene cassette in recombinant biocatalysts [J]. Environ Microbiol, 2000, 2: 687-694.

[84] Reichmuth D S, Hittle J L, Blanch H W, Keasling J D. Biodesulfurization of dibenzothiophene in Escherichia coli is enhanced by expression of a Vibrio harveyi oxidoreductase gene [J]. Biotechnol Bioeng, 2000, 67: 72-79.

[85] Arensdorf J J, Loomis A K, DiGrazia P M, Monticello D J, Pienkos P T. Chemostat approach for the directed evolution of biodesulfurization gain-of-function mutants [J]. Appl Environ Microbiol, 2002, 68: 691-698.

[86] Coco W M, Levinson W E, Crist M J, Hektor H J, Darzins A, Pienkos P T, Squires C H, Monticello D J. DNA shuffling method for generating highly recombined genes and evolved enzymes [J]. Nat Biotechnol, 2001, 19: 354-359.

[87] Mihovilovic M D, Muller B, Stanetty P. Monooxygenase-mediated Baeyer-Villiger oxidations [J]. Eur J Org Chem, 2002: 3711-3730.

[88] Reetz M T, Daligault F, Brunner B, Hinrichs H, Deege A. Directed evolution of cyclohexanone monooxygenases: enantioselective biocatalysts for the oxidation of prochiral thioethers [J]. Angew Chem Int Ed Engl, 2004, 43: 4078-4081.

[89] Reetz M T, Brunner B, Schneider T, Schulz F, Clouthier C M, Kayser M M. Directed evolution as a method to create enantioselective cyclohexanone monooxygenases for catalysis in Baeyer-Villiger reactions [J]. Angew Chem Int Ed Engl, 2004, 43: 4008-4075.

[90] Hilker I, Wohlgemuth R, Alphand V, Furstoss R. Microbial transformations 59: first kilogram scale asymmetric microbial Baeyer-Villiger oxidation with optimized productivity using a resin-based in situ SFPR strategy [J]. Biotechnol Bioeng, 2005, 92: 702-710.

[91] Shteinman A A. Does the non-heme monooxygenase sMMO share a unified oxidation mechanism with the heme monooxygenase cytochrome P-450 [J]. J Biol Inorg Chem, 1998, 3: 325-330.

[92] Que Jr L. Oxygen activation at non-heme diiron active sites in biology: lessons from model complexes [J]. J Chem Soc, Dalton Trans, 1997: 3933-3940.

[93] Lange S J, Que Jr L. Oxygen activating nonheme iron enzymes [J]. Curr Opin Chem Biol, 1998, 2: 159-172.

[94] Austin R N, Chang H K, Zylstra G J, Groves J T. The non-heme diiron alkane monooxygenase of *Pseudomonas oleovorans* (AlkB) hydroxylates via a substrate radical intermediate [J]. J Am Chem Soc, 2000, 122: 11747-11748.

[95] Ryle M J, Hausinger R P. Non-heme iron oxygenases [J]. Curr Opin Chem Biol, 2002, 6: 193-201.

[96] Fox B G, Froland W A, Dege J E, Lipscomb J D. Methane monooxygenase from Methylosinus trichosporium OB3b. Purification and properties of a three-component system with high specific activity from a type II methanotroph [J]. J Biol Chem, 1989, 264: 10023-10033.

[97] Rosenzweig A C, Frederick C A, Lippard S J, R Nordlund P & A. Crystal structure of a bacterial non-haem iron hydroxylase that catalyses the biological oxidation of methane [J]. Nature, 1993, 366: 537-543.

[98] Elango N, Radhakrishnan R, Froland W A, Wallar B J, Earhart C A, Lipscomb J D, Ohlendorf D H. Crystal structure of the hydroxylase component of methane monooxygenase from *Methylosinus trichosporium* OB3b [J]. Protein Sci, 1997, 6: 556-568.

[99] Rosenzweig A C, Nordlund P, Takahara P M, Frederick C A, Lippard S J. Geometry of the soluble methane monooxygenase catalytic diiron center in two oxidation states [J]. Chem Biol, 1995, 2: 409-418.

[100] Lipscomb J D, Que Jr L. MMO: P450 in wolf's clothing [J]. J Biol Inorg Chem, 1998, 3: 331-336.

[101] Elliot S J, Zhu M, Tso L, Nguyen H H T, Yip J H K, Chan S I. Regio-and Stereoselectivity of Particulate Methane Monooxygenase from *Methylococcus capsulatus* (Bath) [J]. J Am Chem Soc, 1997, 119: 9949-9955.

[102] Hou C T, Patel R, Laskin A I, Barnabe N. Reduction of endogenous nucleic acid in a single-cell protein [J]. Appl Environ Microbiol, 1979, 38: 127-134.

[103] Ohno M, Okura I. On the reaction mechanism of alkene epoxidation with *Methylosinus trichosporium* (OB3b) [J]. J Mol Catal B, 1990, 61: 113-122.

[104] May S W, Abbott B J. Enzymatic Epoxidation: II. Comparison between the epoxidation and hydroxylation reactions catalyzed by the ω-hydroxylation system of *Pseudomonas oleovorans* [J]. J Biol Chem, 1973, 248: 1725-1730.

[105] Abbott B J, Hou C T. Oxidation of 1-Alkenes to 1,2-Epoxyalkanes by *Pseudomonas oleovorans* [J]. Appl Microbiol, 1973, 26: 86-91.

[106] May S W, Abbott B J. Enzymatic epoxidation I. Alkene epoxidation by the ω-hydroxylation system of *Pseudomonas oleovorans* [J]. Biochem Biophys Res Commun, 1972, 48: 1230-1234.

[107] May S W, Steltenkamp M S, Schwartz R D, McCoy C J. Stereoselective formation of diepoxides by an enzyme system of *Pseudomonas oleovorans* [J]. J Am Chem Soc, 1976, 98: 7856-7858.

[108] Ruettinger R T, Griffith G R, Coon M J. Characterization of the ω-hydroxylase of *Pseudomonas oleovorans* as a nonheme iron protein [J]. Arch Biochem Biophys, 1977, 183: 528-537.

[109] Ueda T, Coon M J. Enzymatic ω Oxidation: VII. Enzymatic oxidation. VII. Reduced diphosphopyridine nucleotide-rubredoxin reductase: properties and function as an electron carrier in hydroxylation [J]. J Biol Chem, 1972, 247: 5010-5016.

[110] Johnstone S L, et al // Laane C, Tramper J, Lilly M D, eds. Biocatalysis in Organic Media. Amsterdam: Elsevier, 1987: 387-392.

第7章 还原酶

7.1 生物催化还原反应

在作为生物催化剂的六大类酶中，水解酶能够催化动力学拆分外消旋体得到手性产品，在工业生物催化中一直扮演着重要角色。近几年来，氧化还原酶在工业上的应用得到了迅速增长。目前，采用水解酶动力学拆分法、生物催化还原法和生物催化氧化法工业制备光学活性手性化合物的比例为4：2：1[1]。

生物催化还原法相较于动力学拆分法，最大的优势在于理论收率可达100%，原子经济性好。然而，生物催化还原反应需要辅酶或辅因子的参与，一定程度上限制了其应用。由于辅酶依赖性的缘故，生物还原反应中多采用整细胞作为催化剂，在实现体内辅酶循环再生的同时也免去了酶的分离纯化步骤。但是，由于细胞内存在多种酶，整细胞反应通常存在选择性差的问题。利用分离酶作为催化剂可以有效解决该问题，减少副产物的生成。然而分离酶的稳定性相对较差，反应需要外源添加辅酶，且酶的提取、纯化费时耗力。因此通过生物催化剂的合理使用和分子改造，可以改善生物还原反应的效率，创造更高的价值。

羰基的不对称还原是目前生物催化还原反应中研究得最多的一类反应。该反应由羰基还原酶（EC 1.1.1.x）催化，常用于合成一些高附加值的医药相关手性羟基化合物。相比之下，烯酮还原酶（EC 1.3.1.31）催化的烯烃碳碳双键还原、氨基酸脱氢酶（EC 1.4.1.x）催化的还原性氨化反应、醛氧化还原酶（EC 1.2.7.x）催化的羧酸还原反应研究得较少。

7.2 羰基的不对称还原

7.2.1 生物催化羰基不对称还原的机理

羰基还原酶（CR）（EC 1.1.1.x），也称作酮还原酶（KR）或醇脱氢酶（ADH），能催化一系列的羰基化合物，如芳基酮、脂肪酮、醌和醛等，生成相应的手性醇。为了实现催化活性，这些酶需要辅酶的参与传递氢原子给底物羰基碳（图7.1）。常用的辅酶有尼克酰胺腺嘌呤二核苷酸（nicotinamide adenine dinucleotide，NAD）和尼克酰胺腺嘌呤二核苷酸磷酸（nicotinamide adenine dinucleotide phosphate，NADP）（图7.2）；而少数酶则以四羟酮醇或吡咯喹啉醌等作为辅酶[2]。

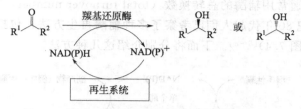

图 7.1　羰基还原酶催化羰基化合物的不对称还原

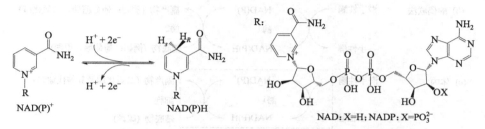

图 7.2　NAD(P)(H) 结构式及 NAD(P)$^+$ 和 NAD(P)H 的转换

羰基还原酶的还原机理如下[3,4]：

第一步：全酶（酶和辅酶的结合体）与酮结合；

第二步：辅酶上的氢转移给酮生成醇（同时发生辅酶的氧化）；

第三步：酶释放产物醇；

第四步：氧化的辅酶被还原（伴随着辅底物的氧化）。

从辅酶 NAD(P)H 传递氢原子给底物有四种立体化学模式，如图 7.3 所示：E_1 和 E_2 类酶氢原子进攻羰基的 si 面（反 Prelog 规则），而 E_3 和 E_4 类酶进攻 re 面（Prelog 规则），结果分别形成（R）和（S）构型的醇。另一方面，E_1 和 E_3 类酶转移辅酶的前手性（R）氢原子，E_2 和 E_4 类酶使用前手性的（S）氢原子。以下列举几种 E_1、E_2、E_3 类酶[3]。

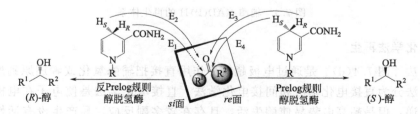

图 7.3　从 NAD(P)H 到羰基化合物的立体化学转氢过程（R^1 为小基团，R^2 为大基团）

E_1：*Pseudomonas* sp. 醇脱氢酶，*Lactobacillus kefir* 醇脱氢酶。

E_2：*Geotrichum candidum* 甘油脱氢酶，*Mucor javanicus* 二羟基丙酮还原酶。

E_3：酵母醇脱氢酶，马肝醇脱氢酶，*Moraxella* sp. 醇脱氢酶，*Corynebacterium* strain ST-10 苯乙醛还原酶。

7.2.2 辅酶的再生

羰基还原酶催化羰基还原反应的重要特征是需要辅酶 NADH 或 NADPH 参与电子传递和氢的转移。由于辅酶价格昂贵,若想实现羰基还原酶的经济利用,需要有高效的再生方法降低辅酶的成本,通常用辅酶的总转换数(total turnover number,TTN)来衡量辅酶的再生效果。自 20 世纪 80 年代起人们已考察了多种辅酶再生方法,包括生物法、电化学法、光化学法和化学法(图 7.4)[5~8]。下面将分别介绍这几种方法。

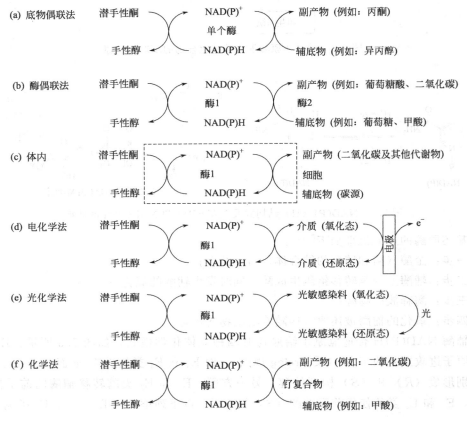

图 7.4 辅酶 NAD(P)H 的再生体系

(1) 电化学法再生

电化学法[图 7.4(d)]是通过电极超电势作用直接把辅酶氧化或者还原到所需要的状态。电化学法分为直接电化学法和间接电化学法。直接电化学法是使电子在电极和辅酶间直接进行传递,但是超高电势易使酶失活,且存在较多副反应,易产生没有活性的二聚体和 NAD(P)H 异构体。通过选择适合的电极材料可以显著降低超电势,并且强化过程。如具有氧化还原性质的氧化锡电极能够有效再生辅酶,将其与醇脱氢酶偶联可以用于合成丙酮[9]。为了实现有效的电极再生,通常需要电子介体进行电子的氧化还原,也就是间接电化学法。过渡态金属复合物 [Cp*Rh(bpy)(H$_2$O)]$^{2+}$ 是目前研究较多的一类电子介体[10~12],它具有高活性、高稳定性、多样性等优点,但是对酶具有一定毒害性,容易导致酶的快速失活。

电化学法虽然具有反应体系简单、不需外加第二个酶和辅底物、成本低以及无副产物等优点，但也存在辅酶再生速率低、酶易失活、需要提供高电压和电极易钝化等诸多问题。因此该方法目前尚处于实验室研究阶段，需要继续发展和完善。

(2) 光化学法再生

光化学法采用光敏染料（如亚甲蓝）经可见光照射激发后作为电子载体提供电子给氧化态辅酶而实现辅酶的再生［图7.4(e)］。例如，韩国化学技术研究所最近开发了一种基于石墨烯的光催化剂，以 $[Cp*Rh(bpy)(H_2O)]^{2+}$ 作为电子介体，实现了 NAD(P)H 的高效再生[13,14]。虽然该方法具有绿色环保的优点，但复杂的反应体系和相对低下的辅酶再生效率使其至今仍停留在实验室研究阶段，离实际应用还有一段距离。

(3) 化学法再生

辅酶的化学法再生［图7.4(f)］是利用化学电子供体，如连二亚硫酸盐，将电子传递给氧化态的辅酶而实现 NAD(P)H 的再生。其中，利用廉价的氢气以及性能优良的钌复合物分别作为最终还原剂和催化剂实现氧化态辅酶的还原，是一种富有潜力的辅酶再生系统[15]。在使用 *Thermoanaerobium brockii* 的醇脱氢酶催化2-庚酮还原生成 (S)-2-庚醇反应中，通过 $[RuCl_2(TPPTS)_2]_2$ 的催化，成功实现了辅酶 NADPH 的原位再生。目前化学再生辅酶的方法还有很多缺陷，如不理想的反应条件，辅酶再生效率偏低，催化剂昂贵、有毒等，目前尚未见有经济性的制备规模的报道。

(4) 生物法再生

生物法分为底物偶联法、酶偶联法和细胞体内辅酶再生。其中底物偶联法和酶偶联法转换数高且无需外加辅助能源，是目前用于辅酶再生的首选方法。

① 底物偶联法　在底物偶联法进行辅酶再生的过程中，加入辅底物（H供体），利用同一种酶在催化主底物还原反应的同时，相反方向催化辅底物氧化实现辅酶的循环再生［图7.4(a)］。最常用的单酶再生系统是醇/醇脱氢酶系统，通常以乙醇或异丙醇为辅底物，为了驱动反应平衡向希望的方向进行，需要加入过量的H供体以提高TTN。这种方法的最大优势是只需要加入廉价的辅底物如异丙醇或乙醇等，不需要额外加入其他的酶。但是过量辅底物的加入也带来了一些问题，例如酶的活性同时分配给底物和供体，反应过程中总的效率受到限制；产物需要从过量的辅底物中分离纯化出来；高浓度的辅底物容易抑制酶的活性，其产物如乙醛或环己酮等也会导致酶的失活，这也是常见的现象。

近年来，已有一些能耐受高浓度醇的脱氢酶的报道，例如，Schubert 等[16]利用马肝醇脱氢酶（HLADH）和 *Lactobacillus brevis* 醇脱氢酶（LbADH）在25%短链醇存在下，立体选择性还原卤代炔丙基酮，在乙醇和异丙醇中反应15h后活性仍大于80%，辅酶的TTN大于20000，但是由于过高的酶价格而影响了 HLADH 的经济利用。来自 *Rhodococcus ruber* 的羰基还原酶对异丙醇具有高耐受性，可以在异丙醇/水（1:1，体积比）中高效催化潜手性酮的还原[17,18]。高表达 *Candida parapsilosis* 羰基还原酶的重组大肠杆菌甚至可以在纯异丙醇溶剂中催化苯乙酮的不对称还原，产量达500g/L，且无需添加辅酶[19]。通过减压蒸馏的方式移除副产物丙酮可以有效推动反应，进一步提高产率[19,20]。

② 酶偶联法　在这种方法中，两个平行的反应——主底物的转化和辅底物的再生——由两个不同的酶催化［图7.4(b)］。常见的辅酶再生酶类包括：甲酸脱氢酶（FDH）、葡萄

糖脱氢酶（GDH）、葡萄糖-6-磷酸脱氢酶（G6PDH）、氢化酶和亚磷酸脱氢酶（表 7.1）。理想的辅酶再生系统需具备以下条件[21]：a. 酶价格便宜且稳定性高；b. 酶活性高；c. 辅底物廉价易得，不与底物发生反应且对酶无毒害；d. 辅酶的转换数（TTN）高，TTN 至少大于 1000；e. 反应平衡向产物生成的方向进行。FDH 和 GDH 催化的辅酶再生系统可较好地满足以上条件，已在工业上应用。

表 7.1 辅酶再生系统的比较

酶	辅底物	副产物	酶活性	酶稳定性	辅底物成本	反应装备
甲酸脱氢酶	甲酸	CO_2	低	适中	适中	简便
葡萄糖脱氢酶	葡萄糖	葡萄糖酸内酯	高	高	适中	适中
葡萄糖-6-磷酸脱氢酶	葡萄糖-6-磷酸	葡萄糖-6-磷酸内酯	高	适中	高	适中
氢化酶	氢气	H_2O	低	适中	低	复杂
亚磷酸脱氢酶	亚磷酸盐	磷酸盐	低	低	低	简便

FDH 催化甲酸氧化用以再生 NADH，生成的副产物 CO_2 不会累积在反应体系中，有利于反应的热力学平衡。20 世纪 90 年代中期德固赛公司（现并入赢创集团）就将 *Candida boidinii* FDH 催化的辅酶再生方法用于工业生产 L-叔亮氨酸[22]。在辅酶再生的过程中有可能产生 pH 的变化，抑制反应的进行[23]，这些可以通过补料分批反应来克服[24]。主要缺点是 FDH 价格比较高，酶活低（3U/mg），对有机溶剂敏感，大部分 FDH 是 NAD^+ 依赖型的，几乎不能再生 NADPH。但随着基因工程技术的发展，对 FDH 进行分子改造可以使其接受 $NADP^+$ 代替它的天然底物 NAD^+ [25,26]。

GDH 催化葡萄糖氧化以再生辅酶，生成的副产物葡萄糖酸内酯自发水解成葡萄糖酸，使反应平衡向 NAD(P)H 生成的方向进行。来源于 *Bacillus megaterium* 的 GDH 比较稳定，对 NAD^+ 和 $NADP^+$ 的特异活性都较高[27]。Kizaki 等[28]将 *Bacillus megaterium* 中的 GDH 和 *Candida magnoliae* 中的羰基还原酶基因在大肠杆菌中共表达，用于合成（S）-4-氯-3-羟基丁酸乙酯 [（S）-CHBE]，辅酶的 TTN（每分子 NADPH 生成产物的量）达 21600。Gröger 等[29]利用共表达 *Bacillus subtilis* GDH 和 *Rhodoccus erythropolis* 羰基还原酶的重组细胞不对称还原一系列芳基酮，底物浓度可达 150g/L 以上，且反应体系中无需额外添加辅酶。不足之处是辅产物葡萄糖酸的生成会导致反应体系 pH 下降，因此需通过外源流加碱液控制反应系统的 pH。

G6PDH 可以氧化葡萄糖-6-磷酸（G6P）生成葡萄糖-6-磷酸内酯完成辅酶再生。来源于 *Bacillus stearothermophilus* 的 G6PDH[30]能耐受较高的温度，但由于辅底物 G6P 价格昂贵，因此使其应用受到了一定限制。为了避免这个问题，一些研究人员使用葡萄糖-6-硫酸酯替代 G6P 作为 G6PDH 的底物，驱动 NADPH 再生取得了较好的结果。

氢化酶（Hase）的利用是另一个可替代的 NAD(P)H 再生方法，该方法利用 H_2 直接作为氢的供体，除 H_2O 之外没有其他副产物，对酶和辅酶都没有毒害。Mertens 等[31]人从嗜热古生菌 *Pyrococcus furiosus* 中分离得到氢化酶Ⅰ，将其与 *Thermoanaerobium* sp. 的醇脱氢酶结合催化酮的不对称还原，NADPH 的 TTN 达 10000。*Ralstonia eutropha* 中也存在氢化酶，将 *Ralstonia eutrophas* 和 *Gluconobacter oxydan* 通透细胞联用，可以在氢气存在下催化 2-辛酮还原反应，且催化效果优于底物偶联型辅酶再生系统[32]。

亚磷酸盐脱氢酶（PTDH）可以催化亚磷酸盐氧化为磷酸盐，同时实现辅酶 NADH 的再生[33]。这种酶的优势在于有高的热动力学平衡常数（$K_{eq}=1\times10^{11}$），较宽的pH适用范围，底物和产物无毒可以作为缓冲液，磷酸盐也可以通过钙沉淀移走[34,35]。PTDH为NAD^+依赖型，不能实现NADPH的再生，但Woodyer等人[36,37]将PTDH进行定点突变（E175A & A176R）后，所得PTDH突变体能够高效地还原NAD^+和$NADP^+$，而且突变体的热稳定性、表达水平及活性都显著提高，45℃时的半衰期提高了7000倍。

高效的辅酶再生系统可以通过增加再生循环次数（总转换数）以大大降低辅酶成本。已有一些文献报道一些TTN达到了商业化门槛（$10^3\sim10^5$）的案例[38]。原则上，在同一宿主菌中将目标还原酶和辅酶再生酶系过量共表达有助于提高还原反应的效率，并减少副产应的发生，使反应过程更简单实用。在一些例子中，这些"人工设计细胞"甚至能在不额外添加辅酶的情况下，实现高底物上载量下的生物还原反应[29,39-41]。但其先决条件是获得一种性能卓越的还原酶，该酶需要具有非常高的催化活力和底物耐受性。

7.2.3 羰基还原酶的发现及改造

羰基还原酶主要分布于三个超家族：短链脱氢酶/还原酶（short-chain dehydrogenases/reductases, SDR）、中链脱氢酶/还原酶（medium-chain dehydrogenase/reductase, MDR）和醛酮还原酶（aldo-keto reductase, AKR）。SDR含保守的辅酶结合位点（TGxxxGxG）和催化四联体（N-S-Y-K）[42]，一般为二聚体或四聚体蛋白，单亚基大约含250个氨基酸，序列一致性较低，为25%左右。而MDR的单亚基大约含350个氨基酸[43]。SDR和MDR的三维结构均含有典型的Rossmann折叠。AKR为单亚基蛋白，大约含320个氨基酸，序列一致性在40%左右，三维结构不含Rossmann折叠[44]。羰基还原酶的序列一致性较低，一般仅为15%~30%，但它们有着相似的三级结构[45]。

羰基还原酶的来源十分广泛，几乎存在于自然界的所有生物中，在动物、植物和微生物中都已经分离出各种羰基还原酶。其中，微生物易于培养且极具多样性，是应用于不对称合成的羰基还原酶的主要来源。其中，面包酵母是生物催化酮还原中研究最多的一种微生物，由于它具有广泛的底物特异性、价格低廉、使用安全，在有机合成应用中有很高的经济可行性[46-48]；另一类非常有发展潜力的菌种是嗜热微生物，这些嗜热菌脱氢酶的热稳定性非常好，如 *Thermoanaerobium brockii* 中的TBADH在86℃仍然稳定[49]，而 *Thermoanaerobacter ethanolicus* 中的醇脱氢酶也可以在50~60℃使用[50]。由于高热稳定性的酶通常有较高的有机溶剂和有机底物耐受能力，所以非常适合有机合成。

有许多报道对其他能够还原羰基化合物的菌也进行了详细的研究，如 *Geotrichum candidum*[51]、*Pichia methanolica*[52]、*Aureobasidium pullulans*[53]、*Nocardia salmonicolor*[54]、*Lactobacillus kefir*[55]，能耐高浓度异丙醇和丙酮的 *Rhodococcus ruber*[56]，遵守反Prelog规则的 *Candida parapsilosis*[57]、*Pseudomonas fluorescens*[58] 和 *Trichothecium sp.*[59]等。此外，对光合自养的海藻类微生物的研究[14,60]也逐渐引起人们的关注，这主要归咎于这类微生物生长速度快，容易得到大量生物量用作催化剂，而且最重要的一点是它们能够利用光能进行辅酶的循环利用，是环境友好的生物转化系统。

第二类研究较多的是来源于哺乳动物的马肝醇脱氢酶（HLADH），HLADH是普遍使用的已经商品化的酶，有广泛的底物特异性和较高的立体选择性。HLADH以NADH为辅酶，遵守Prelog规则，主要用于中等尺寸的单环和双环酮的还原，不能接受大于十个碳的环酮为底物，催化无环酮还原的立体选择性较低。HLADH 也可以催化还原醛类化合物，例如 Galletti 等[61,62]利用 HLADH 动态动力学拆分多种外消旋芳香醛类化合物制备手性布洛芬醇，ee 值均可达 99% 以上。

第三类酶源是植物细胞。尽管植物的种类远少于微生物，但植物有更大的基因组，更重要的是植物能够进行光合作用，许多微生物中的酶在植物中也存在。目前已有一些利用植物细胞进行还原反应的报道，其中使用较多的是胡萝卜[63,64]，它能够催化不同类型的羰基化合物还原，得到光学纯度较高的产物；浸泡过的绿豆和红豆也能催化前手性芳香酮的还原，得到光学纯度较高的产物[65,66]；其他植物包括苹果、葡萄、芹菜等多种水果和蔬菜，对芳香酮和酮酯类化合物也表现出一定的催化还原活性[67,68]。尽管在植物细胞中能发现有价值的酶，但是由于植物的生长速率比较慢，所以这方面的研究仍相对较少。

尽管目前已发现数目众多的羰基还原酶，但催化性能特别优异的酶不易获得，使得大多数生物不对称还原反应仍存在产率偏低的问题，无法真正应用于工业生产。因此，开发新型且具有应用潜力的羰基还原酶，一直是生物不对称还原领域的重点研究方向之一。近年来基因数据挖掘技术已成为快速开发新型羰基还原酶的有力手段[69,70]。

Kaluzna 等[71]利用上述方法对面包酵母中的羰基还原酶进行了系统研究，构建了一个包含 18 种羰基还原酶的酶库，用于催化还原多种 α-和 β-酮酯。Hammond 等人[72]进一步利用该酶库筛选得到两种高选择性还原苯乙酰乙腈的羰基还原酶，分别用以制备 (S)-和 (R)-3-羟基-3-苯基丙腈。类似的策略被用于从一株产还原酶芽孢杆菌 (Bacillus sp. ECU0013)[73]中挖掘有用的还原酶[74]，最终从 11 个重组氧化还原酶中筛选得到三种多功能的羰基还原酶，并分别用于高效合成光学纯的手性 α-和 β-羟基酯，反应体系中无需额外添加辅酶，且时空产率达 600g/(L·d) 以上[39,40,75]。Nie 等人通过将来自 Candida parapsilosis 的反 Prelog 羰基还原酶序列与该菌的全基因组进行比对，进而找到三种新型的反 Prelog 羰基还原酶，可催化 2-羟基苯乙酮还原生成 (S)-1-苯基-1,2-乙二醇[76]。Pennacchio 等将嗜热菌 Thermus thermophilus 全基因组与 Lactobacillus brevis 羰基还原酶序列比对，挖掘得到一种嗜热的羰基还原酶，该酶显示出极好的热稳定性和有机溶剂耐受性[77]。

华东理工大学生物催化与合成生物技术实验室利用一种目标反应导向的基因挖掘策略获得了对 4-氯-3-羰基丁酸乙酯（COBE）具有很高催化活力的还原酶。以目前已知的 COBE 还原酶基因作为探针，在基因组数据库中进行 BLAST 程序比对，再从 10 种推测的候选还原酶中筛选获得了一种来自天蓝色链霉菌 Streptomyces coelicolor 的新型羰基还原酶 ScCR，其催化合成光学纯 (S)-4-氯-3-羟基丁酸乙酯 [(S)-CHBE] 的时空产率高达 609g/(L·d)[78]，具有良好的工业应用前景。该实验室利用这一策略还获得了一批其他高性能的羰基还原酶。例如，来源于光滑假丝酵母 Candida glabrata 的 CgKR1 能催化还原邻氯苯甲酰甲酸酯生成 (R)-邻氯扁桃酸甲酯，在不额外添加辅酶的情况下，可以完全转化 300g/L 的底物，产物 ee 值 98.7%，实现了 (R)-邻氯扁桃酸甲酯的高效生产[79]。从 Candida glabrata 中挖掘得到的 CgKR2 能催化 2-氧代-4-苯基丁酸乙酯（OPBE）的还原高效制备 (R)-2-羟基-4-苯基丁酸乙酯 [(R)-HPBE]，时空产率高达 700g/(L·d)，产物 ee 值＞99%[80]。

利用蛋白质工程手段可以改造挖掘所获得的天然酶，从而得到具有所需催化特性的突变酶。Codexis 公司采用 DNA shuffling 方法，同时结合 ProSAR（蛋白质结构活性关系）分析技术，有效提高了羰基还原酶（KRED）和 GDH 的活性和稳定性，最终 KRED 的催化性能改善了7倍，GDH性能改善了13倍，从而大大降低了催化剂的使用量[81]。利用该蛋白质改造策略，Codexis公司获得了另一突变型羰基还原酶，能催化3-羰基-四氢噻吩的不对称还原合成(R)-3-羟基四氢噻吩，突变后不仅酶活力提高了2.5倍，且对有机溶剂的耐受性和热稳定性有所增加。将反应放大至130kg级规模，产率仍能达80%以上[82]。

目前报道的大多数羰基还原酶催化还原反应时通常遵循Prelog经验规则，但通过蛋白质工程手段可以改变酶的对映体偏爱性，得到遵循反Prelog规则的羰基还原酶，用以制备相反构型的光学活性手性醇。Musa等人通过理性设计的策略仅突变 *Thermoanaerobacter ethanolicus* ADH 的一个氨基酸位点（I86A），即成功改变了该酶的对映偏爱性，使其表现出反Prelog的立体选择性，且产物光学纯度大于99% ee[83]。野生型醇脱氢酶TbSADH还原对亚烷基环己酮时遵循Prelog规则，生成相应的R构型产物，ee值66%。德国Reetz研究组通过分子对接方法，选定了6个关键的CAST位点，最终发现当110位色氨酸突变为蛋氨酸或苏氨酸时，ee值提高至97%；而当86位异亮氨酸突变为甘氨酸后，TbSADH的对映选择性发生了翻转，生成S构型产物，且ee值达98%（图7.5）[84]。

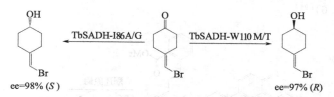

图7.5　定点突变改变醇脱氢酶TbSADH的对映选择性

由于NADH比NADPH便宜，利用定向进化手段将氧化还原酶的辅酶偏爱性由NADPH转变为NADH，可以有效降低生产成本，提高收益。Zhang等人就利用定点饱和突变的方法成功改变了 *Candida parapsilosis* 羰基还原酶的辅酶偏爱性，同时对映选择性也发生了反转[85]。

7.2.4　生物催化羰基不对称还原反应的应用

具有特殊功能团的手性醇常被作为手性砌块用于合成手性药物、精细化学品和农药品等。例如，(R)-邻氯扁桃酸甲酯经磺酸酯化和亲核取代即可合成抗凝血药物"氯吡格雷"[86]；(S)-4-氯-3-羟基-丁酸乙酯可用于合成β-羟甲基戊二酰辅酶A（HMG-CoA）还原酶抑制剂（即他汀类药物）[87]；(R)-4-氯-3-羟基-丁酸乙酯则是合成减肥营养补剂L-肉毒碱的关键手性砌块[88]；(R)-2-羟基-4-苯基丁酸乙酯可用于合成血管紧张素转换酶（ACE）抑制剂（即普利类药物）[89]；(R)-3-羟基-4,4,4-三氟丁酸乙酯是抗抑郁药贝氟沙通（befloxatone）合成中的关键手性合成子[90]；(S)-2-氯-1-(3,4-二氯)苯乙醇可用于合成抗抑郁药舍曲林（sertraline）[91]。

生物催化羰基不对称还原反应作为合成手性醇的绿色有效途径，具有非常广阔的应用前景。利用羰基还原酶合成上述手性醇中间体已有许多成功实例。然而真正适合工业应用的生物催化不对称还原反应需具备底物浓度高、反应时间短、产物光学纯度好、辅酶用量少等基本条件（表7.2）[1,92]。近年来，由于辅酶再生问题的有效解决，羰基还原酶的不断开发及高效反应工艺的开拓，使得生物不对称还原法日趋成熟，并被逐步用于工业生产一些批量不太大但附加值较高的手性醇产品。

表 7.2　经济适用的生物不对称还原反应的基本标准

参　　数	数　　值
底物浓度	＞100g/L
转化率	24h 内＞95%
产物光学纯度	＞99.5% ee
底物与酶的比例	＞50(kg/kg)
辅酶用量	＜0.5g/L(＜0.5mmol/L)

Codexis 公司近几年开发了一系列酮还原酶催化的反应过程，用以制备多种手性药物中间体[92,93]。以抗哮喘药孟鲁司特（montelukast）手性前体为例，由于底物羰基两侧基团空间位阻太大，天然羰基还原酶的催化活性非常低，产物浓度仅能达到 0.1～0.2g/L。通过定向进化改造后，羰基还原酶突变体的活力提高约 2.5 倍，同时有机溶剂耐受性和热稳定性增加，最终在 45℃下进行反应，催化剂量减少一半，产物浓度提升至 100g/L，ee 值达 99.9%以上（图 7.6)[94]。

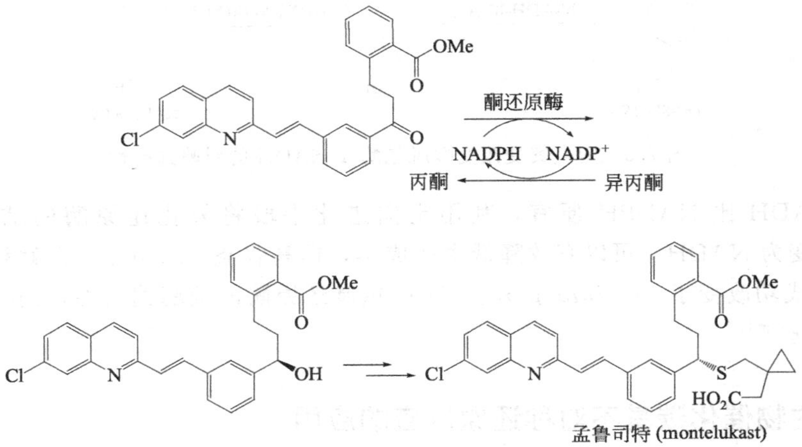

图 7.6　生物催化不对称还原法合成手性药物 montelukast 前体

(R)-3-羟基-四氢噻吩是合成碳青霉烯类抗生素硫培南（sulopenem）的重要手性中间体。利用化学法从 L-天冬氨酸出发合成 (R)-3-羟基-四氢噻吩共经过 5 步反应，需借助于 Na_2S 和 BH_3-DMS 等有毒或敏感化学试剂，最终产率为 45%左右，产物 ee 值 96%～98%[95]。利用化学不对称还原 3-羰基-四氢噻吩的方法，对映选择性差，产物 ee 值仅为 23%～82%[96]。Codexis 公司利用定向进化手段得到一突变型羰基还原酶，催化不对称还原 3-羰基-四氢噻吩合成 (R)-3-羟基-四氢噻吩，使合成步骤大大缩减（图 7.7），且产物 ee 值达 99.3%。将反应放大至 130kg 级规模，产率仍能达 80%以上[97]。

生物不对称还原法可以与其他酶促反应整合，构成级联反应（cascade reaction），用于合成具有工业应用价值的手性中间体。(R)-4-氰基-3-羟基丁酸乙酯是合成降胆固醇药阿伐他汀（atorvastatin）的重要手性砌块。Codexis 公司设计了一条合成该手性羟腈的绿色路线（图 7.8）。首先利用羰基还原酶不对称还原 4-氯乙酰乙酸乙酯得到 (S)-4-氯-3-羟基丁酸乙酯，再通过卤代醇脱卤酶（HHDH）转化为所需的手性羟腈。羰基还原酶和 GDH 经分子改造后，时空产率可达 672g/(L·d)。该合成工艺减少了副产物的生成，免去了后续精馏工作，溶剂用量

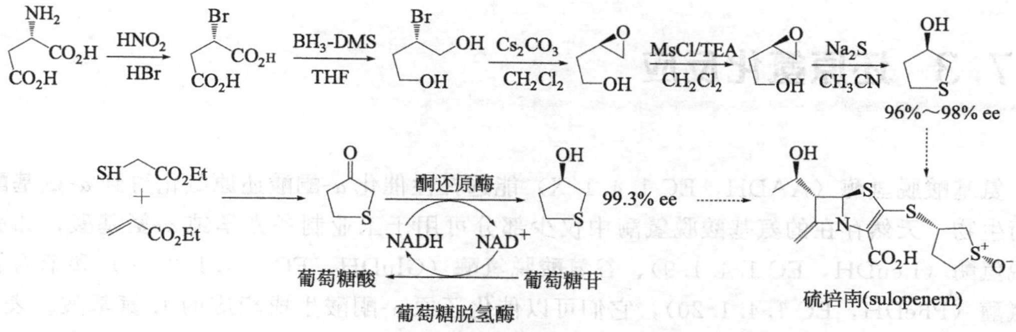

图 7.7　(R)-3-羟基-四氢噻吩的化学法和生物法合成路线

也大大减少，最终环境因子 E（生产每千克产品所生成的废弃物量）仅为 5.8[81]。

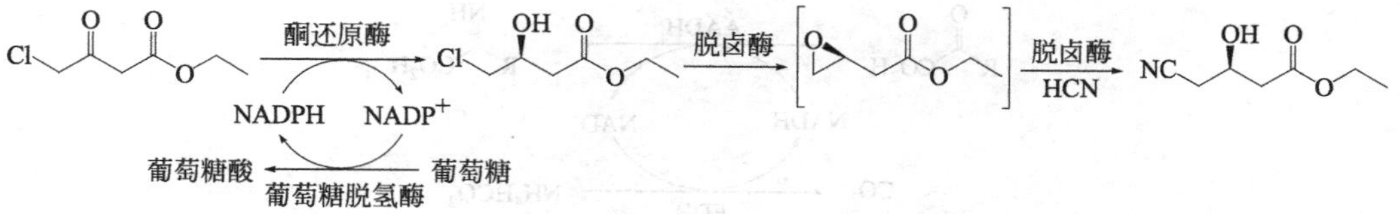

图 7.8　两步三酶法合成阿伐他汀的手性侧链

利用羰基还原酶立体选择性还原含 α-取代基的醛类化合物，结合碱性条件下 α-取代醛发生消旋化的特点，可实现动态动力学拆分制备光学活性 α-取代伯醇。例如来源于 *Sulfolobus solfataricus* 的羰基还原酶（SsADH）能催化立体选择性还原一系列 2-芳基丙醛生成相应的 (S)-2-芳基丙醇。以 2-甲基-6-甲氧基-2-萘乙醛为例，80℃进行反应，产率达 96%，生成的 S 构型醇产物光学纯度达 98% ee（图 7.9）[98]。

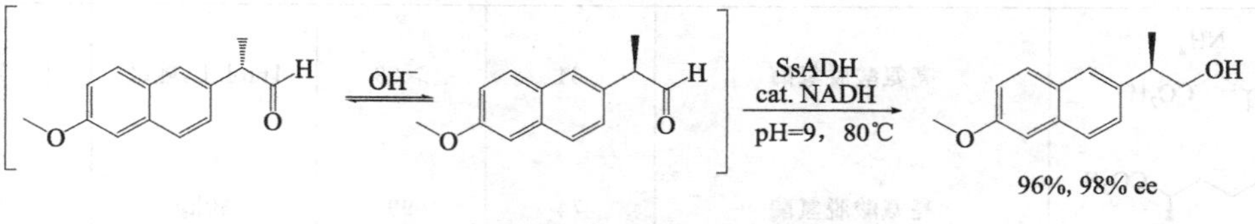

图 7.9　生物不对称还原法合成萘普生

(R)-2-甲基戊醇是有机合成中的重要小分子化合物，可用于合成手性药物或液晶材料。Codexis 公司开发了以外消旋 2-甲基戊醛为原料，经羰基还原酶动力学拆分制备 (R)-2-甲基戊醇的工艺路线（图 7.10），酶的上载量仅需 0.75～2.5g/L，底物上载量高达 220g/L，对映选择率（E 值）在 200 以上[99]。

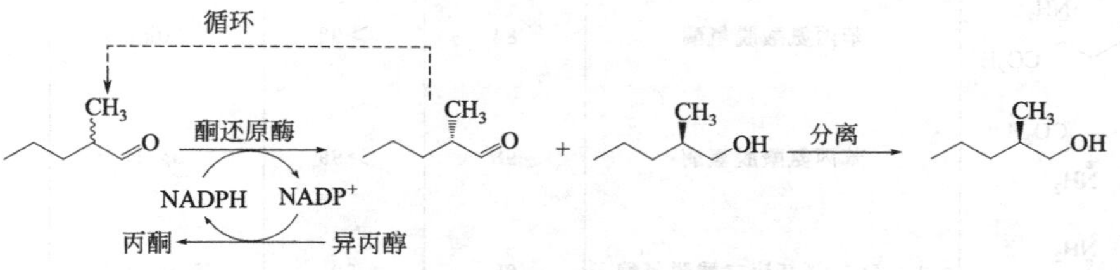

图 7.10　生物不对称还原法合成 (R)-2-甲基戊醇

7.3 还原氨化反应

氨基酸脱氢酶（AADH，EC 1.4.1.X）能选择性催化 α-酮酸还原氨化得到 α-氨基酸及其衍生物。天然存在的氨基酸脱氢酶中仅少部分可用于工业制备光学纯 α-氨基酸，如亮氨酸脱氢酶（LeuDH，EC 1.4.1.9）、谷氨酸脱氢酶（GluDH，EC 1.4.1.2～4）和苯丙氨酸脱氢酶（PheDH，EC 1.4.1.20），它们可以催化还原 α-酮酸生成相应的 L-氨基酸。表 7.3 中罗列了一些已报道的氨基酸脱氢酶催化的还原氨化反应，反应所需的 NADH 通过甲酸脱氢酶催化氧化甲酸胺循环再生。

表 7.3 氨基酸脱氢酶催化的还原氨化反应

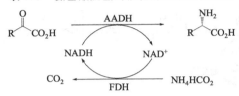

产物	生物催化剂	产率/%	ee/%	浓度/规模	参考文献
	亮氨酸脱氢酶	84	>99	1mol/L，吨级	[101,102]
	亮氨酸脱氢酶	74	99	30kg	[103]
	亮氨酸脱氢酶	>95	>99	88g/L	[104]
	葡萄糖脱氢酶	92	99	0.35mol/L	[105]
	苯丙氨酸脱氢酶	84	>98	80kg	[106]
	苯丙氨酸脱氢酶	98	>99	5g/L	[107]
	2,6-D-二氨基庚二酸脱氢酶	95	99	25mmol/L	[108]

亮氨酸脱氢酶（LeuDH）的研究相对较多，并已用于工业生产 L-叔亮氨酸。该酶在芽孢杆菌中有较高表达水平，主要参与支链 L-氨基酸的体内代谢。来自 *Bacillus stearothermophilus*、*Bacillus cereus* 和 *Bacillus sphaericus* 的 LeuDH 已经被纯化鉴定，它们在分子量、亚基数目、最适温度、最适 pH 上略有差异，但底物谱十分相似，均对脂肪族 α-酮酸显示活性，而对芳香族 α-酮酸无活性，且均为 NADH 依赖型[100]。德国 Degussa 公司将 *Bacillus cereus* 中的 LeuDH 和 *Candida boidinii* 中的 FDH 在大肠杆菌中共表达，实现了 L-叔亮氨酸的大规模生产。同时采用底物连续补加策略，减缓底物对酶的抑制，使反应在不额外添加辅酶的情况下即可进行[101]。

苯丙氨酸脱氢酶（PheDH）最先由 Hummel 等于 1984 年发现于 *Brevibacterium* sp. 菌株细胞破碎液中[109]。随后在 *Rhodococcus* sp.[110] 和 *T. intermedius*[111] 中也发现了该酶。苯丙氨酸脱氢酶同亮氨酸脱氢酶一样均为 NADH 依赖型，但 PheDH 的底物谱相对较广，除了能催化还原脂肪族 α-酮酸外，对芳香族 α-酮酸也表现出高活性。百时美施贵宝公司利用共表达 *T. intermedius* PheDH 和内源 FDH 的重组毕赤酵母细胞催化制备 L-醛赖氨酸乙烯乙缩醛，该化合物是合成抗高血压药奥马曲拉的三种结构单元之一。制备 80kg L-醛赖氨酸乙烯乙缩醛时的得率为 84%，ee 值达 98% 以上[106]。

因为参与 L-氨基酸的体内代谢，绝大多数氨基酸脱氢酶只能催化 α-酮酸生成相应的 L-氨基酸。2006 年美国加州 BioCatalytics 公司通过理性设计和随机突变首次得到 D-氨基酸脱氢酶，可以选择性催化 α-酮酸生成相应的 D-氨基酸。来自 *Corynebacterium glutamicum* 的天然 2,6-D-二氨基庚二酸脱氢酶（DapDH）仅对 2,6-D-二氨基庚二酸具有催化活性，而对芳香族和脂肪族 D-氨基酸没有活性，突变后的 DapDH 对 D-异亮氨酸、D-谷氨酰胺、D-苯丙氨酸和 D-4-氯苯丙氨酸显示出催化活性，用以催化还原环己基丙酮酸时表现出很高的对映选择性，产物 ee 值达 99%[108]。

7.4 羧酸的还原

羧酸还原成醛或伯醇是有机化学中的一类重要反应。醛和伯醇在食品、医药和精细化学品工业中具有重要应用。羧酸还原需要 −600mV 的氧化还原势才能进行，因此羧酸较难被一般的还原剂所还原。采用生物法还原羧酸合成醛或伯醇的相关研究目前仍屈指可数，尚未有实现工业化的案例。目前已报道可用于催化羧酸还原的微生物主要包括一些诺卡氏菌[112~115]、梭菌[116~118]、白腐真菌[119,120] 和古生菌[121~123]。另外一些植物细胞（如烟草、向日葵、萝芙木）也可以催化羧酸还原合成伯醇[124]。

生物催化还原羧酸生成醛共有三种途径（图 7.11）。途径（a）和（b）中，羧酸需先被激活形成高能键（酰基-AMP 或酰基-CoA），方可被进一步还原成醛。如未被激活，即便有 NAD(P)H 存在，反应的自由能仍太低，不足以实现羧酸的还原。具体机制如下所述。

(a) ATP 激活的羧酸还原。首先 ATP 激活羧酸生成酰基-AMP，然后酰基-AMP 被进一步还原成醛，第二步反应需由 NAD(P)H 作为氢供体。*Nocardia* sp. NRRL 5646 中的芳香醛氧化还原酶（AAOR，EC 1.2.1.30）催化羧酸还原遵循该机制[112,113]。

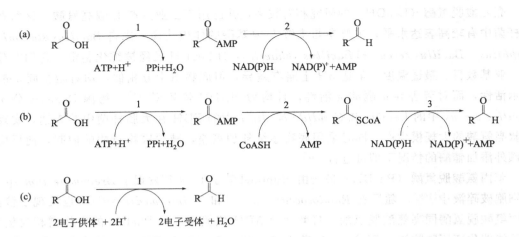

图 7.11 生物催化羧酸还原的机理

(b) ATP 和 CoA 激活的羧酸还原。首先 ATP 激活羧酸生成酰基-AMP，接着酰基-AMP 被转化成酰基-CoA，最后在酰基-CoA 还原酶的作用下酰基-CoA 被还原成醛。许多生物体（包括细菌、酵母和哺乳动物）体内的脂肪酸代谢均遵循该机制。

(c) 无需激活的羧酸还原。该机制中不涉及 ATP 或 CoA 对羧酸的激活，而是由醛氧化还原酶（AOR，EC 1.2.7.5）催化反应。从 *Thermococcus* sp. ES-1[121]、*Pyrococcus furiosus*[122]、*Clostridium formicoaceticum*[117] 和 *Clostridium thermoaceticum*[118] 中已纯化分离得到该酶。该酶系金属酶，其活性中心含有钨或钼，可以利用一些人造还原剂如甲基紫精、苯基紫精等作为电子供体催化羧酸的还原。

来自诺卡氏菌 *Nocardia* sp. NRRL 5646 中的芳香醛氧化还原酶（AAOR）是目前为止研究最为透彻的可催化羧酸还原的生物催化剂。图 7.12 为 AAOR 催化还原芳香酸的具体反应机理[113]。AAOR 含有一个磷酸泛酰巯基乙氨基结合位点，需要在磷酸泛酰巯基乙氨基转移酶（Pptase）存在下由载脂蛋白转变成全息蛋白，才对羧酸表现出较高的还原活力[125]。Rosazza 课题组利用共表达 AAOR、Pptase 和 GDH 的重组菌作为催化剂还原香草酸，反应 10h 后 90% 的香草酸转化为香草醛和香草醇。在反应体系中加入 XAD-2 树脂可以进一步提高时空产率，反应 2h 后香草醛产率为 80%，香草醇产率为 20%[126]。

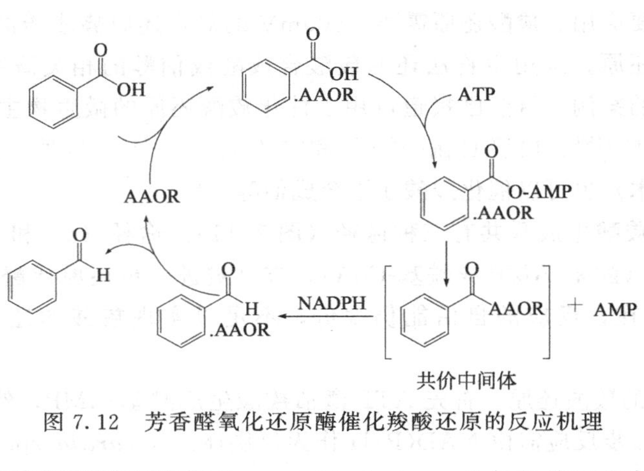

图 7.12 芳香醛氧化还原酶催化羧酸还原的反应机理

Van den Ban 等发现激烈火球菌 *Pyrococcus furiosus* 生长细胞可以催化羧酸还原制备伯

醇[123]。他们以淀粉作为碳源 90℃发酵培养 *Pyrococcus furiosus*，同时在培养基中加入羧酸，利用细胞代谢过程中产生的还原型辅因子促进羧酸的还原。不过由于高浓度的羧酸会抑制细胞生长，该反应的初始底物加入量仅限于 1mmol/L，最高产物得率为 69%。据推测，*Pyrococcus furiosus* 中有两类酶涉及催化羧酸还原的反应：醛氧化还原酶（AOR）和醇脱氢酶（ADH）。首先 AOR 催化羧酸还原成醛，该步反应以还原型铁氧还蛋白作为电子供体。细胞代谢过程中会产生还原型铁氧还蛋白，从而促使反应的进行。接着 ADH 催化醛进一步还原生成醇，该步反应所需的辅酶 NAD(P)H 同样来源于细胞生长代谢过程。

Ni 等人进而尝试将氢化酶（Hase）催化的氢气氧化与 AOR 催化的羧酸还原相偶联（图 7.13），利用激烈火球菌 *P. furiosus* 静息细胞在氢气驱动下实现羧酸的还原。氢化酶可以利用氢气再生还原型铁氧还蛋白和 NAD(P)H，从而促进羧酸还原生成伯醇。由此建立一种新型简便的生物催化羧酸还原的方法[127]。

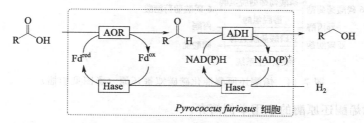

图 7.13　氢气驱动下 *Pycoccus furiosus* 静息细胞催化还原羧酸的机理
AOR—醛氧化还原酶；ADH—醇脱氢酶；Hase—氢化酶

7.5　碳碳双键的还原

烯酮还原酶（enoate reductase，ER）属于老黄酶家族（old yellow enzyme，OYR），能够立体选择性还原 α,β-不饱和羰基化合物中的 C=C 双键，引入两个潜在的手性中心（图 7.14），是手性分子生物催化合成的重要酶类之一[128,129]。该酶广泛存在于微生物尤其是细菌和真菌中，以及植物中[130]。目前研究较多的烯酮还原酶包括酿酒酵母中的 OYE1-3[131,132]、枯草芽孢杆菌中的 YqjM[133~135]、番茄中的 OPR1-3[135,136] 和 *Zymomonas mobilis* 中的 NCR[132,137]。其他还有来自 *Pseudomonas putida*[138]、*Kluyveromyces lactis*[139]、*Enterobacter cloacae*[140]、*Gluconobacter oxydans*[141]、*Candida macedoniensis*[142]、*Saccharomyces carlsbergensis*[143,144]、嗜热菌 *Thermoanaerobacter pseudethanolicus*[145] 等微生物以及烟草[146]的烯酮还原酶。

烯酮还原酶的还原机理如下：烯酮还原酶含有的还原型黄素辅基（FMNH$_2$）上的氢进攻 C=C 键的 β 碳原子，来自溶剂或酪氨酸残基的质子转移到 α 碳原子上，形成产物和氧化型黄素辅基（FMN）；随后辅酶 NAD(P)H 上的氢转移至 FMN 上将其还原成 FMNH$_2$，从而开始新一轮催化循环。C=C 键的 α 碳原子上须连有吸电子基团极化 C=C 键，以增加 β 碳原子的电正性。可以作为活性基团参与烯酮还原酶催化反应的吸电子基团有酮、醛、羧酸、羧酸酯、内酯、酰胺、腈、硝基等。其中烯酮还原酶对 α,β-不饱和醛和共轭硝基烯烃的活力普遍较高，相比而言少数烯酮还原酶可以催化还原 α,β-不饱和酸（酯）和 α,β-不

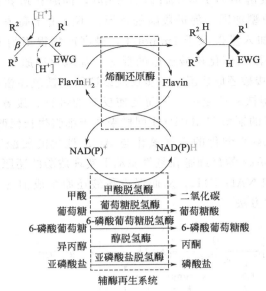

图 7.14　烯酮还原酶催化碳碳双键还原（彩图见彩插）

饱和腈。下面就烯酮还原酶的应用举例简介。

茶香酮常作为模式底物用于检测烯酮还原酶的活性，大多数烯酮还原酶都能不对称还原茶香酮，生成 (R)-2,2,6-三甲基-1,4-环己二酮。例如，Kataoka 等人[147]将来自 *Candida macedoniensis* 的 ER 和 GDH 在大肠杆菌中共表达，用以不对称还原茶香酮，底物浓度为 100g/L 时的时空产率达 25g/(L·h)。

光学活性的香茅醛是薄荷醇合成中的重要中间体。Stewart 等人[148]利用 *Pichia stipitis* 烯酮还原酶 OYE 2.6 和 *E. coli* 烯酮还原酶 NemA 催化还原两种异构体的柠檬醛（香叶醛和橙花醛）制备 (R)-和 (S)-香茅醛。当采用粗酶作为催化剂时，由于醇脱氢酶的存在，反应 20h 后生成的香茅醛被进一步氧化成香茅醇，粗酶经硫酸铵沉淀处理后，终产物为 (R)-或 (S)-香茅醛，转化率为 95% 以上，产物分离得率 67%~69%，ee 值 98%（图 7.15）。

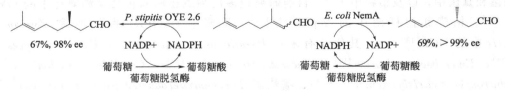

图 7.15　不对称还原柠檬醛合成 (R)-和 (S)-香茅醛

硝基化合物可被进一步转化成氨基化合物，是有机合成中重要的中间体。OYE1-3、OPR1-3、YqjM、NCR 等烯酮还原酶在还原一系列硝基烯烃化合物时表现出不同的活性及立体选择性[130]。以 OYE1 为例，从酮酸酯出发，经化学反应得到的 β-硝基丙烯酸酯被 OYE1 不对称还原生成手性硝基丙酸酯，产物上的硝基在镍金属催化剂的作用下加氢形成氨基，再酸化便可得到 β-氨基酸（图 7.16），反应的 ee 值为 87%~96%[149]。

氰基和羧酸酯基作为吸电子基团极化 C=C 键的能力相对较弱，因此当 C=C 键的 α 和 β 碳原子上连有氰基和羧酸酯基时，更易于被烯酮还原酶催化还原。Pfizer 公司与奥利地

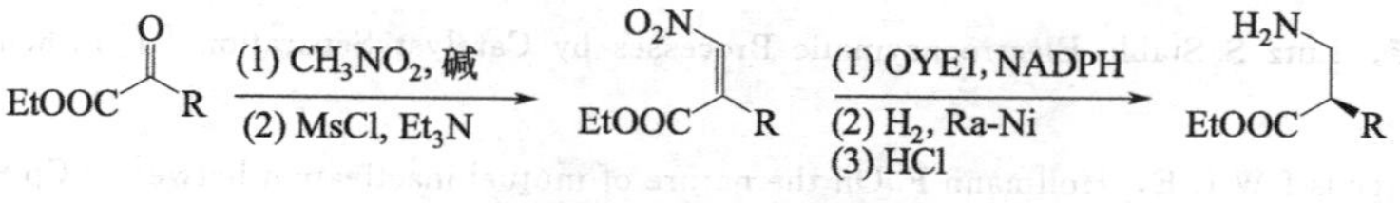

图 7.16　烯酮还原酶催化合成 β-氨基酸

Faber 课题组合作，试图开发能催化不对称还原 β-氰基丙烯酸酯的烯酮还原酶，用以合成神经痛治疗药物普瑞巴林（pregabalin）前体（图 7.17）。最终利用番茄烯酮还原酶 OPR1 突变体成功完成了制备级应用[150]。

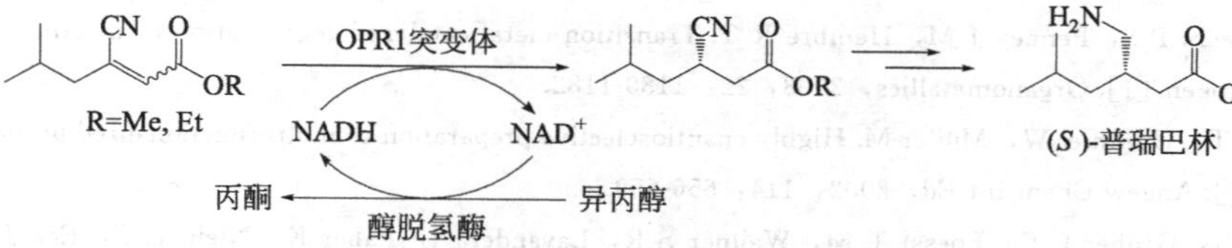

图 7.17　烯酮还原酶催化合成（S）-pregabalin 前体

7.6　总　结

生物催化不对称还原是制备许多重要手性化合物的有效方法，随着生物技术的发展，越来越多的生物工程技术被用于提高酶的稳定性、对映选择性和底物的特异性。在接下来的数年里，这些技术创造的新酶会被大量、广泛地使用。大量实用的酶将被商业化，更多的化学家能够更灵活地使用商品化的还原酶简化合成化学过程。

（倪燕　严希康）

参 考 文 献

[1] Hollmann F, Arends I W C E, Holtmann D. Enzymatic reductions for the chemist [J]. Green Chem, 2011, 13: 2285-2313.

[2] 王镜岩，朱圣庚，徐长法. 生物化学. 第三版. 北京: 高等教育出版社, 2007.

[3] Nakamura K, Yamanaka R, Matsuda T, Harada T. Recent developments in asymmetric reduction of ketones with biocatalysts [J]. Tetrahedron: Asymmetry, 2003, 14: 2659-2681.

[4] Matsuda T, Yamanaka R, Nakamura K. Recent progress in biocatalysis for asymmetric oxidation and reduction [J]. Tetrahedron: Asymmetry, 2009, 20: 513-557.

[5] Wichmann R, Vasic-Racki D. Cofactor regeneration at the lab scale [J]. Adv Biochem Eng Biotech, 2005, 92: 225-260.

[6] Kroutil W, Mang H, Edegger K, Faber K. Recent advances in the biocatalytic reduction of ketones and oxidation of sec-alcohols [J]. Curr Opin Chem Biol, 2004, 8: 120-126.

[7] van der Donk W A, Zhao H. Recent developments in pyridine nucleotide regeneration [J]. Curr Opin Biotechnol, 2003, 14: 421-426.

[8] Leonida M D. Redox enzymes used in chiral syntheses coupled to coenzyme regeneration [J]. Curr Med Chem, 2001, 8: 345-369.

[9] Kim Y H, Yoo Y J. Regeneration of the nicotinamide cofactor using a mediator-free electrochemical method with a tin oxide electrode [J]. Enzyme Microb Technol, 2009, 44: 129-134.

[10] Hollmann F, Witholt B, Schmid A. [Cp*Rh(bpy)(H$_2$O)]$^{2+}$: a versatile tool for efficient and non-enzymatic re-

generation of nicotinamide and flavin coenzymes [J]. J Mol Catal B: Enzym, 2003, 19-20: 167-176.

[11] Hildebrand F, Lütz S. Stable Electroenzymatic Processes by Catalyst Separation [J]. Chem Eur J, 2009, 15: 4998-5001.

[12] Poizat M, Arends I W C E, Hollmann F. On the nature of mutual inactivation between $[Cp*Rh(bpy)(H_2O)]^{2+}$ and enzymes-analysis and potential remedies [J]. J Mol Catal B: Enzym, 2010, 63: 149-156.

[13] Yadav R K, Baeg J O, Oh G H, Park N J, Kong K J, Kim J, Hwang D W, Biswas S K. A photocatalyst-enzyme coupled artificial photosynthesis system for solar energy in production of formic acid from CO_2 [J]. J Am Chem Soc, 2012, 134: 11455-11461.

[14] Choudhury S, Baeg J O, Park N J, Yadav R K. A photocatalyst/enzyme couple that uses solar energy in the asymmetric reduction of acetophenones [J]. Angew Chem Int Ed, 2012, 51: 11624-11628.

[15] Wagenknecht P S, Penney J M, Hembre R T. Transition-metal-catalyzed regeneration of nicotinamide coenzymes with hydrogen [J]. Organometallics, 2003, 22: 1180-1182.

[16] Schubert T, Hummel W, Müller M. Highly enantioselective preparation of multi-functionalized propargylic building blocks [J]. Angew Chem Int Ed, 2002, 114: 656-659.

[17] Edegger K, Gruber C C, Poessl T M, Wallner S R, Lavandera I, Faber K, Niehaus F, Eck J, Oehrlein R, Hafner A, Kroutil W. Biocatalytic deuterium-and hydrogen-transfer using overexpressed ADH-'A': enhanced stereoselectivity and 2H-labeled chiral alcohols [J]. Chem Commun, 2006, 14: 2402-2404.

[18] de Gonzalo G, Lavandera I, Faber K, Kroutil W. Enzymatic reduction of ketones in "micro-aqueous" media catalyzed by ADH-A from *Rhodococcus rubber* [J]. Org Lett, 2007, 9: 2163-2166.

[19] Jakoblinnert A, Mladenov R, Paul A, Sibilla F, Schwaneberg U, Ansorge-Schumacher M B, de María P D. Asymmetric reduction of ketones with recombinant *E. coli* whole cells in neat substrates [J]. Chem Commun, 2011, 47: 12230-12232.

[20] Goldberg K, Edegger K, Kroutil W, Liese A. Overcoming the thermodynamic limitation in asymmetric hydrogen transfer reactions catalyzed by whole cells [J]. Biotechnol Bioeng, 2006, 95: 192-198.

[21] Chenault H T, Whitesides G M. Regeneration of nicotinamide cofactors for use in organic synthesis [J]. Appl Biochem Biotechnol, 1987, 14: 147-197.

[22] Liese A, Seelbach K, Wandrey C. Industrial Biotransformations. Weinheim, Germany: Wiley-VCH Verlag GmbH & Co. KGaA, 2006.

[23] Nidetzky B, Neuhauser W, Haltrich D, Kulbe K D. Continuous enzymatic production of xylitol with simultaneous coenzyme regeneration in a charged membrane reactor [J]. Biotechnol Bioeng, 1996, 52: 387-396.

[24] Neuhauser W, Steininger M, Haltrich D, Kulbe K D, Nidetzky B. A pH-controlled fed-batch process can overcome inhibition by formate in NADH-dependent enzymatic reductions using formate dehydrogenase-catalyzed coenzyme regeneration [J]. Biotechnol Bioeng. 1998, 60: 278-282.

[25] Seelbach K, Riebel B, Hummel W, Kula M R, Tishkov V I, Egorov A M, Wandrey C, Kragl U. A novel, efficient regenerating method of NADPH using a new formate dehydrogenase [J]. Tetrahedron Lett, 1996, 31: 1377-1380.

[26] Tishkov V I, Galkin A G, Fedorchuk V V, Savitsky P A, Rojkova A M, Gieren H, Kula M R. Pilot scale production and isolation of recombinant NAD^+ and $NADP^+$ specific formate dehydrogenases [J]. Biotechnol Bioeng, 1999, 64: 187-193.

[27] Xu Z, Jing K, Liu Y, Cen P. High-level expression of recombinant glucose dehydrogenase and its application in NADPH regeneration [J]. J Ind Microbiol Biotechnol, 2007, 34: 1367-5435.

[28] Kizaki N, Yasohara Y, Hasegawa J, Wada M, Kataoka M, Shimizu S. Synthesis of optically pure ethyl (S)-4-chloro-3-hydroxybutanoate by *Escherichia coli* transformant cells coexpressing the carbonyl reductase and glucose dehydrogenase genes [J]. Appl Micorbiol Biotechnol, 2001, 55: 590-595.

[29] Gröger H, Chamouleau F, Orologas N, Rollmann C, Drauz K, Hummel W, Weckbecker A, May O. Enantioselective reduction of ketones with "designer cells" at high substrate concentrations: highly efficient access to functionalized optically active alcohols [J]. Angew Chem Int Ed, 2006, 45: 5677-5681.

[30] Iyer R B, Bachas L G. Enzymatic recycling of NADPH at high temperature utilizing a thermostable glucose-6-phosphate dehydrogenase from *Bacillus stearothermophilus* [J]. J Mol Catal B: Enzymatic, 2004, 28: 1-5.

[31] Mertens R, Greiner L, van den Ban E C D, Haaker H B C M, Liese A. Practical applications of hydrogenase I from *Pyrococcus furiosus* for NADPH generation and regeneration [J]. J Mol Catal B: Enzymatic, 2003, 24-25: 39-52.

[32] Rundbäck F, Fidanoska M, Adlercreutz P. Coupling of permeabilized cells of *Gluconobacter oxydans* and *Ralstonia eutropha* for asymmetric ketone reduction using H_2 as reductant [J]. J Biotechnol, 2012, 157: 154-158.

[33] Costas A M G, White A K, Metcalf W W. Purification and characterization of a novel phosphorus-oxidizing enzyme from *Pseudomonas stutzeri* WM88 [J]. J Biol Chem, 2001, 276: 17429-17436.

[34] Vrtis J M, White A K, Metcalf W W, van der Donk W A. Phosphite dehydrogenase: a versatile cofactor-regeneration enzyme [J]. Angew Chem, 2002, 114: 3391-3393.

[35] Relyea H A, van der Donk W A. Mechanism and applications of phosphite dehydrogenase [J]. Bioorg Chem, 2005, 33: 171-189.

[36] Johannes T W, Woodyer R D, Zhao H. Efficient regeneration of NADPH using an engineered phosphite dehydrogenase [J]. Biotechnol Bioeng, 2007, 96: 18-26.

[37] Johannes T W, Woodyer R D, Zhao H. Directed evolution of a thermostable phosphite dehydrogenase for NAD (P) H regeneration [J]. Appl Environ Microbiol, 2005, 71 (10): 5728-5734.

[38] Zhao H, van der Donk W A. Regeneration of cofactors for use in biocatalysis [J]. Curr Opin Biotechnol, 2003, 14: 583-589.

[39] Ni Y, Li C X, Zhang J, Shen N D, Bornscheuer U T, Xu J H. Efficient reduction of ethyl 2-oxo-4-phenylbutyrate at $620g \cdot L^{-1}$ by a bacterial reductase with broad substrate spectrum [J]. Adv Synth Catal, 2011, 353: 1213-1217.

[40] Ni Y, Pan J, Ma H M, Li C X, Zhang J, Zheng G W, Xu J H. Bioreduction of methyl o-chlorobenzoylformate at $500g \cdot L^{-1}$ without external cofactors for efficient production of enantiopure clopidogrel intermediate [J]. Tetrahedron Lett, 2012, 53: 4715-4717.

[41] Jakoblinnert A, Mladenov R, Paul A, Sibilla F, Schwaneberg U, Ansorge-Schumacher M B, de María P D. Asymmetric reduction of ketones with recombinant *E. coli* whole cells in neat substrates [J]. Chem Commun, 2011, 47: 12230-12232.

[42] Persson B, Kallberg Y, Bray J E, Bruford E, Dellaporta S L, Fabia A D, Duarte R G, Jörnvall H, Kavanagh K L, Kedishvili N, Kisiela M, Maser E, Mindnich R, Orchard S, Penning T M, Thornton J M, Adamski J, Oppermann U. The SDR (short-chain dehydrogenase/reductase and related enzymes) nomenclature initiative [J]. Chem Biol Interact, 2009, 178: 94-98.

[43] Persson B, Hedlund J, Jörnvall H. The MDR superfamily. Cell Mol Life Sci, 2008, 65: 3879-3894.

[44] Jez J M, Penning T M. The aldo-keto reductase (AKR) superfamily: an update [J]. Chem Biol Interact, 2001, 130-132: 499-525.

[45] Persson B, Kallberg Y, Oppermann U, Jörnvall H. Coenzyme-based functional assignments of short-chain dehydrogenases/reductases (SDRs) [J]. Chem-Biol Interact, 2003, 143-144: 271-278.

[46] Csuk R, Glaenzer B I. Baker's yeast mediated transformations in organic chemistry [J]. Chem Rev, 1991, 91: 49-97.

[47] Rogers R S, Hackman J R, Mercer V, Delancey G B. Acetophenone tolerance, chemical adaptation, and residual bioreductive capacity of non-fermenting baker's yeast (*Saccharomyces cerevisiae*) during sequential reactor cycles [J]. J Ind Microbiol Biotechnol, 1999, 22: 108-114.

[48] Bertau M, Burli M. Enantioselective microbial reduction with Baker's yeast on an industrial scale [J]. Chimia, 2000, 54: 503-507.

[49] Keinan E, Hafeli E K, Seth K K, Lamed R. Thermostable enzymes in organic synthesis. II: Asymmetric reduction of ketones with alcohol dehydrogenase from *Thermoanaerobium brockii* [J]. J Am Chem Soc, 1986, 108: 162-169.

[50] Pham V T, Phillips R S, Ljungdahl L G. Temperature-dependent enantiospecificity of secondary alcohol dehydrogenase from *Thermoanaerobacter ethanolicus* [J]. J Am Chem Soc, 1989, 111: 1935-1936.

[51] Nakamura K. Highly stereoselective reduction of ketones by *Geotrichum candidum* [J]. J Mol Catal B-Enzymatic, 1998, 5: 129-132.

[52] Patel R N, Goswami A, Chu L, Donovan M J, Nanduri V, Goldberg S, Johnston R, Siva P J, Nielsen B, Fan J, He W X, Shi Z, Wang K Y, Eiring R, Cazzulino D, Singh A, Mueller R. Enantioselective microbial reduction of substituted acetophenones [J]. Tetrahedron: Asymmetry, 2004, 15 (8): 1247-1258.

[53] He J Y, Sun Z H, Ruan W Q, Xu Y. Biocatalytic synthesis of ethyl (S)-4-chloro-3- hydroxyl-butanoate in an aqueous-organic solvent biphasic system using *Aureobasidium pullulans* CGMCC 1244 [J]. Process Biochem, 2006, 41 (1): 244-249.

[54] Ogawa J, Shimizu S. Industrial microbial enzymes: their discovery by screening and use in large-scale production of useful chemicals in Japan [J]. Curr Opin Biotechnol, 2002, 13 (4): 367-375.

[55] Amidjojo M, Weuster-Botz D. Asymmetric synthesis of the chiral synthon ethyl (S)-4-chloro-3-hydroxybutanoate using *Lactobacillus kefir* [J]. Tetrahedron: Asymmetry, 2005, 16 (4): 899-901.

[56] Stampfer W, Kosjek B, Faber K, Kroutil W. Biocatalytic asymmetric hydrogen transfer employing *Rhodococcus ruber* DSM 44541 [J]. J Org Chem, 2003, 68: 402-406.

[57] Nie Y, Xu Y, Mu X Q, Wang H Y, Yang M, Xiao R. Purification, characterization, gene cloning, and expression of a novel alcohol dehydrogenase with anti-prelog stereospecificity from *Candida parapsilosis* [J]. Appl Environ Microbiol, 2007, 73 (11): 3759-3764.

[58] Kroutil W, Mang H, Edegger K, Faber K. Recent advances in the biocatalytic reduction of ketones and oxidation of sec-alcohols [J]. Curr Opin Chem Biol, 2004, 8 (2): 120-126.

[59] Mandal D, Ahmad A, Khan M I, Kumar R. Enantioselective bioreduction of acetophenone and its analogous by the fungus *Trichothecium* sp. [J]. J Mol Catal B: Enzymatic, 2004, 27: 61-63.

[60] Yang Z H, Luo L, Chang X, Zhou W, Chen G H, Zhao Y, Wang Y J. Production of chiral alcohols from prochiral ketones by microalgal photo-biocatalytic asymmetric reduction reaction [J]. J Ind Microbiol Biotechnol, 2012, 39: 835-841.

[61] Giacomini D, Galletti P, Quintavalla A, Gucciardo G, Paradisi F. Highly efficient asymmetric reduction of aryl-propionic aldehydes by Horse Liver Alcohol Dehydrogenase through dynamic kinetic resolution [J]. Chem Commun, 2007: 4038-4040.

[62] Galletti P, Emer E, Gucciardo G, Quintavalla A, Pori M, Giacomini D. Chemoenzymatic synthesis of (2S)-2-arylpropanols through a dynamic kinetic resolution of 2-arylpropanals with alcohol dehydrogenases [J]. Org Biomol Chem, 2010, 8: 4117-4123.

[63] Yadav J S, Nanda S, Reddy T P, Rao B A. Efficient enantioselective reduction of ketones with *Daucus carota* Root [J]. J Org Chem, 2002, 67: 3900-3903.

[64] Blanchard N, van de Weghe P. *Daucus carota* L. mediated bioreduction of prochiral ketones [J]. Org Biomol Chem, 2006, 4: 2348-2353.

[65] Kumaraswamy G, Ramesh S. Soaked *Phaseolus aureus* L: an efficient biocatalyst for asymmetric reduction of prochiral aromatic ketones [J]. Green Chem, 2003, 5: 306-308.

[66] Xie Y, Xu J H, Lu W Y, Lin G Q. Adzuki bean: A new resource of biocatalyst for asymmetric reduction of aromatic ketones with high stereoselectivity and substrate tolerance [J]. Bioresour Technol, 2009, 100: 2463-2468.

[67] Yang Z H, Zeng R, Yang G, Wang Y, Li L Z, Lv Z S, Yao M, Lai B. Asymmetric reduction of prochiral ketones to chiral alcohols catalyzed by plants tissue [J]. J Ind Microbiol Biotechnol, 2008, 35: 1047-1051.

[68] Xie B, Yang J, Yang Q, Yuan W. Enantioselective reduction of fluorenones in surfactant-aqueous solution by fruits and vegetables [J]. J Molecul Catal B: Enzymatic, 2009, 61: 284-288.

[69] Ni Y, Xu J H. Biocatalytic ketone reduction: A green and efficient access to enantiopure alcohols [J]. Biotechnol Adv, 2012, 30: 1279-1288.

[70] Luo X J, Yu H L, Xu J H. Genomic Data Mining: An Efficient Way to Find New and Better Enzymes [J]. Enzyme Engg, 2012, 1: 104.

[71] Kaluzna W A, Matsuda T, Sewell A K, Stewart J D. Systematic investigation of *Saccharomyces cerevisiae* enzymes

catalyzing carbonyl reductions [J]. J Am Chem Soc, 2004, 126: 12827-12832.

[72] Hammond J R, Poston W B, Ghiviriga I, Feske D B. Biocatalytic synthesis towards both antipodes of 3-hydroxy-3-phenylpropanitrile, a precursor to fluoxetine, atomoxetine and nisoxetine [J]. Tetrahedron Lett, 2007, 48: 1217-1219.

[73] Xie Y, Xu J H, Xu Y. Isolation of a *Bacillus* strain producing ketone reductase with high substrate tolerance [J]. Bioresour Technol, 2010, 101: 1054-1059.

[74] Ni Y, Li C X, Ma H M, Zhang J, Xu J H. Biocatalytic properties of a recombinant aldo-keto reductase with broad substrate spectrum and excellent stereoselectivity [J]. Appl Microbiol Biotechnol, 2011, 89: 1111-1118.

[75] Ni Y, Li C X, Wang L J, Zhang J, Xu J H. Highly stereoselective reduction of prochiral ketones by a bacterial reducatse coupled with cofactor regeneration [J]. Org Biomol Chem, 2011, 9: 5463-5468.

[76] Nie Y, Xiao R, Xu Y, Montelione G T. Novel anti-Prelog stereospecific carbonyl reductases from Candida parapsilosis for asymmetric reduction of prochiral ketones [J]. Org Biomol Chem, 2011, 9: 4070-4078.

[77] Pennacchio A, Pucci B, Secundo F, Cara F L, Rossi M, Raial C A. Purification and characterization of a novel recombinant highly enantioselective short-chain NAD (H)-dependent alcohol dehydrogenase from *Thermus thermophilus* [J]. Appl Environ Microbiol, 2008, 74: 3949-3958.

[78] Wang L J, Li C X, Ni Y, Zhang J, Liu X, Xu J H. Highly efficient synthesis of chiral alcohols with a novel NADH-dependent reductase from *Streptomyces coelicolor* [J]. Bioresour Technol, 2011, 102: 7023-7028.

[79] Ma H M, Yang L L, Ni Y, Zhang J, Li C X, Zheng G W, Yang H Y, Xu J H. Stereospecific reduction of methyl o-chlorobenzoylformate at 300g·L^{-1} without additional cofactor using a carbonyl reductase mined from Candida glabrata [J]. Adv Synth Catal, 2012, 354: 1765-1772.

[80] Shen N D, Ni Y, Ma H M, Wang L J, Li C X, Zheng G W, Zhang J, Xu J H. Efficient synthesis of a chiral precursor for angiotensin-converting enzyme (ACE) inhibitors in high space-time yield by a new reductase without external cofactors [J]. Org Lett, 2012, 14: 1982-1985.

[81] Ma S K, Gruber J, Davis C, Newman L, Gray D, Wang A, Grate J, Huisman G W, Sheldon R A. A green-by-design biocatalytic process for atorvastatin intermediate [J]. Green Chem, 2010, 12: 81-86.

[82] Liang J, Mundorff E, Voladri R, Jenne S, Gilson L, Conway A, Krebber A, Wong J, Huisman G, Truesdell S, Lalonde J. Highly enantioselective reduction of a small heterocyclic ketone: biocatalytic reduction of tetrahydrothiophene-3-one to the corresponding (R)-alcohol [J]. Org Proc Res Dev, 2010, 14: 188-192.

[83] Musa M M, Lott N, Laivenieks M, Watanabe L, Vieille C, Phillips R S. A single pointmutation reverses the enantiopreference of *Thermoanaerobacter ethanolicus* secondary alcohol dehydrogenase [J]. Chem Cat Chem, 2009, 1: 89-93.

[84] Agudo R, Roiban G-D, Reetz M T. Induced axial chirality in biocatalytic asymmetric ketone reduction [J]. J Am Chem Soc, 2013, 135: 1665-1668.

[85] Zhang R Z, Xu Y, Sun Y, Zhang W C, Xiao R. Ser67Asp and His68Asp substitutions in *Candida parapsilosis* carbonyl reductase alter the coenzyme specificity and enantioselectivity of ketone reduction [J]. Appl Environ Microbiol, 2009, 75: 2176-2183.

[86] 唐田, 王彦青, 王海全, 蔡敏英. 氯吡格雷硫酸氢盐的合成 [J]. 中国医药工业杂志, 2009, 40: 324-326.

[87] Iwasaki G, Kimura R, Numao N, Kondo K. A practical and diastereoselective synthesis of angiotensin converting enzyme-inhibitors [J]. Chem Pharm Bull, 1989, 37: 280-283.

[88] Zhou B N, Gopalan A S, Vanmiddlesworth F, Shieh W R, Sih C J. Stereochemical control of yeast reduction. 1. Asymmetric synthesis of L-carnitine [J]. J Am Chem Soc, 1983, 105: 5925-5926.

[89] Karanewsky D S, Badia M C, Ciosek C P, Robl J A, Sofia M J, Simpkins L M, Delange B, Harrity T W, Biller S A, Gordon E M. Phosphorus-containing inhibitors of HMG-CoA reductase. 1. 4-[(2-arylethyl) hydroxyphosphinyl]-3-hydroxy-butanoic acids: a new class of cell-selective inhibitors of cholesterol biosynthesis [J]. J Med Chem, 1990, 33: 2952-2956.

[90] Bertau M. Novel unusual microbial dehalogenation during enantioselective reduction of ethyl 4,4,4-trifluoro acetoacetate with baker's yeast [J]. Tetrahedron Lett, 2001, 42: 1267-1268.

[91] Barbieri C, Bossi L, D'Arrigo P, Fantoni G P, Servi S. Bioreduction of aromatic ketones: preparation of chiral benzyl alcohols in both enantiomeric forms [J]. J Mol Catal, B-Enzym, 2001, 11: 415-421.

[92] Huisman G W, Liang J, Krebber A. Practical chiral alcohol manufacture using ketoreductase [J]. Curr Opin Chem Biol, 2010, 14: 122-1129.

[93] Huisman G W, Collier S J. On the development of new biocatalytic processes for practical pharmaceutical synthesis. Curr Opin Chem Biol, 2013, 17: 284-292.

[94] Liang J, Lalonde J, Borup B, Mitchell V, Mundorff E, Trinh N, Kochrekar D A, Cherat R N, Pai G G. Development of a biocatalytic process as an alternative to the (−)-DIP-Cl-mediated asymmetric reduction of a key intermediate of montelukast [J]. Org Proc Res Dev, 2010, 14: 193-198.

[95] Volkmann R A, Kelbaugh P R, Nason D M, Jasys V J. 2-Thioalkyl penems: an efficient synthesis of sulopenem, a (5R,6S)-6-(1(R)-hydroxyethyl)-2-[(cis-1-oxo-3-thiolanyl) thio]-2-penem antibacterial [J]. J Org Chem, 1992, 57: 4352-4361.

[96] Zhang X, Taketomi T, Yoshizumi T, Kumobayashi H, Akutagawa S, Mashima K, Takaya H. Asymmetric hydrogenation of cycloakanones catalyzed by BINAP-Ir (1)-aminophosphine systems [J]. J Am Chem Soc, 1993, 115: 3318-3319.

[97] Liang J, Mundorff E, Voladri R, Jenne S, Gilson L, Conway A, Krebber A, Wong J, Huisman G, Truesdell S, Lalonde J. Highly enantioselective reduction of a small heterocyclic ketone: biocatalytic reduction of tetrahydrothiophene-3-one to the corresponding (R)-alcohol [J]. Org Proc Res Dev, 2010, 14: 188-192.

[98] Friest J A, Maezato Y, Broussy S, Blum P, Berkowitz D B. Use of a robust dehydrogenase from an archael hyperthermophile in asymmetric catalysis-dynamic reductive kinetic resolution entry into (S)-profens [J]. J Am Chem Soc, 2010, 132: 5930-5931.

[99] Gooding O, Voladri R, Bautista A, Hopkins T, Huisman G, Jenne S, Ma S, Mundorff E C, Savile M M, Truesdell S J, et al. Development of a practical biocatalytic process for (R)-2-methylpentanol [J]. Org Proc Res Dev, 2010, 14: 119-126.

[100] Werner H, Kula M R. Dehydrogenases for the synthesis of chiral componds [J]. Eur J Biochem, 1989, 184: 1-13.

[101] Bommarius A S, Schwarm M, Stingl K, Kottenhahn M, Huthmacher K, Drauz K. Synthesis and use of enantiomerically pure *tert*-leucine [J]. Tetrahedron: Asymmetry, 1995, 6: 2851-2888.

[102] Menzel A, Werner H, Altenbuchner J, Gröger H. From enzymes to "Designer Bugs" in reductive amination: a new process for the synthesis of L-*tert*-leucine using a whole cell-catalyst [J]. Eng Life Sci, 2004, 4: 573-576.

[103] Krix G, Bommarius A S, Drauz K, Kottenhahn M, Schwarm M, Kula M R. Enzymatic reduction of α-keto acids leading to L-amino acids or D-hydroxy acids [J]. J Biotechnol, 1997, 53: 29-39.

[104] Hanson R L, Schwinden M D, Banerjee A, Brzozowski D B, Chen B C, Patel B P, McNamee C G, Kodersha G A, Kronenthal D R, Patel R N, Szarka L J. Enzymatic synthesis of S-6-hydroxynorleucine [J]. Bioorg Med Chem, 1999, 7: 2247-2252.

[105] Gröger H, May O, Werner H, Menzel A, Altenbuchner J. "Second-Generation Process" for the synthesis of L-neopentylglycine: Asymmetric reductive amination using a recombinant whole cell catalyst [J]. Org Process Res Dev, 2006, 10: 666-669.

[106] Hanson R L, Howell J M, LaPorte T L, Donovan M J, Cazzulino D L, Zannella V V, Montana M A, Nanduri V B, Schwarz S R, Eiring R F, Durand S C, Wasylyk J M, Parker W L, Liu M S, Okuniewicz F J, Chen B, Harris J C, Natalie K J, Ramig K, Swaminathan S, Rosso V W, Pack S K, Lotz B T, Bernot P J, Rusowicz A, Lust D A, Tse K S, Venit J J, Szarka L J, Patel R N. Synthesis of allysine ethylene acetal using phenylalanine dehydrogenase from *Thermoactinomyces intermedius* [J]. Enzyme Microb Technol, 2000, 26: 348-358.

[107] Cainelli G, Engel P C, Galletti P, Giacomini D, Gualandi A, Paradisi F. Engineered phenylalanine dehydrogenase in organic solvents: homogeneous and biphasic enzymatic reactions [J]. Org Biomol Chem, 2005, 3: 4316-4320.

[108] Vedha-Peters K, Gunawardana M, Rozzell J D, Novick S J. Creation of a broad-range and highly stereoselective D-amino acid dehydrogenase for the one-step synthesis of D-amino acids [J]. J Am Chem Soc, 2006, 128:

10923-10929.

[109] Hummel W, Weiss N, Kula M-R. Isolation and characterization of a bacterium possessing L-phenylalanine dehydrogenase activity [J]. Arch Microbiol, 1984, 137: 47-52.

[110] Hummel W, Schütte H, Schmidt E, Wandrey C, Kula M-R. Isolation of L-phenylalanine dehydrogenase from *Rhodococcus* sp. M4 and its application for the production of L-phenylalanine [J]. Appl Microbiol Biotechnol, 1987, 26: 409-416.

[111] Ohshima T, Takada H, Yoshimura T, Esaki N, Soda K. Distribution, purification, and characterization of thermostable phenylalanine dehydrogenase from thermophilic actinomycetes [J]. J Bacteriol, 1991, 173: 3943-3948.

[112] Li T, Rosazza J P N. Purification, characterization, and properties of an aryl aldehyde oxidoreductase from *Nocardia* sp. strain NRRL 5646 [J]. J Bacteriol, 1997, 179: 3482-3487.

[113] He A, Daniels L, Fotheringham I, Rosazza J P N. *Nocardia* sp. carboxylic acid reductase, cloning, expression, and characterization of a new aldehyde oxidoreductase family [J]. Appl Environ Microbiol, 2004, 70: 1874-1881.

[114] Kato N, Konishi H, Masuda M, Joung E, Shimao M, Sakazawa C. Reductive transformation of benzoate by *Nocardia asteroids* and *Hormoconis resinae* [J]. J Ferment Bioeng, 1990, 69: 220-223.

[115] Kato N, Joung E H, Yhang H C, Masuda M, Shimao M, Yanase H. Purification and characterization of aromatic acid reductase from *Nocardia asteroides* JCM 3016 [J]. Agric Biol Chem, 1991, 55: 757-762.

[116] Faisse L, Simon H. Observations on the reduction of non-activated carboxylates by *Clostridium formicoaceticum* with carbon monoxide or formate and the influence of various viologens [J]. Arch Microbiol, 1988, 150: 381-386.

[117] White H, Feicht R, Huber C, Lottspeich F, Simon H. Purification and some properties of the tungsten-containing carboxylic acid reductase from *Clostridium formicoaceticum* [J]. Biol Chem Hoppe-Seyler, 1991, 372: 999-1005.

[118] Huber C, Skopan H, Feicht R, White H, Simon H. Pterin cofactor, substrate specificity, and observations on the kinetics of the reversible tungsten-containing aldehyde oxidoreductase from *Clostridium thermoaceticum* [J]. Arch Microbiol, 1995, 164: 110-118.

[119] Lesage-Meessen L, Delattre M, Haon M, Thibault J F, Ceccaldi B C, Brunerie P, Asther M. A two-step bioconversion process for vanillin production from ferulic acid combining *Aspergillus niger* and *Pycnoporus cinnabarinus* [J]. J Biotechnol, 1996, 50: 107-113.

[120] Hage A, Schoemaker H E, Field J A. Reduction of aryl acids by white-rot fungi for the biocatalytic production of aryl aldehydes and alcohols [J]. Appl Microbiol Biotechnol, 1999, 52: 834-838.

[121] Heider J, Ma K, Adams M W W. Purification, characterization, and metabolic function of tungsten-containing aldehyde ferredoxin oxidoreductase from the hyperthermophilic and proteolytic archaeon *Thermococcus* strain ES-1 [J]. J Bacteriol, 1995, 177: 4757-4764.

[122] Mukund S, Adams M W W. The novel tungsten-iron-sulfur protein of the hyperthermophilic archaebacterium, *Pyrococcus furiosus*, is an aldehyde ferredoxin oxidoreductase [J]. J Biol Chem, 1991, 266: 14208-14216.

[123] Van den Ban E C D, Willemen H M, Wassink H, Laane C, Haaker H. Bioreduction of carboxylic acids by *Pyrococcus furiosus* in batch cultures [J]. Enzyme Microb Technol, 1999, 25: 251-257.

[124] Villa R, Molinari F. Reduction of carbonylic and carboxylic groups by plant cell cultures [J]. J Nat Prod, 2008, 71: 693-696.

[125] Venkitasubramanian P, Daniels L, Rosazza J P N. Reduction of carboxylic acids by *Nocardia* aldehyde oxidoreductase requires a phosphopantetheinylated enzyme [J]. J Biol Chem, 2007, 282: 478-485.

[126] Venkitasubramanian P, Daniels L, Das S, Lamm A S, Rosazza J P N. Aldehyde oxidoreductase as a biocatalyst: Reductions of vanillic acid [J]. Enzyme Microb Technol, 2008, 42: 130-137.

[127] Ni Y, Hagedoorn P-L, Xu J H, Arends I W C E, Hollmann F. A biocatalytic hydrogenation of carboxylic acids [J]. Chem Commun, 2012, 48: 12056-12058.

[128] Steinbacher S, Stumpf M, Weinkauf S, Rohdich F, Bacher A, Simon H. Enoate reductase family∥. Chapman S K, Perham R N, Scrutton N S. Flavins and flavoproteins. Weber, 2002: 941-949.

[129] Toogood H S, Gardiner J M, Scrutton N S. Biocatalytic Reductions and Chemical Versatility of the Old Yellow En-

zyme Family of Flavoprotein Oxidoreductases [J]. Chem Cat Chem, 2010, 2: 892-914.

[130] Stuermer R, Hauer B, Hall M, Faber K. Asymmetric bioreduction of activated C=C bonds using enoate reductases from the old yellow enzyme family [J]. Curr Opin Chem Biol, 2007, 11: 203-213.

[131] (a) Buque-Taboada E M, Straathof A J J, Heijnen J A. Microbial reduction and in situ product crystallization coupled with biocatalyst cultivation during the synthesis of 6R-dihydrooxoisophorone [J]. Adv Synth Catal, 2005, 347: 1147-1154; (b) Buque-Taboada E M, Straathof A J J, Heijnen J J, Van der Wielen L A M. In situ product removal using a crystallization loop in asymmetric reduction of 4-oxoisophorone by *Saccharomyces cerevisiae* [J]. Biotechnol Bioeng, 2004, 86: 795-800.

[132] Hall M, Stueckler C, Hauer B, Stuermer R, Friedrich T, Breuer M, Kroutil W, Faber K. Asymmetric bioreduction of activated C=C bonds using *Zymomonas mobilis* NCR enoate reductase and Old Yellow Enzymes OYE 1-3 from yeasts [J]. Eur J Org Chem, 2008, 9: 1511-1516.

[133] Stueckler C, Winkler C K, Bonnekessel M, Faber K. Asymmetric synthesis of *o*-protected acyloins using enoate reductases [J]. E J Org Chem, 2010, 352: 2663-2666.

[134] Grau M M, van der Toorn J C, Otten L G, Macheroux P, Taglieber A, Zilly F E, Arends I W C E, Hollmann F. Photoenzymatic Reduction of C=C Double Bonds [J]. Adv Synth Catal, 2009, 351: 3279-3286.

[135] Hall M, Stückler C, Ehammer H, Pointner E, Oberdorfer G, Gruber K, Hauer B, Stürmer R, Kroutil W, Macheroux P, Faber K. Asymmetric bioreduction of C=C bonds using enoate reductases OPR1, OPR3 and YqjM: enzyme-based stereocontrol [J]. Adv Synth Catal, 2008, 350: 411-418.

[136] Hall M, Stueckler C, Kroutil W, Macheroux P, Faber K. Asymmetric bioreduction of activated alkenes using cloned 12-oxophytodienoate rReductase isoenzymes OPR-1 and OPR-3 from *Lycopersicon esculentum* (tomato): A striking change of stereoselectivity [J]. Angew Chem Int Ed, 2007, 46: 3934-3937.

[137] Müller A, Hauer B, Rosche B. Asymmetric alkene reduction by yeast old yellow enzymes and by a novel *Zymomonas mobilis* reductase [J]. Biotechnol Bioeng, 2007, 98: 22-29.

[138] Cramarossa M R, Nadini A, Bondi M, Messi P, Pagnoni U M, Forti L. Biocatalytic reduction of (+)-and (−)-carvone by bacteria [J]. C R Chim, 2005, 8: 849-852.

[139] Riggers J F C, Roggers T A, Figueroa E V, Polizzi K M, Bommarius A. Comparison of three enoate reductases and their potential use for biotransformations [J]. Adv Synth Catal, 2007, 349: 1521-1531.

[140] Fryszkowska A, Toogood H, Sakuma M, Gardiner J M, Stephens G M, Scrutton N S. Asymmetric reduction of activated alkenes by pentaerythritol tetranitrate reductase: Specificity and control of stereochemical outcome by reaction optimisation [J]. Adv Synth Catal, 2009, 351: 2976-2990.

[141] Richter N, Gröger H, Hummel W. Asymmetric reduction of activated alkenes using an enoate reductase from *Gluconobacter oxydans* [J]. Appl Microbiol Biotechnol, 2011, 89: 79-89.

[142] Kataoka M, Kotaka A, Thiwthong R, Wada M, Nakamori S, Shimizu S. Cloning and overexpression of the old yellow enzyme gene of *Candida macedoniensis*, and its application to the production of a chiral compound [J]. J Biotechnol, 2004, 114: 1-9.

[143] Swiderska M A, Stewart J D. Asymmetric bioreductions of beta-nitro acrylates as a route to chiral beta2-amino acids [J]. Org Lett, 2006, 8: 6131-6133.

[144] Iqbal N, Rudroff F, Brigé A, Van Beeumen J, Mihovilovic M D. Asymmetric bioreduction of activated carbon-carbon double bonds using Shewanella yellow enzyme (SYE-4) as novel enoate reductase [J]. Tetrahedron, 2012, 68: 7619-7623.

[145] Adalbjörnsson B V, Toogood H S, Fryszkowska A, Pudney C R, Jowitt T A, Leys D, Scrutton N S. Biocatalysis with thermostable enzymes: structure and properties of a thermophilic 'ene' -reductase related to old yellow enzyme [J]. Chembiochem, 2010, 11: 197-207.

[146] Hirata T, Matsushima A, Sato Y, Iwasaki T, Nomura H, Watanabe T, Toyoda S, Izumi S. Stereospecific hydrogenation of the C=C double bond of enones by *Escherichia coli* overexpressing an enone reductase of *Nicotiana tabacum* [J]. J Mol Catal B: Enzym, 2009, 59: 158-162.

[147] Kataoka M, Kotaka A, Thiwthong R, Wada M, Nakamori S, Shimizu S. Cloning and overexpression of the old

yellow enzyme gene of *Candida macedoniensis*, and its application to the production of a chiral compound [J]. J Biotechnol, 2004, 114: 1-9.

[148] Bougioukou D J, Walton A Z, Stewart J D. Towards preparative-scale, biocatalytic alkene reductions [J]. Chem Commun, 2010, 46: 8558-8560.

[149] Swiderska M A, Stewart J D. Asymmetric bioreduction of β-nitro acrylates as a route to chiral β-2-amino acids [J]. Org Lett, 2006, 8: 6131-6133.

[150] Winker C K, Clay D, Davies S, et al. Chemoenzymatic asymmetric synthesis of pregabalin precursors via asymmetric bioreduction of β-cyanoacrylate esters using ene reductases [J]. J Org Chem, 2013, 78: 1525-1533.

第8章 脂肪酶/酯酶

8.1 脂肪酶/酯酶简介

脂肪酶（EC 3.1.1.1，triacylglycerol hydrolase）和羧酸酯酶（EC 3.1.1.3，carboxy-lester hydrolase）统称为酯水解酶，是水解酶家族中的一个重要分支，主要功能是催化酯键的形成或断裂，它们在动物、植物和微生物中广泛存在。脂肪酶和酯酶具有良好的区域选择性和对映选择性、较好的热稳定性、有机溶剂耐受性，以及不需要辅酶或辅因子等优点[1]，而且能够催化水解、醇解、酯化、转酯化等多种反应，作用的底物可以是酯、酸、醇、酸酐以及酰胺等化合物，是目前工业上应用最广泛的两大类酯水解酶[2~10]。全球各大酶制剂公司如诺维信（Novozymes）、天野（Amano）等已开发了多种商品化的脂肪酶和酯酶制剂。

脂肪酶与酯酶尽管都能催化酯键的形成和断裂，但二者在结构和催化性能方面也存在一定的差异（如表8.1所示），这可通过界面激活（interfacial activation）现象和底物特异性来区分[1,11]。大多数脂肪酶的活性中心都被一个疏水性的"盖子"（lid）结构所覆盖，从而阻碍了底物与活性中心的直接接触，而无法显示其活性。当水不溶性底物增加到一定浓度时，会形成一个疏水性的油-水界面，脂肪酶与该疏水界面相互接触时，疏水性"盖子"结构域的构型发生改变，暴露出催化活性中心，从而使底物与活性位点接触而发生催化反应，这种活性在疏水界面显著提高的现象称为界面激活。对于大多数脂肪酶都存在界面激活现象，而酯酶因其结构中不含这种疏水性的"盖子"结构域而无该现象。此外，二者在底物特异性上也存在差异，脂肪酶通常作用于水不溶性的长链脂肪酸酯，而酯酶通常水解简单的羧酸酯（如乙酸酯）和长度小于6个碳的短链脂肪酸酯。

表8.1 脂肪酶和酯酶的区别[1]

性能	脂肪酶	酯酶
偏好底物	长链甘油三酯、仲醇	短链甘油三酯、简单酯类
表面激活/盖子结构	有	无
底物疏水性	高	高到低
对映选择性	通常较高	高低不等
溶剂稳定性	高	高低不定

8.2 脂肪酶/酯酶的结构分类

8.2.1 脂肪酶/酯酶的结构

目前，大量的脂肪酶/酯酶已经被克隆表达，不同大小、不同家族来源的蛋白质三维结构也得到了解析。其中一些典型的脂肪酶/酯酶蛋白质结构如图8.1所示，它们分别为属于第Ⅰ家族的 *Burkholderia cepacia* 脂肪酶（PDB：2NW6）[12]、第Ⅱ家族的 *Streptomyces scabies* 酯酶（PDB：1ESC）[13]、第Ⅲ家族的 *Streptomyces exfoliatus* 脂肪酶（PDB：1JFR）[14]、第Ⅳ家族（HSL-like类酯酶）的 *Alicyclobacillus acidocaldarius* 羧酸酯酶Est2（PDB：1U4N）[15,16]、第Ⅵ家族的 *Pseudomonas fluorescens* 羧酸酯酶（PDB：1AUO）[17]以及第Ⅶ家族的 *Bucillus subtilis* 对硝基苯酚酯酶（PDB：1QE3）[18]。

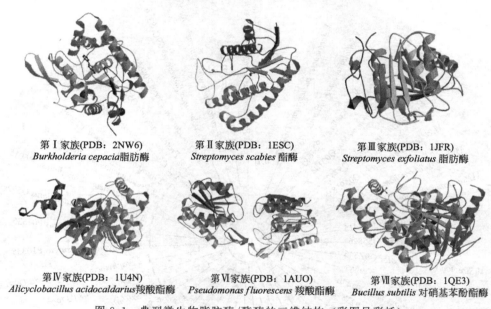

图8.1 典型微生物脂肪酶/酯酶的三维结构（彩图见彩插）

尽管这些脂肪酶和酯酶在氨基酸序列和分子量大小相差很大，但是大部分都属于α/β水解酶家族，在空间结构上都以"α/β水解酶折叠"的形式存在，如图8.2所示。空间结构是由8条β折叠以及围绕在其周围的α螺旋所构成，活性中心由Ser-His-Asp（Glu）三联体组成（有些脂肪酶Asp被Glu替代），其中负责亲核进攻酯键羰基碳原子的Ser残基位于β折叠和α螺旋之间的亲核肘上，大多数处于保守序列Gly-x-Ser-x-Gly中[1,19~21]。

8.2.2 脂肪酶/酯酶的分类

尽管大多数脂肪酶和酯酶在空间结构上都以"α/β水解酶折叠"的形式存在，但是根据其氨基酸的保守序列和生化特性可将它们分为八个家族[22]，如图8.3所示。

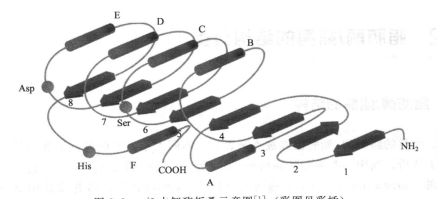

图 8.2　α/β 水解酶折叠示意图[1]（彩图见彩插）
圆柱表示 α 螺旋（A~F）；箭头表示 β 折叠（1~8）；球形表示催化三联体 Ser-His-Asp 残基所处位置

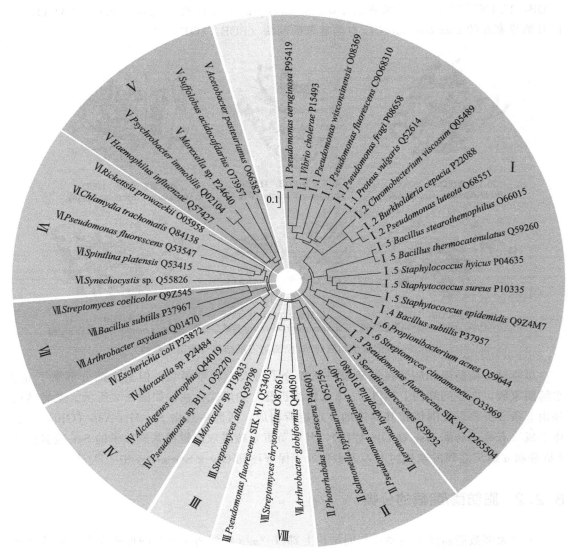

图 8.3　脂肪酶/酯酶的八大家族（彩图见彩插）

第Ⅰ家族：狭义脂肪酶。它可以催化不溶于水的长链脂肪酸甘油酯，在 N 端的催化结构域上方存在典型的盖子结构，具有明显的"界面激活（interfacial activation）"现象。根据菌种来源和氨基酸序列的一致性又可分为六个亚家族。亚家族Ⅰ.1：是以目前工业上应用最广泛的 *Pseudomonas aeruginosa* 脂肪酶为代表，分子质量大小为 30～32kDa。来自 *Vibrio cholera*、*Acinetobacter calcoaceticus*、*Ps. wisconsinensis*、*Proteus. ulgaris* 脂肪酶由于与 *Pseudomonas aeruginosa* 脂肪酶具有高的氨基酸相似性，也被归为亚家族Ⅰ.1。相对于亚家族Ⅰ.1，亚家族Ⅰ.2 蛋白质分子质量略大一些（33kDa），且在蛋白质分子表面会形成一个反向平行的双 β 链，该家族以来源于 *Burkholderia glumae* 的脂肪酶为代表。这两个亚家族中脂肪酶的活性表达需要一个称为"脂肪酶特异性折叠酶（Lif）"分子伴侣蛋白参与。亚家族Ⅰ.3 包含至少两个来源于 *Ps. fuorescens* 和 *Serratia marcescens* 物种的脂肪酶，通常这类酶具有比亚家族Ⅰ.1 和Ⅰ.2 更大的分子质量，且在 N 端不含有信号肽和半胱氨酸残基，该类脂肪酶的体外分泌表达需要 ATP 结合盒转运体系参与[23]。亚家族Ⅰ.4 是以来源于 *B. subtilis* 和 *B. pumilus* 的脂肪酶为代表，这类酶的保守序列 Gly-x-Ser-x-Gly 中的第一个 Glu 替换成了 Ala，且是第Ⅰ家族脂肪酶中报道的最小的酶（大约 20kDa）。亚家族Ⅰ.5 是以来自嗜热菌 *B. thermocatenulatus*、*B. stearothermophilus* 和 *Staphylococcal* 属的脂肪酶为代表，这类酶与亚家族Ⅰ.4 的脂肪酶具有相似的性质，但该类酶具有更大的分子质量。亚家族Ⅰ.6 是以来源于 *Propionibacterium acnes* 和 *Streptomyces cinnamoneus* 脂肪酶为代表。

第Ⅱ家族：为 GDS(L) 家族。与其他家族不同的是，该家族酶中活性 Ser 残基所在的保守序列不是典型的 Gly-x-Ser-x-Gly 模块而是 Gly-Asp-Ser-(Leu)。而来源于 *Streptomyces scabies* 的酯酶[89]，其催化中心具有独特的 Ser14 和 His283 催化二联体结构。

第Ⅲ家族：该类酶是以 *Streptomyces exfoliatus* 脂肪酶为代表[14]。其三维结构符合典型的 α/β 水解酶折叠方式，且具有典型的 Ser-His-Asp 催化三联体。

第Ⅳ家族：为 HSL-like 家族，该家族蛋白的氨基酸序列与哺乳动物激素敏感脂肪酶（hormone-sensitive lipase，HSL）具有高度的相似性，哺乳动物激素敏感脂肪酶有可能是从细菌酶的一段催化区域进化而来，也具有典型的 Ser-His-Asp 催化三联体。此类酶来源广泛，既有嗜常温菌株（*Pseudomonas oleovorans*，*Haemophilus influenzae*，*Acetobactr pasteurianus*），也有嗜寒菌株（*Moraxella* sp.，*Psychrobacter immobilis*）和嗜热菌株（*Alicyclobacillus acidocaldarius*，*Archeoglobus fulgidus*）。

第Ⅴ家族：该类酶的三维结构符合典型的 α/β 水解酶折叠方式，且具有典型的 Ser-His-Asp 催化三联体。此外，这类酶与非酯水解酶类如环氧水解酶、脱卤酶、卤过氧化物酶有较高的序列一致性，如来源于 *Sulfolobus acidocaldarius* 的酯酶（AF071233）和 *Pseudomonas oleovorans* 的羧酸酯酶（M58445）。

第Ⅵ家族：这类酶是分子质量较小的酯酶（23～26kDa），三维结构也符合典型的 α/β 水解酶折叠方式，且具有典型的 Ser-Asp-His 催化三联体。该类酯酶对小底物具有广泛的底物谱，但对长链的甘油三酯化合物不显示活力。其中来源于 *Ps. fuorescens* 酯酶的三维结构已经解析。

第Ⅶ家族：这类酶是分子质量较大的酯酶（55kDa），它们与真核生物中的乙酰胆碱酯酶和动物肝脏中的羧酸酯酶有 30%～40% 氨基酸序列一致性。该类酶的代表为来源于 *Bacillus subtilis* 酯酶和 *Arthrobacter oxydams* 酯酶。

第Ⅷ家族：该类酶与 C 类的 β-内酰胺酶有较高氨基酸同源性。该类酶的代表为 Ps. fuorescens 酯酶、Strep. chrysomallus 酯酶、Arthrobacter globiformis 酯酶。

8.3 脂肪酶/酯酶的催化机理

大部分脂肪酶/酯酶催化的水解反应是由催化三联体 Ser-His-Asp（Glu）介导，经过两个过渡态完成的，具体过程如图 8.4 所示[24,25]，首先是带负电的酸性 Asp 夺取 His 咪唑环氮原子上的一个质子，从而更有利于质子从 Ser 的 β-羟基转移到 His 咪唑环的另一个 N 原子上，增强 Ser 的亲核性，从而形成电负性的 Ser。所形成的亲核性增强的 Ser 上 β-O^- 进攻酯键中的羰基碳原子，与底物中的酰基部分形成第一个四面体中间过渡态，而中间体上的羰基氧在过渡态四面体结构中所形成的氧负离子通过空间上邻近的两个氨基组成的氧负离子洞（oxyanion hole）所形成的氢键来稳定；第二步反应是底物的醇基部分从 His 上夺取一个质子形成醇后而离去；第三步是 His 通过夺取水分子中的质子产生 OH^-，亲核进攻酯中间体形成第二个四面体过渡态；第四步通过水解释放产物酸，His 从水分子中夺取的质子，与 Ser 的 β-O^- 结合，回到最初的酶催化状态，用于下一个底物分子的催化。

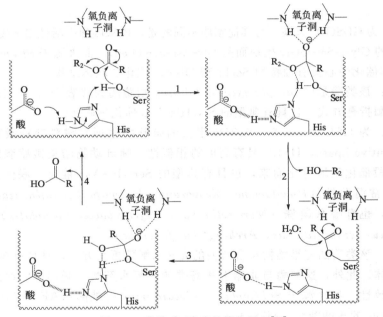

图 8.4　脂肪酶/酯酶的催化机理[26]

8.4 脂肪酶/酯酶的分子改造

过去，新酶的筛选主要从天然菌体中分离获得，近年来宏基因组和基因组数据库（NCBI）为新酶的发现提供了丰富的资源。许多脂肪酶/酯酶已经通过这些传统的方法分离获得，然而，大多数的这些天然酶是其对自然环境进化的结果，在应用中往往不能满足工业上的苛刻条件，严重制约了它们在有机合成中的应用。近 20 年来，随着蛋白质工程技术的出现，获得性能更适合工业需求的、人工进化的非天然酶变得非常容易，从而为脂肪酶/酯酶的工业化应用开辟了更广阔的天地。

早在 20 世纪 80 年代初，一种基于蛋白质结构分析和定点突变的"理性设计"（rational design）分子改造技术已经出现，这一策略是针对酶的结构与机理/功能解析的基础上，针对某个特定的氨基酸残基进行突变，以获得目标突变体，这标示着蛋白质工程已初具雏形。然而由于蛋白质结构和功能关系的复杂性，以单点突变为基础的蛋白质理性设计的成功率相当低。

1993 年，Frances Arnold 首次[27]将一种易错 PCR（error-prone polymerase chain reaction，epPCR）的蛋白质工程技术应用到酶分子改造中，相对于理性设计的方法，该方法不需了解酶的结构和功能关系，而是通过模拟自然进化过程以改善酶的性能，再通过从随机突变产生的大量突变体库中筛选出理想的突变体，现在这种蛋白质工程技术称为定向进化（directed evolution），也就是从此拉开了定向进化的序幕[28~38]。定向进化技术用于脂肪酶的选择性改造最早是由德国 Reetz 小组[39]实施的，1997 年他们利用 epPCR 技术首次对 *Pseudomonas aeruginosa* 脂肪酶的选择性进行了 4 轮突变，经过筛选产生 8000 个突变体，使该酶的对映体选择率 E 从 1.2 提高到 11.3。然而定向进化的缺点是通常需要筛选上万个突变体，常规的 GC 或 HPLC 分析比较耗时费力，面对这巨大的突变库，许多针对脂肪酶/酯酶的高通量筛选方法不断被开发，许多综述已经进行了详细的介绍[40,41]。

近年来，随着越来越多脂肪酶/酯酶空间结构的解析，对它们的结构与功能关系的理解不断深入，研究人员将"盲目"的随机突变和理性设计进行了有机结合，发展了一些更合理的"半理性"蛋白质工程技术[42]。这一设计策略综合了理性设计和定向进化的优点，以蛋白质空间结构与功能关系为基础，选定关键功能域进行随机突变，建立相对较小的智能型（smarter）突变库，从中筛选有益突变体，从而更有效地加快蛋白质的分子改造过程。M. T. Reetz 研究组提出了组合活性位点饱和突变法（combinatorial active-site saturation test，CASTing）[43]和迭代饱和突变法（iterative saturation mutagenesis，ISM）[44,45]；德国 U. T. Bornscheuer 研究组提出了靶向定向进化——OSCARR 方法（one-pot simple methodology for cassette randomization and recombination）[46]。

近期，蛋白质工程技术又取得了重大进展，即利用计算机辅助设计方法对现有蛋白质进行改造，或制造一种新的蛋白质。这种计算机辅助设计的改造技术显著降低了随机突变的盲目性，极大地提高了生物催化剂的改造效率，比较常见的计算机辅助设计方法有 SCHEMA[47,48]、ProSAR[49]和 ROSETTA[50,51]。利用上述发展的这些蛋白质工程技术用于改善脂肪酶/酯酶的活性、选择性、稳定性等催化性能已经取得了大量成功的例子，一些典型案例如表 8.2 所示。

表 8.2 利用蛋白质工程技术改造脂肪酶和酯酶性能的典型案例

脂肪酶/酯酶	进化目标	改造策略	库容量	改造结果	参考文献
Pseudomonas aeruginosa 脂肪酶	提高选择性	易错 PCR	8000	E 值从 1.2 提高到 11.3	[39]
Pseudomonas aeruginosa 脂肪酶	提高选择性	ISM	10000	E 值提高到 594	[52]

续表

脂肪酶/酯酶	进化目标	改造策略	库容量	改造结果	参考文献
Candida antarctica 脂肪酶 B(CALB)	提高选择性	ISM/NDT 兼并密码子		选择性从 $E=1.2(S)$ 提高到 $E=72(S)$ 或实现翻转 $E=42(R)$	[53]
Pseudomonas fluorescens 酯酶	提高选择性	CASTing		对苯丙乙酯的 E 从 1.2 提高到 46;苯乙酯的 E 值从 50 提高到 100	[54]
Bacillus subtilis 酯酶 (BS2)	提高选择性	CASTing	2800	构建了一个八突变,对映选择性发生了翻转(从 $E_R>100$ 到 $E_S=64$)	[55]
Pseudomonas aeruginosa 脂肪酶	扩展底物谱	CASTing		获得活性突变体	[43]
Candida antarctica 脂肪酶 A(CALA)	扩展底物谱	CASTing	600	构建了一个三突变,扩展了底物谱范围,提高了选择性,活性提高了 30 倍	[56]
Pseudomonas putida 酯酶(rPPE01)	提高活性	易错 PCR,分子克隆	<800	k_{cat}/K_m 提高了 101 倍	[57,58]
Candida antarctica 脂肪酶 B(CALB)	提高活性	循环排列	500000	活性提高了 16 倍,在 DMF 中的活性提高了 150 倍	[59]
Bacillus subtilis 酯酶	提高活性和 DMF 稳定性	易错 PCR 和 DNA 重组			[60]
Bacillus subtilis 脂肪酶(Lip A)	提高热稳定性	ISM/B 因子	8000	T_{50}^{60} 从 48℃ 提高到了 93℃	[44]

8.5 脂肪酶/酯酶的合成应用

目前工业应用的酶中 60% 为水解酶,而水解酶中应用最多的就是脂肪酶/酯酶,广泛用于食品、洗涤、皮革、造纸等行业。除了上述领域中的大规模应用外,脂肪酶/酯酶还广泛用于精细化学品尤其是手性化学品的合成。在水相或有机相中,通过脂肪酶/酯酶介导的水解、酯化、转酯化等反应,实现外消旋酯、醇、酸、胺等化合物的不对称拆分,为光学纯醇、酸、酯、胺等化合物的合成提供了一条简单易行的生产途径。

8.5.1 手性醇的合成

手性醇是一类重要的化合物,广泛用于医药、农药、香精香料、精细化学品等的合成。如左旋薄荷醇广泛用于化妆品、食品、烟草等工业,已经成为世界第三大香料,全球年需求量超过 2 万吨。由于市场巨大的需求,日本 Takasago 和德国的 Haarman & Reimer(Symrise)利用化学合成方法以每年数千吨的规模进行生产[61,62],BASF 也宣布在 Ludwigshafen 建造全球最大的薄荷醇生产工厂[63]。利用脂肪酶拆分是获得左旋薄荷醇的一种简便易行的方法,已引起了全球各大公司的广泛关注。如 Haarman & Reimer 已经开发了一条利用 Candida rugosa 脂肪酶 LIP1 拆分(±)-苯甲酸薄荷酯合成(−)-薄荷醇的途径(图 8.5),产物的光学纯度高达 99% 以上[64]。许建和、郑高伟等人也开发了另外一条高效的酶法拆分途径（图 8.6），他们利用土壤筛选获得的 *Bacillus subtilis* 酯酶动力学拆分（±）-乙酸薄荷酯合成（—）-薄荷醇，该过程时空产率高达 200g/(L·d)，产物的光学纯度经过简单的结晶也能达到 99% 以上[65~67]。除此之外，一些其他的脂肪酶/酯酶也被报道用于合成（—）-薄荷醇[68,69]。

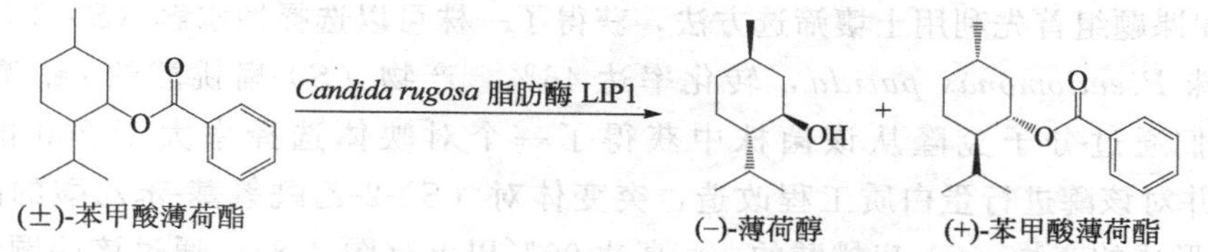

图 8.5 *Candida rugosa* 脂肪酶 LIP1 动力学拆分（±）-苯甲酸薄荷酯合成（—）-薄荷醇途径

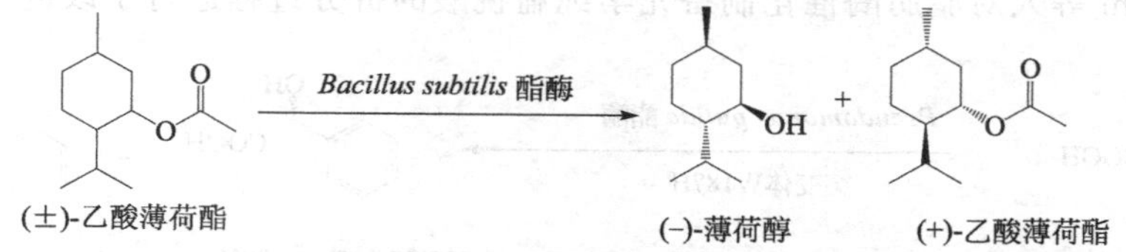

图 8.6 *Bacillus subtilis* 酯酶动力学拆分（±）-乙酸薄荷酯合成（—）-薄荷醇途径

利用脂肪酶/酯酶动力学拆分（kinetic resolution）外消旋醇制备手性醇的例子不胜枚举，大量的著作和文献综述已经进行了详细的总结，这里不再具体阐述[10,70,71]。然而众所周知，动力学拆分的主要缺陷是最大理论收率只有 50%，这造成了剩余底物的浪费，极大地限制了该方法的工业化应用。针对这一问题，不同的策略已经被发展，如对不需要构型底物的外消旋化、构型翻转及动态动力学拆分。其中动态动力学拆分是在原位实现底物消旋，显著简化了生产过程，是最简单高效的方法，目前已开发了大量的原位消旋方法，包括化学催化、生物催化等[72]。如 Bäckvall 小组[73]使用 *Candida antarctica* Lipase B（CALB）作为拆分催化剂、过渡金属 Ru 作为消旋化催化剂对（R,S）-1-苯乙醇进行"一锅煮"拆分。经过动态动力学拆分，（R）-1-苯乙醇以 95% 的收率和 >99% ee 被制备（图 8.7）。浙江大学的杨立荣课题组[74]也开发了一条利用酸性树脂作为消旋化催化剂与脂肪酶 Novozyme 435 高效动态动力学拆分外消旋芳香仲醇的途径。

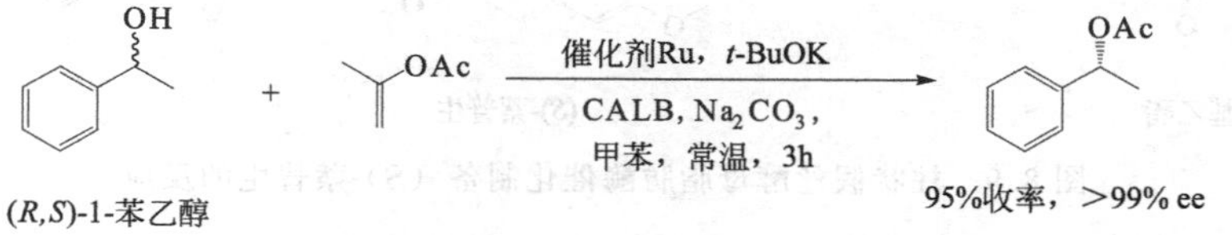

图 8.7 化学-酶法催化（R,S）-1-苯乙醇的动态动力学拆分

8.5.2 手性酸的合成

光学纯的酸也是一类重要的手性化合物，在化工、医药和农药领域具有重要应用价值。例如，扁桃酸是合成多种手性药物如 β-内酰胺类抗生素、抗肿瘤药物 *Goniothalamus styryl*

第 8 章 脂肪酶/酯酶　　**163**

lactones、治疗风湿和水肿等疾病的药物（+）-Crassalactone A 的重要中间体；2-芳基丙酸化合物本身就是一类重要的非甾体类消炎药。利用脂肪酶/酯酶动力学拆分合成光学纯的扁桃酸和 2-芳基丙酸化合物已被广泛研究。

(1) (S)-扁桃酸

许建和课题组首先利用土壤筛选方法，获得了一株可以选择性水解 (S)-2-乙酰氧基-苯乙酸的菌株 *Pseudomonas putida*，转化率达 46%，产物 (S)-扁桃酸的 ee_p 高达 98% 以上[75]。他们通过分子克隆从该菌株中获得了一个对映体选择率大于 200 的重组酯酶 rPPE01，并对该酶进行蛋白质工程改造，突变体对 (S)-2-乙酰氧基-苯乙酸的酶活力提高了 56 倍，形成的产物 (S)-扁桃酸的 ee_p 高达 99% 以上（图 8.8），通过该课题组的深入研究为 (S)-扁桃酸的合成提供了一个性能优良且具有潜在工业应用前景的酯酶[57]。Bäckvall、Brem 等人对脂肪酶催化制备光学纯扁桃酸的拆分过程进行了改进[76,77]。

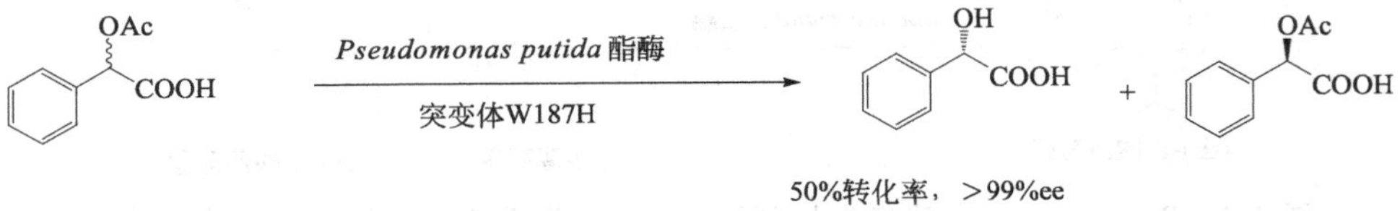

图 8.8 *Pseudomonas putida* 酯酶突变体催化制备 (S)-扁桃酸的反应

(2) (S)-萘普生

(S)-萘普生是一种重要的 2-芳基丙酸化合物，是常用的非甾体类消炎药之一。利用来自于 *B. subtilis* ThaI-8 的羧酸酯酶动力学拆分外消旋萘普生是研究最多的一个酯酶[78]。另一个具有工业化应用前景的例子是利用固定化的柱状假丝酵母脂肪酶（*Candida cylindracea* lipase，CCL），在构建的柱式反应器中连续水解制备光学纯 (S)-萘普生（图 8.9）。该固定化酶在 35℃ 下反应 1200h，获得了 1.8kg 的光学纯 (S)-萘普生[79]，残余活力仍有 80%。许建和课题组也从枯草芽孢杆菌（*Bacillus subtilis* ECU0554）克隆得到一个催化萘普生甲酯选择性水解的羧酸酯酶 BsE-NP01[80]。通过对剩余 (R)-底物消旋化，总反应 10 个批次后得到了百克级光学纯 (S)-萘普生（ee 为 99%）。

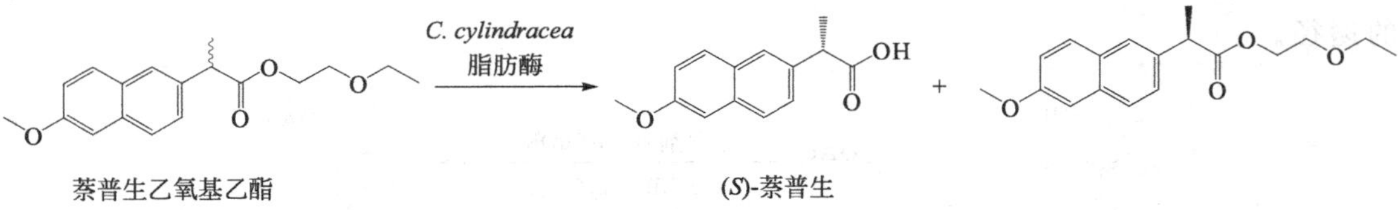

图 8.9 柱状假丝酵母脂肪酶催化制备 (S)-萘普生的反应

8.5.3 手性胺的合成

光学纯的胺是一类重要的化合物，作为手性砌块广泛用于有机合成中。由于简单，利用脂肪酶对外消旋胺进行动力学拆分仍是生产手性胺最常使用的方法。一个最经典案例就是 BASF 成功开发的一条利用脂肪酶不对称拆分外消旋胺制备手性胺的过程[81]。在甲基叔丁基醚中，利用来自伯克霍尔德氏菌（*Burkholderia* sp.）中的固定化脂肪酶选择性地催化

(R', s)-1-苯乙胺和甲氧基乙酸乙酯进行酰基转移（图 8.10），从而获得 (S)-1-苯乙胺，该反应对映选择率高达 500 以上。此外，其他手性胺类似物也能够实现高选择性拆分。利用该工艺，BASF 每年生产超过 2500t 的各类手性胺。Bäckvall 等人开发了一条 Ru 和脂肪酶 CALB 相结合的动态动力学拆分外消旋胺的方法，该方法能使一系列外消旋胺全部转化为高光学纯度的手性胺[82]。

图 8.10 脂肪酶催化外消旋胺的动力学拆分

8.6 脂肪酶/酯酶的典型应用案例

8.6.1 普瑞巴林的合成

普瑞巴林（pregabalin，Lyrica®）是由美国辉瑞研发的一种新型钙离子通道调节剂，能阻断电压依赖性钙通道，减少神经递质的释放，可用于治疗癫痫、纤维性肌痛、糖尿病神经痛、脊髓损伤神经痛等疾病。该药自 2007 年获美国食品及药物管理局（FDA）批准上市以来，销售额逐年上升，2013 年的全球销售额接近 46 亿美元。在第一代合成工艺中（图 8.11），外消旋普瑞巴林 2 经过化学合成后，再利用 (S)-扁桃酸进行拆分，经过三步结晶过程得到高光学纯度的 (S)-构型活性药物成分普瑞巴林。但是该过程的拆分过程是在最后一步，造成原料的浪费，且不需要的 (R)-对映体无法回收利用，整个过程得率较低。此外该过程需要多次结晶，过程繁杂。

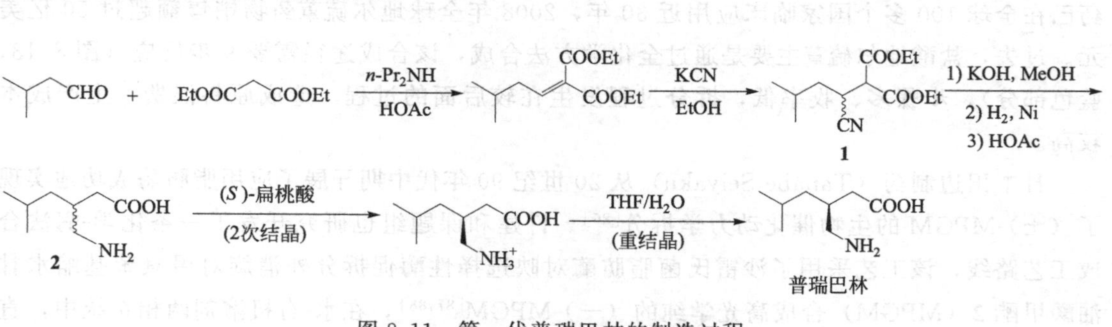

图 8.11 第一代普瑞巴林的制造过程

Martinez 等人在此基础上，对上述工艺进行了改进，他们以外消旋氰基双酯化合物 1 作为初始拆分底物，利用来自于梳棉状嗜热丝孢杆菌（*Thermomyces lanuginosus*）的商业化脂肪酶 Lipolase 作为拆分剂对其进行拆分得到 S-3，再经过脱羧、水解、氢化三步化学反应得到光学纯的普瑞巴林（图 8.12），产品总收率高达 40%～45%，纯度为 99.5%，光学纯度为99.75% ee。在Lipolase催化的动力学拆分反应中,高达765g/L底物以47.5%的转化率被转化成 S-3,产物ee>98%,且剩余的 R-1 在乙醇钠的催化下发生外消旋化而实现回收利用。该工艺与报道的第一代工艺相比,生产1t普瑞巴林,有机溶剂使用量减少43.8t,原料化合物 **1** 的使用量减少1.4t,金属催化剂Ni的使用量减少0.45t,环境影响因子 E 从86降低到17,因此他们获得了阿斯利康的绿色化学和工艺奖[83]。

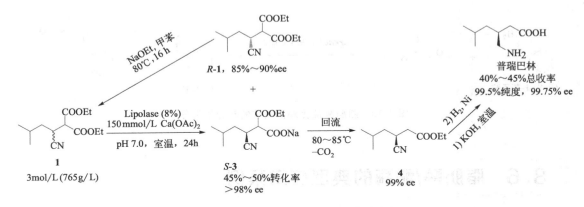

图8.12 普瑞巴林的化学酶法合成途径

除此,国内的郑裕国研究小组利用传统的土壤筛选得到一株摩氏摩根菌(*Morgarella morganii* ZJB-09203)也能够有效催化外消旋CNDE的拆分[84]。该小组还开发出了以外消旋 3-氰基-5-甲基己酸乙酯为出发底物的普瑞巴林合成途径,可避免后续脱羧反应而具有更高的原子经济性[85]。

8.6.2 地尔硫䓬中间体的合成

盐酸地尔硫䓬属于钙通道拮抗剂,可作用于细胞膜,选择性地阻止 Ca^{2+} 流入细胞内,从而使血管扩张,广泛用于治疗高血压、心律不齐、心肌梗死等多种临床症状。目前,该药已在全球100多个国家临床应用近30年,2008年全球地尔硫䓬药物销售额超过50亿美元。过去,盐酸地尔硫䓬主要是通过全化学方法合成,该合成途径需要9步反应(图8.13,蓝色部分),步骤多、收率低,拆分过程发生在较后面的过程,造成原料浪费,生产成本较高。

日本田边制药(Tanabe Seiyaku)从20世纪90年代中期开展了应用脂肪酶成功地实现了(±)-MPGM的生物催化动力学拆分[86]。许建和课题组也研究开发了一条化学-酶法合成工艺路线,该工艺采用了沙雷氏菌脂肪酶对映选择性酶促拆分外消旋对甲氧苯基缩水甘油酸甲酯 **2**(MPGM)合成高光学纯的(−)-MPGM[87,88],在水-有机溶剂两相系统中,直接催化100~200g/L MPGM,获得产物的光学纯度>99% ee的地尔硫䓬手性前体(图8.13,红色部分)。与原有工艺相比,由于酶催化路线的引入,使地尔硫䓬的合成步骤由化学法的9步缩减到5步,不仅大大提高了产品收率,降低了生产成本,而且原料消耗和废物排放减少50%以上,是典型的环境友好技术。利用该技术,国内企业以200t/年左右的产量进行生产和销售。

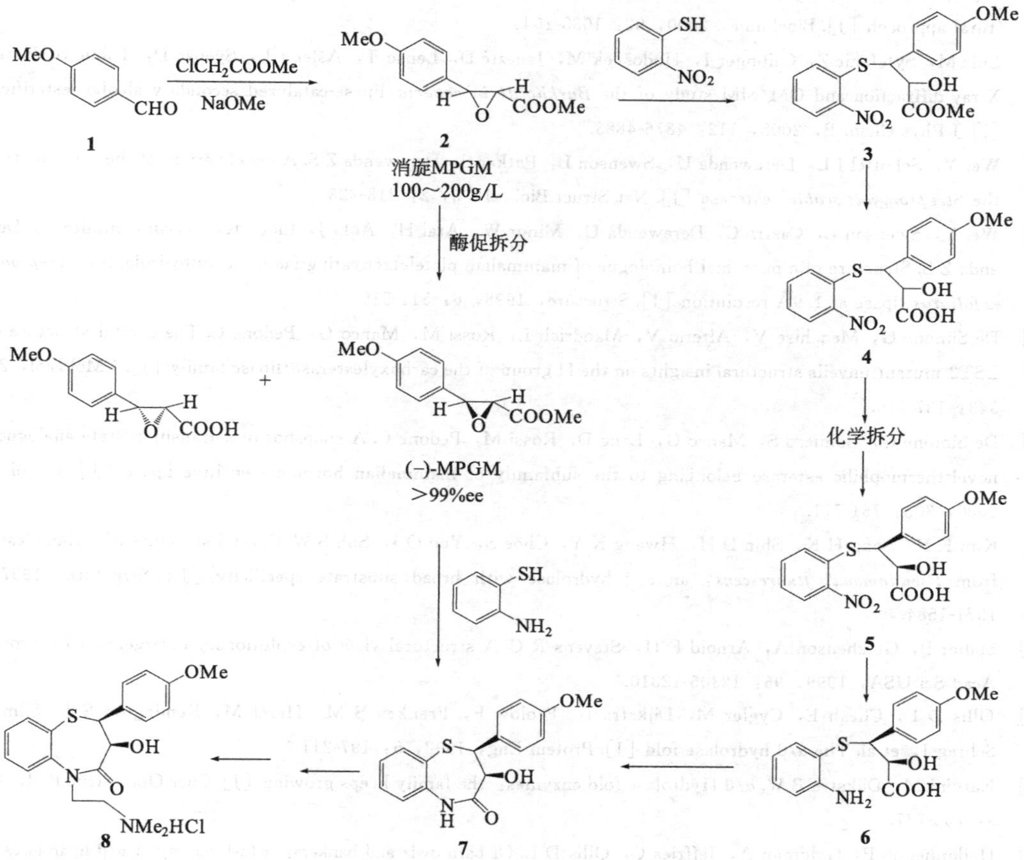

图 8.13　盐酸地尔硫䓬的化学-酶法和全化学合成路线（彩图见彩插）

（郑高伟　何冰芳）

参 考 文 献

[1] Bornscheuer U T. Microbial carboxyl esterases: classification, properties and application in biocatalysis [J]. FEMS Microbiol Rev, 2002, 26: 73-81.

[2] Kirk O, Borchert T V, Fuglsang C C. Industrial enzyme applications [J]. Curr Opin Biotechnol, 2002, 13: 345-351.

[3] Reetz M T. Lipases as practical biocatalysts [J]. Curr Opin Chem Biol, 2002, 6: 145-150.

[4] Panda T, Gowrishankar B S. Production and applications of esterases [J]. Appl Microbiol Biotechnol, 2005, 67: 160-169.

[5] Jaeger K E, Eggert T. Lipases for biotechnology [J]. Curr Opin Biotechnol, 2002, 13: 390-397.

[6] Hasan F, Shah A A, Hameed A. Industrial applications of microbial lipases [J]. Enzym Microb Technol, 2006, 39: 235-251.

[7] Ansorge-Schumacher M B, Thum O. Immobilised lipases in the cosmetics industry [J]. Chem Soc Rev, 2013, 42: 6475-6490.

[8] Brígida A I S, Amaral P F F, Coelho M A Z, Gonçalves L R B. Lipase from *Yarrowia lipolytica*: Production, characterization and application as an industrial biocatalyst [J]. J Mol Catal B: Enzym, 2014, 101: 148-158.

[9] Rodrigues R C, Fernandez-Lafuente R. Lipase from *Rhizomucor miehei* as an industrial biocatalyst in chemical process [J]. J Mol Catal B: Enzym, 2010, 64: 1-22.

[10] Liese A, Seelbach K, Wandrey C. Industrial Biotransformations. 2nd edn. Wiley-VCH, 2006.

[11] Fojan P, Jonson P H, Petersen M T N, Petersen S B. What distinguishes an esterase from a lipase: a novel structural approach [J]. Biochimie, 2000, 82: 1033-1041.

[12] Luić M, Sÿtefanić Z, Ceilinger I, Hodošček M, Janežič D, Lenac T, Ašler I L, Sÿepac D, Tomic S. Combined X-ray diffraction and QM/MM study of the *Burkholderia cepacia* lipase-catalyzed secondary alcohol esterification [J]. J Phys Chem B, 2008, 112: 4876-4883.

[13] Wei Y, Schottel J L, Derewenda U, Swenson L, Patkar S, Derewenda Z S. A novel variant of the catalytic triad in the *Streptomyces scabies* esterase [J]. Nat Struct Biol, 1995, 2: 218-223.

[14] Wei Y, Swenson L, Castro C, Derewenda U, Minor W, Arai H, Aoki J, Inoue K, Servin-Gonzalez L, Derewenda Z S. Structure of a microbial homologue of mammalian plateletactivating factor acetylhydrolases: *Streptomyces exfoliatus* lipase at 1.9Å resolution [J]. Structure, 1998, 6: 511-519.

[15] De Simone G, Menchise V, Alterio V, Mandrich L, Rossi M, Manco G, Pedone C. The crystal structure of an EST2 mutant unveils structural insights on the H group of the carboxylesterase/lipase family [J]. J Mol Biol, 2004, 343: 137-146.

[16] De Simone G, Galdiero S, Manco G, Lang D, Rossi M, Pedone C. A snapshot of a transition state analogue of a novel thermophilic esterase belonging to the subfamily of mammalian hormone-sensitive lipase [J]. J Mol Biol, 2000, 303: 761-771.

[17] Kim K K, Song H K, Shin D H, Hwang K Y, Choe S, Yoo O J, Suh S W. Crystal structure of carboxylesterase from *Pseudomonas fluorescens*, an α/β hydrolase with broad substrate specificity [J]. Structure, 1997, 5: 1571-1584.

[18] Spiller B, Gershenson A, Arnold F H, Stevens R C. A structural view of evolutionary divergence [J]. Proc Natl Acad Sci USA, 1999, 96: 12305-12310.

[19] Ollis D L, Cheah E, Cygler M, Dijkstra B, Frolow F, Franken S M, Harel M, Remington S J, Silman I, Schrag J, et al. The α/β hydrolase fold [J]. Protein Eng, 1992, 5: 197-211.

[20] Nardini M, Dijkstra B W. α/β Hydrolase fold enzymes: the family keeps growing [J]. Curr Opin Struc Biol, 1999, 9: 732-737.

[21] Heikinheimo P, Goldman A, Jeffries C, Ollis D L. Of barn owls and bankers: a lush variety of α/β hydrolases [J]. Structure, 1999, 7: R141-R146.

[22] Arpigny J L, Jaeger K E. Bacterial lipolytic enzymes: classification and properties [J]. Biochem J, 1999, 343: 177-183.

[23] Duong F, Soscia C, Lazdunski A, Murgier M. The *Pseudomonas fluorescens* lipase has a C-terminal secretion signal and is secreted by a three-component bacterial ABC-exporter system [J]. Mol Microbiol, 1994, 11: 1117-1126.

[24] Frey P, Whitt S, Tobin J. A low-barrier hydrogen bond in the catalytic triad of serine proteases [J]. Science, 1994, 264: 1927-1930.

[25] Satoh T, Hosokawa M. The mammalian carboxylesterases: from molecules to functions [J]. Annu Rev Pharmacol, 1998, 38: 257-288.

[26] Haeffner F, Norin T. Molecular modelling of lipase catalysed reactions. Prediction of enantioselectivities [J]. Chem Pharm Bull, 1999, 47: 591-600.

[27] Chen K, Arnold F H. Tuning the activity of an enzyme for unusual environments: Sequential random mutagenesis of subtilisin E for catalysis in dimethylformamide [J]. Proc Natl Acad Sci, USA, 1993, 90: 5618-5622.

[28] Reetz M T. Laboratory evolution of stereoselective enzymes: A prolific source of catalysts for asymmetric reactions [J]. Angew Chem Int Ed, 2011, 50: 138-174.

[29] Turner N J. Directed evolution drives the next generation of biocatalysts [J]. Nat Chem Biol, 2009, 5: 567-573.

[30] Bornscheuer U T, Huisman G W, Kazlauskas R J, Lutz S, Moore J C, Robins K. Engineering the third wave of biocatalysis [J]. Nature, 2012, 485: 185-194.

[31] Damborsky J, Brezovsky J. Computational tools for designing and engineering enzymes [J]. Curr Opin Chem Biol, 2014, 19: 8-16.

[32] Brustad E M, Arnold F H. Optimizing non-natural protein function with directed evolution [J]. Curr Opin Chem Bi-

ol, 2011, 15: 201-210.

[33] Cobb R E, Chao R, Zhao H. Directed evolution: past, present, and future [J]. AIChE J, 2013, 59: 1432-1440.

[34] Quin M B, Schmidt-Dannert C. Engineering of biocatalysts: from evolution to creation [J]. ACS Catal, 2011, 1: 1017-1021.

[35] Bommarius A S, Blum J K, Abrahamson M J. Status of protein engineering for biocatalysts: how to design an industrially useful biocatalyst [J]. Curr Opin Chem Biol, 2011, 15: 194-200.

[36] Shivange A V, Marienhagen J, Mundhada H, Schenk A, Schwaneberg U. Advances in generating functional diversity for directed protein evolution [J]. Curr Opin Chem Biol, 2009, 13: 19-25.

[37] Bershtein S, Tawfik D S. Advances in laboratory evolution of enzymes [J]. Curr Opin Chem Biol, 2008, 12: 151-158.

[38] Jäckel C, Hilvert D. Biocatalysts by evolution [J]. Curr Opin Chem Biol, 2010, 21: 753-759.

[39] Reetz M T, Zonta A, Schimossek K, Liebeton K, Jaeger K E. Creation of enantioselective biocatalysts for organic chemistry by in vitro evolution [J]. Angew Chem Int Ed Engl, 1997, 36: 2830-2832.

[40] Goddard J P, Reymond J L. Recent advances in enzyme assays [J]. Trends Biotechnol, 2004, 22: 363-370.

[41] Schmidt M, Bornscheuer U T. High-throughput assays for lipases and esterases [J]. Biomol Eng, 2005, 22: 51-56.

[42] Lutz S. Beyond directed evolution—semi-rational protein engineering and design [J]. Curr Opin Biotechnol, 2010, 21: 734-743.

[43] Reetz M T, Bocola M, Carballeira J D, Zha D, Vogel A. Expanding the range of substrate acceptance of enzymes: Combinatorial Active-Site Saturation Test [J]. Angew Chem Int Ed, 2005, 44: 4192-4196.

[44] Reetz M T, Carballeira J D, Vogel A. Iterative saturation mutagenesis on the basis of B factors as a strategy for increasing protein thermostability [J]. Angew Chem Int Ed, 2006, 45: 7745-7751.

[45] Reetz M T, Carballeira J D. Iterative saturation mutagenesis (ISM) for rapid directed evolution of functional enzymes [J]. Nat Protoc, 2007, 2: 891-903.

[46] Hidalgo A, Schliessmann A, Molina R, Hermoso J, Bornscheuer U T. A one-pot, simple methodology for cassette randomisation and recombination for focused directed evolution [J]. Protein Eng Des Sel, 2008, 21: 567-576.

[47] Meyer M M, Silberg J J, Voigt C A, Endelman J B, Mayo S L, Wang Z G, Arnold F H. Library analysis of SCHEMA-guided protein recombination [J]. Protein Sci, 2003, 12: 1686-1693.

[48] Meyer M M, Hochrein L, Arnold F H. Structure-guided SCHEMA recombination of distantly related beta-lactamases [J]. Protein Eng Des Sel, 2006, 19: 563-570.

[49] Fox R J, Davis S C, Mundorff E C, Newman L M, Gavrilovic V, Ma S K, Chung L M, Ching C, Tam S, Muley S, et al. Improving catalytic function by ProSAR-driven enzyme evolution [J]. Nat Biotechnol, 2007, 25: 338-344.

[50] Siegel J B, Zanghellini A, Lovick H M, Kiss G, Lambert A R, Clair J L S, Gallaher J L, Hilvert D, Gelb M H, Stoddard B L, et al. Computational design of an enzyme catalyst for a stereoselective bimolecular Diels-Alder reaction [J]. Science, 2010, 329: 309-313.

[51] Rothlisberger D, Khersonsky O, Wollacott A M, Jiang L, DeChancie J, Betker J, Gallaher J L, Althoff E A, Zanghellini A, Dym O, et al. Kemp elimination catalysts by computational enzyme design [J]. Nature, 2008, 453: 190-195.

[52] Reetz M T, Prasad S, Carballeira J D, Gumulya Y, Bocola M. Iterative Saturation mutagenesis accelerates laboratory evolution of enzyme stereoselectivity: Rigorous comparison with traditional methods [J]. J Am Chem Soc, 2010, 132: 9144-9152.

[53] Wu Q, Soni P, Reetz M T. Laboratory evolution of enantiocomplementary *Candida antarctica* lipase B mutants with broad substrate scope [J]. J Am Chem Soc, 2013, 135: 1872-1881.

[54] Schliessmann A, Hidalgo A, Berenguer J, Bornscheuer U T. Increased enantioselectivity by engineering bottleneck mutants in an esterase from *Pseudomonas fluorescens* [J]. Chembiochem, 2009, 10: 2920-2923.

[55] Bartsch S, Kourist R, Bornscheuer U T. Complete inversion of enantioselectivity towards acetylated tertiary alcohols by a double mutant of a *Bacillus subtilis* esterase [J]. Angew Chem Int Ed, 2008, 47: 1508-1511.

[56] Engström K, Nyhlén J, Sandström A G, Bäckvall J E. Directed evolution of an enantioselective lipase with broad substrate scope for hydrolysis of α-substituted esters [J]. J Am Chem Soc, 2010, 132: 7038-7042.

[57] Ma B D, Kong X D, Yu H L, Zhang Z J, Dou S, Xu Y P, Ni Y, Xu J H. Increased catalyst productivity in α-hydroxy acids resolution by esterase mutation and substrate modification [J]. ACS Catal, 2014, 4: 1026-1031.

[58] Dou S, Kong X D, Ma B D, Chen Q, Zhang J, Zhou J H, Xu J H. Crystal structures of *Pseudomonas putida* esterase reveal the functional role of residues 187 and 287 in substrate binding and chiral recognition [J]. Biochem Biophys Res Commun, 2014, 446: 1145-1150.

[59] Qian Z, Lutz S. Improving the catalytic activity of *Candida antarctica* lipase B by circular permutation [J]. J Am Chem Soc, 2005, 127: 13466-13467.

[60] Moore J C, Arnold F H. Directed evolution of a *para*-nitrobenzyl esterase for aqueous-organic solvents [J]. Nat Biotechnol, 1996, 14: 458-467.

[61] Akutagawa S. Enantioselective isomerization of allylamine to enamine: practical asymmetric synthesis of (−)-menthol by Rh-BINAP catalysts [J]. Top Catal, 1997, 4: 271-274.

[62] Noyori R. Asymmetric catalysis: science and opportunities [J]. Adv Synth Catal, 2003, 345: 15-32.

[63] Wenda S, Illner S, Mell A, Kragl U. Industrial biotechnology—the future of green chemistry [J]. Green Chem, 2011, 13: 3007-3047.

[64] Vorlova S, Bronscheuer U T, Gatfield I, Hilmer J M, Bertram H J, Schmid R D. Enantioselective hydrolysis of D,L-menthyl benzoate to L-(−)-menthol by recombinant *Candida rugosa* lipase LIP1 [J]. Adv Synth Catal, 2002, 344: 1152-1155.

[65] Zheng G W, Yu H L, Zhang J D, Xu J H. Enzymatic production of *l*-menthol by a high substrate concentration tolerable esterase from newly isolated *Bacillus subtilis* ECU0554 [J]. Adv Synth Catal, 2009, 351: 405-414.

[66] Zheng G W, Pan J, Yu H L, Ngo-Thi M T, Li C X, Xu J H. An efficient bioprocess for enzymatic production of *l*-menthol with high ratio of substrate to catalyst using whole cells of recombinant *E. coli* [J]. J Biotechnol, 2010, 150: 108-114.

[67] Zheng G W, Yu H L, Li C X, Pan J, Xu J H. Immobilization of *Bacillus subtilis* esterase by simple cross-linking for enzymatic resolution of *dl*-menthyl acetate [J]. J Mol Catal B: Enzym, 2011, 70: 138-143.

[68] Yu L J, Xu Y, Wang X Q, Yu X W. Highly enantioselective hydrolysis of *dl*-menthyl acetate to *l*-menthol by whole-cell lipase from *Burkholderia cepacia* ATCC 25416 [J]. J Mol Catal B: Enzym, 2007, 47: 149-154.

[69] Brady D, Reddy S, Mboniswa B, Steenkamp L H, Rousseau A L, Parkinson C J, Chaplin J, Mitra R K, Moutlana T, Marais S F, Gardinera N S. Biocatalytic enantiomeric resolution of L-menthol from an eight isomeric menthol mixture through transesterification [J]. J Mol Catal B: Enzym, 2012, 75: 1-10.

[70] Ghanem A, Aboul-Enein H Y. Lipase-mediated chiral resolution of racemates in organic solvents [J]. Tetrahedron: Asymmetry, 2004, 15: 3331-3351.

[71] Ghanem A, Aboul-Enein H Y. Application of Lipases in Kinetic Resolution of Racemates [J]. Chirality, 2005, 17: 1-15.

[72] Pellissier H. Recent developments in dynamic kinetic resolution [J]. Tetrahedron, 2008, 64: 1563-1601.

[73] Bogár K, Martín-Matute B, Bäckvall J E. Large-scale ruthenium- and enzyme-catalyzed dynamic kinetic resolution of (*rac*)-1-phenylethanol [J]. Beilstein J Org Chem, 2007, 3: 50.

[74] Cheng Y, Xu G, Wu J, Zhang C, Yang L. Highly efficient dynamic kinetic resolution of secondary aromatic alcohols with low-cost and easily available acid resins as racemization catalysts [J]. Tetrahedron Lett, 2010, 51: 2366-2369.

[75] Ju X, Yu H L, Pan J, Wei D Z, Xu J H. Bioproduction of chiral mandelate by enantioselective deacylation of α-acetoxyphenylacetic acid using whole cells of newly isolated *Pseudomonas* sp. ECU1011 [J]. Appl Microbiol Biotechnol, 2010, 86: 83-91.

[76] Huerta F F, Laxmi Y S, Bäckvall J E. Dynamic kinetic resolution of α-hydroxy acid esters [J]. Org Lett, 2000, 2: 1037-1040.

[77] Brem J, Naghi M, Tosa M I, Boros Z, Poppe L, Irimie F D, Paizs C. Lipase mediated sequential resolution of ar-

omatic β-hydroxy esters using fatty acid derivatives [J]. Tetrahedron: Asymmetry, 2011, 22: 1672-1679.

[78] Quax W, Broekhuizen C. Development of a new *Bacillus* carboxyl esterase for use in the resolution of chiral drugs [J]. Appl Microbiol Biotechnol, 1994, 41: 425-431.

[79] Battistel E, Bianchi D, Cesti P, Pina C. Enzymatic resolution of (S)-(+)-naproxen in a continuous reactor [J]. Biotechnol Bioeng, 1991, 38: 659-664.

[80] Liu X, Xu J H, Pan J, Zhao J. Efficient production of (S)-Naproxen with (R)-substrate recycling using an overexpressed carboxylesterase BsE-NP01 [J]. Appl Biochem Biotechnol, 2010, 162: 1574-1584.

[81] Balkenhohl F, Ditrich K, Hauer B, Ladner W. Optisch aktive Amine durch Lipase-katalysierte methoxyacetylierung [J]. J Parkt Chem, 1997, 339: 381-384.

[82] Paetzold J, Bäckvall J E. Chemoenzymatic dynamic kinetic resolution of primary amines [J]. J Am Chem Soc, 2005, 127: 17620-17621.

[83] Martinez C A, Hu S, Dumond Y, Tao J, Kelleher P, Tully L. Development of a chemoenzymatic manufacturing process for pregabalin [J]. Org Process Res Dev, 2008, 12: 392-398.

[84] Zheng R C, Wang T Z, Fu D J, Li A P, Li X J, Zheng Y G. Biocatalytic synthesis of chiral intermediate of Pregabalin with high substrate loading by a newly isolated *Morgarella morganii* ZJB-09203 [J]. Appl Microbiol Biotechnol, 2013, 97: 4839-4847.

[85] Zheng R C, Li A P, Wu Z M, Zheng J Y, Zheng Y G. Enzymatic production of (S)-3-cyano-5-methylhexanoic acid ethyl ester with high substrate loading by immobilized *Pseudomonas cepacia* lipase [J]. Tetrahedron: Asymmetry, 2012, 23: 1517-1521.

[86] Shibatani T, Omori K, Akatsuka H, Kawai E, Matsumae H. Enzymatic resolution of diltiazem intermediate by *Serratia marcescens* lipase: molecular mechanism of lipase secretion and its industrial application [J]. J Mol Catal B: Enzym, 2000, 10: 141-149.

[87] Gao L, Xu J H, Li X J, Liu Z Z. Optimization of *Serratia marcescens* lipase production for enantioselective hydrolysis of 3-phenylglycidic acid ester [J]. J Ind Microbiol Biotechnol, 2004, 31: 525-530.

[88] Zhao L L, Pan J, Xu J H. Efficient production of diltiazem chiral intermediate using immobilized lipase from *Serratia marcescens* [J]. Biotechnol Bioproc Eng, 2010, 15: 199-207.

[89] Wei Y, Schottel J L, Derewenda U, Swenson L, Patkar S, Derewenda Z S. A novel variant of the catalytic triad in the *Streptomyces scabies* esterase [J]. Nat Struct Biol, 1995, 2 (3): 218-223.

第9章
环氧水解酶

9.1 概述

环氧化物具有很高的化学反应活性，它可以与醇、胺、羟胺、肼、卤素、腈等多种亲核试剂反应。光学纯的手性环氧化物可作为复杂手性分子合成的重要砌块，在医药、农药、香料和精细化学品工业等方面都有着重要的应用价值。如利用手性缩水甘油衍生物与胺的反应可合成一大类重要的心血管药物 β-肾上腺素阻断剂，包括普萘洛尔、阿替洛尔、比索洛尔等几十个品种[1]。此外，手性环氧化物还可作为抗肥胖药物 L-肉碱、抗艾滋病药物茚地那韦、钙通道阻滞药地尔硫䓬、昆虫信息素 Frontalin 等手性化合物的合成前体。

近年来，生物法催化合成高光学纯度环氧化物受到了人们的广泛关注。针对不同结构的环氧化物，有多种生物转化法可用于光学纯环氧化物的合成，包括单加氧酶或过氧化物酶催化的烯烃不对称环氧化，卤醇脱卤酶催化的卤代醇的环氧化拆分，酯酶/脂肪酶催化的动力学拆分以及环氧水解酶（epoxide hydrolases，EHs；EC 3.3.2.3）催化外消旋环氧化物的水解拆分或对映会聚水解（enantioconvergent hydrolysis）等[2~7]。在诸多生物合成法中，由环氧水解酶催化的外消旋环氧化物水解拆分的方法格外受到重视，近年来有多篇相关综述发表[8~11]。通过环氧水解酶催化消旋环氧化物的动力学拆分可同时获得光学富集的剩余环氧化物以及水解产物邻二醇，后者也是一种常用的手性合成砌块，并且可以通过化学方法，闭环转化为相应的高光学纯度的环氧化物。此外由环氧水解酶（单酶、双酶或化学-酶法）催化的消旋环氧化物的对映会聚水解可突破拆分反应理论收率不能超过 50% 的限制，使环氧化物完全水解获得单一构型的产物邻二醇。

9.2 环氧水解酶的生理功能

在 20 世纪 70 年代，环氧水解酶由于在哺乳动物体内对毒性环氧类物质具有代谢功能而被发现并受到重视[12]。目前在各种生物体中，包括哺乳动物、植物、昆虫、真菌、细菌等，都发现了环氧水解酶的存在。尽管环氧水解酶的活性很早就已在细菌和真菌中检测到，但是直到 20 世纪 90 年代，研究人员还普遍认为环氧水解酶主要存在于哺乳动物体内。现在这种看法已经被彻底推翻了，植物和昆虫中环氧水解酶活性的存在已经被陆续报道，而对微生物环氧水解酶的大规模筛选以及近年来大量微生物基因组信息的公布及注释表明，此类酶在微生物中也普遍存在。

9.2.1 哺乳动物环氧水解酶的生理功能

哺乳动物体内的氧化酶（主要是细胞色素 P450 单加氧酶）会催化芳香族化合物等一些外源性物质氧化生成高反应活性的环氧化物，这些环氧化物可与多种生物活性组分，包括 DNA、RNA 和蛋白质等发生烷基化反应，从而对机体造成损害，具有很强的致癌和致突变作用。环氧水解酶在这些异源有害物质的解毒代谢途径中起了关键作用，它催化芳香族环氧化物的水解，生成低反应活性的邻二醇。而醇类具有较高的水溶性，并可进一步代谢生成水溶性的醛类、酸类等物质，最后被排泄出体外。

但是，另一方面，有证据表明：在致癌化合物苯并[a]芘的代谢活化过程中，环氧水解酶催化环氧化物中间体的水解是其中的关键步骤之一[13]，如图 9.1 所示，经过三步串联酶促反应生成的二醇环氧化物才是真正的细胞毒性化合物。

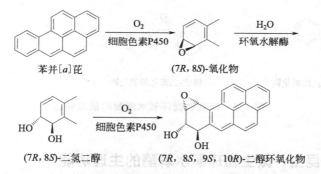

图 9.1　微粒体环氧水解酶在苯并[a]芘代谢活化中的作用

此外，环氧水解酶在某些内源性物质的合成代谢中也有重要作用。一些环氧脂肪酸等由于环氧基团的存在无法经历 β-氧化，环氧水解酶对这些环氧脂肪酸的代谢来说是必需的，对于某些缺乏功能性过氧化物酶体（含有可溶性环氧水解酶）的病人，可观察到环氧脂肪酸的累积。另据报道，在人体内，环氧水解酶还涉及许多信号介质的合成代谢，其水平与血压高低息息相关。

长期以来，由于环氧水解酶在哺乳动物肝脏解毒功能中的重要作用，人们对哺乳动物环氧水解酶的底物谱等进行了广泛研究。通常按照各类环氧水解酶在细胞内分布区域的不同以及底物专一性的差异，将其分为 5 类：

Ⅰ．微粒体环氧水解酶（microsomal epoxide hydrolase，mEH）；

Ⅱ．可溶性环氧水解酶（soluble epoxide hydrolase，sEH；或称 cytosolic epoxide hydrolase，cEH）；

Ⅲ．胆固醇环氧水解酶（cholesterol epoxide hydrolase，ChEH）；

Ⅳ. 白三烯 A₄ 水解酶 (leukotriene A₄ hydrolase, LTA₄H);
Ⅴ. 花生四烯酸氧化物水解酶 (hepoxilin hydrolase)。

在这五类环氧水解酶中，前两种酶的底物选择性范围较宽，这与它们的功能：外源物质的降解以及内源环氧化物的合成/分解代谢是相对应的；而后三种酶仅能催化某一种或某一类特定底物的水解，底物专一性非常强（图 9.2）[14]。

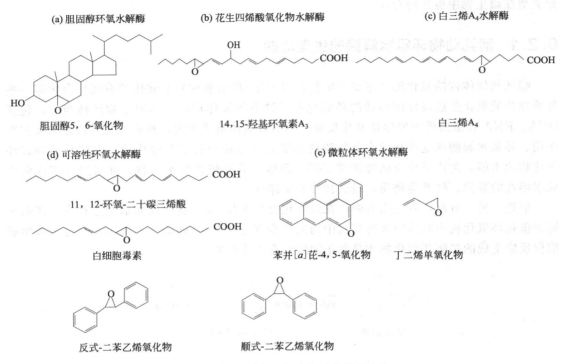

图 9.2 哺乳动物环氧水解酶的模式底物

9.2.2 植物、昆虫、微生物环氧水解酶的生理功能

植物环氧水解酶是植物防御体系的重要组成部分，它们通常与角质的合成有关[15]，另有一些植物环氧水解酶与昆虫毒素合成有关[16]。此外，某些植物，譬如 *Euphorbia lagascae*，其种子脂肪中含有高达 60% 的环氧脂肪酸，对其环氧水解酶基因转录进行跟踪表明，该基因在种子的发芽过程中诱导表达[17]，可能与环氧脂肪酸的分解利用有关。

昆虫环氧水解酶可降解保幼激素，并且在其他含有环氧环的信息素合成或分解代谢中起关键作用，对昆虫的发育、繁殖有重要影响[18]。

真菌的环氧水解酶在芳香环氧化物的代谢解毒中起重要作用。另外，研究表明，对于某些致病菌，环氧水解酶的表达与其感染性能有关[19]。

对于细菌等原核生物的环氧水解酶的生理功能至今尚不清楚，但通常认为它们与菌体对烃类化合物的利用有关。氧化酶可催化烯烃单加氧生成环氧化物；卤代醇脱卤酶也能催化卤代醇脱卤环化生成相应的环氧化物[20]，环氧水解酶可催化这些环氧化物水解为 1,2-二醇，进一步被菌体代谢利用。

9.3 环氧水解酶的结构分类及催化机理

目前发现的环氧水解酶中根据其催化机理的不同可分为 α/β 水解酶类、柠檬烯环氧水解酶（LEH）类和白三烯 A_4 水解酶，其中来源于 α/β 水解酶折叠家族的环氧水解酶所占数量最多。近年来随着结构生物学技术的发展，人们已解析得到了这几类环氧水解酶的晶体结构，并对这三类环氧水解酶的催化机理都有了深入的理解。下面首先介绍非酶催化条件下环氧化物水解的反应机理和位置选择性，然后再阐述几类环氧水解酶的催化机理。

9.3.1 环氧化物的开环反应

环氧化物开环的位置选择性取决于环氧碳原子上取代基的位阻效应以及酸水解时形成碳正离子的稳定性。最基本的环氧化物水解可分为两种情况：①强亲核试剂（如强碱、醇盐、格氏试剂等）催化的环氧开环，反应在碱性条件下进行，属 S_N2 反应，OH^- 优先进攻较少取代的环氧碳原子 [图 9.3(a)]；②酸性条件下环氧化物水解反应，首先环氧键氧原子被质子化，多取代的环氧碳原子形成的碳正离子稳定性较好，因此该碳原子更容易正离子化，进而与弱亲核试剂（如水、醇、胺等）反应生成产物 [图 9.3(b)]。综上所述，在碱催化的环氧化物水解中，OH^- 进攻位阻较小的环氧碳原子；而在酸催化的环氧化物水解中，OH^- 进攻位阻较大的环氧碳原子。

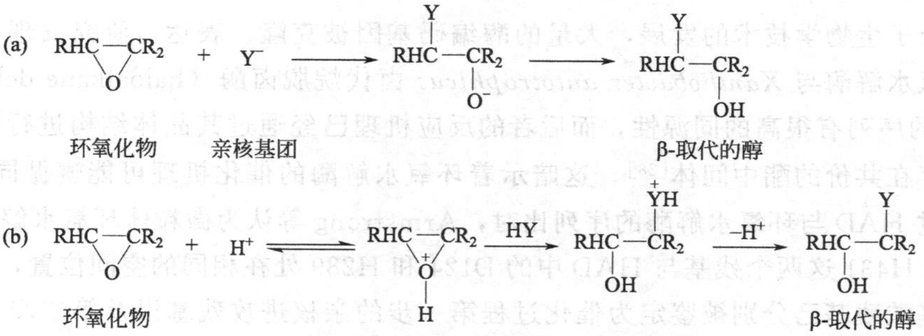

图 9.3 酸、碱催化的环氧化物开环反应机理
(a) 碱催化的环氧开环机理；(b) 酸催化的环氧开环机理

9.3.2 α/β 折叠环氧水解酶的结构及催化机理

早在 1976 年，Hanzlik 等人[21]通过 ^{18}O 同位素跟踪的方法确定了鼠肝脏微粒体环氧水解酶催化的环氧化物水解与碱水解及金属催化的环氧化物水解具有相同的位置选择性，而与酸水解具有相反的位置选择性。他们据此推测：环氧水解酶活性中心可能包含金属离子；或者环氧水解酶通过活化水分子，亲核进攻较少取代的环氧碳原子完成水解反应。此后不久，Amstrong 提出环氧水解酶活性中心可能存在组氨酸残基作为广义碱参与催化反应，同

时他还认为酶与环氧底物可能先形成酯中间体，然后再经酯中间体水解释放产物二醇[22]。如图 9.4 所示机理（a）中，组氨酸活化的水分子直接亲核打开环氧乙烷环完成水解反应；而机理（b）中，酶的酸性氨基酸先与环氧底物形成酯中间体，然后再由碱性残基（组氨酸）活化水分子进行酯中间体的水解。

大量实验结果证实了活性位点组氨酸的存在[23~25]以及反应过程中酯中间体的形成[26]。其中包括 Armstrong 等人[26]设计的单轮转化实验（single-turnover experiment），通过控制实验条件，使得一个酶分子只能催化一个底物分子的转化。分别应用 ^{18}O 同位素标记的微粒体环氧水解酶和水进行这个实验，结果表明，以 $H_2^{18}O$ 为溶剂时，在单轮转化条件下，同位素标记的氧并没有整合到二醇产物中，相反在酶中发现了大部分的同位素标记；而用 ^{18}O 对微粒体环氧水解酶进行同位素标记，然后在普通水中催化单轮转化实验，有一半的同位素标记整合到二醇产物中。这些结果无法用图 9.4(a) 所示的反应机理进行解释，而与涉及共价酯中间体的反应机理（b）一致，如图 9.4(b) 所示。

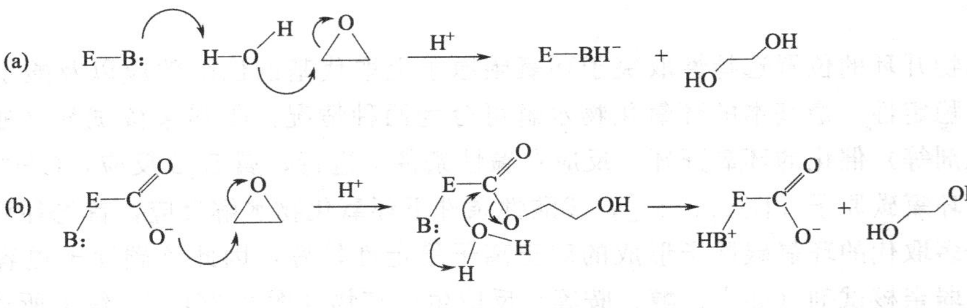

图 9.4 推测的环氧水解酶催化机理
(a) 活性中心广义碱直接活化水分子亲核进攻环氧碳原子；
(b) 活性中心的酸性残基首先亲核进攻环氧底物形成酯中间体，再由碱性残基活化的水分子将酯中间体水解

随着分子生物学技术的发展，大量的酶编码基因被克隆、表达。研究发现，哺乳动物微粒体环氧水解酶与 *Xanthobacter autotrophicus* 卤代烷脱卤酶（haloalkane dehalogenase, HAD)[27]的序列有很高的同源性，而后者的反应机理已经通过其晶体结构进行阐释，其催化过程中存在共价的酯中间体[28]，这暗示着环氧水解酶的催化机理可能遵循同样的过程。进一步通过 HAD 与环氧水解酶的序列比对，Armstrong 等认为微粒体环氧水解酶（mEH）的 D226 和 H431 这两个残基与 HAD 中的 D124 和 H289 处在相同的空间位置，而 HAD 的这两个氨基酸残基已分别被鉴定为催化过程第一步的亲核进攻残基以及第二步水解脱卤的广义碱残基[28]。一些研究小组通过定点突变等技术，在各种来源的环氧水解酶中发现并确定了涉及催化过程的天冬氨酸以及组氨酸残基。进一步，Hammock 等人[29]在低 pH 条件下成功地分离得到了可溶性环氧水解酶（sEH）的共价 α-羟基烷基中间体，充分证实了图 9.4 反应机理（b）的正确性。

随着环氧水解酶晶体结构的相继发表，其催化机理更加明确。第一个环氧水解酶的三维结构（ArEH, PDB ID: 1EHY）于 1999 年由 Nardini 等人发表[30]，它来源于放射土壤杆菌（*Agrobacterium radiobacter* AD1），与哺乳动物来源的 sEH 具有同源性。ArEH 属 α/β 水解酶家族，其结构由 α/β 水解酶折叠结构域和一个盖子结构域组成，来自于 α/β 结构域的 Asp107、His275 与 Asp246 所组成的催化三联体位于这两个结构域之间。该晶体结构的报道首次确定了位于盖子结构域中的两个酪氨酸 Tyr152/Tyr215 具有在催化过

程中结合底物和辅助环氧开环的作用。几乎与之同时，Argiriadi 等报道了来源于鼠（*Mus musculus*）的可溶性环氧水解酶 MssEH（PDB ID：1CQZ）的晶体结构[31]，它的 C 端具有与 ArEH 类似的 α/β 结构域和盖子结构域。与 ArEH 相比，MssEH 的盖子结构域中 α 螺旋的构象存在一定差别，但其中的两个 Tyr 的位置非常一致，进一步证明它们可能参与催化反应。该结构中活性位点位于一个 L 形通道中，与它所催化的长链脂肪酸环氧化物非常吻合。在它的 N 端还包含一个催化功能已退化的磷酸酶结构域，对 MssEH 二聚体的形成起重要作用。第三个 α/β 水解酶类的 EH 结构是来源于黑曲霉（*Aspergillus niger*）的 AnEH[32]，虽然它与哺乳动物微粒体环氧水解酶（mEH）的同源性更高，但缺乏膜锚定结构域，因此是一种可溶性的环氧水解酶。AnEH 中存在类似于 mEH 的典型 N 末端延伸区域，从 α/β 水解酶结构域的底部开始形成几个连续的 α 螺旋环绕到盖子结构域的顶部，从而使盖子结构域与 α/β 水解酶结构域更紧密地贴合。从 2004 年至今陆续又有三个 α/β 水解酶类环氧水解酶晶体结构被报道，分别是来源于人（*Homo sapiens*）的 HssEH（PDB ID：1S8O）、来源于土豆（*Solanum tuberosum*）的 StEH（PDB ID：2CJP）和来源于结核杆菌（*Mycobacterium tuberculosis*）的 MtEHA（PDB ID：2BNG）。其中 HssEH 与 MssEH 结构非常相似，由 N 端的退化磷酸酶结构域和 C 端的环氧水解酶结构域组成。

根据晶体结构所确定的环氧水解酶催化机理如图 9.5(a) 所示，其中酶活性中心的 Asp107（对应于 ArEH 中的序列编号）在催化反应的第一步中作为亲核试剂反式 S_N2 进攻环氧碳原子，与底物形成酯中间体。其余两个残基 His275 与 Asp246 通过夺取水分子中的质子产生 OH^- 亲核进攻酯中间体发生水解，释放邻位二醇完成催化反应的第二步。第二步酯水解过程中酯中间体的羰基氧所形成的氧负离子由空间上邻近的两个主链氨基组成的氧洞所稳定。催化反应还涉及来自盖子结构域的 Tyr215 与 Tyr152，它们通过与环氧键氧原子形成氢键增加其电负性，起着固定底物结合位置和辅助环氧开环的作用。

根据环氧水解酶的催化机理，可以得出一些基本结论：①环氧水解酶中负责亲核进攻残基的羧基氧对环氧乙烷环的攻击是反式的 S_N2 进攻，因此，若受进攻的环氧碳原子存在手性，则其绝对构型将发生翻转；②攻击可能在环氧乙烷环的任意一个碳原子上发生，因此环氧水解酶催化的环氧化物开环存在区域选择性的问题，但是一般来说，酶会优先进攻较少取代的碳原子。

9.3.3 LEH 类环氧水解酶的结构及催化机理

Barbirato[33] 等人于 1998 年在 *Rhodococcus erythropolis* DCL14 中发现了柠檬烯环氧水解酶（limonene-1,2-epoxide hydrolase，LEH），序列比对表明它不同于 α/β 水解酶家族的环氧水解酶，分子质量为 17kDa，属于一类新型的环氧水解酶。2003 年，Arand[34] 等人解析了它的晶体结构（PDB ID：1HS6），它的大小仅 149 个氨基酸。属于这一类环氧水解酶的晶体结构还包括来源于结核杆菌（*Mycobacterium tuberculosis*）的 MtEHA（PDB ID：2BNG）和在链霉菌（*Streptomyces lasaliensis*）中参与聚醚合成的 lsd19（PDB ID：3RGA）。它们的结构特征是具有一个由 4 个 α 螺旋和 6 个高度弯曲的 β 折叠所组成 α/β 桶状结构，桶的内侧形成一个深入蛋白质内部的底物结合口袋，其催化残基包括位于底部的两个 Asp 与位于两者之间的 Arg，口袋其余部分主要由疏水性残基所组成。与第一类环氧

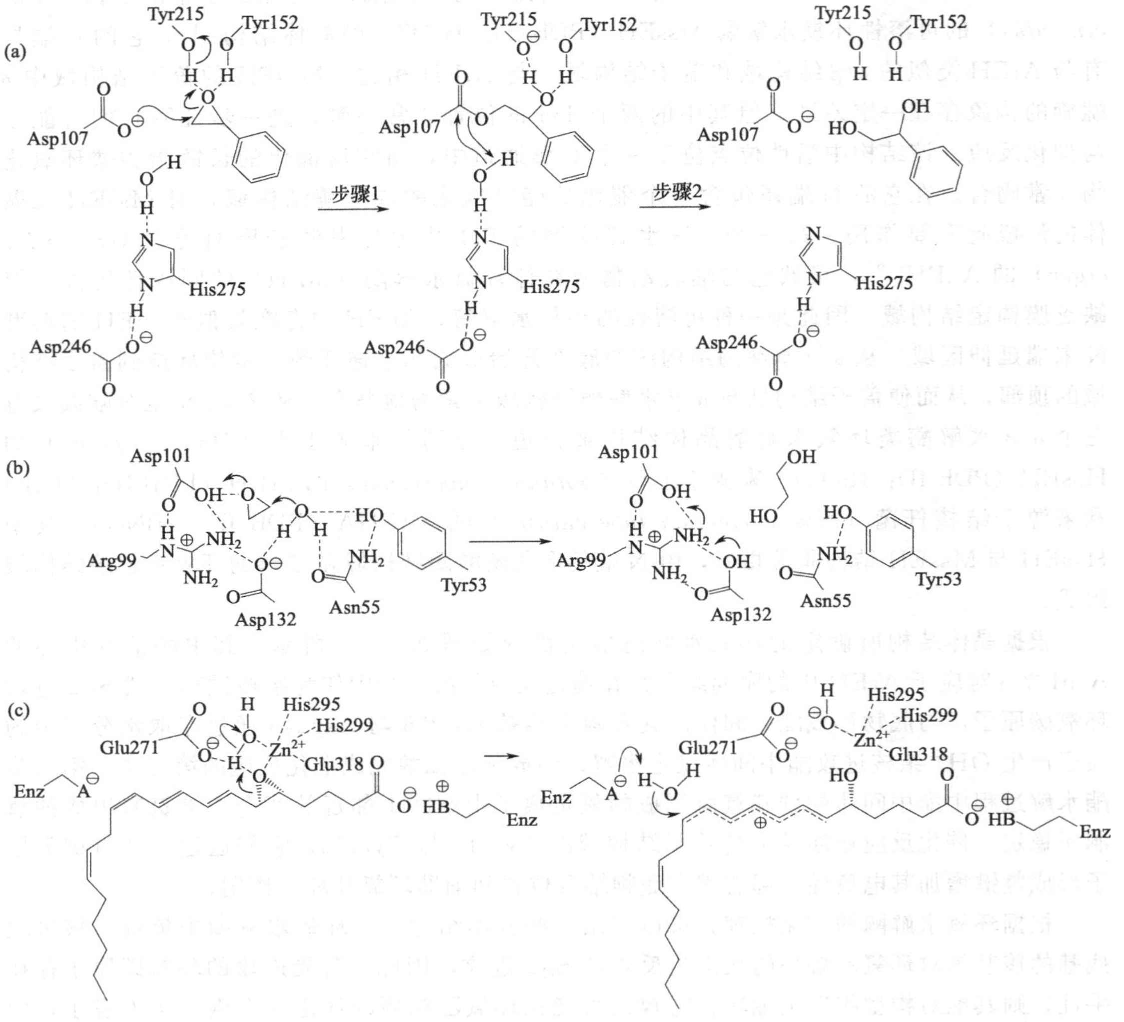

图 9.5 环氧水解酶催化机理

(a) α/β 水解酶家族环氧水解酶催化机理；(b) LEH 催化机理；(c) LTA$_4$H 催化机理

水解酶相比，LEH 催化机理仅包含一步反应 [图 9.5(b)]：在 Tyr53 与 Asn55 的辅助下，由 Asp132 夺取水中的一个质子，产生的 OH$^-$ 亲核进攻环氧碳原子，与此同时 Asp101 将质子传递给环氧氧原子。反应结束后 Asp132 再将质子通过 Arg99 传回 Asp101，使酶回到初始状态。

9.3.4 白三烯 A$_4$ 水解酶的结构及催化机理

白三烯 A$_4$ 水解酶[35]（EC 3.3.2.6）是一类非常特殊的环氧水解酶，该酶是双功能的锌金属酶，除了环氧水解酶活性外，还具有阴离子依赖性的氨肽酶活性，它是目前报道的唯一一个将环氧化物水解后产生非邻位二醇的环氧水解酶。其晶体结构（来源于人的 LTA$_4$ 水解酶）于 2001 年由 Thunnissen 等人解析得到[36]，属于 α-α 超螺旋折叠，由 N 端结构域、催化结构域和 C 端结构域三部分组成。催化结构域具有嗜热蛋白酶结构特征，包含一个锌离子结合位点，同时具有白三烯 A_4 水解酶和氨基肽酶活性。通过底物结合模拟与定点突变的实验结果可以确定其催化机理［图9.5(c)］：配位结合于 His295、His299 与 Glu318 的 Zn^{2+} 作为 Lewis 酸介导环氧开环，产生的 C6 碳正离子由白三烯中的共轭三烯传递至 C12，随后从 Asp375 活化的水分子中夺取 OH^- 完成水解反应。

9.4 环氧水解酶的性质表征

9.4.1 环氧水解酶的纯化及生化性质表征

大量天然来源或通过基因工程重组表达的环氧水解酶已经被纯化到单一条带，生物化学家们对它们的性质进行了表征。在目前所发现的三种不同催化机理的环氧水解酶中，α/β 水解酶折叠家族的环氧水解酶通常以单亚基形式存在，但也有一些酶以二聚体[37,38]、四聚体[39]，甚至12个亚基组成的同源多聚体形式存在[40]，单个亚基的分子质量通常在30~45kDa 之间。以来源于 *Rhodococcus erythropolis* DCL14 的柠檬烯环氧水解酶（LEH）为代表的第二类环氧水解酶通常以二聚体形式存在[41,42]，其单体分子质量仅 17kDa。而来源于人的白三烯 A_4 水解酶（LTA_4H）以单体形式存在，包含 610 个氨基酸残基，其分子质量约为 69kDa。

到目前为止发现的大部分环氧水解酶在中性温和的反应条件下具有最高的催化活性，最适 pH 通常在 6.0~8.5 范围内，最适反应温度为 25~50℃。这些环氧水解酶催化环氧化物水解时的比活力最高可达每毫克纯酶几十到数百单位，催化速率常数通常在 $0.1~100s^{-1}$ 范围内（表9.1）。

表 9.1 几个典型环氧水解酶的生化性质

酶	来源	分子质量/kDa	最适 pH/温度	k_{cat}/s^{-1}
AnEH[43]	*Aspergillus niger*	45	pH 7.0/40℃	72
ArEH[44]	*Agrobacterium radiobacter*	35	pH 8.5/—	10.5
StEH[45]	*Solanum tuberosum*	36	pH 6.8/30℃	23
LEH[34,41]	*Rhodococcus erythropolis*	17	pH 7.0/50℃	0.47
LTA_4H[35]	*Homo sapiens*	69	—	1.18

注：—表示无相应数据。

9.4.2 环氧水解酶催化反应的区域选择性

对于酯的动力学拆分（比如用脂肪酶、酯酶进行的酯水解和合成），反应过程中底物手性中心的绝对构型保持不变。反应对映选择性的高低，可用对映选择率 E 来表示[46]［见方程式(9.1)］。

$$E=\ln[(1-c)(1-ee_s)]/\ln[(1-c)(1+ee_s)]=\ln[1-c(1+ee_p)]/\ln[1-c(1-ee_p)] \tag{9.1}$$

式中，c 表示转化率；ee_s、ee_p 分别表示底物和产物的对映体过量值（enantiomer excess）。

但环氧水解酶催化的反应比较复杂，由环氧水解酶的催化机理可知，环氧化物的酶催化水解可通过对环氧乙烷环的任一个碳原子攻击而发生，同时由于酶催化水解时发生的是 S_N2 亲核进攻，因此当受进攻碳原子为手性碳原子时，其绝对构型将发生翻转。以单取代环氧化物为例，当酶亲核攻击未取代的 β 碳原子，产物的绝对构型保持不变；而当亲核攻击发生在取代的 α 碳原子上，产物的绝对构型发生翻转，如图 9.6 所示。通常，攻击发生在较少取代的位置，但这种情况也不是绝对的，所用的酶以及底物的结构共同决定了攻击的区域选择性。

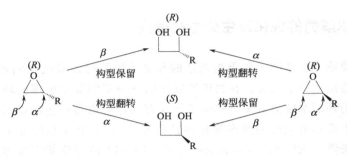

图 9.6　环氧水解酶的区域选择性

由于环氧化物水解时区域选择性的存在，产物邻二醇的两个对映体的比例同时由环氧乙烷开环的对映选择性和区域选择性决定，而底物的对映体过量值单纯由酶的对映选择性及水解程度（转化率 c）所决定。这样，在许多情况下，由产物二醇的对映体过量值 ee_p 与 ee_s（或 ee_p 与 c）进行对映选择率 E 的计算是不可行的，而应使用 ee_s 与转化率 c 进行 E 的计算。此外，为更好地阐明环氧水解酶作用的立体化学选择性及实际拆分效果，必须同时确定消旋环氧化物动力学拆分时的 ee_p 与 ee_s，并计算环氧水解酶的区域选择性。

9.4.3　环氧水解酶区域选择性的表征

环氧水解酶催化的反应存在进攻位点的问题，如果要对一个反应进行全面描述，必须同时确定反应的对映选择性及区域选择性。区域选择性的确定有多种方法。

① ^{18}O 标记实验，使用 ^{18}O 标记的底物或水，通过分析标记氧原子的位置即可获知环氧乙烷的开环位置[21,47]。

② 分别应用单一构型的底物进行酶催化水解[48]，确定产物二醇的绝对构型和 ee 值，即可推知酶催化的区域选择性。

但上述两种方法都存在一定的缺陷，前者要制备放射性标记的水与环氧底物，后者需要预先分别合成光学纯的环氧化物对映体，不仅烦琐，且有时难以实现。

为方便环氧化物水解区域选择性的确定，Furstoss 等人[49]通过数学推导，得出了一个理论公式：

$$ee_p = \alpha_{(S)} - \alpha_{(R)} + \frac{ee_s(1-\alpha_{(S)}-\alpha_{(R)})(1-c)}{c} \tag{9.2}$$

式中，ee_s 和 ee_p 分别是剩余环氧底物和产物二醇的对映体过量值的代数值；c 为转化率；$\alpha_{(S)}$ 和 $\alpha_{(R)}$ 分别为酶催化水解 S 或 R 构型底物时进攻 α 碳原子的比例，称为区域选择性系数（$1 \geqslant \alpha_{(S)}$，$\alpha_{(R)} \geqslant 0$）。

在反应进程的不同时间取样，确定转化率 c、ee_s 和 ee_p，即可拟合出 $\alpha_{(S)}$ 和 $\alpha_{(R)}$。但此方法也有缺点，即当反应没有对映选择性时，此方程无效，此时只能确定 $\alpha_{(S)} - \alpha_{(R)}$ 的大小。

9.5 环氧水解酶生物催化剂的开发及其合成应用

早期的环氧水解酶研究工作主要集中于哺乳动物来源的 mEH 和 sEH 的生化性质及催化机理的研究。自 20 世纪 90 年代起，人们对微生物来源的环氧水解酶进行了广泛的筛选，发现了大批能够选择性水解环氧化物的细菌、真菌菌株，解决了环氧水解酶的酶源问题，使它能更好地作为生物催化剂应用于有机合成。目前环氧水解酶的获取方式主要有：① 从天然来源进行筛选（包括微生物、植物组织、海洋生物等各种来源）；② 通过基因工程方法克隆环氧水解酶并在工程菌（如大肠杆菌、酵母等表达系统）中进行过量表达；③ 在重组表达环氧水解酶的基础上，利用定向进化或理性设计改造等蛋白质工程技术对酶进行分子改造，获得高效的环氧水解酶突变体。近年来随着具有不同底物专一性和立体选择性的环氧水解酶催化剂的大量开发，它们在有机合成反应中的应用也受到了科研人员广泛关注。目前环氧水解酶已成功应用于外消旋环氧化物的动力学拆分、内消旋环氧化物的去消旋化以及外消旋环氧化物的对映会聚水解等有机合成反应。

9.5.1 一些高选择性的环氧水解酶生产菌株

哺乳动物的环氧水解酶通常对环氧底物具有非常高的对映选择性，但是其酶的产量非常有限，限制了哺乳动物环氧水解酶作为生物催化剂在工业生产上的应用。对微生物环氧水解酶的探索研究改变了这种状况。与哺乳动物来源的环氧水解酶相比，微生物环氧水解酶具有一系列优势，其在有机合成中的应用受到了有机化学家的极大关注。

① 具有较高的对映选择性。通过定向筛选获得的环氧水解酶，对于特定的目标底物，水解剩余环氧化物的 ee 值通常可高于 90%。

② 酶的来源广泛，具有多样性。自然界中存在着数目庞大的微生物种群，有利于筛选得到可对不同类型的环氧化物进行选择性开环的各种微生物。

③ 可以利用整细胞催化转化，简化酶反应的操作条件，提高催化效率及酶的稳定性。

④ 微生物可以通过简单的发酵方法大量得到，从而大大降低了催化剂的成本。有利于将这种合成技术运用于生产。

早在 20 世纪 60 年代末，就有关于微生物环氧水解酶的报道[50]。美国 Illionois 大学的 Kisic 等人陆续发现在多株细菌菌株[51,52]中存在环氧水解酶活性，但这些工作并没有引起重视。直到 90 年代，奥地利的 Faber 小组和法国的 Furstoss 小组先后开展了微生物环氧水解酶的筛选工作，揭开了微生物环氧水解酶大规模研究的序幕。

对微生物进行环氧水解酶的筛选是基于下述想法：一方面，微生物对烯烃的代谢利用过程中通常经历环氧化物中间体，在多种烯烃代谢菌株中都检测到了环氧化物的累积及其水解产物邻二醇；另一方面，高反应活性环氧化物的有效代谢解毒途径很可能通过环氧水解酶催化的环氧化物水解实现。在这种想法的指导下，近年来，人们根据各自的需要，以各种环氧底物对自然界中的天然菌株以及菌库中的已有菌株进行筛选，获得了多株具有高选择性的环氧水解酶生产菌株。

1989 年荷兰 van den Wijngard 等[53]以环氧氯丙烷为唯一碳源，通过富集培养从自来水沉淀物中分离得到革兰氏阴性菌 *Pseudomonas* sp. AD1（后更名为 *Agrobacterium radiobacter* AD1），所产环氧水解酶为诱导型酶，该酶能对映选择性水解环氧氯丙烷、环氧溴丙烷、环氧辛烷及苯乙烯氧化物等底物。

1991～1993 年，奥地利的 Faber 研究小组在对腈水解酶的研究中发现 *Rhodococcus* sp. (NOVO SP 409)[54]的粗酶提取物具有环氧化物水解活力。固定化的粗酶能对映选择性水解多种 2-取代及 2,2-二取代的环氧乙烷，但除了顺-2,3-环氧琥珀酸盐之外的大多数内消旋环氧化物不能作为其底物。

之后该小组用不同底物对 43 株冻干菌进行筛选，4 株细菌和 3 株真菌表现了显著的环氧化物水解活性[55]。其中 NCIMB 11216 催化 2-甲基-1,2-环氧十一烷水解的 E 值大于 200[56]。

而法国 Furstoss 小组首先发现 *Aspergillus niger*[57]可对多种环氧化物进行动力学水解拆分。在其后的工作中，该小组发现了两株对苯乙烯氧化物具有互补对映选择性的菌株[58]：*Aspergillus niger* LCP 521 和 *Beauveria sulfurescens*（后来鉴定为 *Beauveria bassiana*）ATCC 7159。其中 *A. niger* 优先水解 *R*-型苯乙烯氧化物，而 *B. sulfurescens* 优先水解 *S*-型底物。令人惊讶的是，它们的水解产物都是 *R*-型苯乙二醇。将两种菌混合催化消旋苯乙烯氧化物的去消旋化反应，最终得到（*R*）-苯乙二醇（89％ ee，92％产率）。

1995 年英国 Carter 和 Leak[59]以环己烯氧化物为唯一碳源，分离得到 *Corynebacterium* sp. C12，所产环氧化物水解酶也为诱导型酶。Archer 等人[60]应用此菌株拆分 1-甲基-1,2-环己烯环氧化物，有很好的对映选择性，得到 (1*R*,2*S*)-环氧化物（收率 30％，＞99％ ee）和 (1*S*,2*S*)-1-甲基-1,2-二羟基环己烷（收率 42％，89％ ee）。有趣的是，若随后再用酸水解反应剩余的环氧化物，则由消旋底物出发，通过酶催化与化学催化两步串联反应可获得单一的 (1*S*,2*S*)-二醇产物（收率 80％，＞95％ ee）。这种诱导型酶的底物特异性范围较小，只对与诱导物相关的底物有相对较高的活性。

1997，Weijers 等人[61]以苯乙烯氧化物和反-1-苯基-1,2-环氧丙烷为底物，对酵母菌环氧水解酶进行筛选，*Rhodotorula glutinis* CIMW147 对两种底物均表现出较高活性。研究表明该菌株对包括脂肪族及芳香族在内的多种环氧化物均具有良好的对映选择性[62]。受此结果的激励，Weijers 等人进一步对 25 个种属，多达 187 株酵母菌进行了环氧水解酶活性筛选[63]，其中有 54 株菌具有环氧水解酶活性。分别来自 *Rhodotorula*、*Rhodosporidium*、*Trichosporon* 三个种属的 8 个菌株可不对称水解 1,2-环氧辛烷，其中 *Rhodotorula araucariae* CBS 6031 的 E 值高于 200，这 8 株菌均优先催化水解（*R*）-1,2-环氧辛烷。进一步研究表明这些酵母菌产生的环氧水解酶都是膜结合酶[64]。

1998 年荷兰 van der Werf 等[65]报道了单萜能诱导革兰氏阳性菌 *Rhodococcus erythropolis* DCL 14 产环氧水解酶，该环氧水解酶底物范围狭窄，只能接受柠檬烯-1,2-环氧化物、

1-甲基-1,2-环己烯氧化物、环己烯氧化物和茚氧化物等一些底物。它在催化 1-甲基-1,2-环己烯氧化物水解时的对映选择性与 *Corynebacterium* sp. C12 相反，但两种情况下都生成 (1S,2S)-二醇。对该环氧水解酶的深入研究表明，它与以往发现的环氧水解酶都不同，属于新的一类环氧水解酶[41]。

以环氧化物为底物进行环氧水解酶筛选是直接有效的。尽管如此，由前文可知，微生物中环氧水解酶的存在通常与菌体对烯烃的利用有关。1998 年，Choi 等[66]以不同链长的脂肪族烯烃为唯一碳源，通过富集培养，随后对烯烃利用菌株进行环氧水解酶活性鉴定，最终得到一株黑曲霉，对多种环氧底物具有高的活性和选择性。用这株菌的整体细胞催化拆分苯乙烯氧化物，可得到光学纯的 (S)-苯乙烯氧化物，产率为 32%。

2000 年 Zocher 等[67]对链霉菌来源的环氧水解酶进行了广泛筛选，以氧化苯乙烯、1,2-环氧己烷和 3-苯基环氧乙烷甲酸乙酯作为底物，在 96 孔板中利用 NBP（4-对硝基苄基嘧啶）测活方法对 120 株链霉菌进行筛选，结果表明：其中 *S. antibioticus* Tu4、*S. arenae* Tu495 和 *S. fradiae* Tu27 具有环氧水解酶活性。进一步研究发现仅 *S. antibioticus* Tu4 对底物苯乙烯氧化物具有相对较好的活性与对映选择性（$E=31$），可通过水解拆分得到 99% ee 的 (R)-苯乙烯氧化物。

Bala 等[68]利用 *Bacillus alcalophilus* MTCC10234 菌株对一系列缩水甘油芳基醚环氧底物进行了活性与选择性测定。其中对邻甲基与间甲基苯基缩水甘油醚的 E 值分别达 64 和 67。

华东理工大学许建和研究组最早开展微生物环氧水解酶的大规模筛选研究，他们与荷兰 DSM 公司合作，以缩水甘油苯基醚为模型底物，对土壤中环氧水解酶产生菌进行了大规模富集筛选，分离获得两株高选择性的菌株：巨大芽孢杆菌 ECU1001[69]和路比利丝孢酵母 ECU1040[70]。这两株菌具有互补的对映选择性：ECU1001 优先水解 (R)-缩水甘油苯基醚及其衍生物，而 ECU1040 优先水解 (S)-环氧化物。目前 ECU1001 来源的环氧水解酶基因已被克隆并在大肠杆菌中进行了重组表达[71]。

其后，国内其他一些研究小组也陆续开展了微生物环氧水解酶的研究，其中北京微生物研究所孙万儒等和上海有机化学研究所李祖义等分别独立筛选获得高选择性的黑曲霉 (*Aspergillus niger*) 菌株。孙万儒研究组的黑曲霉催化苯乙烯氧化物水解，产物 (R)-苯基乙二醇的 ee 值达 99%（41% 产率）[72]。而李祖义研究组以他们筛选获得的黑曲霉为酶源，对多种环氧化物进行了催化水解考察[73]，研究表明该菌株对邻位或对位取代的苯乙烯氧化物以及 3-芳氧基环氧丙烷衍生物有较高的立体选择性。而且，他们还利用水解获得的高光学纯产物进一步通过化学方法合成了一些手性心血管药物，如 (R)-硝苯洛尔、(R)-3,4-二氯肾上腺素、(S)-阿替洛尔和 (R)-阿替洛尔。此外，山东大学曲音波组利用 *Pseudomonas* sp. 整细胞拆分 3-苯基环氧乙烷甲酸乙酯达到了 95% ee_s 和 25% 的收率[74]。浙江工业大学郑裕国组分离得到的 *Rhodococcus* sp. ML-0004 菌株可用于催化水解顺式-环氧琥珀酸生产 L-酒石酸[75]。

9.5.2 天然来源环氧水解酶的生产

哺乳动物以及植物的环氧水解酶大多是诱导型的，比如安妥明可诱导鼠肝环氧水解酶 mRNA 的表达，而受伤或给予茉莉酮酸酯会造成土豆环氧水解酶的累积，这些性质与高等生物严谨的产酶代谢调控是相对应的。与高等生物环氧水解酶不同,除了少数几株菌外[41,59],大多数微生物的环氧水解酶都是组成型表达,也即酶的表达不需要诱导剂的存在。

有研究者认为,微生物环氧水解酶的合成与次级代谢相关,因此其酶活与细胞的生长状态密切相关。通常,环氧水解酶活大多在发酵过程中的对数生长期出现,而达到最大值的时间随菌株及培养条件的不同而异。细菌 Rhodococcus ruber DSM 44540 的酶活在对数生长末期,葡萄糖耗尽,代谢途径转换时达到最高[76];而巨大芽孢杆菌 ECU1001,在发酵过程中有两个酶活峰,分别出现在对数期末和稳定期[77],表明其中可能有两种不同的环氧水解酶存在。真菌的生长相对较缓慢,环氧水解酶的活力通常在稳定期末期达到最大,比如 Beauveria bassiana[78] 和 Aspergillus niger[79] 以及两株 Dematiaceous hyphomycetes[80];但也有例外,如霉菌 Beauveria densa,酶活力在整个对数生长期持续增长,最高酶活力出现在稳定期之前[81]。

对于组成型表达环氧水解酶的菌株而言,在发酵培养基中加入环氧化物来诱导酶的表达并不是必需的,甚至会抑制细胞生长,阻遏酶的表达[72];但也有较多的报道表明,在发酵过程的适当时间加入少量酶催化的环氧底物可刺激酶的表达,从而获得较高的酶产量[70,77]。

9.5.3 环氧水解酶的基因克隆及重组表达

野生型菌株中环氧水解酶的产量通常比较低,这个问题可以通过基因工程的手段予以解决。在 2000 年以后随着基因工程技术的发展,基因克隆和重组表达已成为获得新的环氧水解酶的主要手段。大量基因组信息的公布及环氧水解酶基因的发表,使研究人员可以轻易地利用 BLAST 等序列比对工具来鉴定基因数据库中的环氧水解酶编码序列。然后提取基因组或构建 cDNA 文库,克隆环氧水解酶基因,并在合适的宿主中进行过量表达。包括人、鼠、植物、昆虫以及大量微生物来源的高选择性环氧水解酶已经被克隆并高效表达。在克隆表达的环氧水解酶中,来源于 A. radiobacter 和 A. niger 的两个酶,已于 2001 年商品化,这两个酶的序列及其在有机合成中的应用分别申请了专利[82,83]。此后,重组表达的人 mEH[84] 和柠檬烯环氧水解酶 (LEH)[34] 也已经商品化。表 9.2 列举了最近几年来已成功克隆表达的环氧水解酶,其常见底物类型如图 9.7 所示。

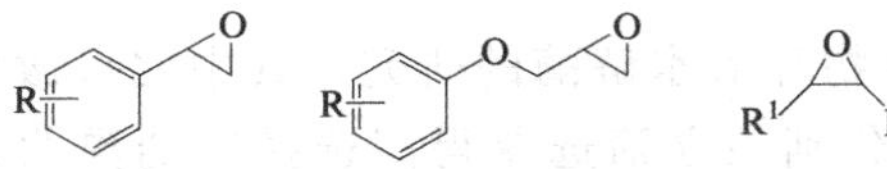

图 9.7 环氧水解酶的底物类型
Ⅰ为苯乙烯环氧化物及其衍生物;Ⅱ为苯基缩水甘油醚及其衍生物;Ⅲ为烷基或芳烷取代的 1,2-环氧乙烷及其衍生物

表 9.2 已成功克隆表达的环氧水解酶

来源物种	表达质粒/宿主	底物类型①	参考文献
Brassica napus	pPIC3.5K/Pichia pastoris	Ⅲ	[85]
Rhodosporidium toruloides CBS	pET28a(+)/E. coli BL21(DE3)	Ⅲ	[86]
Drosophila melangaster	pFASTBAC/baculovirus	Ⅲ	[87]
Glycine max (Soybean)	PVT102U/Saccharomyces cerevisiae WA6	Ⅲ	[88]

续表

来源物种	表达质粒/宿主	底物类型①	参考文献
Solanum tuberosum (potato)	pGTDhlA-5H/*E. coli* XL1-Blue	Ⅲ	[45]
Rhodotorula glutinis	Chromosome/*Pichia pastoris*	Ⅰ	[89]
Aspergillus niger M200	pSE420/*E. coli* TOP10	Ⅲ	[90]
Aspergillus niger SQ-6	pET-15b/*E. coli* BL21(DE3)	Ⅰ	[91]
Rhodotorula mucilaginosa	pKOV96/*Yarrowia lipolytica* Po1h	Ⅰ	[92]
Rhodococcus opacus ML-0004	pMD1 or pTrc99a8/*E. coli* JM 109	Ⅲ	[93]
Erythrobacter litoralis HTCC 2594	pET-24a(+)/*E. coli* BL21-CodonPlus(DE3)	Ⅰ	[94]
Mugil cephalus	pET-21b(+)/*E. coli* BL21	Ⅰ	[95]
Rhodotorula araucariae	pINA1291/*Yarrowia lipolytica* Po1h	Ⅲ	[96]
Streptomyces lasaliensis	pKW620/*E. coli* BL21	Ⅲ	[97]
Novosphingobium aromaticivorans	pET-24a(+)/*E. coli* BL21-CodonPlus(DE3)	Ⅰ	[98]
Mugil cephalus	pET-21b(+)/*E. coli* BL21(DE3)	Ⅰ	[99]
Rhodobacterales bacterium HTCC2654	pET-24a(+)/*E. coli* BL21-CodonPlus(DE3)	Ⅱ	[100]
Rhodosporidium tortiloides	pET28b(+)/*E. coli*	Ⅲ	[101]
Cupriavidus metallidurans CH34	pET28a(+)/*E. coli* BL21(DE3)	Ⅰ	[102]
Bacillus megaterium ECU1001	pET28a(+)/*E. coli* BL21(DE3)	Ⅱ	[71]
Danio rerio	pET21b(+)/*E. coli* BL21(DE3)	Ⅰ	[103]

① 仅表示该酶具有最高活性的底物的类型。

9.5.4 环氧水解酶的蛋白质工程改造

(1) 定向进化

在基因克隆的基础上,一些研究者通过定向进化的方法,试图提高环氧水解酶的对映选择性并拓宽底物谱。高通量的环氧水解酶活性测定方法是决定定向进化效率的关键因素之一。已有多篇综述讨论了环氧水解酶的高通量筛选方法[11,104,105],包括:①UV/VIS 分光光度法,该法简便快速,但灵敏度不高;②通过 $NaIO_4$ 氧化二醇[106,107],结合分光光度法或荧光光度法,测定产物二醇的量;③NBP(4-对硝基苄基嘧啶)法,NBP 能与环氧化物反应生成紫色染料,可在 600nm 处进行检测[108];④Reetz 等开发了用 ESI-MS 高通量测定环氧水解酶对映选择性的方法(图 9.8),以 1∶1 混合的 R-型环氧化物与氘代 S-型环氧化物作为底物,反应后由于 R-和 S-构型的底物或产物的荷质比各不相同,因此由其质谱结果可确定底物和产物的 ee 值,从而确定对映选择性[109];⑤van Loo 等以番红 O 为指示剂[110],在含 1,2-环氧丁烷的琼脂平板上对定向进化改造的菌株的 EHs 活性进行筛选,通过菌落颜色挑选活性菌株。

A. niger 环氧水解酶对苯乙烯氧化物的衍生物有很高的活性和对映选择性,但对其他底物的选择性不太理想,并且此酶的热稳定性和有机溶剂耐受性比较差。Baratti 等[111]对该酶进行了重组表达,并选择易错 PCR 的方法进行定向进化,将酶对 4-(对硝基苯氧基)-1,2-环氧丁烷的催化效率提高了 3.3 倍。Reetz 等[109]同样采用易错 PCR 方法将该酶对缩水

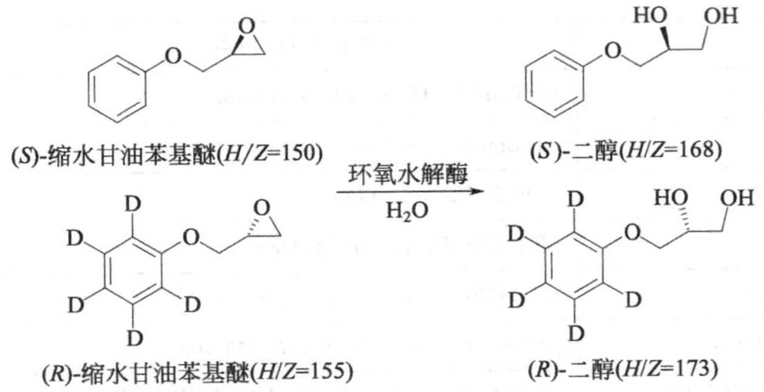

(S)-缩水甘油苯基醚(H/Z=150)　环氧水解酶 H₂O　(S)-二醇(H/Z=168)

(R)-缩水甘油苯基醚(H/Z=155)　　　　　　　(R)-二醇(H/Z=173)

图 9.8　质谱分析测定环氧水解酶的对映选择性（其中 H/Z 代表荷质比）

甘油苯基醚的对映选择率（E）由 4.6 提高到 10.8。对突变酶进行的序列分析表明，与野生型酶相比，3 个氨基酸残基发生了改变，并且其中两个远离催化活性中心。他们又通过易错 PCR 的方法将 A. niger 环氧水解酶的表达效率提高了近 50 倍[112]。

van Loo 等[110]采用易错 PCR 以及 DNA Shuffling 建立突变体库，采用番红 O 琼脂糖平板进行筛选，应用分光光度法测定活性与选择性。通过对 40000 个突变株的筛选，获得了对映选择性大幅度提高的 A. radiobacter 环氧水解酶突变体，对对硝基缩水甘油苯基醚的对映选择性提高了 13 倍，并且对其他一些底物的对映选择性也有不同程度的提高。此后，Rui 等[113]对 A. radiobacter 环氧水解酶的 F^{108}、L^{190}、I^{219}、D^{235} 和 C^{248} 五个位点进行了饱和突变和 DNA Shuffling，并针对苯乙烯氧化物、1,2-环氧己烯和环氧丙烷进行了活性和选择性的高通量筛选。其中突变体 I219F 对苯乙烯氧化物的对映选择性提高了 5 倍，同时其活性提高了两倍；而突变体 L190F 和 L190Y 对消旋苯乙烯氧化物有 4.8 倍和 2.7 倍的活性提高。此外，对于底物环氧丙烷和 1,2-环氧己烯，突变体 F108L/I219L/C248I 分别具有 10 倍和 2 倍的活性提高。

（2）理性设计改造

随着多个 EHs 晶体结构的陆续报道，近年来关于通过定点突变对环氧水解酶进行理性或半理性设计改造的报道也逐渐增加。Rink 等人根据 A. radiobacter 环氧水解酶的晶体结构，将其中参与底物结合与环氧开环的两个 Tyr 中的一个突变为 Phe 后，使它对芳香类环氧化物的对映选择性提高了 2～5 倍[44,114]。Thomaeus 等[115]根据土豆环氧水解酶 StEH 的晶体结构以及定点突变、稳态动力学等实验结果鉴定了 StEH 中的质子传递链及关键残基，相关的突变 Y149F 和 H153F 破坏了质子传递链中蛋白质-水的氢键作用，突变酶对反式二苯乙烯氧化物的对映选择性提高了 30 倍，然而突变酶的稳定性却有显著下降。此外对于 StEH 中核心结构域与盖子结构域之间的盐桥进行改造的突变体 K179Q、E215Q、R236K 和 R236Q，导致酶的稳定性及其对底物 2-甲基苯乙烯氧化物的位置选择性发生改变。Choi 等人[116]通过同源建模方法模拟了 Mugil cephalus 环氧水解酶的结构，根据结构设计的三点突变体 F193Y/W200L/E378D 对苯乙烯氧化物的催化活性提高了 35 倍。四川大学的冯红课题组同样利用同源建模的方法模拟了 Phanerochaete chrysosporium 环氧水解酶的三维结构，并通过分子对接分析了酶与底物苯乙烯氧化物的结合方式，据此针对其活性位点周围残基的突变 W106I 使其对映选择性发生了翻转，E 值由 10.5（R）转变为 2.6（S）[117]。

Reetz等人[118]开发了一种半理性设计方法组合活性位点饱和突变（combinatorial active-site saturation testing，CASTing），即通过在活性位点附近按区域选择残基组合，分多轮重复进行组合饱和突变，与传统定向进化改造相比缩小了突变库规模，同时比理性设计具有更高的进化效率。他们将该方法应用于 *A. niger* 环氧水解酶对映选择性的改造，最终将 E 值由野生型酶的4.6提高至115[119]。而对LEH的CASTing改造获得了具有相反立体选择性的突变体，并被成功应用于内消旋环氧化物的去消旋化[120]。Reetz等[121]又基于酶的晶体结构，将LEH酶活性附近十个位点的氨基酸全部突变为某一种氨基酸（如Val或Phe），并进行迭代饱和突变，只需建立一个很小的突变库，即成功筛选立体选择性相反且显著提高的酶突变体。Kotik等[122]采用类似方法尝试对 *A. niger* M200 EH进行对映会聚水解能力的进化，通过5轮反复饱和突变，获得的突变体催化苯乙烯氧化物或对氯苯乙烯氧化物完全水解后获得的产物的ee达70%，将此突变体与野生型酶串联使用，产物的ee值可达到88%~91%。

华东理工大学许建和课题组通过X射线衍射的方法解析了来源于 *B. megaterium* 的环氧水解酶（BmEH）分辨率为1.75Å❶的晶体结构（PDB ID：4NZZ）和底物类似物复合物结构（PDB ID：4O08），并根据酶与底物类似物结合的复合物晶体结构，分析了酶与底物的结合方式并确定了限制其催化大位阻底物的关键氨基酸残基Phe128及Met145[123]。通过对这两个位点进行半饱和突变（Ala、Cys、Ile、Leu、Ser、Thr和Val），获得了对9种可作为手性心血管药物β-阻断剂合成前体的芳基缩水甘油醚类底物具有6~430倍活力提升的突变体，底物谱得到了极大的拓展[124]。对该酶的结构功能关系进行分析还发现，由于酶与底物结合的活性口袋具有很强的疏水性，因此BmEH对强疏水性底物如萘基缩水甘油醚及邻烯丙基苯基缩水甘油醚具有远高于其他底物的活性。

9.5.5 环氧水解酶应用于经典动力学拆分[125,126]

根据环氧乙烷环上取代基的性质、位置和多寡可将环氧化物大致分为四类（如图9.9所示）：①单取代环氧化物；②苯乙烯氧化物型环氧化物；③2,2-二取代环氧化物；④2,3-二取代和三取代环氧化物。

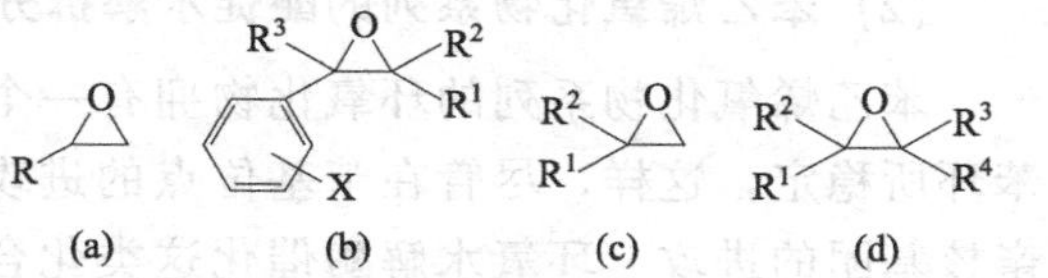

（1）单取代环氧化物的酶促水解拆分

链烷基单取代环氧化物的分子纤长，其构象高度灵活（highly flexible），这种结构使得酶对它进行手性识别具有相当的难度。来源于 *Rhodotorula*、*Rhodosporidium* 和 *Trichosporon* 等属的一些酵母菌株拥有可对其进行高对映选择性水解的酶[62~64]，且优先水解（R）-底物。从研究结果看，大部分环氧水解酶对于侧链长度在4~6个碳原子的环氧化物具有较高的对映选择性；若碳链过长或过短，则对映选择性均急剧下降，这可能与酶的底物结合区域的空间大小有关。Botes等[63]用 *Rhodotorula araucariae* CBS 6031、*Rhodosporidium toruloides* CBS 0349对1,2-环氧辛烷进行了制备规模的酶促水解拆分，底物浓度高达500mmol/L，剩余（S）-底物的ee值大于98%，收率高于42%。除了链烷基单取代的环氧化物之外，酵母菌来源的环氧水解酶对烯

图9.9 环氧化物分类示意图

❶ 1Å=0.1nm。

烃单取代的环氧化物也具有较高的对映选择性[64]，视底物不同，E 值可大于 200。

来源于细菌或霉菌的环氧水解酶中对链烷基单取代的环氧化物具有高对映选择性的很少。Botes 等人[127]最先用细菌 *Chryseomonas luteola* 整细胞实现了对 1,2-环氧烷烃的高对映选择性水解，对于 1,2-环氧辛烷，剩余环氧底物以及产物二醇的 ee 值分别达 98% 和 86%。对所有底物，该菌株均优先水解 (R)-对映体。

霉菌来源的环氧水解酶对较多官能团取代的环氧化物表现出较高的对映选择性。Guérard 等用 *A. niger* 环氧水解酶对 1,1-二乙氧基-3,4-环氧丁烷进行拆分[128]，获得 ee 值为 98% 的剩余 (S)-环氧化物，收率为 30%。*A. niger* 环氧水解酶对吡啶环氧乙烷也具有很高的对映选择性[129]，而 (S)-吡啶环氧乙烷是肾上腺素阻断剂或减肥类药物合成的重要前体。Genzel 等人用 *A. niger* 环氧水解酶拆分 2-、3-、4-吡啶环氧乙烷，底物浓度为 10g/L，均获得了对映纯的 (S)-吡啶环氧乙烷[130]。另外，*Agrobacterium radiobacter* AD1 对这类底物也有较高的对映选择性[131]。

(S)-缩水甘油芳基醚类衍生物是普萘洛尔、美托洛尔等一系列词尾为洛尔的药物（肾上腺素阻断剂）合成的重要前体。许建和等[132]以缩水甘油苯基醚为模型底物，通过土壤微生物大规模筛选，分离得到两株对映选择性的菌株，其中细菌 *Bacillus megaterium* ECU 1001 优先水解 (R)-缩水甘油苯基醚类衍生物，剩余 (S)-底物。用该菌株的冻干细胞催化拆分消旋缩水甘油苯基醚，转化率为 55.9% 时，剩余 (S)-底物的 ee 达 99.5% 以上。另一株酵母菌 *Trichosporon loubierii* ECU1040 优先水解 (S)-缩水甘油苯基醚类衍生物[70]。徐毅等以苯环上具有硝基取代的缩水甘油苯基醚为底物，以 ECU1040 冻干细胞作为催化剂进行了拆分效率的考察，当硝基的位置从邻位改变到间位、对位时，反应的速率及对映选择性依次下降[133]。当以邻硝基缩水甘油苯基醚作为底物时，以 41% 的产率获得了光学纯度 97.2% ee 的 (R)-环氧化合物。另外，用 *Trichosporon loubierii* ECU1040 催化缩水甘油萘基醚的水解拆分，随后通过化学法分别合成了高光学活性的 (R)-和 (S)-普萘洛尔[134]。*Agrobacterium radiobacter* 环氧水解酶[135]和 *A. niger* 环氧水解酶[66]等也能高效地催化这类化合物的对映选择性水解。

(2) 苯乙烯氧化物系列的酶促水解拆分

苯乙烯氧化物系列的环氧化物拥有一个苄基环氧碳原子，形成的碳正离子中间体可被苯环所稳定，这样，尽管在苄基位点的进攻有立体阻碍，却在电性方面占有优势，有利于亲核基团的进攻。环氧水解酶催化这类化合物水解的区域选择性通常是混合的，即在环氧乙烷环的两个碳原子上的攻击均有发生。

根据酶的进攻位点的不同，可将催化这类底物水解的环氧水解酶分为两大类，分别以哺乳动物的可溶性环氧水解酶（sEH）和微粒体环氧水解酶（mEH）为代表。其中 sEH 催化水解反应时，产物中水分子的氧原子部分甚至全部整合在较多取代的苄基位[136]，真菌 *Beauveria sulfurescens*、*Beauveria densa*、*Syncephalastrum racemosum* 等微生物的环氧水解酶也属于这一类。Moussou 等用 *Syncephalastrum racemosum* 无细胞提取物催化一系列苯环对位取代的苯乙烯氧化物的水解，结果表明反应的区域选择性与苯环取代基的性质密切相关。苯环的对位是给电子基团（如甲基）有利于苄位（α 位）进攻，若对位是吸电子基团（如硝基）则有利于非取代末端（β 位）进攻；随着取代基吸电子能力的增强，最大反应速率（v_{max}）及效率常数（v_{max}/K_m）下降。在这里，反应的限速步骤是环氧环中 C-O 键的断裂。根据观察到的结果，人们推测，这一类环氧水解酶催化的 C-O 键裂解涉及过渡态的亲电活化（质子化或氢键作用）[137,138]。

而 mEH 催化水解苯乙烯氧化物及 1,2-二苯乙烯氧化物的苯环取代衍生物时，水中的氧原子整合在少取代的碳原子上[139]，表明在酶法亲核攻击过程中没有发生底物的亲电活化/质子化。兔 mEH[24] 催化水解反-3-溴-1,2-环氧环己烷，生成反式 2,3-环己醇，作者认为环氧基团中的氧原子可能经历了短暂的氧负离子状态。对鼠 mEH 催化 4-硝基苯甲酸缩水甘油酯水解进行的动力学研究表明：反应进程的第二步，也即底物与酶形成的酯中间体的水解是 mEH 反应的限速步骤[140]。哺乳动物 mEH 和昆虫的环氧水解酶[141]均属这类酶。在微生物中，黑曲霉[142]、*Corynebacterium* sp.[143]、*Sphingomonas* sp.[144] 等的环氧水解酶也遵循相似的区域选择性。

(3) 二取代环氧化物的酶促水解拆分

2,2-二取代的环氧化物具有很强的空间阻碍效应，环氧水解酶催化该类化合物水解时，排它性地进攻较少空间阻碍的未取代环氧乙烷碳原子。细菌，如 *Rhodococcus* NCIMB 11216[56,145]和 *Rhodococcus rubber*[146] 等来源的环氧水解酶，对这类化合物具有几乎绝对的对映选择性。到目前为止，除了少数例外，大多数细菌环氧水解酶对这类底物优先水解 (S)-对映异构体。另有一些真菌，如 *A. niger*[147] 的环氧水解酶对其具有中等的对映选择性。

Faber 等利用细菌环氧水解酶对不同链长烷基取代的 2,2-取代环氧化物进行生物转化[55,56]，结果如表 9.3、表 9.4 所示。与单取代的 1,2-环氧辛烷相比，在环氧乙烷的 2-位引入甲基不仅提高了细菌环氧水解酶的对映选择性，甚至使酶的对映选择性发生了翻转（由 S 选择性变成了 R 选择性）。用 *Rhodococcus* NCIMB 11216 分别水解 2-甲基-1,2-环氧庚/壬/十一烷时，对映选择性依次增高，而将其中的甲基换为乙基，则 E 值急剧下降，这表明，对于 2,2-取代环氧化物，两个取代基之间的差异越大，其选择性越高。

表 9.3 细菌催化直链 1,2-环氧化物和 2-位甲基取代的直链 1,2-环氧化物的不对称水解

细菌名称	R^1	R^2	环氧构型	环氧 ee/%	二醇构型	二醇 ee/%	选择率(E)
Rhodococcus sp. NCIMB 11216	H	C_6H_{13}	S	21	R	39	2.8
Rhodococcus sp. NCIMB 11216	CH_3	C_5H_{11}	R	71	S	96	104
Rhodococcus sp. NCIMB 11540	H	C_6H_{13}	S	12	R	26	1.9
Rhodococcus sp. NCIMB 11540	CH_3	C_5H_{11}	R	51	S	89	29
Corynebacterium sp. UPT 9	H	C_6H_{13}	S	10	R	41	2.6
Corynebacterium sp. UPT 9	CH_3	C_5H_{11}	R	18	S	71	7

表 9.4 *Rhodococcus* sp. NCIMB 11216 对直链烷基 2,2-二取代环氧化物的不对称水解

R^1	R^2	环氧构型	环氧 ee/%	二醇构型	二醇 ee/%	转化率/%	选择率(E)
C_2H_5	C_5H_{11}	ND①	25	ND	70	26	7.2
CH_3	C_5H_{11}	R	71	S	96	43	104
CH_3	C_7H_{15}	R	25	S	98	20	126
CH_3	C_9H_{19}	R	55	S	>99	36	>200

① ND 表示绝对构型没有测定。

Steinreiber 等对不同取代基、不同链长的一系列 2,2-二取代的（极性）官能团的环氧化物（底物结构如图 9.10 所示）用细菌进行了生物转化[145]。结果表明，拥有游离羟基或叠氮基团的底物不能被转化，而侧链为醚的环氧化物则可以，氧原子在侧链中的位置对转化的选择性有很大影响。根据实验结果，作者得出下列结论：①与相同链长的对应烷烃取代的环氧化物相比，酶对含极性官能团的底物的活力较低；并且极性官能团的引入通常导致对映选择性下降；②对于含羟基的 2,2-二取代环氧化物，反应的选择性可通过选择不同的邻位保护基团进行调节；③随链长的增加，对映选择性下降。

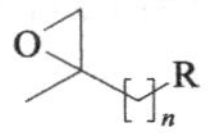

$n=1\sim 3$;
R= —OH; —OCH$_2$CH=CH$_2$; —OCH$_2$CH$_2$CH$_3$; —OCH$_2$C$_6$H$_5$; —OTBDMS; —OSiEt$_3$;
—CN; —OCH$_2$O(CH$_2$)$_2$OCH$_3$; —CH(OCH$_2$CH$_3$)$_2$; —N$_3$

图 9.10　2,2-二取代的带极性官能团的环氧化物

Osprian 等用细菌环氧水解酶对含烯烃或炔烃取代基官能团的 2,2-二取代的环氧化物进行了考察（底物结构如图 9.11）[146]。对这类不饱和烃基取代的化合物，通过 C-C 多键的氧化裂解即可得 ω-官能团砌块。一般地，酶促水解的对映选择性按炔烃、反烯烃、顺烯烃、烷烃的顺序而递增，烷基取代的环氧化物的对映选择性是最高的。C-C 双/三键距手性中心的远近显著影响反应的对映选择性，越接近手性中心，反应的对映选择性越差。

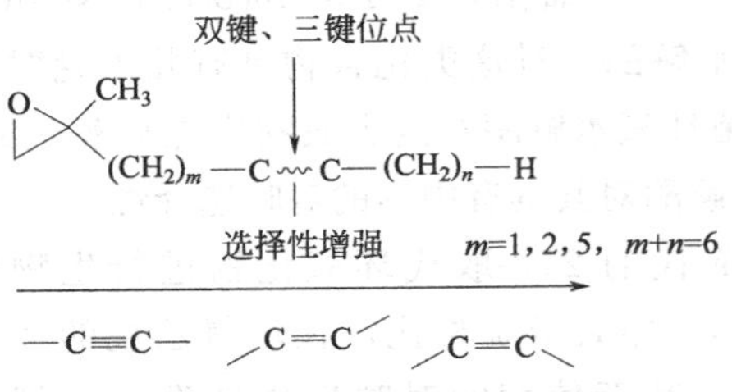

图 9.11　不饱和烃基取代的 2,2-二取代的环氧化物

对于 2,3-二取代的环氧化物，两个取代基的空间贡献是相近的。因此，对于这类底物，酶通常表现混合的区域选择性。酶的对映选择性与取代基的大小密切相关，显然两个取代基的差异越大，酶对底物的对映选择性越佳[56]。

细菌来源的环氧水解酶对 2,3-二取代环氧化物具有较高的选择性。Kroutil 等使用细菌冻干细胞，对烷基取代的 2,3-二取代环氧化物（见图 9.12）的水解进行了系统考察[148]。在所研究的菌株中，大部分菌株均可同时接受顺/反异构的底物，但反式底物的反应速率较快，所有菌株都优先攻击 S-构型的碳原子。对于这类底物的酶促水解观察到了对映会聚现象，其中 Nocardia EH1 催化顺-2,3-环氧庚烷水解选择性最高，转化率为 100% 时，获得 (2R,3R)-产物二醇的 ee 达 97%。与 2,2-二取代的底物相比，用 Rhodococcus NCIMB

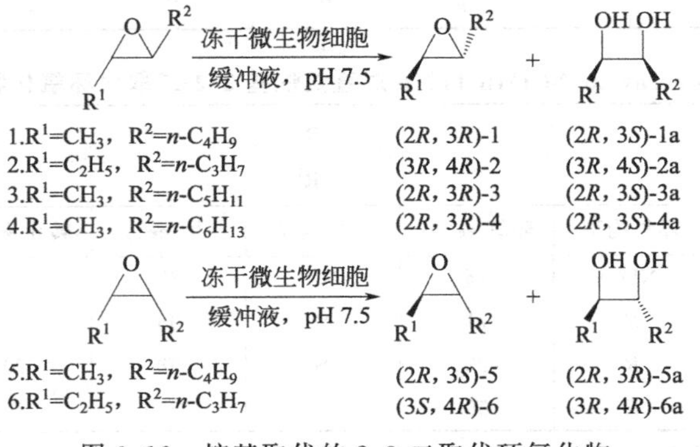

1. R^1=CH$_3$,　R^2=n-C$_4$H$_9$　　(2R,3R)-1　　(2R,3S)-1a
2. R^1=C$_2$H$_5$,　R^2=n-C$_3$H$_7$　　(3R,4R)-2　　(3R,4S)-2a
3. R^1=CH$_3$,　R^2=n-C$_5$H$_{11}$　　(2R,3R)-3　　(2R,3S)-3a
4. R^1=CH$_3$,　R^2=n-C$_6$H$_{13}$　　(2R,3R)-4　　(2R,3S)-4a

5. R^1=CH$_3$,　R^2=n-C$_4$H$_9$　　(2R,3S)-5　　(2R,3R)-5a
6. R^1=C$_2$H$_5$,　R^2=n-C$_3$H$_7$　　(3S,4R)-6　　(3R,4R)-6a

图 9.12　烷基取代的 2,3-二取代环氧化物

11216 催化不同链长取代基的 2,3-二取代底物的水解，底物烷基链长对选择性仅有轻微影响。

Mayer 等选择顺式 2,3-氯代烷烃取代的环氧化物为底物，用细菌水解同样实现了对映会聚[149,150]，由于卤素的存在，水解产物卤代二醇会自发闭环，见图 9.13。

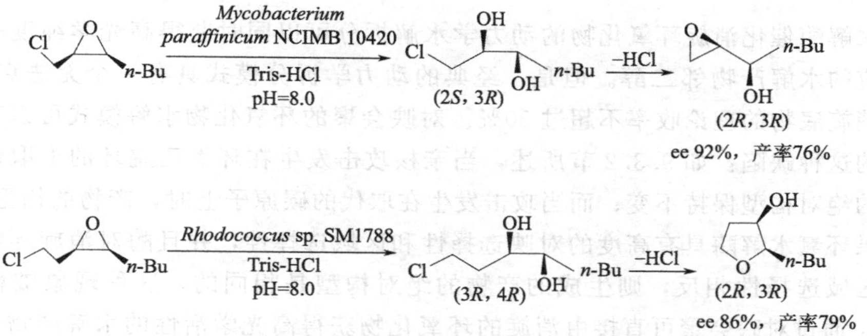

图 9.13 细菌水解顺式 2,3-氯代烷烃取代的环氧化物

除细菌之外，红酵母 $R.\ glutinis$[61] 等对 2,3-二取代的环氧化物也具有良好的选择性。

（4）三取代的环氧化物的酶促水解拆分

此类环氧化物有很强的空间阻碍，但细菌、真菌以及酵母中均有可接受其作为底物，并具有高选择性的环氧水解酶存在[60,61]。Steinreiber 等以三烷基取代环氧化物为底物，用 $R.\ ruber$ 同样实现了对映会聚的转化过程[151]。有趣的是，他们同时进行对映选择性和区域选择性测定的 $R.\ ruber$、$M.\ paraffinicum$ 和 $S.\ lavendulae$ 等共 8 个菌株中有 7 个都对该类底物的两种对映体具有相反的区域选择性，这表明对映会聚这种反应模式与底物的结构非常相关。

9.5.6 内消旋环氧化物的去对称化

内消旋环氧化物的分子是对称的，如果环氧水解酶选择性进攻环氧乙烷环的某个手性中心，将导致单一的反式二醇以 100% 的理论产率生成，实现内消旋底物的不对称化。红酵母 $R.\ glutinis$ 对脂环族环氧化物表现出较高的活性与选择性[61]，用它水解环戊烯氧化物和环己烯氧化物，产物构型均为 （1R,2R），收率大于 90%，ee 值分别为 98% 和 90%。细菌来源的环氧水解酶对大多数内消旋环氧化物的对映选择性较差。2003 年，Chang 等[152] 报道了高对映选择性水解内消旋环氧化物的细菌环氧水解酶：用 $Sphingomonas$ sp. HXN-200 催化水解 N-苄氧羰基-3,4-环氧-吡咯（图 9.14）和环己烯氧化物，产物二醇的 ee 值分别达 95% 和 87%。尽管如此，高对映选择性水解这类化合物的微生物菌株仍有待发现。

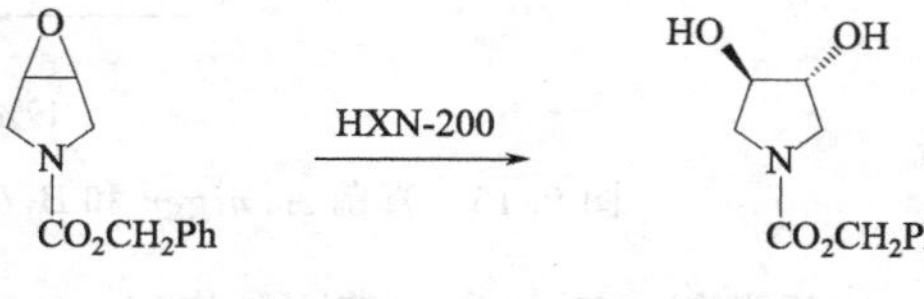

图 9.14 细菌环氧水解酶高对映选择性水解内消旋环氧化物

值得一提的是顺式环氧琥珀酸的酶法选择性水解生产 L-(＋)-酒石酸。早在 20 世纪 70 年代，日本即有用顺式环氧琥珀酸水解酶生产 L-(＋)-酒石酸的报道。我国孙志浩等[153]用明胶包埋固定的酒石酸诺卡氏菌 $Nocardia\ tar$-

taricans SW13-57 催化顺式环氧琥珀酸水解生产 L-(+)-酒石酸，生产规模达吨级，生产能力达 16.58g/(L·h)。

9.5.7 环氧水解酶催化的对映会聚水解

环氧水解酶催化消旋环氧化物的动力学水解拆分可以同时获得高光学纯度的剩余环氧化物和相应的水解产物邻二醇。但是，经典的动力学拆分模式具有一个无法克服的缺陷：基于初始消旋底物的理论收率不超过 50%。对映会聚的环氧化物水解模式可以克服动力学拆分模式的这种缺陷：如 9.3.2 节所述，当亲核攻击发生在环氧乙烷环的未取代碳原子上时，产物的绝对构型保持不变；而当攻击发生在取代的碳原子上时，产物的构型发生翻转。这样，如果环氧水解酶具有高度的对映选择性和区域选择性，并且酶对消旋环氧化物两种对映体的区域选择性相反，则生成的产物的绝对构型是相同的，这种现象被称为对映会聚[154,155]。通过对映会聚可直接由消旋的环氧化物获得高光学活性的水解产物邻二醇，理论收率为 100%。

对映会聚反应过程的实现有如下三种方式。

(1) 两种生物催化剂偶联实现对映体会聚

两种酶对同一个底物具有互补的对映选择性，且表现相反的区域选择性，这样消旋底物的两个对映体分别被消耗，转化为单一构型的产物。

真菌 *A. niger* 和 *B. bassiana*（先前命名为 *B. sulfurescens*）的组合是一个典型例子[58]，见图 9.15。*A. niger* LCP 521 优先水解 (*R*)-苯乙烯氧化物生成 (*R*)-苯乙二醇，留下 (*S*)-底物；而 *B. bassiana* ATCC 7159 优先水解 (*S*)-底物，同样得到 (*R*)-产物，且这两株菌都具有很高的对映选择性。使用等比例的这两种菌的整细胞混合物，催化消旋苯乙烯氧化物的水解，最终以 92% 的收率得到了较高纯度的 (*R*)-苯乙二醇（89% ee）。

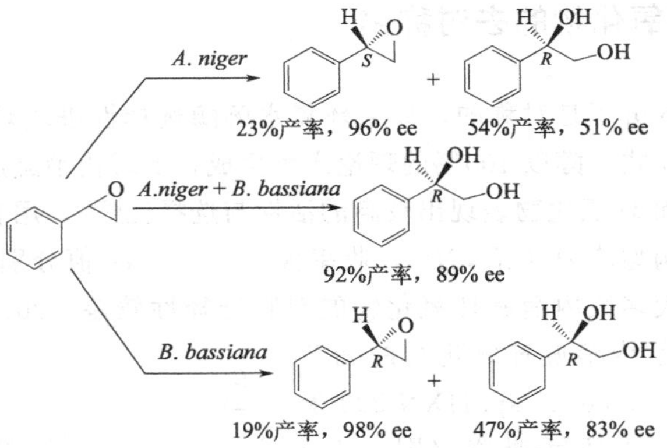

图 9.15 真菌 *A. niger* 和 *B. bassiana* 催化苯乙烯氧化物对映会聚水解

与此类似，Furstoss 等[156]将 *A. niger* 与 *S. tuberosum* 的环氧水解酶相组合，进行消旋 4-氯-苯乙烯氧化物的酶催化对映会聚水解。但与上一个例子不同的是，由于两种酶的最适 pH 差异较大，所以催化剂是顺序加入的：先用 StEH 酶粉，待 (*S*)-底物耗尽后，调节反应缓冲液的 pH，随后加入 AnEH 继续反应直至终点，最终以 93% 的收率得到了几乎光学纯的产物 (*R*)-二醇。

(2) 一种生物催化剂单独实现对映会聚

用单一生物催化剂催化消旋环氧化物对映会聚水解，这对酶的区域选择性和对映体选择性的配对有很高的要求，使得这类催化剂相对比较稀少，且催化的底物多为 2,3-二取代的环氧化物。

用真菌 Beauveria bassiana 整细胞转化（±）-顺-β-甲基苯乙烯氧化物[157]，底物的两个对映体以不同的区域选择性被水解，实现对映会聚的反应模式，产生 (1R,2R)-1-苯丙烷-1,2-二醇（98% ee），收率达 85%。类似的，Kroutil 等使用多个细菌菌株，其中包括 Nocardia、Arthrobacter sp.、Rhodococcus sp. 等对一系列 2,3-二取代的环氧化物实现了对映会聚的水解模式[148,157]。另外，许建和等[158]首次发现了植物来源的绿豆环氧水解酶可以催化苯乙烯氧化物的衍生物对映会聚水解，以对硝基苯乙烯氧化物为底物，产物 (R)-邻二醇的 ee 值为 82.4%。

(3) 化学-酶法对映会聚

生物法水解环氧化物的一个对映体，剩余的另一个对映体底物通过化学法催化水解，两种方式的区域选择性相反，也可以实现对映会聚。

2,2-二取代环氧化物有空间阻碍，用 Nocardia sp. 冻干整体细胞进行拆分[159]，攻击高度专一地发生在少取代碳原子上，导致立体中心构型的保留，具有出色的区域选择性。另一方面，用酸对残留环氧化物催化水解，由于底物的质子化效应，水的亲核攻击发生在多取代的环氧乙烷碳上，导致构型反转。将消旋体拆分和构型反转这两个步骤有效地组合，能以很高的产率（>90%）产生相应几乎对映纯的 (S)-1,2-二醇。

按照同样的方式，在 A. niger 的粗酶提取物水解拆分消旋的对硝基苯乙烯氧化物后，加入硫酸催化剩余底物的化学水解，得到 (R)-对苯乙烯二醇，ee 为 80%，产率高达 94%[160]。在化学-酶法对映会聚中，产物二醇最终的 ee 值与酶反应转化率相关，另外酸水解过程中会发生一定程度的消旋，因此必须对这两个催化步骤进行仔细的调节。Furstoss 等[160]对生物拆分-酸水解过程进行了数学方法优化，从而可在最佳转化率时适时地启动酸水解步骤。此外，Faber 等[161]对 2,2-二取代环氧乙烷的酸水解进行了反应体系的优化，对溶剂和无机酸的种类以及反应体系的水含量的影响进行考察，以避免酸水解消旋的发生。他们的工作令大规模的环氧化物去消旋化成为可能[162]。

9.5.8 非天然亲核试剂参与的环氧开环

在环氧水解酶催化环氧开环的过程中，水作为"天然"的亲核试剂参与环氧化物的开环反应并释放产物二醇。若该反应能利用"非天然"亲核试剂，比如醇、胺、羟胺、肼甚至过氧化氢等，代替水参与环氧开环反应，将大大扩展环氧水解酶在有机合成中的应用价值。如 β-肾上腺素阻断剂［其活性通常定位于 (S)-对映体］等一些重要的手性药物即可由消旋环氧化物与胺在环氧水解酶的催化下直接对映选择性地合成。

水相体系中进行的环氧化物的胺解[163]和叠氮解（azidolysis）[164]已被报道。在缓冲液中，用鼠肝微体环氧水解酶催化缩水甘油芳基醚的胺解[163]，获得对应的 (S)-构型氨基醇的 ee 值为 51%～88%。而在 Rhodococcus sp. 固定化粗酶的存在下，以叠氮化物作为亲核试剂，对消旋 2-甲基-1,2-环氧庚烷进行不对称开环[164]，反应具有复杂的表现。

其中，(S)-环氧化物被水解（与不存在叠氮化物的水解反应一样，ee＞90％），而水解反应中较难接受的(R)-对映体被转化为相应的叠氮化醇（ee＞60％）。在上述两个例子中已经证实反应确实是由酶催化的：不加酶或使用热失活的酶制备物，观察不到反应的发生。

除环氧水解酶之外，猪胰脂肪酶粗酶制剂（可能含有其他酶）同样可催化环氧化物的胺解[127]。考虑到所用的酶是一个丝氨酸水解酶，可被环氧化物不可逆灭活，此反应可以用手性蛋白质表面催化进行解释，可能不是真正由酶催化的反应。

尽管有上述成功的例子，非天然亲核试剂的应用仍存在许多问题。根据α/β折叠环氧水解酶的催化机理（图9.5），在反应过程第一步形成底物-酶中间体，若采用非天然亲核试剂进攻由酶的Asp残基与底物形成的酯键，将导致酶的催化残基Asp无法恢复到初始状态。比如氨对反应酯中间体的亲核进攻，将使酶活性位点的Asp不可逆地转变为Asn，而后者不是一个适宜的催化残基，会导致酶的失活[165]。同样地，由氨引起的转化失活可在其他的以Asp作为催化残基的酶，比如氟乙酸脱卤酶（fluoroacetate dehalogenase）上观察到。其他亲核试剂的使用同样存在类似的失活问题。而第二类环氧水解酶，如来源于 *Rhodococcus erythropolis* DCL14的柠檬烯环氧水解酶（LEH），由于在反应过程中不涉及底物-酶中间体状态，因此可接受非天然亲核试剂而不影响酶的催化残基。然而除了上述固定化 *Rhodococcus* sp. 环氧水解酶催化的环氧化物叠氮解可能是源于此类环氧水解酶活性外，至今尚无其他类似研究的报道。

9.6 环氧水解酶反应工程

9.6.1 单一水相催化

单一的水相缓冲液是生物转化的常用介质，环氧水解酶催化的环氧化物水解通常直接在水相缓冲体系中进行。环氧水解酶在常温下比较稳定，适当提高反应温度，会加速反应的进行，但继续提高反应温度，会导致酶的失活加剧，并极大地降低酶的对映选择性[166]。也有一些环氧水解酶对温度比较敏感，在这种情况下，可选择较低的温度，如在4℃进行酶促水解反应[167]。

环氧化物比较活泼，在酸性或强碱性条件下容易自发水解，这种化学水解是非选择性的，它将极大地降低酶催化水解产物的光学纯度（ee_p）。另外，过酸或过碱性的环境也容易引起酶的失活。故对于环氧水解酶催化的反应，通常都是在中性或弱碱性环境中进行。除了缓冲液的pH之外，缓冲盐的种类以及离子强度也会影响酶的活性和对映选择性。

环氧化物的水解过程中没有酸或碱的产生，当酶催化反应的最适pH为7.0时，直接用普通水代替缓冲溶液作为反应介质是可行的。Furstoss等以普通水为反应介质，实现了2-吡啶环氧乙烷[128]以及1-氯-2-(2,4-二氟苯基)-2,3-环氧丙烷[168]的拆分。直接用水替代缓冲液作为反应介质对于工业应用是非常有利的，不仅降低了生产成本，而且可以简化下游处理过程。

大部分环氧化物的水溶性很差，在反应介质中添加水互溶性的有机溶剂可以增强底物的溶解性，减弱传质的限制，加速反应的进行。但助溶剂的添加也会造成酶的失活，且随着助溶剂浓度的提高，其失活效应加强[79,169]。助溶剂对反应的影响是上述两个效应共同作用的结果。添加表面活性剂同样可以提高水不溶性底物在水中的分散度，加快反应速度。de Bont 等[170]考察了三类表面活性剂对 R. glutinis 环氧水解酶比活和对映选择性的影响，发现非离子型表面活性剂对酶的活性和对映选择性有显著的提升作用，尤其是当其浓度远高于临界胶束浓度时，在一定浓度范围内，其效果随表面活性剂浓度的提高而提高。非离子型表面活性剂对酶对映选择性的增强作用也被其他人所观察到，宫鹏飞等[171]发现在反应体系中添加 Tween-80 不仅有效地促进了水不溶性底物缩水甘油苯基醚的分散，还提高了 B. megaterium 环氧水解酶的稳定性，同时酶的活性和对映选择性均有显著提高。非离子型表面活性剂对酶活性的促进可用界面激活效应解释，而对映选择性的影响可能是由于表面活性剂形成了人工膜结构，从而对酶的构象起了微调作用。

9.6.2　两相催化

环氧化物在水溶液中易于自发水解的特性及其较低的溶解性严重限制了环氧水解酶催化的动力学拆分过程在工业规模上的应用。而引入非水溶性有机溶剂与水组成两相反应体系可有效地克服单一水相拆分中存在的这些问题。

环氧氯丙烷易于自发水解，用 A. niger 细胞悬液在单水相体系中对其进行拆分，当残留 (S)-环氧氯丙烷的 ee 值达到 100% 时，其收率仅 2%[66]。Choi 等选择不同链长的烷烃作为有机相反应介质，发现剩余的光学纯 (S)-环氧氯丙烷的收率随着脂族烷烃碳链链长的增长而逐渐提高。以含有 2% 水的环己烷作为反应介质，光学纯 (S)-环氧氯丙烷的收率提高到 20%[172]。

Baldascini 等[173]应用 Lewis 反应器对水-有机两相体系中 A. radiobacter AD1 环氧水解酶催化苯乙烯氧化物水解的反应进行了详细研究，结果表明水不溶性溶剂对酶的失活作用的影响是多重的，包括分子毒性（水相中溶解的溶剂分子对酶产生失活作用）以及界面毒性（水-有机溶剂两相界面对酶结构造成破坏）。溶剂的 $\lg P$ 是溶剂选择的一项重要标准，一般认为，$\lg P > 4$ 时，该溶剂是生物相容的，对酶活的影响较小[174]。对于环氧水解酶催化的环氧化物水解而言，通常选择 $\lg P$ 较大的溶剂，这样反应残留的环氧化物存在于有机相中，而水解产物较多地分配在水相中，有利于下游处理。

除了选用水不溶性有机溶剂与缓冲液构成两相体系外，在一些文献报道中，直接以高浓度的液态底物作为两相体系的有机介质[167,175]，效果良好。Furstoss 等[167]用 Aspergillus niger 催化对-溴-α-甲基苯乙烯氧化物水解，直接以疏水底物作为有机相，与水缓冲液组成两相体系。令人惊讶的是，在这样的两相体系中，反应的对映选择性较之单水相反应提高了 13 倍，E 值由 20 提高到 260。

9.6.3　膜反应器转化

有机溶剂的应用解决了底物的溶解性以及稳定性问题。但是，如前所述，当含有生物催化剂的水相直接与有机溶剂接触时，有机溶剂本身会对环氧水解酶的活性起抑制作用。膜反应器的应用可有效地解决这个问题，它一方面可将有机相与水相隔离，消除溶剂抑制效应；另一方面，它还能有效地解除底物与产物对酶的抑制效应。

(1) 中空纤维膜反应器

Choi 等[176]应用亲水中空纤维膜，构建了一个两相膜反应器。底物1,2-环氧己烷溶解于十二烷中，由中空纤维膜的管腔中通过；所用生物催化剂为 $R.\ glutinis$ 整细胞，悬浮于磷酸钾缓冲液中，由壳层通过。有机溶剂和催化剂被中空纤维膜隔离，有机溶剂中的底物穿过中空纤维膜壁渗透进入水相参与反应，由于中空纤维膜反应器具有非常大的比表面积，保证了传质的进行。此反应的水解产物对酶有较强的抑制作用，研究者在酶促水解反应的基础上，串联了一个中空纤维膜柱进行产物二醇的提取，避免了产物在反应缓冲液中的累积。

上述反应器进行的仍是批次操作，其缺点是：一个对映体完全消耗之后方可获得残留的对映纯环氧底物，无法体现膜反应器可以连续操作的优越性。研究者对此进一步进行改进，使用三个中空纤维柱[177]，分别进行环氧底物的水解反应，残留环氧底物的提取，以及产物二醇的提取，实现了连续化生产，时空产率达 3.8g/(L·h)。

(2) 截留膜反应器

在中空纤维膜反应器中，膜起了隔离的作用。Krieg 等[178,179]构建了另一种膜反应器，见图 9.16。生物催化剂（细胞或细胞破壁物）被截留在两层膜之间，底物溶解于含 20%乙醇的缓冲液中，在压力作用下穿过膜，进入反应室发生反应，反应产物与剩余的底物一起从反应器底部流出，剩余底物的 ee 达 89.3%。

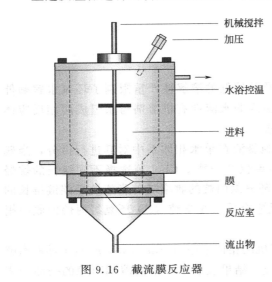

图 9.16　截流膜反应器

在这个反应器中，膜起了催化剂截留固定的作用。

9.7　总结与展望

环氧水解酶是自然界广泛存在的一类水解酶，它们催化环氧化物水解生成相应的邻二醇，在生物体的生长调控、代谢解毒等方面起着重要作用。哺乳动物环氧水解酶通常具有很高的对映选择性，但是从动物组织中进行酶的提取，其产量非常少，无法满足有机合成的需要。一些生物有机化学家另辟蹊径，对微生物环氧水解酶进行大规模筛选，分离获得许多具有高活性、高对映选择性的环氧水解酶生产菌株。由于微生物环氧水解酶可以通过发酵大量获得，酶具有很高的对映选择性，并且催化反应无须辅因子的存在，简便易行，这使得环氧水解酶逐渐像脂肪酶一样，成为有机合成化学家常用的手性生物催化剂。随着生物信息学与分子生物学技术的发展，如今研究人员可以从庞大的基因库中鉴定和克隆环氧水解酶基因并在工程菌中进行表达，大大增加了酶制剂来源的多样性并降低了酶的制备成本。而定向进化和理性（半理性设计）改造等蛋白质工程技术也已逐步应用于环氧水解酶的分子改造，以获得更具工业应用潜力的生物催化剂。

环氧水解酶催化的水解反应机理遵循 S_N2 机制，并且环氧开环过程中存在区域选择性问题，具有一定的特殊性。通过反应过程的合理设计，针对不同的底物，可以实现对映选择性水解拆分、对映会聚水解、去消旋化等多种反应模式，获得光学纯的环氧化物或邻二醇。通过化学-酶法反应过程的有效结合，环氧水解酶催化的反应已经成功地应用于多种手性药物的合成。

尽管如此，对环氧水解酶的研究应用大部分仍停留在实验室阶段，很少有工业化生产应用的报道，其原因是多样的：①与品种多样的脂肪酶相比，商品化的环氧水解酶的种类少，并且价格昂贵；②环氧水解酶通常稳定性较差，嗜热微生物来源的环氧水解酶尚未开发，固定化酶的报道较少，导致酶的应用成本相对较高；③环氧水解酶催化底物通常疏水性强，底物浓度低，并且底物容易自发水解，影响产品收率；④对环氧水解酶催化反应的反应器设计等方面研究较少。

相信在不久的将来，随着科学家对环氧水解酶序列-结构-功能之间关系的深入研究，以及基因工程、蛋白质工程等技术的广泛应用，会有众多性能优良的环氧水解酶出现在商品酶的货架上；而后两个问题，针对特定的底物，通过选择适当的反应体系，构建合适的反应器，能得到很好的解决。到那时，环氧水解酶也会像脂肪酶那样，成为一种大规模应用的工业用酶，在绿色化学品生产中发挥重要作用。

（孔旭东　潘江　许建和）

参 考 文 献

[1] Agustian J, Kamaruddin A H, Bhatia S. Single enantiomeric beta-blockers-The existing technologies [J]. Process Biochem, 2010, 45：1587-1604.

[2] de Vries E J, Janssen D B. Biocatalytic conversion of epoxides [J]. Curr Opin Biotech, 2003, 14：414-420.

[3] Hwang S, Choi C Y, Lee E Y. Bio- and chemo-catalytic preparations of chiral epoxides [J]. J Ind Eng Chem, 2010, 16：1-6.

[4] Archelas A, Furstoss R // Fessner W D, ed. Biocatalysis, from Discovery to Application. Germany：Springer-Verlag Berlin Heidelberg, 1999：159-191.

[5] 李祖义，金浩，石俊. 生物催化合成光学活性氧化物 [J]. 有机化学, 2001, 21：247-251.

[6] 吴襟，孙万儒. 环氧化物的生物不对称合成 [J]. 生物工程进展, 2001, 21：35-42.

[7] 孙志浩. 生物催化工艺学. 北京：化学工业出版社，2004：599-632.

[8] Widersten M, Gurell A, Lindberg D. Structure-function relationships of epoxide hydrolases and their potential use in biocatalysis [J]. BBA-gen Subjects, 2010, 1800：316-326.

[9] Choi W J. Biotechnological production of enantiopure epoxides by enzymatic kinetic resolution [J]. Appl Microbiol Biotechnol, 2009, 84：239-247.

[10] Lee E Y. Epoxide hydrolase-mediated enantioconvergent bioconversions to prepare chiral epoxides and alcohols [J]. Biotechnol Lett, 2008, 30：1509-1514.

[11] Smit M S, Labuschagne M. Diversity of epoxide hydrolase biocatalysts [J]. Curr Org Chem, 2006, 10：1145-1161.

[12] Oesch F. Mammalian epoxide hydrases：inducible enzymes catalysing the inactivation of carcinogenic and cytotoxic metabolites derived from aromatic and olefinic compounds [J]. Xenobiotica, 1973, 3：305-340.

[13] Armstrong R N. Kinetic and chemical mechanism of epoxide hydrolase [J]. Drug Metab Rev, 1999, 31：71-86.

[14] Fretland A J, Omiecinski C J. Epoxide hydrolases：biochemistry and molecular biology [J]. Chem-biol Interact,

2000, 129: 41-59.
- [15] Blée E, Schuber F. Biosynthesis of cutin monomers: involvement of a lipoxygenase/peroxygenase pathway [J]. Plant J, 1993, 4: 113-123.
- [16] Blee E. Phytooxylipins and plant defense reactions [J]. Prog Lipid Res, 1998, 37: 33-72.
- [17] Edqvist J, Farbos I. Characterization of a Euphorbia lagascae epoxide hydrolase gene that is induced early during germination [J]. Biochem Soc Trans, 2000, 28: 855-857.
- [18] Wojtasek H, Prestwich G D. An Insect Juvenile hormone-specific epoxide hydrolase is related to vertebrate microsomal epoxide hydrolases [J]. Biochem Biophys Res Commun, 1996, 220: 323-329.
- [19] Morisseau C, Ward B L, Gilchrist D G, Hammock B D. Multiple epoxide hydrolases in *Alternaria alternata f.* sp. *lycopersici* and their relationship to medium composition and host-specific toxin production [J]. Appl Environ Microb, 1999, 65: 2388-2395.
- [20] Lutje Spelberg J H, van Hylckama Vlieg J E T, Bosma T, Kellogg R M, Janssen D B. A tandem enzyme reaction to produce optically active halohydrins, epoxides and diols [J]. Tetrahedron: Asymmetr, 1999, 10: 2863-2870.
- [21] Hanzlik R P, Edelman M, Michaely W J, Scott G. Enzymic hydration of [^{18}O] epoxides. Role of nucleophilic mechanisms [J]. J Am Chem Soc, 1976, 98: 1952-1955.
- [22] Armstrong R N, Levin W, Jerina D M. Hepatic microsomal epoxide hydrolase. Mechanistic studies of the hydration of K-region arene oxides [J]. J Biol Chem, 1980, 255: 4698-4705.
- [23] DuBois G C, Appella E, Levin W, Lu A Y, Jerina D M. Hepatic microsomal epoxide hydrase. Involvement of a histidine at the active site suggests a nucleophilic mechanism [J]. J Biol Chem, 1978, 253: 2932-2939.
- [24] Bellucci G, Berti G, Ferretti M, Marioni F, Re F. The epoxide hydrolase catalyzed hydrolysis of trans-3-bromo-1, 2-epoxycyclohexane. A direct proof for a general base catalyzed mechanism of the enzymatic hydration [J]. Biochem Biophys Res Commun, 1981, 102: 838-844.
- [25] Bell P A, Kasper C B. Expression of rat microsomal epoxide hydrolase in *Escherichia coli*. Identification of a histidyl residue essential for catalysis [J]. J Biol Chem, 1993, 268: 14011-14017.
- [26] Lacourciere G M, Armstrong R N. The catalytic mechanism of microsomal epoxide hydrolase involves an ester intermediate [J]. J Am Chem Soc, 1993, 115: 10466-10467.
- [27] Janssen D B, Pries F, van der Ploeg J, Kazemier B, Terpstra P, Witholt B. Cloning of 1,2-dichloroethane degradation genes of *Xanthobacter autotrophicus* GJ10 and expression and sequencing of the dhlA gene [J]. J Bacteriol, 1989, 171: 6791-6799.
- [28] Verschueren K H G, Seljee F, Rozeboom H J, Kalk K H, Dijkstra B W. Crystallographic analysis of the catalytic mechanism of haloalkane dehalogenase [J]. Nature, 1993, 363: 693-698.
- [29] Hammock B D, Pinot F, Beetham J K, Grant D F, Arand M E, Oesch F. Isolation of a putative hydroxyacyl enzyme intermediate of an epoxide hydrolase [J]. Biochem Biophys Res Commun, 1994, 198: 850-856.
- [30] Nardini M, Ridder I S, Rozeboom H J, Kalk K H, Rink R, Janssen D B, Dijkstra B W. The X-ray structure of epoxide hydrolase from *Agrobacterium radiobacter* AD1-An enzyme to detoxify harmful epoxides [J]. J Biol Chem, 1999, 274: 14579-14586.
- [31] Argiriadi M A, Morisseau C, Hammock B D, Christianson D W. Detoxification of environmental mutagens and carcinogens: Structure, mechanism, and evolution of liver epoxide hydrolase [J]. Proc Natl Acad Sci, 1999, 96: 10637-10642.
- [32] Zou J, Hallberg B M, Bergfors T, Oesch F, Arand M, Mowbray S L, Jones T A. Structure of Aspergillus niger epoxide hydrolase at 1.8Å resolution: implications for the structure and function of the mammalian microsomal class of epoxide hydrolases [J]. Structure, 2000, 8: 111-122.
- [33] Barbirato F, Verdoes J C, de Bont J A M, van der Werf M J. The *Rhodococcus erythropolis* DCL14 limonene-1,2-epoxide hydrolase gene encodes an enzyme belonging to a novel class of epoxide hydrolases [J]. Febs Lett, 1998, 438: 293-296.
- [34] Arand M, Hallberg B M, Zou J Y, Bergfors T, Oesch F, van der Werf M J, de Bont J A M, Jones T A, Mowbray S L. Structure of Rhodococcus erythropolis limonene-1,2-epoxide hydrolase reveals a novel active site [J]. Embo

J, 2003, 22: 2583-2592.

[35] McGee J, Fitzpatrick F. Enzymatic hydration of leukotriene-A4-purification and characterization of a novel epoxide hydrolase from human-erythrocytes [J]. J Biol Chem, 1985, 260: 2832-2837.

[36] Thunnissen M M G M, Nordlund P, Haeggstrom J Z. Crystal structure of human leukotriene A4 hydrolase, a bifunctional enzyme in inflammation [J]. Nat Struct Mol Biol, 2001, 8: 131-135.

[37] Kronenburg N A E, Mutter M, Visser H, de Bont J A M, Weijers C. Purification of an epoxide hydrolase from *Rhodotorula glutinis* [J]. Biotechnol Lett, 1999, 21: 519-524.

[38] Kotik M, Kyslik P. Purification and characterisation of a novel enantio selective epoxide hydrolase from *Aspergillus niger* M200 [J]. BBA-gen Subjects, 2006, 1760: 245-252.

[39] Morisseau C, Archelas A, Guitton C, Faucher D, Furstoss R, Baratti J C. Purification and characterization of a highly enantioselective epoxide hydrolase from *Aspergillus niger* [J]. Eur J Biochem, 1999, 263: 386-395.

[40] Misawa E, Chion C, Archer I V, Woodland M P, Zhou N Y, Carter S F, Widdowson D A, Leak D J. Characterisation of a catabolic epoxide hydrolase from a *Corynebacterium* sp. [J]. Eur J Biochem, 1998, 253: 173-183.

[41] van der Werf M J, Overkamp K M, de Bont J A M. Limonene-1,2-epoxide hydrolase from *Rhodococcus erythropolis* DCL14 belongs to a novel class of epoxide hydrolases [J]. J Bacteriol, 1998, 180: 5052-5057.

[42] Johansson P, Unge T, Cronin A, Arand M, Bergfors T, Jones T A, Mowbray S L. Structure of an atypical epoxide hydrolase from *Mycobacterium tuberculosis* gives insights into its function [J]. J Mol Biol, 2005, 351: 1048-1056.

[43] Arand M, Hemmer H, Durk H, Baratti J, Archelas A, Furstoss R, Oesch F. Cloning and molecular characterization of a soluble epoxide hydrolase from *Aspergillus niger* that is related to mammalian microsomal epoxide hydrolase [J]. Biochem J, 1999, 344: 273-280.

[44] Rink R, Spelberg J H L, Pieters R J, Kingma J, Nardini M, Kellogg R M, Dijkstra B W, Janssen D B. Mutation of tyrosine residues involved in the alkylation half reaction of epoxide hydrolase from *Agrobacterium radiobacter* AD1 results in improved enantioselectivity [J]. J Am Chem Soc, 1999, 121: 7417-7418.

[45] Elfstrom L T, Widersten M. Catalysis of potato epoxide hydrolase, StEH1 [J]. Biochem J, 2005, 390: 633-640.

[46] Chen C S, Fujimoto Y, Girdaukas G, Sih C J. Quantitative analyses of biochemical kinetic resolutions of enantiomers [J]. J Am Chem Soc, 1982, 104: 7294-7299.

[47] Williamson K C, Morisseau C, Maxwell J E, Hammock B D. Regio-and enantioselective hydrolysis of phenyloxiranes catalyzed by soluble epoxide hydrolase [J]. Tetrahedron-asymmetr, 2000, 11: 4451-4462.

[48] Zeldin D C, Wei S Z, Falck J R, Hammock B D, Snapper J R, Capdevila J H. Metabolism of epoxyeicosatrienoic acids by cytosolic epoxide hydrolase-substrate structural determinants of asymmetric catalysis [J]. Arch Biochem Biophys, 1995, 316: 443-451.

[49] Moussou P, Archelas A, Baratti J, Furstoss R. Microbiological transformations. Part 39: Determination of the regioselectivity occurring during oxirane ring opening by epoxide hydrolases: a theoretical analysis and a new method for its determination [J]. Tetrahedron: Asymmetr, 1998, 9: 1539-1547.

[50] Allen R H, Jakoby W B. Tartaric acid metabolism. IX. Synthesis with tartrate epoxidase [J]. J Biol Chem, 1969, 244: 2078-2084.

[51] Niehaus W G, Kisic A, Torkelson A, Bednarczyk D J, Schroepfer G J. Stereospecific hydration of *cis*-and *trans*-9,10-epoxyoctadecanoic acids [J]. J Biol Chem, 1970, 245: 3802-3809.

[52] Michaels B C, Ruettinger R T, Fulco A J. Hydration of 9,10-epoxypalmitic acid by a soluble enzyme from *Bacillus megaterium* [J]. Biochem Biophys Res Commun, 1980, 92: 1189-1195.

[53] van den Wijngard A J, Janssen D B, Witholt B. Degradation of epichlorohydrin and halohydrins by bacterial cultures isolated from freshwater sediment [J]. J Gen Microbiol, 1989, 135: 2199-2208.

[54] Hechtberger P, Wirnsberger G, Mischitz M, Klempier N, Faber K. Asymmetric hydrolysis of epoxides using an immobilized enzyme preparation from *Rhodococcus* sp. [J]. Tetrahedron: asymmetr, 1993, 4: 1161-1164.

[55] Mischitz M, Kroutil W, Wandel U, Faber K. Asymmetric microbial hydrolysis of epoxides [J]. Tetrahedron: asymmetr, 1995, 6: 1261-1272.

[56] Wandel U, Mischitz M, Kroutil W, Faber K. Highly selective asymmetric hydrolysis of 2,2-disubstituted epoxides using lyophilized cells of *Rhodococcus* sp. ncimb-11216 [J]. J Chem Soc Perk T 1, 1995, 735-736.

[57] Chen X J, Archelas A, Furstoss R. Microbiological transformations. 27. the 1st examples for preparative-scale enantioselective or diastereoselective epoxide hydrolyzes using microorganisms-an unequivocal access to all 4 bisabolol stereoisomers [J]. J Org Chem, 1993, 58: 5528-5532.

[58] Pedragosamoreau S, Archelas A, Furstoss R. Microbiological transformations. 28. enantiocomplementary epoxide hydrolyzes as a preparative access to both enantiomers of styrene oxide [J]. J Org Chem, 1993, 58: 5533-5536.

[59] Carter S F, Leak D J. The Isolation and Characterisation of a carbocyclic epoxide-degrading *Corynebacterium* sp. [J]. Biocatal Biotransfor, 1995, 13: 111-129.

[60] Archer I V J, Leak D J, Widdowson D A. Chemoenzymic resolution and deracemisation of ($\pm$)-1-methyl-1,2-epoxycyclohexane: the synthesis of (1-S, 2-S)-1-methylcyclohexane-1, 2-diol [J]. Tetrahedron Lett, 1996, 37: 8819-8822.

[61] Weijers C A G M. Enantioselective hydrolysis of aryl, alicyclic and aliphatic epoxides by *Rhodotorula glutinis* [J]. Tetrahedron: Asymmetr, 1997, 8: 639-647.

[62] Weijers C A G M, Botes A L, van Dyk M S, de Bont J A M. Enantioselective hydrolysis of unbranched aliphatic 1,2-epoxides by *Rhodotorula glutinis* [J]. Tetrahedron: Asymmetr, 1998, 9: 467-473.

[63] Botes A L, Weijers C, van Dyk M S. Biocatalytic resolution of 1,2-epoxyoctane using resting cells of different yeast strains with novel epoxide hydrolase activities [J]. Biotechnol Lett, 1998, 20: 421-426.

[64] Botes A L, Weijers C A G M, Botes P J, van Dyk M S. Enantioselectivities of yeast epoxide hydrolases for 1,2-epoxides [J]. Tetrahedron: Asymmetr, 1999, 10: 3327-3336.

[65] van der Werf M J, de Bont J A M. Screening for microorganisms converting limonene into carvone. [J]. Stud Org Chem, 1998, 53: 231-234.

[66] Choi W, Huh E, Park H, Lee E, Choi C. Kinetic resolution for optically active epoxides by microbial enantioselective hydrolysis [J]. Biotechnol Tech, 1998, 12: 225-228.

[67] Zocher F, Enzelberger M M, Bornscheuer U T, Hauer B, Wohlleben W, Schmid R D. Epoxide hydrolase activity of Streptomyces strains [J]. J Biotechnol, 2000, 77: 287-292.

[68] Bala N, Chimni S S, Saini H S, Chadha B S. *Bacillus alcalophilus* MTCC10234 catalyzed enantioselective kinetic resolution of aryl glycidyl ethers [J]. J Mol Catal B-Enzym, 2010, 63: 128-134.

[69] 唐燕发, 许建和, 朱智东等. 高对映选择性环氧化物水解酶产生菌的筛选及特性研究 [J]. 微生物通报, 2001, 28: 14-17.

[70] Pan J, Xu J H. Marked enhancement of epoxide hydrolase production from *Trichosporon loubierii* ECU1040 by substrate induction and fed-batch fermentation [J]. Enzyme Microb Tech, 2003, 33: 527-533.

[71] Zhao J, Chu Y Y, Li A T, Ju X, Kong X D, Pan J, Tang Y, Xu J H. An unusual (R)-selective epoxide hydrolase with high activity for facile preparation of enantiopure glycidyl ethers [J]. Adv Synth Catal, 2011, 353: 1510-1518.

[72] 沙倩, 杨柳, 王建军等. 产环氧化物水解酶的黑曲霉菌种分离和发酵条件的研究 [J]. 菌物系统, 2001, 20: 494-502.

[73] 金浩. 具有环氧水解酶的黑曲菌株的筛选及其对1,2-环氧化物进行的不对称拆分反应 [D]. 上海: 中国科学院上海有机化学研究所, 2002.

[74] Li C F, Liu Q, Song X, Ding D, Ji A G, Qu Y B. Epoxide hydrolase-catalyzed resolution of ethyl 3-phenylglycidate using whole cells of *Pseudomonas* sp [J]. Biotechnol Lett, 2003, 25: 2113-2116.

[75] Liu Z, Li Y, Ping L, Xu Y, Cui F, Xue Y, Zheng Y. Isolation and identification of a novel *Rhodococcus* sp. ML-0004 producing epoxide hydrolase and optimization of enzyme production [J]. Process Biochem, 2007, 42: 889-894.

[76] Mayer S F, Glueck S M, Pogorevc M, Steinreiber A, Stampfer W, Kroutil W, Faber K. Preparation of an epoxide-hydrolyzing biocatalyst: *Rhodococcus ruber* DSM 44540-an activity-growth study [J]. J Mol Catal B-Enzym, 2002, 18: 163-168.

[77] 朱智东,唐燕发,许建和等.底物诱导和分批补料对巨大芽孢杆菌环氧化物水解酶生物合成的影响[J].华东理工大学学报,2001,27:243-246.
[78] Moussou P, Archelas A, Furstoss R, Baratti J C. Clues for the existence of two different epoxide hydrolase activities in the fungus *Beauveria bassiana* [J]. Enzyme Microb Tech, 2000, 26:414-420.
[79] Nellaiah H, Morisseau C, Archelas A, Furstoss R, Baratti J C. Enantioselective hydrolysis of *p*-nitrostyrene oxide by an epoxide hydrolase preparation from *Aspergillus niger* [J]. Biotechnol Bioeng, 1996, 49:70-77.
[80] Grogan G, Roberts S M, Willetts A J. Novel aliphatic epoxide hydrolase activities from dematiaceous fungi [J]. Fems Microbiol Lett, 1996, 141:239-243.
[81] Grogan G, Rippé C, Willetts A. Biohydrolysis of substituted styrene oxides by *Beauveria densa* CMC 3240 [J]. J Mol Catal B-Enzym, 1997, 3:253-257.
[82] Spelberg L, Harald J. Enantioselective epoxide hydrolases and genes encoding these. WO1998NL00290.
[83] Archelas A, Arand M, Baratti J, Furstoss R. Epoxide hydrolases of aspergillus origin. WO2000FR01217 20000505.
[84] Beetham J K, Tian T, Hammock B D. cDNA cloning and expression of a soluble epoxide hydrolase from human liver [J]. Arch Biochem Biophys, 1993, 305:197-201.
[85] Bellevik S, Zhang J M, Meijer J. *Brassica napus* soluble epoxide hydrolase (BNSEH1)-Cloning and characterization of the recombinant enzyme expressed in Pichia pastoris [J]. Eur J Biochem, 2002, 269:5295-5302.
[86] Visser H, Weijers C, van Ooyen A J J, Verdoes J C. Cloning, characterization and heterologous expression of epoxide hydrolase-encoding cDNA sequences from yeasts belonging to the genera *Rhodotorula* and *Rhodosporidium* [J]. Biotechnol Lett, 2002, 24:1687-1694.
[87] Taniai K, Inceoglu A B, Yukuhiro K, Hammock B D. Characterization and cDNA cloning of a clofibrate-inducible microsomal epoxide hydrolase in *Drosophila melanogaster* [J]. Eur J Biochem, 2003, 270:4696-4705.
[88] Blee E, Summerer S, Flenet M, Rogniaux H, Van Dorsselaer A, Schuber F. Soybean epoxide hydrolase:identification of the catalytic residues and probing of the reaction mechanism with secondary kinetic isotope effects [J]. J Biol Chem, 2005, 280:6479-6487.
[89] Kim H S, Lee S J, Lee E Y. Development and characterization of recombinant whole-cell biocatalysts expressing epoxide hydrolase from *Rhodotorula glutinis* for enantioselective resolution of racemic epoxides [J]. J Mol Catal B-Enzym, 2006, 43:2-8.
[90] Kotik M, Stepanek V, Kyslik P, Maresova H. Cloning of an epoxide hydrolase-encoding gene from *Aspergillus niger* M200, overexpression in *E. coli*, and modification of activity and enantioselectivity of the enzyme by protein engineering [J]. J Biotechnol, 2007, 132:8-15.
[91] Liu Y B, Wu S, Wang J J, Yang L, Sun W R. Cloning, expressions, purification, and characterization of a novel epoxide hydrolase from *Aspergillus niger* SQ-6 [J]. Protein Expres Purif, 2007, 53:239-246.
[92] Labuschagne M, Albertyn J. Cloning of an epoxide hydrolase-encoding gene from *Rhodotorula mucilaginosa* and functional expression in *Yarrowia lipolytica* [J]. Yeast, 2007, 24:69-78.
[93] Liu Z Q, Li Y, Xu Y Y, Ping L F, Zheng Y G. Cloning, sequencing, and expression of a novel epoxide hydrolase gene from *Rhodococcus opacus* in *Escherichia coli* and characterization of enzyme [J]. Appl Microbiol Biotechnol, 2007, 74:99-106.
[94] Woo J H, Hwang Y O, Kang S G, Lee H S, Cho J C, Kim S J. Cloning and characterization of three epoxide hydrolases from a marine bacterium, *Erythrobacter litoralis* HTCC2594 [J]. Appl Microbiol Biotechnol, 2007, 76:365-375.
[95] Lee S J, Kim H S, Kim S J, Park S, Kim B J, Shuler M L, Lee E Y. Cloning, expression and enantioselective hydrolytic catalysis of a microsomal epoxide hydrolase from a marine fish, *Mugil cephalus* [J]. Biotechnol Lett, 2007, 29:237-246.
[96] Maharajh D, Roth R, Lalloo R, Simpson C, Mitra R, Gorgens J, Ramchuran S. Multi-copy expression and fed-batch production of *Rhodotorula araucariae* epoxide hydrolase in *Yarrowia lipolytica* [J]. Appl Microbiol Biotechnol, 2008, 79:235-244.
[97] Shichijo Y, Migita A, Oguri H, Watanabe M, Tokiwano T, Watanabe K, Oikawa H. Epoxide hydrolase Lsd19

for polyether formation in the biosynthesis of Lasalocid A: Direct experimental evidence on polyene-polyepoxide hypothesis in polyether biosynthesis [J]. J Am Chem Soc, 2008, 130: 12230-12231.

[98] Woo J H, Kang J H, Kang S, Hwang Y O, Kim S J. Cloning and characterization of an epoxide hydrolase from *Novosphingobium aromaticivorans* [J]. Appl Microbiol Biotechnol, 2009, 82: 873-881.

[99] Choi S H, Kim H S, Lee I S, Lee E Y. Functional expression and magnetic nanoparticle-based Immobilization of a protein-engineered marine fish epoxide hydrolase of *Mugil cephalus* for enantioselective hydrolysis of racemic styrene oxide [J]. Biotechnol Lett, 2010, 32: 1685-1691.

[100] Woo J H, Kang J H, Hwang Y O, Cho J C, Kim S J, Kang S G. Biocatalytic resolution of glycidyl phenyl ether using a novel epoxide hydrolase from a marine bacterium, *Rhodobacterales bacterium* HTCC2654 [J]. J Biosci Bioeng, 2010, 109: 539-544.

[101] Liu Z Q, Zhang L P, Cheng F, Ruan L T, Hu Z C, Zheng Y G, Shen Y C. Characterization of a newly synthesized epoxide hydrolase and its application in racemic resolution of (R,S)-epichlorohydrin [J]. Catal Commun, 2011, 16: 133-139.

[102] Kumar R, Wani S I, Chauhan N S, Sharma R, Sareen D. Cloning and characterization of an epoxide hydrolase from *Cupriavidus metallidurans*-CH34 [J]. Protein Expres Purif, 2011, 79: 49-59.

[103] Woo M H, Kim H S, Lee E Y. Development and characterization of recombinant whole cells expressing the soluble epoxide hydrolase of Danio rerio and its variant for enantioselective resolution of racemic styrene oxides [J]. J Ind Eng Chem, 2012, 18: 384-391.

[104] Arand M, et al// Helmut S, Lester P, ed. Phase II Conjugation enzymes and transport systems. England: Academic Press Inc, 2005: 569-588.

[105] Choi W J, Choi C Y. Production of chiral epoxides: Epoxide hydrolase-catalyzed enantioselective hydrolysis [J]. Biotechnol Bioproc E, 2005, 10: 167-179.

[106] Mateo C, Archelas A, Furstoss R. A spectrophotometric assay for measuring and detecting an epoxide hydrolase activity [J]. Anal Biochem, 2003, 314: 135-141.

[107] Cedrone F, Bhatnagar T, Baratti J C. Colorimetric assays for quantitative analysis and screening of epoxide hydrolase activity [J]. Biotechnol Lett, 2005, 27: 1921-1927.

[108] Zocher F, Enzelberger M M, Bornscheuer U T, Hauer B, Wohlleben W, Schmid R D. Epoxide hydrolase activity of Streptomyces strains [J]. J Biotechnol, 2000, 77: 287-292.

[109] Reetz M T, Torre C, Eipper A, Lohmer R, Hermes M, Brunner B, Maichele A, Bocola M, Arand M, Cronin A, Genzel Y, Archelas A, Furstoss R. Enhancing the enantioselectivity of an epoxide hydrolase by directed evolution [J]. Org Lett, 2004, 6: 177-180.

[110] van Loo B, Spelberg J H, Kingma J, Sonke T, Wubbolts M G, Janssen D B. Directed evolution of epoxide hydrolase from A. radiobacter toward higher enantioselectivity by error-prone PCR and DNA shuffling [J]. Chem Biol, 2004, 11: 981-990.

[111] Cedrone F, Niel S, Roca S, Bhatnagar T, Ait-abdelkader N, Torre C, Krumm H, Maichele A, Reetz M T, Baratti J C. Directed evolution of the epoxide hydrolase from *Aspergillus niger* [J]. Biocatal Biotransfor, 2003, 21: 357-364.

[112] Reetz M T, Zheng H. Manipulating the expression rate and enantioselectivity of an epoxide hydrolase by using directed evolution [J]. Chem Bio Chem, 2011, 12: 1529-1535.

[113] Rui L Y, Cao L, Chen W, Reardon K F, Wood T K. Protein engineering of epoxide hydrolase from *Agrobacterium radiobacter* AD1 for enhanced activity and enantioselective production of (R)-1-phenylethane-1,2-diol [J]. Appl Environ Microb, 2005, 71: 3995-4003.

[114] Nardini M, Rick R B, Janssen D B, Dijkstra B W. Structure and mechanism of the epoxide hydrolase from *Agrobacterium radiobacter* AD1 [J]. J Mol Catal B-Enzym, 2001, 11: 1035-1042.

[115] Thomaeus A, Naworyta A, Mowbray S L, Widersten M. Removal of distal protein-water hydrogen bonds in a plant epoxide hydrolase increases catalytic turnover but decreases thermostability [J]. Protein Sci, 2008, 17: 1275-1284.

[116] Choi S H, Kim H S, Lee E Y. Comparative homology modeling-inspired protein engineering for improvement of catalytic activity of *Mugil cephalus* epoxide hydrolase [J]. Biotechnol Lett, 2009, 31: 1617-1624.

[117] Zhang L F, Wu J M, Feng H. Homology modelling and site-directed mutagenesis studies of the epoxide hydrolase from *Phanerochaete chrysosporium* [J]. J Biochem, 2011, 149: 673-684.

[118] Reetz M T, Wang L W, Bocola M. Directed evolution of enantioselective enzymes: Iterative cycles of CASTing for probing protein-sequence space [J]. Angew Chem Int Ed, 2006, 45: 1236-1241.

[119] Reetz M T, Bocola M, Wang L W, Sanchis J, Cronin A, Arand M, Zou J Y, Archelas A, Bottalla A L, Naworyta A, Mowbray S L. Directed evolution of an enantioselective epoxide hydrolase: Uncovering the source of enantioselectivity at each evolutionary stage [J]. J Am Chem Soc, 2009, 131: 7334-7343.

[120] Zheng H, Reetz M T. Manipulating the stereoselectivity of limonene epoxide hydrolase by directed evolution based on iterative saturation mutagenesis [J]. J Am Chem Soc, 2010, 132: 15744-15751.

[121] Sun Z, Lonsdale R, Kong X D, Xu J H, Zhou J, Reetz M T. Reshaping an enzyme binding pocket for enhanced and inverted stereoselectivity: Use of smallest amino acid alphabets in directed evolution [J]. Angew Chem Int Ed, 2015, 54: 12410-12415.

[122] Kotik M, Zhao W, Lacazio G, Archelas A. Directed evolution of metagenome-derived epoxide hydrolase for improved enantioselectivity and enantioconvergence [J]. J Mol Catal B-Enzym, 2013, 91: 44-51.

[123] Kong X D, Li L, Chen S, Yuan S, Zhou J, Xu J H. Engineering of an epoxide hydrolase for efficient bioresolution of bulky pharmaco substrates [J]. Proc Natl Acad Sci USA, 2014, 111: 15717-15722.

[124] Kong X D, Ma Q, Zhou J, Zeng B B, Xu J H. A smart library of epoxide hydrolase variants and the top hits for synthesis of (S)-β-blocker precursors [J]. Angew Chem Int Ed, 2014, 53: 6641-6644.

[125] Orru R V A, Faber K. Stereoselectivities of microbial epoxide hydrolases [J]. Curr Opin Chem Biol, 1999, 3: 16-21.

[126] Steinreiber A, Faber K. Microbial epoxide hydrolases for preparative biotransformations [J]. Curr Opin Biotech, 2001, 12: 552-558.

[127] Botes A L, Steenkamp J A, Letloenyane M Z, van Dyk M S. Epoxide hydrolase activity of *Chryseomonas luteola* for the asymmetric hydrolysis of aliphatic mono-substituted epoxides [J]. Biotechnol Lett, 1998, 20: 427-430.

[128] Guerard C, Alphand V, Archelas A, Demuynck C, Hecquet L, Furstoss R, Bolte J. Transketolase-mediated synthesis of 4-deoxy-D-fructose 6-phosphate by epoxide hydrolase-catalysed resolution of 1,1-diethoxy-3,4-epoxybutane [J]. Eur J Org Chem, 1999: 3399-3402.

[129] Genzel Y, Archelas A, Broxterman Q B, Schulze B, Furstoss R. Microbiological transformations. Part 46: Preparation of enantiopure (S)-2-pyridyloxirane via epoxide hydrolase-catalysed kinetic resolution [J]. Tetrahedron-asymmetr, 2000, 11: 3041-3044.

[130] Genzel Y, Archelas A, Broxterman Q B, Schulze B, Furstoss R. Microbiological transformations. 47. A step toward a green chemistry preparation of enantiopure (S)-2-, -3-, and -4-pyridyloxirane via an epoxide hydrolase catalyzed kinetic resolution [J]. J Org Chem, 2001, 66: 538-543.

[131] Genzel Y, Archelas A, Spelberg J H L, Janssen D B, Furstoss R. Microbiological transformations. Part 48: Enantioselective biohydrolysis of 2-, 3-and 4-pyridyloxirane at high substrate concentration using the *Agrobacterium radiobacter* AD1 epoxide hydrolase and its Tyr215Phe mutant [J]. Tetrahedron, 2001, 57: 2775-2779.

[132] Tang Y F, Xu J H, Ye Q, Schulze B. Biocatalytic preparation of (S)-phenyl glycidyl ether using newly isolated *Bacillus megaterium* ECU1001 [J]. J Mol Catal B-Enzym, 2001, 13: 61-68.

[133] Xu Y, Xu J H, Pan J, Zhao L, Zhang S L. Biocatalytic resolution of nitro-substituted phenoxypropylene oxides with *Trichosporon loubierii* epoxide hydrolase and prediction of their enantiopurity variation with reaction time [J]. J Mol Catal B-Enzym, 2004, 27: 155-159.

[134] 徐毅, 潘江, 许建和. 环氧水解酶催化合成 (R)-和 (S)-普萘洛尔 [J]. 石油化工, 2004, 33 (增刊): 950-952.

[135] Spelberg J H L, Rink R, Kellogg R M, Janssen D B. Enantioselectivity of a recombinant epoxide hydrolase from *Agrobacterium radiobacter* [J]. Tetrahedron: Asymmetr, 1998, 9: 459-466.

[136] Bellucci G, Chiappe C, Cordoni A, Marioni F. Different enantioselectivity and regioselectivity of the cytosolic and

microsomal epoxide hydrolase catalyzed-hydrolysis of simple phenyl-substituted epoxides [J]. Tetrahedron Lett, 1994, 35: 4219-4222.

[137] Moussou P, Archelas A, Baratti J, Furstoss R. Microbiological Transformations. 38. Clues to the involvement of a general acid activation during hydrolysis of para-substituted styrene oxides by a soluble epoxide hydrolase from *Syncephalastrum racemosum* [J]. J Org Chem, 1998, 63: 3532-3537.

[138] Borhan B, Jones A D, Pinot F, Grant D F, Kurth M J, Hammock B D. Mechanism of soluble epoxide hydrolase. Formation of an alpha-hydroxy ester-enzyme intermediate through Asp-333 [J]. J Biol Chem, 1995, 270: 26923-26930.

[139] Dansette P M, Makedonska V B, Jerina D M. Mechanism of catalysis for the hydration of substituted styrene oxides by hepatic epoxide hydrase [J]. Arch Biochem Biophys, 1978, 187: 290-298.

[140] Tzeng H F, Laughlin L T, Lin S, Armstrong R N. The catalytic mechanism of microsomal epoxide hydrolase involves reversible formation and rate-limiting hydrolysis of the alkyl-enzyme intermediate [J]. J Am Chem Soc, 1996, 118: 9436-9437.

[141] Linderman R J, Walker E A, Haney C, Roe R M. Determination of the regiochemistry of insect epoxide hydrolase catalyzed epoxide hydration of juvenile-hormone by O-18-labeling studies [J]. Tetrahedron, 1995, 51: 10845-10856.

[142] Pedragosa-Moreau S, Morisseau C, Zylber J, Archelas A, Baratti J, Furstoss R. Microbiological transformations. 33. Fungal epoxide hydrolases applied to the synthesis of enantiopure para-substituted styrene oxides. A mechanistic approach [J]. J Org Chem, 1996, 61: 7402-7407.

[143] Nakamura T, Nagasawa T, Yu F, Watanabe I, Yamada H. Purification and characterization of two epoxide hydrolases from *Corynebacterium* sp. strain N-1074 [J]. Appl Environ Microb, 1994, 60: 4630-4633.

[144] Liu Z Y, Michel J, Wang Z S, Witholt B, Li Z. Enantioselective hydrolysis of styrene oxide with the epoxide hydrolase of *Sphingomonas* sp HXN-200 [J]. Tetrahedron: Asymmetr, 2006, 17: 47-52.

[145] Steinreiber A, Osprian I, Mayer Sandra F, Orru Romano V A, Faber K. Enantioselective hydrolysis of functionalized 2,2-disubstituted oxiranes with bacterial epoxide hydrolases [J]. Eur J Org Chem, 2000: 3703-3711.

[146] Osprian I, Stampfer W, Faber K. Selectivity enhancement of epoxide hydrolase catalyzed resolution of 2,2-disubstituted oxiranes by substrate modification [J]. J Chem Soc Perk T 1, 2000: 3779-3785.

[147] Moussou P, Archelas A, Furstoss R. Microbiological transformations 40. Use of fungal epoxide hydrolases for the synthesis of enantiopure alkyl epoxides [J]. Tetrahedron, 1998, 54: 1563-1572.

[148] Kroutil W, Mischitz M, Faber K. Deracemization of (+/−)-2,3-disubstituted oxiranes via biocatalytic hydrolysis using bacterial epoxide hydrolases: kinetics of an enantioconvergent process [J]. J Chem Soc, Perk T 1, 1997, 0: 3629-3636.

[149] Mayer S F, Steinreiber A, Orru R V A, Faber K. An enzyme-triggered enantio-convergent cascade-reaction [J]. Tetrahedron: Asymmetr, 2001, 12: 41-43.

[150] Mayer S F, Steinreiber A, Orru R V A, Faber K. Enzyme-triggered enantioconvergent transformation of haloalkyl epoxides [J]. Eur J Org Chem, 2001: 4537-4542.

[151] Steinreiber A, Mayer S F, Saf R, Faber K. Biocatalytic asymmetric and enantioconvergent hydrolysis of trisubstituted oxiranes [J]. Tetrahedron: Asymmetr, 2001, 12: 1519-1528.

[152] Chang D, Wang Z, Heringa M F, Wirthner R, Witholt B, Li Z. Highly enantioselective hydrolysis of alicyclic meso-epoxides with a bacterial epoxide hydrolase from *Sphingomonas* sp. HXN-200: simple syntheses of alicyclic vicinal trans-diols [J]. Chem Commun, 2003, 0: 960-961.

[153] 孙志浩, 郑璞, 戴雪泰等. 固定化诺卡氏菌细胞生产 L(+)-酒石酸的研究 [J]. 生物工程学报, 1995, 11: 372-376.

[154] Faber K, Kroutil W. Stereoselectivity in biocatalytic enantioconvergent reactions and a computer program for its determination [J]. Tetrahedron: Asymmetr, 2002, 13: 377-382.

[155] Strauss U T, Felfer U, Faber K. Biocatalytic transformation of racemates into chiral building blocks in 100% chemical yield and 100% enantiomeric excess [J]. Tetrahedron: Asymmetr, 1999, 10: 107-117.

[156] Pedragosa M S, Archelas A, Furstoss R. Microbiological transformations. 32. Use of epoxide hydrolase mediated

biohydrolysis as a way to enantiopure epoxides and vicinal diols: Application to substituted styrene oxide derivatives [J]. Tetrahedron, 1996, 52: 4593-4606.

[157] Kroutil W, Mischitz M, Plachota P, Faber K. Deracemization of (+/−)-cis-2,3-epoxyheptane via enantioconvergent biocatalytic hydrolysis using Nocardia EH1-epoxide hydrolase [J]. Tetrahedron Lett, 1996, 37: 8379-8382.

[158] Xu W, Xu J H, Pan J, Gu Q, Wu X Y. Enantioconvergent hydrolysis of styrene epoxides by newly discovered epoxide hydrolases in Mung bean [J]. Org Lett, 2006, 8: 1737-1740.

[159] Orru R V A, Kroutil W, Faber K. Deracemization of (+/−)-2,2-disubstituted epoxides via enantioconvergent chemoenzymatic hydrolysis using Nocardia EH1 epoxide hydrolase and sulfuric acid [J]. Tetrahedron Lett, 1997, 38: 1753-1754.

[160] Pedragosa Moreau S, Morisseau C, Baratti J, Zylber J, Archelas A, Furstoss R. Microbiological transformations. 37. An enantioconvergent synthesis of the beta-blocker (R)-Nifenalol using a combined chemoenzymatic approach [J]. Tetrahedron, 1997, 53: 9707-9714.

[161] Orru R V A, Mayer S F, Kroutil W, Faber K. Chemoenzymatic deracemization of (+/−)-2,2-disubstituted oxiranes [J]. Tetrahedron, 1998, 54: 859-874.

[162] Orru R V A, Osprian I, Kroutil W, Faber K. An efficient large-scale synthesis of (R)-(−)-mevalonolactone using simple biological and chemical catalysts [J]. Synthesis-stuttgart, 1998: 1259-1263.

[163] Kamal A, Rao A B, Rao M V. Stereoselective synthesis of (S)-propanol amines: Liver microsomes mediated opening of epoxides with arylamines [J]. Tetrahedron Lett, 1992, 33: 4077-4080.

[164] Mischitz M, Faber K. Asymmetric opening of an epoxide by azide catalyzed by an immobilized enzyme preparation from Rhodococcus sp. [J]. Tetrahedron Lett., 1994, 35: 81-84.

[165] Laughlin L T, Tzeng H F, Lin S, Armstrong R N. Mechanism of microsomal epoxide hydrolase. Semifunctional site-specific mutants affecting the alkylation half-reaction [J]. Biochemistry, 1998, 37: 2897-2904.

[166] Hellstrom H, Steinreiber A, Mayer S F, Faber K. Bacterial epoxide hydrolase-catalyzed resolution of a 2,2-disubstituted oxirane: optimization and upscaling [J]. Biotechnol Lett, 2001, 23: 169-173.

[167] Cleij M, Archelas A, Furstoss R. Microbiological transformations. Part 42: A two-liquid-phase preparative scale process for an epoxide hydrolase catalysed resolution of para-bromo-alpha-methyl styrene oxide. Occurrence of a surprising enantioselectivity enhancement [J]. Tetrahedron: Asymmetr, 1998, 9: 1839-1842.

[168] Monfort N, Archelas A, Furstoss R. Enzymatic transformations. Part 55: Highly productive epoxide hydrolase catalysed resolution of an azole antifungal key synthon [J]. Tetrahedron, 2004, 60: 601-605.

[169] Morisseau C, Nellaiah H, Archelas A, Furstoss R, Baratti J C. Asymmetric hydrolysis of racemic para-nitrostyrene oxide using an epoxide hydrolase preparation from Aspergillus niger [J]. Enzyme Microb Tech, 1997, 20: 446-452.

[170] Kronenburg N A E, de Bont J A M. Effects of detergents on specific activity and enantioselectivity of the epoxide hydrolase from Rhodotorula glutinis [J]. Enzyme Microb Tech, 2001, 28: 210-217.

[171] Gong P F, Xu J H, Tang Y F, Wu H Y. Improved catalytic performance of Bacillus megaterium epoxide hydrolase in a medium containing Tween-80 [J]. Biotechnol Progr, 2003, 19: 652-654.

[172] Choi W J, Lee E Y, Yoon S J, Yang S T, Choi C Y. Biocatalytic production of chiral epichlorohydrin in organic solvents [J]. J Biosci Bioeng, 1999, 88: 339-341.

[173] Baldascini H, Ganzeveld K J, Janssen D B, Beenackers A A. Effect of mass transfer limitations on the enzymatic kinetic resolution of epoxides in a two-liquid-phase system [J]. Biotechnol Bioeng, 2001, 73: 44-54.

[174] Laane C, Boeren S, Vos K, Veeger C. Rules for optimization of biocatalysis in organic solvents [J]. Biotechnol Bioeng, 1987, 30: 81-87.

[175] Karboune S, Archelas A, Furstoss R, Baratti J. Immobilization of epoxide hydrolase from Aspergillus niger onto DEAE-cellulose: enzymatic properties and application for the enantioselective resolution of a racemic epoxide [J]. J Mol Catal B-Enzym, 2005, 32: 175-183.

[176] Choi W J, Choi C Y, De Bont J A M, Weijers C A G M. Resolution of 1,2-epoxyhexane by Rhodotorula glutinis using a two-phase membrane bioreactor [J]. Appl Microbiol Biotechnol, 1999, 53: 7-11.

[177] Choi W J, Choi C Y, De Bont J A M, Weijers C. Continuous production of enantiopure 12-epoxyhexane by yeast epoxide hydrolase in a two-phase membrane bioreactor [J]. Appl Microbiol Biotechnol, 2000, 54: 641-646.
[178] Krieg H M, Botes A L, Smit M S, Breytenbach J C, Keizer K. The enantioselective catalytic hydrolysis of racemic 1,2-epoxyoctane in a batch and a continuous process [J]. J Mol Catal B-Enzym, 2001, 13: 37-47.
[179] Krieg H M, Breytenbach J C, Keizer K. Resolution of 1,2-epoxyoctane by enantioselective catalytic hydrolysis in a membrane bioreactor [J]. J Membrane Sci, 2000, 180: 69-80.

第10章 腈水合酶和腈水解酶

10.1 概 述

氰化物统指化合物分子中含有氰基（CN⁻）的物质，根据与氰基连接的元素或基团的不同，可分成有机氰化物（即腈类化合物）和无机氰化物（分为简单氰化物和络合氰化物）两大类。在自然界中腈类化合物主要以氰苷（cyanoglycosides）形式存在，氰苷主要由植物产生[1]，植物也产生其他的腈类化合物，例如，腈脂、蓖麻碱、苯丙烯腈等。这些腈类化合物有的作为植物生长的调节因子，有的作为保护剂防御外来昆虫的侵害[2]。腈类化合物广泛应用于化学工业生产各种各样的聚合物及其他化工产品，例如丙烯腈和己二腈是合成聚丙烯腈和尼龙-66聚合物的重要原料。总之，不同的腈类化合物可以用来作原料、溶剂、萃取剂、医药、药物中间体（手性合成）和杀虫剂（二氯苯酚、溴草腈和碘苯腈）等。它们也是胺、酰胺、脒、羧酸、酯、醛类、酮类和杂环化合物的重要中间体。然而，由于这些腈类化合物本身具有高度毒性、诱变性和致癌性[3]，在广泛利用它们的同时也需能够有效地降解这些高毒性化合物的方法，以控制它们在环境中的含量。传统的化学转化腈类化合物的方法往往需要强酸或强碱，并且有时候还需要进行高温回流，这样不仅增加了成本而且也造成了环境污染。利用生物催化法来进行腈类化合物的转化，其优势不仅在于反应条件温和、环境污染少，更重要的是它能够实现一般化学转化所不具有的化学、区域和立体选择性，产物的得率和纯度都很高，副产物少，这正契合原子经济性、绿色环保和可持续发展的要求。生物催化腈类化合物水解的酶类有两种：一种是腈水解酶（nitrilase, EC 3.5.5.1），它能够将腈类化合物一步水解成羧酸和氨［图10.1途径（a）］；另一种是腈水合酶（nitrile hydratase, EC 4.2.1.84），它首先把腈类化合物水合成酰胺，紧接着生成的酰胺在酰胺酶的作用下，进

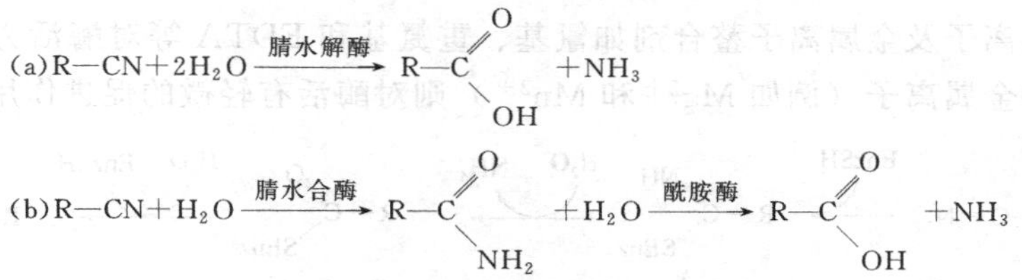

(a) R—CN+2H$_2$O $\xrightarrow{\text{腈水解酶}}$ R—C(=O)OH +NH$_3$

(b) R—CN+H$_2$O $\xrightarrow{\text{腈水合酶}}$ R—C(=O)NH$_2$ +H$_2$O $\xrightarrow{\text{酰胺酶}}$ R—C(=O)OH +NH$_3$

图10.1 腈类化合物的水解途径

一步水解为羧酸和氨[图10.1途径(b)]。它们水解腈类化合物的过程如图10.1所示[4]。

无机氰化物尤其是简单氰化物属于剧毒物质,能够迅速通过呼吸和消化系统以及皮肤被人体吸收,对于人畜甚至大多数微生物都有很强的毒性,致死量极小,在0.5~3.5mg/kg(体重)范围内。但是,在工业生产中,氰化物有着广泛且目前仍不能取代的应用领域,包括采矿、电镀、冶金、高分子材料、医药生产等行业以及其他一些特殊的应用,从而产生大量的含氰废水排放。中国环境监测总站和美国环境保护署都将其列为优先控制污染物(priority pollutant),因此找到一种高效和环保的处理方法是十分必要的。与传统物理化学处理法相比,生物法的转化产物无毒无害,不易发生二次污染,建设和运行成本较低,能处理金属络合氰化物。氰酶/氰二水合酶(cyanidase/cyanide dihydratase)和氰水合酶(cyanide hydratase)是两种较为重要的无机氰化物降解酶,其隶属于腈水解酶超家族(nitrilase superfamily),氰酶催化氰基生成甲酸和氨,氰水合酶则催化氰基生成甲酰胺,由于大多数微生物体内存在甲酰胺酶,所以甲酰胺能进一步被水解成甲酸和氨。它们水解无机氰化物的过程如图10.2所示。

$$(a) HCN + 2H_2O \xrightarrow{\text{氰酶}} HCOOH + NH_3$$

$$(b) HCN + H_2O \xrightarrow{\text{氰水合酶}} HCONH_2 + H_2O \xrightarrow{\text{甲酰胺酶}} HCOOH + NH_3$$

图10.2 无机氰化物的水解途径

10.2 腈水解酶简介

腈水解酶(nitrilase)最初是由哈佛大学的两位学者Thimann和Mahadevan于1964年在植物中发现的[5],它能够将吲哚-3-乙腈转化为植物生长激素吲哚-3-乙酸(IAA)。腈类化合物的反应途径取决于底物的立体因素及电子因素。所以在不同底物的诱导下,同一来源的腈水解酶有不同的活性,不同来源的腈水解酶的亚基分子量和天然构象也不尽相同,许多腈水解酶包含相同的多肽,分子质量为40kDa左右(32~45kDa)。不同的酶又是由不同数量的亚基聚合而成,一般的亚基数为2~26。F. oxysporum中的腈水解酶在PAGE凝胶出现多条带,分子质量范围为170~880kDa,相隔的两条带之间相差70kDa。腈水解酶水解的机理如图10.3[6]所示:首先,腈水解酶上保守的半胱氨酸残基亲核进攻氰基上的碳原子,接着第一个水分子的加入产生氨;然后,第二个水分子加入后释放出羧酸并使酶再生。Brenner等[7]通过对蠕虫NitFhit的晶体结构进行分析,发现了腈水解酶的活性中心含有Glu-Lys-Cys三联体结构(如图10.4所示),进一步推测整个腈水解酶大家族可能是通过该三联体的三个氨基酸残基来催化腈水解反应的。腈水解酶的活性部位不含有金属离子,绝大多数金属离子及金属离子螯合剂如氰基、重氮基和EDTA等对酶活力都没有明显的抑制作用。有些金属离子(例如Mg^{2+}和Mn^{2+})则对酶活有轻微的促进作用,向反应体系中

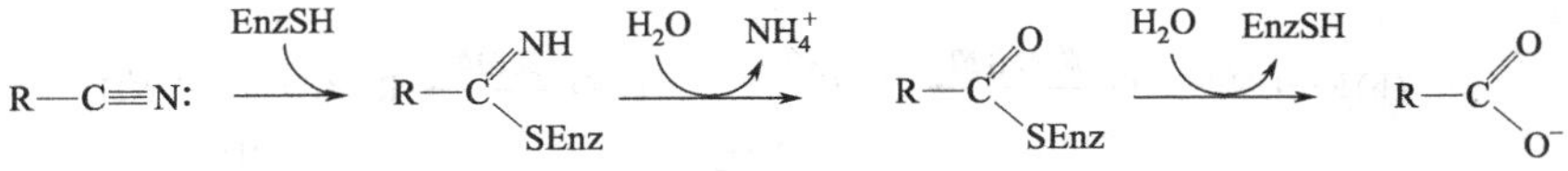

$$R-C \equiv N \xrightarrow{\text{EnzSH}} R-C\begin{smallmatrix}NH\\SEnz\end{smallmatrix} \xrightarrow{H_2O, NH_4^+} R-C\begin{smallmatrix}O\\SEnz\end{smallmatrix} \xrightarrow{H_2O, EnzSH} R-C\begin{smallmatrix}O\\O^-\end{smallmatrix}$$

图10.3 腈水解酶催化腈类化合物水解的机理

添加少量的半胱氨酸对酶活也有一定的促进作用。而能够与巯基发生反应的金属离子如 Ag^+ 和 Hg^+ 等则能显著抑制腈水解酶酶活。可见，腈水解酶中半胱氨酸上的巯基在催化反应中的作用十分关键[8~11]。

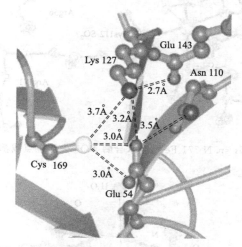

图 10.4　腈水解酶的三联体结构（彩图见彩插）

10.3　腈水合酶简介

腈水合酶（nitrile hydratase，NHase）在 1980 年由 Asano 首次报道并定义[12]。它是一个金属酶，在其催化活性中心含有一个非血红素铁原子（non-heme iron）[13,14]或含有一个非类可啉钴原子（non-corrinoid cobalt）[15]。几乎所有的腈水合酶均由 α 和 β 两个亚基以杂聚体的形式存在[16]，如图 10.5 所示。根据金属离子的依赖性不同，腈水合酶可分为 Fe-型[13,14]和 Co-型[15]（图 10.6 和图 10.7）。腈水合酶活性中心通过 20 个水分子将 17 个氨基酸的结构稳定下来，金属离子的所有配体均在 α 亚基上，包括三个半胱氨酸的巯基和两个主链氮原子[17]。然而腈水合酶催化反应的机制至今仍未研究清楚。

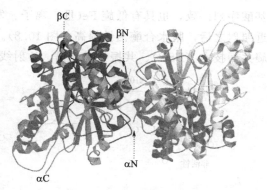

图 10.5　*P. thermophila* 腈水合酶的二聚体结构 $(\alpha\beta)_2$（彩图见彩插）

10.3.1　Fe-型腈水合酶

首次发现 *Pseudomonas chlororaphis* B23 腈水合酶（NHase）中含有非血红素铁酶典型的低自旋 Fe(Ⅲ) 位点。*Rhodococcus* sp. N-771 和 *Rhodococcus* R312（即 *Brevibacterium* R312）Fe-型腈水合酶与 *Rhodococcus* sp. N-774 腈水合酶可能是同一类型，由于它们的氨

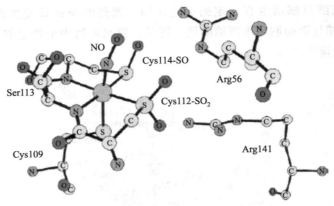

图 10.6 *Rhodococcus* sp. N-771 Fe-型腈水合酶 NO^- 失活位点残基组成（彩图见彩插）

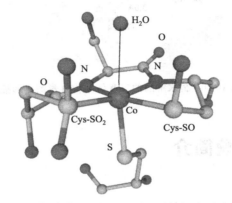

图 10.7 Co-型腈水合酶活性位点结构（彩图见彩插）

基酸序列一致，也具有低旋 Fe(Ⅲ) 离子。发现在体内外具有光复活现象[18]，在紫外线附近照射之后，腈水合酶活性提高（图 10.8）。一些 *Rhodococcus* 的腈水合酶结构通过电子自旋共振技术（ESR）、共振拉曼光谱、X 射线吸收精细结构（EXAFS）和电子核磁双共振谱

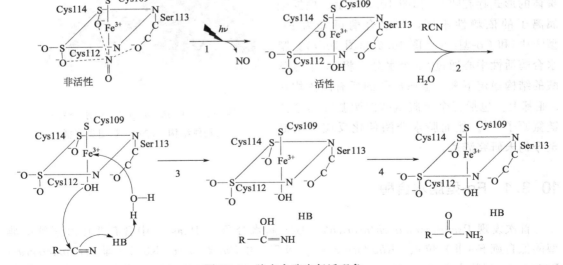

图 10.8 腈水合酶光复活现象

(ENDOR) 等鉴定。

10.3.2 Co-型腈水合酶

在优化的 *Rhodococcus rhodochrous* J1 培养基中，加入 Co^{2+} 能提高腈水合酶活性，研究发现 *Rhodococcus rhodochrous* J1 含有两种腈水合酶：一种是高分子质量（520kDa）的腈水合酶（H-NHase），另一种是低分子质量（130kDa）的腈水合酶（L-NHase）。*Rhodococcus rhodochrous* J1 在含有尿素和环己甲酰胺的培养基中培养，H-NHase 和 L-NHase 可分别选择诱导获得。H-NHase 主要水合脂肪族腈，而 L-NHase 比 H-NHase 具有更高的水合芳香族腈活性[19]。

10.3.3 腈水合酶的水合机理

腈水合酶的催化机理并没有完全弄清楚，Nelson 等对其催化机理提出三条假设[20]，如图 10.9 所示。第一种假设 [图 10.9(a)]：底物腈取代了与 M(Ⅲ) 相连的羟基配体，金属结合的腈被水分子水解。这个反应产生与金属离子连接的不稳的中间体，能重整形成酰胺，然后酰胺被释放，这称为内围机理。Nelson 等人研究的碘乙腈分子接近 Fe(Ⅲ) 中心的结晶学的研究支持这个机理。铂（Ⅱ）和铑（Ⅱ）与腈形成的复合物催化水解也证实这个内围机理。第二种假设 [图 10.9(b)]：被称为外围机理，涉及亲核攻击镶嵌在活性位点里的底物腈与金属螯合的羟基配体，这个反应产生不稳定的邻位连接金属的过渡态，能重整生成酰胺，然后酰胺被释放。第三种假设 [图 10.9(c)]：金属连接羟基配体引起接近活性位点的水分子去质子化，新生成的羟基配体促进了底物腈的水解。这个机理也称为外围机理，在这个机理中，没有取代发生在 M(Ⅲ) 中心的内层。由于 Fe-NHase 和 Co-NHase 被假定是相似的或者是相同的，它们的 M(Ⅲ) 位点是协同的，这两个 M(Ⅲ) 位点功能可能相同，支持这个论点来自这些酶的可靠的动力学分子间距数据。*Rhodococcus rhodochrous* sp. J1 的 Co-NHase 和 *Brevibacterium* R312 的 Fe-NHase 在同样的反应条件下，可以以相似的反

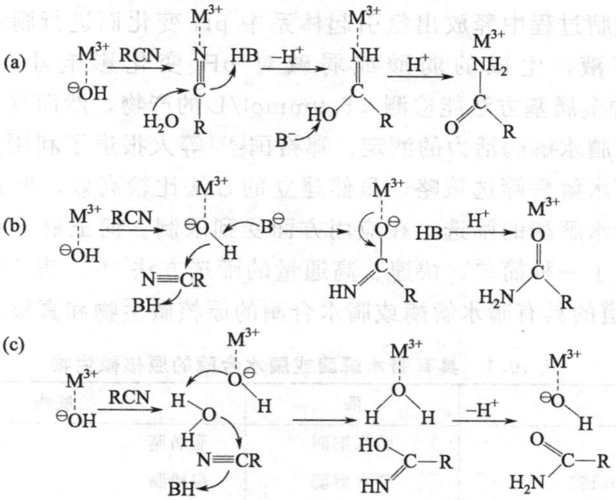

图 10.9 Nelson 提出的腈水合酶反应的机理

应速率［分别为1600mmol/(L·min)和1800mmol/(L·min)］水解丙烯腈，两种腈水合酶反应速率相似是由于外围反应催化（例如，没有涉及配体的交换），但是目前没有证据支持这个假设。

王梅祥等人提出了另一种假设（图10.10）[21]：在活性中心有双构造的αGln90，αGln90与水分子间距2.15Å，表明αGln90与水分子之间有相互作用。同时，水分子与氰基中的碳原子相互作用，氧原子和碳之间的间距只有2.75Å。水分子可以作为强的亲核试剂攻击氰基中的碳原子，同时腈通过水分子与金属离子的相互作用而被激活。

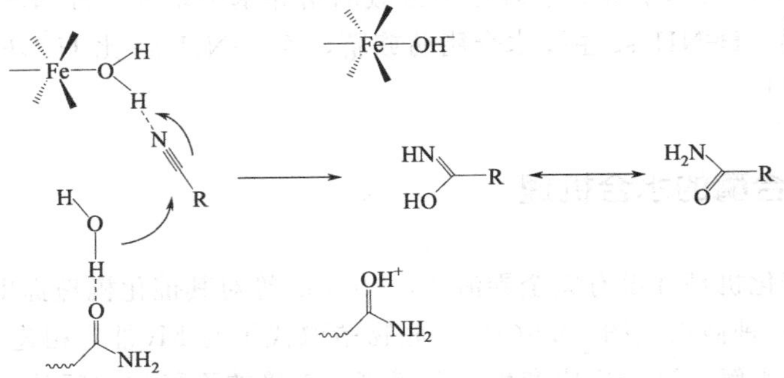

图10.10 王梅祥提出的腈水合酶反应的机理

10.4 具有腈水解酶或腈水合酶活性的微生物

由于腈类化合物的水解产物（羧酸和酰胺）是合成很多高附加值医药、农药的重要中间体[22~24]，这极大地激发了国内外众多学者对腈水解酶和腈水合酶的研究热情。为了开发出更新颖、更高效、更具有工业应用前景的生物催化剂，人们已经建立起了一系列高效的生物催化剂筛选方法。为了扩大腈水解酶酶源，许多筛选策略应用于腈水解酶的筛选[25~34]。TLC法[5]简单并且快速，但是通量低。Santoshkumar[30]报道利用平板法测定产酶菌株催化脂肪族腈过程中释放出氨引起体系中pH变化而进行腈水解酶的筛选，由于体系中存有缓冲溶液，生成的弱酸或弱碱对pH变化影响小，因而检测不敏感。DeSantis[32]报道一种金属基方法能检测<5.0mmol/L的产物，然而这种方法不能应用于有蛋白质等复杂体系中腈水解酶活力的测定。郑裕国[33]等人报道了利用荧光分析法建立邻羟基苯甲腈及衍生物腈水解酶筛选策略，虽然建立的方法比较高效，但是底物仅限于邻羟基苯甲腈及衍生物的腈水解酶的筛选，在应用方面受到限制。何玉财等利用改进的羟肟酸铁分光光度比色法建立了一种简单、快速、高通量的筛选方法[34]。表10.1和表10.2列出了最近10年文献所报道的具有腈水解酶或腈水合酶的原核微生物和真核微生物。

表10.1 具有腈水解酶或腈水合酶的原核微生物

微生物	酶	底物	参考文献
Acidovorax facilis 72W	腈水解酶	脂肪腈	[35]
Alcaligenes faecalis ZJB-09133	腈水解酶	扁桃腈	[36]
Alcaligenes sp. ECU0401	腈水解酶	苯乙腈	[37]

续表

微生物	酶	底物	参考文献
Amycolatopsis sp. Ⅱ RT215	腈水解酶/腈水合酶	脂肪腈	[38]
Arthrobacter nitroguajacolicus	腈水解酶	丙烯腈	[39]
Bacillus cereus	腈水合酶	丙烯腈	[40]
Bacillus sp.	腈水合酶	丙烯腈	[41]
Bacillus sp. MTCC 7545	腈水解酶	3-氰基吡啶	[42]
Bacillus sp. UG-5B	腈水解酶	苯甲腈	[43]
Bacillus pallidus Dac521	腈水解酶	烷基腈,芳香腈	[44]
Bacillus subtilis ZJB-063	腈水解酶/腈水合酶	脂肪腈,芳香腈	[45]
Bradyrhizobium japonicum USDA 110	腈水解酶	扁桃腈	[46,47]
Brevibacterium imperialis CBS 489-74	腈水合酶	丙烯腈	[48]
Geobacillus pallidus RAPc8	腈水合酶	3-苯丙腈	[49]
Mesorhizobium sp. F28	腈水合酶	丙烯腈	[50]
Pseudomonas sp. S1	腈水解酶	烷基腈	[51]
Pseudomonas fluorescens EBC191	腈水解酶	扁桃腈	[52]
Pseudomonas fluorescens Pf-5	腈水解酶	脂肪二腈	[53]
Pseudomonas putida	腈水解酶	扁桃腈	[54]
Rhodobacter sphaeroides LHS-305	腈水解酶	3-氰基吡啶	[55]
Rhodococcus sp.	腈水合酶	芳香腈,杂环腈,芳香烷基腈,环烷基腈	[56]
Rhodococcus sp. CCZU10-1	腈水解酶	芳香腈,乙醇腈,3-氰基吡啶	[57,58]
Rhodococcus sp. ZJUT-N595	腈水解酶	乙醇腈	[59]
Rhodococcus erythropolis N'4	腈水合酶	4-氯-3-羟基丁腈	[60]
Rhodococcus equi A4	腈水合酶	烷基腈,环烷基腈,芳香腈,杂环腈,芳香烷基腈	[61,62]
Rhodococcus rhodochrous	腈水合酶/腈水解酶	(环)烷基腈,芳香腈,杂环腈	[63~65]
Rhodococcus rhodochrous tg1-A6	腈水解酶	丙烯腈	[66]
Rhodococcus rubber	腈水解酶	丙烯腈	[67]
Rhodococcus ruber TH	腈水合酶	丙烯腈	[68]
Synechocystis sp. strain PCC6803	腈水解酶	富马腈	[69]

表 10.2　具有腈水解酶或腈水合酶的真核微生物

微生物	酶	底物	参考文献
Aspergillus niger K10	腈水解酶	杂环腈	[70]
Candida guilliermondii	腈水合酶	芳香腈,杂环腈	[71]
Fusarium oxysporum H3	腈水解酶	乙醇腈	[72]
Fusarium solani IMI196840	腈水解酶	4-氰基吡啶	[73]
Fusarium solani O1	腈水解酶	3-氰基吡啶	[74]
Cryptococcus flavus UFMG-Y61	腈水合酶	异丁腈	[75]
Cryptococcus sp. UFMG-Y28	腈水解酶	乙腈,丙腈	[75]
Exophiala oligosperma R1	腈水解酶	苯乙腈	[74]
Penicillium multicolor CCF 2244	腈水解酶	苯甲腈	[76]
Pyrococcus abyssi	腈水解酶	脂肪腈	[77]
Streptomyces sp. MTCC	腈水解酶	芳香腈	[78]

10.5 腈水解酶和腈水合酶的选择性

10.5.1 化学选择性

在有机合成中为了得到特定的产物常常需要仅仅水解氰基而不影响其他可水解基团如酰基、缩醛、醚键等，只水解氰基得到相应的羧酸或酰胺。Klempier 等以 *Rhodococcus* sp. SP409 固定化催化剂作用于含乙酯基团的脂肪腈，只水解氰基得到相应的羧酸[79]。以 *Rhodococcus rhodochrous* NCIMB 11216 整细胞催化时，可选择性水解含有缩醛底物的氰基，缩醛不会发生变化[80]。

10.5.2 立体选择性

近年来，腈水解酶催化反应的立体选择性也逐渐成为关注的热点。关于立体选择性催化腈研究较多的是芳基乙腈类的研究。光学纯 α-羟基酸是药物合成和不对称合成的重要中间体。在各种化学合成和酶法合成中，腈水解酶能动力学拆分易得的 α-羟基腈（氰醇），对映水解生成光学纯 α-羟基酸[81]。何玉财等人[37]利用富集培养技术从土壤中筛选得到的 *Alcaligenes* sp. ECU0401 能对映水解外消旋的扁桃腈生成 (R)-(−)-扁桃酸，但是分析产率不高（近 30%）。Banerjee 等人[54]利用富集培养技术从土壤中筛选得到的 *Pseudomonas putida*、*Microbacterium paraoxydans* 和 *Microbacterium liquefaciens* 三株腈水解酶产生菌能对映水解外消旋的扁桃腈生成 (R)-(−)-扁桃酸，但是分析产率也不高（≤30%）。Stolz 等人[82]通过基因组挖掘克隆了 *Pyrococcus abyssi* 腈水解酶基因（GenBank Accession No. AJ248287）。Mueller 等人[83]克隆了热稳定的 *Pyrococcus abyssi* 腈水解酶，对扁桃腈有较高的活性。朱敦明等人通过理性的基因组挖掘（rational genome mining）从 *Bradyrhizobium japonicum* USDA110 克隆并且纯化了腈水解酶（bll6402）[84,85]，对扁桃腈及其衍生物有较高的活性。在同一菌株中克隆出另一个腈水解酶基因（blr3397），与已知的 *Zea mays* ZmNIT2 和 *Arabidopsis thaliana* nitrilase4 的序列分别有 55% 和 52% 的同源性[86~88]。

王梅祥等成功地用产腈水合酶和酰胺酶的微生物菌株 *Rhodococcus* sp. AJ270 催化外消旋 α 位被取代的苯乙腈和苯乙酰胺的立体选择性生物转化，例如用 α-异丙基苯乙腈作底物时，得到 R-α-异丙基苯乙酰胺的 ee 值>99%，S-α-异丙基苯乙酰胺的 ee 值>99%。利用 α-甲基苯乙腈作底物时，得到 R-α-甲基苯乙酰胺的 ee 值>99%，S-α-甲基苯乙酰胺的 ee 值>90%[89]。

10.5.3 区域选择性

酶法对映选择性水解二腈是化学方法一步很难实现的工艺，目前研究成果主要集中在含有氰基团的羧酸和含有氰基的酰胺。*Acidovorax facilis* 整细胞中腈水合酶（半衰期 22.7h，55℃）应用于区域选择水合 2-甲基戊二腈[90,91]、2-亚甲基戊二腈、2-乙基琥珀腈、丙二腈、琥珀腈和戊二腈。50℃热处理 *Acidovorax facilis* 整细胞可以使腈水合酶失活，而细胞中腈水解酶可以水解二腈生成二羧酸单酰胺和二羧酸。缺乏明显腈水合酶活性的突变菌株不需要热处理。*Comamonas testosteroni* 整细胞中腈水合酶/酰胺酶系统能将 2-乙基琥珀腈转化成 3-氰基戊酸，这种氰基羧酸经过加氢催化可以得到内酰胺[92]。5-氰基戊酰胺是合成除草剂的中间体，可以利用 *Pseudomonas chlororaphi* 固定化细胞转化（产率为 93%）。诱导 *Rhodococcus rhodochrous* 产生的腈水解酶可以选择性水解 3-和 4-氰甲基苯腈中的氰基团，可以合成 3-和 4-氰甲基苯甲酸，而 2-氰甲基苯腈上的大分子的氰甲基侧链阻碍了芳香氰基团的水解[93]。具有腈水合酶/酰胺酶的 *Rhodococcus* sp. 菌株可将 2-氰甲基苯腈转化生成 2-氰基苯乙酸。此外，这株菌对 4-氰甲基苯腈也具有同样的区域选择性将其转化生成 4-氰甲基苯乙酸。*Arabidopsis thaliana* 腈水解酶可区域选择性水解具有较长碳链（8 个碳原子以上）的脂肪族二腈[94]。

Otto 等人[95]利用微生物 *Rhodococcus* sp. AJ270 细胞作生物催化剂，研究了在温和条件下二腈酶法水解反应的区域选择性及其机理。研究发现，以脂肪族二腈 $NC[CH_2]_nCN$ 为底物，当 $n=2\sim 4$ 时，有单氰基羧酸生成；当 $n>4$ 时，其生物转化成二羧酸，并且产量相对较高。以含有杂原子 X 如 O、S、N 的 α,ω-二腈 $NC[CH_2]_n—[CH_2]_nCN$ 为底物，当氧原子处于氰基的 β、γ、δ 位或硫原子处于氰基的 β、δ 位时，可被迅速区域选择性水解转化成单氰基羧酸。这种区域选择性是由氰基与杂原子之间的距离决定的，距离越远，选择性越高，当杂原子处在 δ 位时，区域选择性最好。

10.6 影响酶催化腈水解的主要因素

产酶的培养基组成、培养条件和催化反应条件对水解腈的活力有着显著的影响[96]，以下三方面在研究上最为关注。

10.6.1 诱导剂的影响

诱导剂对腈水合酶和腈水解酶的产生有着明显的影响[19,57,96~99]。底物、产物及其结构类似物都可以作为诱导剂。分别利用尿素和环己甲酰胺诱导 *Rhodococcus rhodochrous* J1 腈水合酶，H-NHase 和 L-NHase 可分别选择诱导获得。H-NHase 主要水合脂肪族腈，而 L-NHase 对芳香族腈有较高的水合活性[19]。ε-己内酰胺可作为高效的诱导剂，使 *Rhodococcus* sp. CCZU10-1 腈水解酶活力由 107U/(g DCW) 提高到 415U/(g DCW)[57]，使 *Alcaligenes* sp. ECU0401 腈水解酶活力由 975U/(g DCW) 提高到 1883U/(g DCW)[96]。小分子的乙腈可使 *P. putida* MTCC 5110 腈水解酶活力有明显的提高[97]。

10.6.2 底物和产物的抑制

底物和/或产物的抑制作用会大大降低酶的催化活性。当底物浓度 >200mmol/L 时，就会有抑制现象，并使酶迅速发生不可逆失活。底物的抑制作用可以通过控制底物的浓度来克服，如周期性或连续性地向反应体系中流加底物，使酶催化反应保持在恒定的低底物浓度下进行。何玉财等[98]用产腈水解酶的微生物 Rhodococcus sp. CCZU10-1 细胞催化烟腈水解转化成烟酸时，发现腈水解酶受到底物和产物的强烈抑制作用，最终转化率很低，但是将底物浓度控制在 100mmol/L 以下，3-氰基吡啶几乎全部转化成产物。通过分批补料策略，每反应 12h 补料 100mmol/L，反应至 120h，产物的累计浓度为 927mmol/L。底物和产物的抑制作用还可以通过优化酶的生产来解决，如在产酶培养基中添加诱导物，提高产酶量。Nagasawa 等[99]用产腈水解酶的微生物菌株 Rhodococcus rhodochrous J1 催化丙烯腈水解转化成丙烯酸时，发现腈水解酶受到底物和产物的抑制作用，但是向培养基中添加 ε-己内酰胺（作为诱导物）之后，大大提高了腈水解酶的产量，获得高浓度产物（390g/L）。

对于那些在水相中溶解度较低又抑制腈水解的底物和产物，可以用有机溶剂如烷烃、醚和酯等作为反应介质，这不仅能解除底物和产物对酶的抑制作用，而且能增大腈类化合物的溶解性，大大提高反应速率。何玉财等建立了甲苯-水两相体系，降低了底物苯甲酰甲腈的抑制，提高了固定化腈水解酶催化剂 Rhodococcus sp. CCZU10-1 的反应效率，实现苯乙酮酸的高效合成[57]。因此，研究腈在非水体系和水-有机溶剂两相体系中的酶催化水解具有很大的理论意义和应用价值。

10.6.3 反应介质的影响

由于大部分腈的疏水特性，加入一定的有机溶剂助溶是非常必要的。在反应体系中一般加入较低含量（5%～10%）的助溶剂。在粗酶和纯酶中应用了较高比例的有机溶剂。纯化的 Rhodococcus equi 腈水合酶可以在高浓度的烃化合物（90%异辛烷或吡啶）中进行反应。纯化的高分子量 Rhodococcus rhodochrou 腈水合酶对醇类不敏感，可以保持 89%～100%的活力，在丙酮、1,4-二氧-杂环乙烷、DMF、四氢呋喃、DMSO 和乙烯乙二醇（体积分数 50%）中，也表现出较高的活性。Rhodococcus sp. DSM 11397 腈水合酶和 Pseudomonas DSM 11387 腈水解酶在多种有机溶剂/水两相体系中保持了良好的活性。这两种酶可以耐受 $\lg P>4.0$ 的 C_8 和 C_{16} 烷烃，活力回收在 66%～109%之间[100]。Willetts 等人[100]研究腈在微水相中的酶催化水解反应，发现微生物 Rhodococcus sp. DSM11397 腈水合酶在 $\lg P$ 值大于 4 的有机溶剂（如碳原子数为 8～16 之间的脂肪族烷烃）中，仍然保持较高的活性，可催化外消旋腈类化合物水解转化成光学活性羧酸和酰胺。张志钧等选择 $\lg P=2.5$ 的甲苯建立了甲苯-水两相体系，发现重组 Alcaligenes sp. ECU0401 腈水解酶可在甲苯-水（10：90，体积比）两相体系中保持良好的活性，可高效转化 500mmol/L 外消旋扁桃腈[101]。又如 α-羟基腈（氰醇）在水溶液中很不稳定，易发生副反应生成醛或酮，难以得到目的产物羧酸及衍生物。另外，氰醇在水相中分解产生的氢氰酸对腈水合酶有抑制作用。但以微水有机溶剂（如乙酸乙酯、异丁醚等）为反应介质，就可以克服以上缺点，获得光学活性羧酸及其衍生物。可见，反应介质对酶催化腈水解反应的选择性、反应速率和酶的稳定性等均有很大的影响。

10.7 腈水解酶和腈水合酶的应用

腈水解酶尤其是腈水合酶在工业生产上的应用十分成功。日本 Nitto 公司、德国 BASF

公司、美国 DuPont 公司和瑞士 Lonza 公司等都利用腈水解酶来生产各种酰胺及羧酸类化合物。其中最著名的是日本 Nitto 公司年产 3 万吨的丙烯酰胺工艺。1973 年，Galzy 等人发现了一种能催化丙烯腈水合停留在丙烯酰胺的微生物 *Brevbacterium* R3121141，从而开始了用微生物生产丙烯酰胺的研究。1985 年，Nitto 公司建成了世界上第一套微生物法生产丙烯酰胺的工业装置。第一代菌种为 *Rhodococcus* sp. N-774。第二代菌种为 *Pseudomonas chlororaphis* B23，在 1988 年替代了第一代菌株成为生产菌株。第三代菌种为 *Rhodococcus rhodochrous* J1。经过三代菌株的改良（图 10.11 所示），日东公司的年产量也由初始的 4000t/年提高到了 30000t/年[102]。国内学者在腈水合酶产生菌的分离选育、发酵优化和催化研究等方面做了大量的工作[103~107]。上海农药研究所沈寅初教授的小组历经七年研究，也已成功投产丙烯酰胺。

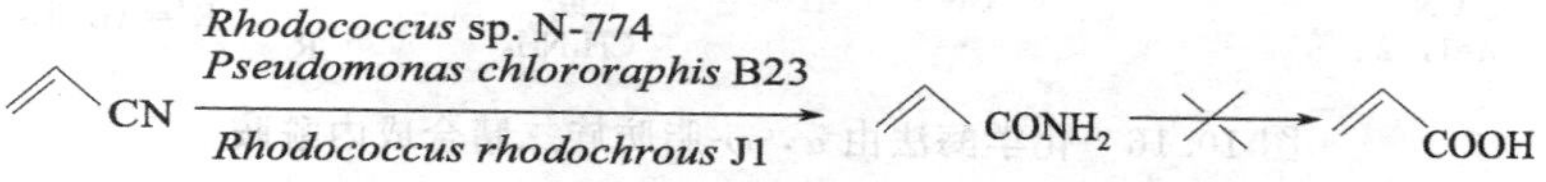

图 10.11　利用腈水合酶生产丙烯酰胺

Lonza 公司在 B 族维生素烟酸和烟酰胺的工业生产中，也采用酶催化方法。用 Nitto 公司固定化 *Rhodococcus rhodochrous* J1 细胞催化，通过将产物不断分离的方法可以减少产物对酶的抑制，从而提高生产效率（图 10.12 所示）。王梅祥等利用 *Rhodococcus erythropolis* AJ270 整细胞腈水合酶/酰胺酶立体选择性催化 2-芳基-3-甲基丁腈生成相应的酰胺和羧酸（图 10.13 所示）。

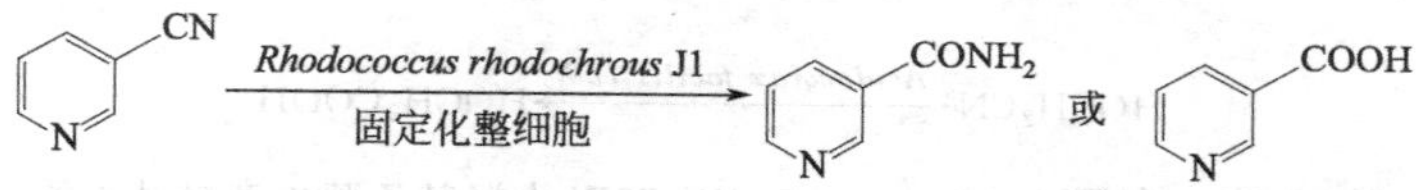

图 10.12　利用 *Rhodococcus rhodochrous* J1 生产烟酰胺和烟酸

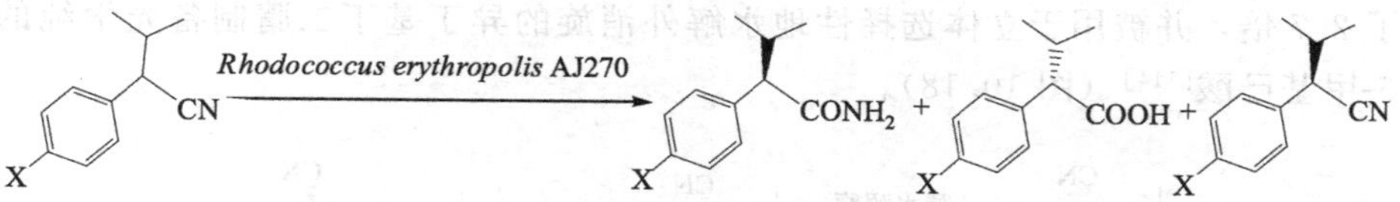

图 10.13　*Rhodococcus erythropolis* AJ270 催化 2-芳基-3-甲基丁腈

单氰基羧酸目前尚难用化学方法合成，因为底物二腈化合物中的两个氰基在化学水解过程中都发生转化，生成二羧酸。但是，利用酶催化去对称水解反应，潜手性和手性二腈能高产率和高立体选择性地转化成光学活性[108]单氰基羧酸及衍生物。Crosby 等[109]用 *Rhodococcus* SP361 腈水合酶催化一系列潜手性羟基戊二腈的衍生物水解（图 10.14），转化成相应的光学活性单氰基羧酸，获得较高光学纯度 ee 值为 84%。

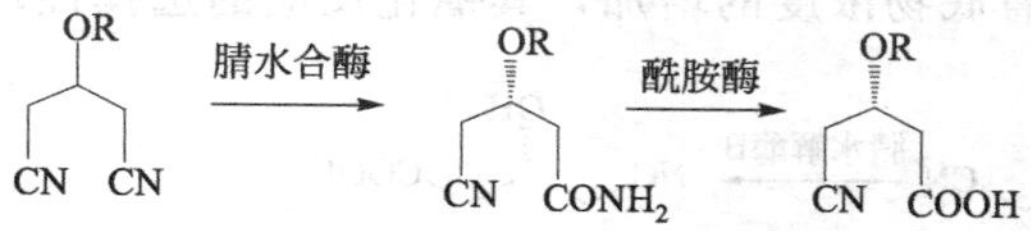

图 10.14　手性羟基戊二腈的合成

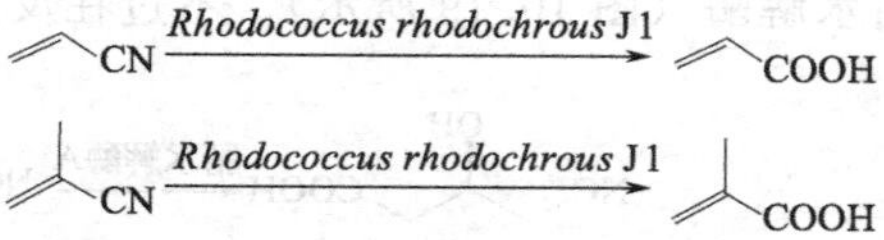

图 10.15　利用 *Rhodococcus rhodochrous* J1 生产丙烯酸和甲基丙烯酸

由于腈水解酶催化腈类化合物水解后的产物羧酸是合成许多高附加值的医药、农药以及精细化学品的重要中间体，因而它们在有机合成领域得到了十分广泛的应用。Nagasawa 等[97]利用 ε-己内酰胺诱导的 *Rhodococcus rhodochrous* J1 由丙烯腈和甲基丙烯腈来生产丙烯酸和甲基丙烯酸，通过批次补料的方法使丙烯酸和甲基丙烯酸的产量分别达到了 390g/L 和 260g/L（图 10.15）。

Gavagan 等[110]利用产脂肪族腈水解酶的 *Acidovorax facilis* 72W 先将脂肪族的 α,ω-二腈转化为 ω-氰基羧酸铵盐（产率为 98%），ω-氰基羧酸铵盐再通过氢化作用直接转化为相应的内酰胺（图 10.16）。

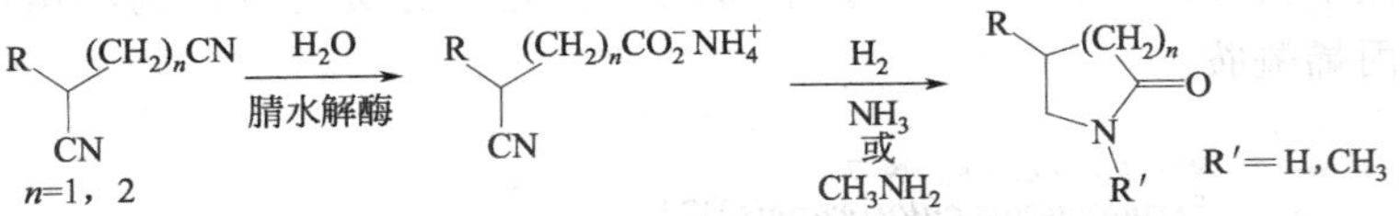

图 10.16　化学酶法由 α，ω-脂肪族二腈合成内酰胺

腈水解酶可催化羟基乙腈合成重要的中间体羟基乙酸，*Alcaligenes* sp. ECU0401 和 *Rhodococcus* sp. CCZU10-1 腈水解酶对羟基乙腈具有较高的活性[58,96]。Panova 等[111]以重组 *Acidovorax facilis* 72W 腈水解酶的固定化细胞作为催化剂，催化水解羟基乙腈生产羟基乙酸，产率达到了 1000g 产品/g 干细胞（图 10.17）。Wu 等[112,113]则是通过蛋白质工程和发酵优化相结合的手段对 *Acidovorax facilis* 72W 腈水解酶进行改造来进一步提高催化剂的酶活，并利用海藻酸钙包埋法进行固定化重组细胞以提高催化剂在实际应用中的操作稳定性。

$$HOCH_2CN \xrightarrow{\textit{Acidovorax facilis}\ 72W} HOCH_2COOH$$

图 10.17　利用 *Acidovorax facilis* 72W 由羟基乙腈生产羟基乙酸

Xie 等对来源于 *Arabidopsis thaliana* 的腈水解酶通过蛋白质工程改造后，腈水解酶活性提高了 2.7 倍，并被用于立体选择性地水解外消旋的异丁基丁二腈制备光学纯的（3*S*）-3-氰基-5-甲基己酸[114]（图 10.18）。

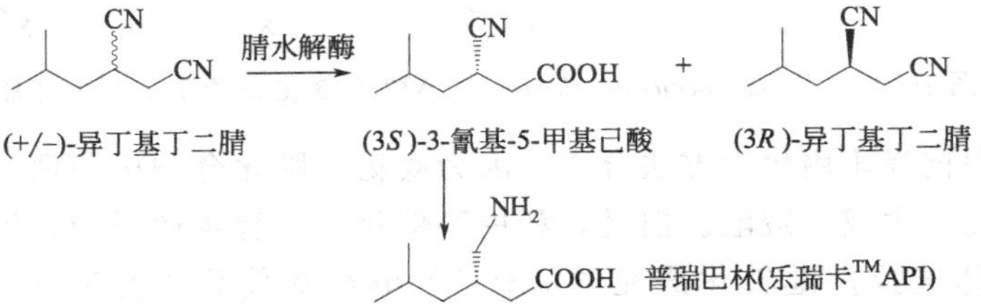

图 10.18　*Arabidopsis thaliana* 腈水解酶水解外消旋的异丁基丁二腈合成（3*S*）-3-氰基-5-甲基己酸

DeSantis 等通过对腈水解酶的酶库进行筛选得到一个对 3-羟基戊二腈具有良好选择性的腈水解酶（图 10.19 所示）。不过在反应中随着底物浓度的增加，其催化反应的选择性却

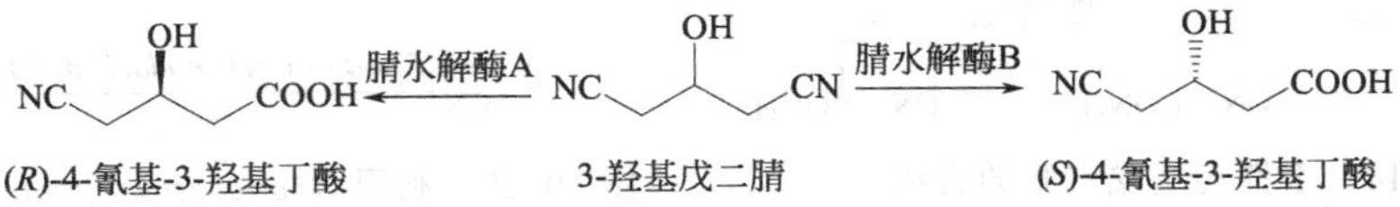

图 10.19　利用腈水解酶水解 3-羟基戊二腈制备光学纯的 4-氰基-3-羟基丁酸

逐渐下降。为了解决这个问题，他们通过对基因位点进行饱和突变并采用高通量的筛选方法对突变文库进行筛选，最终得到了一株能耐受底物浓度高达 2.25mol/L 的突变株，S-型产物和 R-型产物均能得到 >95% 的 ee 值，且产物的对映体过量值为 98%[115]。

何玉财从华东理工大学校园土壤中筛选出一株扁桃腈水解酶菌株 Alcaligenes sp. ECU0401，经 CTAB 通透处理的整细胞能够以外消旋的扁桃腈为底物水解得到 (R)-(−)-扁桃酸，得率为 91%，对映体过量值 >99.9%[116]。水解机制如图 10.20 所示，反应中存在一个化学平衡，首先是 R 选择性的腈水解酶将 (R)-扁桃腈水解为 (R)-(−)-扁桃酸，接着 (S)-扁桃腈在碱性条件下分解为苯甲醛和氢氰酸，苯甲醛和氢氰酸进一步转化为外消旋的扁桃腈，通过不断地动态动力学拆分水解过程，(R)-(−)-扁桃酸理论产率可以达到 100%。张志钧克隆表达 Alcaligenes sp. ECU0401 扁桃腈水解酶，可高效转化 300mmol/L 的外消旋的扁桃腈[101]。

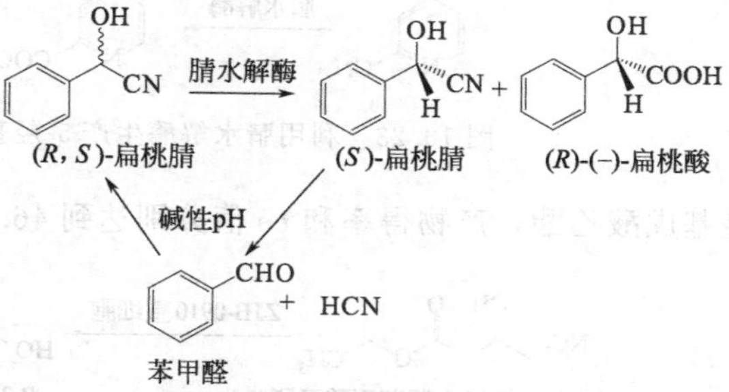

图 10.20 腈水解酶对映选择性水解扁桃腈生产 (R)-扁桃酸

Stolz 等[117]将来源于 Pseudomonas fluorescens EBC191 的腈水解酶与来源于 Manihot esculenta 的羟氰化酶（MeHNL）共表达于大肠杆菌中，由羟氰化酶先将苯甲醛和氰化氢对映选择性地转化为 (S)-扁桃腈，然后再通过腈水解酶将 (S)-扁桃腈转化为 (S)-扁桃酸和 (S)-扁桃酰胺（图 10.21）。

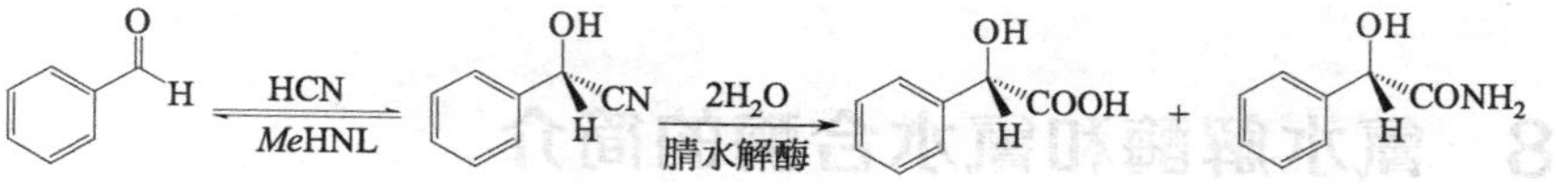

图 10.21 双酶法制备 (S)-扁桃酸和 (S)-扁桃酰胺

Schreiner 等[118]对来源于 Alcaligenes faecalis 的腈水解酶进行定向进化改造，获得一株在 pH=4.5 条件下仍具有催化水解活性的突变株，并以该突变株为催化剂在 10min 内完全水解 R-2-氯扁桃腈（10mmol/L）为氯吡格雷的中间体 R-2-氯扁桃酸，转化率和 ee 值分别为 100% 和 >99%（图 10.22）。许建和等[119]构建 Escherichia coli BL21（DE3）腈水解酶可在甲苯-缓冲溶液体系催化 300mmol/L 外消旋的 2-氯扁桃腈高效合成 R-2-氯扁桃酸，分离产率为 94.5%。

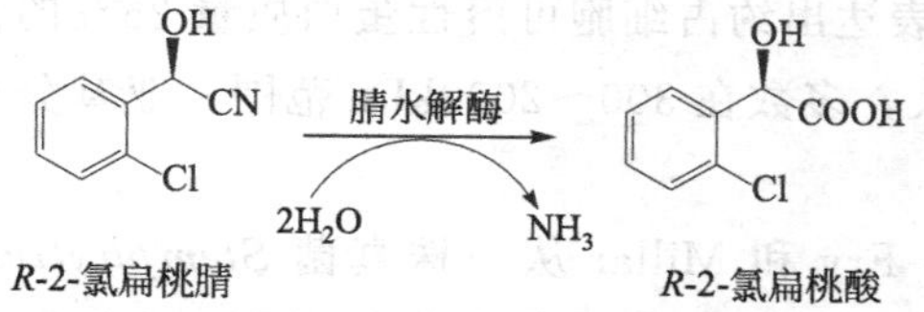

图 10.22 利用腈水解酶水解 R-2-氯扁桃腈制备 R-2-氯扁桃酸

Lonza 公司[120]利用腈水解酶和烟酰胺脱氢酶的协同作用，分别从 2-氰基吡嗪和 2-氰基吡啶出发，合成了药物中间体 5-羟基吡嗪-2-甲酸和 6-羟基吡啶-2-甲酸，转化率接近 100%（图 10.23）。

Dong 等[121]利用腈水解酶菌株 Rhodococcus erythropolis ZJB-0910 整细胞催化剂来对映选择性催化 20mmol/L 外消旋 4-氰基-3-羟基丁酸乙酯水解合成瑞舒伐他汀的中间体 R-3-

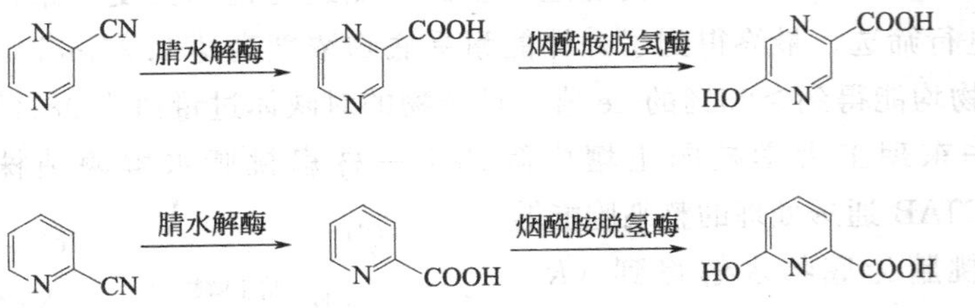

图 10.23　利用腈水解酶生产 5-羟基吡嗪-2-甲酸及 6-羟基吡啶-2-甲酸

羟基戊酸乙酯，产物得率和 ee 值分别达到 46.2% 和 99% 以上（图 10.24）。

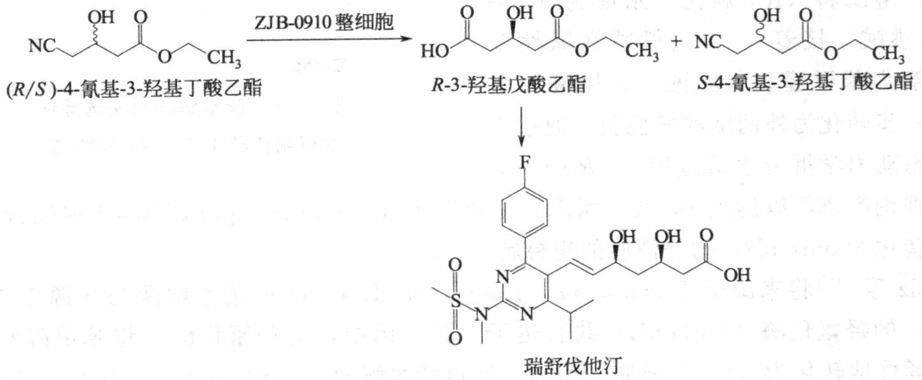

图 10.24　利用腈水解酶制备 R-3-羟基戊酸乙酯

10.8　氰水解酶和氰水合酶的简介

氰水解酶和氰水合酶有组成型酶，也有诱导型酶，诱导型的情况较多[122]。例如，Cluness 等[123]用氰化物诱导 Fusarium lateritium 可表达出约占细胞可溶性蛋白质量 25% 的氰水合酶。氰水解酶和氰水合酶的分子质量都比较大，多数在 300～2000kDa 范围，亚基分子质量在 39～45kDa 之间。

氰水合酶（EC 4.2.1.66）最早在 1972 年由 Fry 和 Millar 从一株真菌 Stemphylium loti 中分离和鉴定[124,125]。后来又在其他真菌如镰刀霉菌和木霉菌中分离得到，在细菌中分离得到此酶的报道较少，仅有 Kunz 等[126]在 Pseudomonas fluorescens NCIMB 11764 中发现存在氰水解酶、氰水合酶和氰双加氧酶等多途径降氰酶系；刘幽燕等人对产碱杆菌 Alcaligenes sp. DN25[127]的研究认为菌株对氰的降解是由氰水解酶、氰水合酶和酰胺水解酶共同作用的水解途径[128]。但是由于这些研究中对酶未进行纯化，多酶体系还须进一步证实。氰水合酶的亚基分子质量在 35～45kDa 之间，来自 Gloeocercospora sorghi、Fusarium lateritium 以及 Fusarium solani 氰水合酶的分子质量都在 300～3000kDa 之间，这表明真菌氰水合酶是以多聚体形式存在的。表 10.3 中列出了一些具有氰水合酶的微生物及其特性。

表 10.3　一些具有氰水合酶的微生物及其特性

微生物	最适反应 pH	最适反应温度/℃	K_m/(mmol/L)	底物	参考文献
Sternphylium loti	7.0～9.0	25	15～20	NaCN	[124]
Fusarium oxysporum	4～7	25	50	KCN	[129]
F. solani IHEM 8026	9～10.7	30	—	—	[130]
G. sorghi	5.3～5.7	35	40～70	KCN	[131]

　　氰水解酶广泛存在于细菌中，其中研究较为深入的细菌包括 *Alcaligenes xylosoxidans* subsp. *denitrificans* DF3、*Bacillus pumilus* C1 和 *Pseudomonas stutzeri* AK61[132～134]。来自 *Bacilus pumius* C1 的氰水解酶由三个大小分别为 45.6kDa、44.6kDa 和 41.2kDa 的多肽组成，分子质量为 417kDa。其最适酶活出现在 37℃，pH 7.8～8.0。当存在 Sc^{3+}、Cr^+、Fe^{3+} 和 Th^{3+} 时活力受到抑制。氨基酸序列比对发现 *Bacilus pumius* C1 的氰水解酶与 *P. stutzeri* AK61 的氰水解酶同源性达 80%，但有所不同的是 *Bacilus pumius* C1 的氰水解酶不是诱导型酶。表 10.4 中列出了一些具有氰水解酶的微生物及其特性。

表 10.4　一些具有氰水解酶的微生物及其特性

微生物	最适反应 pH	最适反应温度/℃	K_m/(mmol/L)	底物	参考文献
A. xylosoxidans subsp. *denitrificans* DF3	7.5～8.2	35～40	1.5～10（低底物浓度时）	NaCN	[132]
Bacillus pumilus C1	7.8～8.0	37	2.56	NaCN	[133]
P. stutzeri AK61	6～10	30	40～70	KCN	[134]

10.9　在生物降解与生物修复中的应用

　　腈类化合物广泛地应用于化学工业和农业，例如，乙腈是良好的溶剂，丙烯腈可用于合成丙烯酸和塑料的前体物质，2,6-二氯苯腈和 3,5-二碘-4-羟基苯腈可用于除草剂。因此，排放的腈类化合物对自然界有了不同程度的污染。腈转化酶催化剂对于降解聚合的丙烯腈（丙烯腈-丁二烯和丙烯腈-丁二烯-苯乙烯）是非常有效的。降解丙烯腈的 *Bacillus cereus* 胞外酶（例如，α-淀粉酶和过氧化酶）有解聚活性，胞内酶有降解丙烯腈活性。利用游离或固定化 *Rhodococcus erythropolis*[135] 细胞将来自合成纤维排放的大量的丙腈转化成丙酸铵盐（可作为饲料添加剂）。*Pseudomonas* sp. 和 *Arthobacter* sp. 整细胞也可以用来降解有机腈和无机氰[136,137]。

　　在无机氰污染的生物治理中，目前多直接采用微生物细胞作为体系介质。直接利用微生物的不足之处在于处理效果受微生物的生长规律限制，特别是过高的氰根离子浓度易使活性污泥中毒，长期运行和维护成本增高。尽管在 2000 年美国环境保护署（EPA）对生物法处理无机氰污染技术进行评估并将之列为治理推荐技术之一，但是其工业化应用实例不多。与整细胞相比，使用酶制剂具有过程高效和工艺简单灵活的优势，尤其氰水解酶和氰水合酶不需要任何辅底物和辅因子，在直接利用生物酶进行污染治理的场合中具有优势。另外，固定化技术可应用于含氰废水处理。Kowalska 等[138] 对从活性污泥中分离得到的混合菌种固定化以后，可处理含苯酚和氰化物的废水。Dursun 等[139] 利用海藻酸钙固定化假单胞菌,并在填充柱反应器中对氰化物进行降解实验,进一步研究其降解动力学。

10.10 总　结

　　腈类化合物是一类有机合成重要中间体,其水解和水合反应被广泛应用于氨基酸、酰胺、羧酸及其衍生物的合成,在有机合成中占有极其重要的地位。用生物催化法实现氰基的转化,其优势不仅在于温和的反应条件,更重要的是可以实现一般化学转化法所不具有的优良的化学选择性、区域选择性及立体选择性。腈水解酶或腈水合酶/酰胺酶的高效单一的反应、优良的选择性使之在有机合成中表现出巨大应用潜力,不仅具有广泛的工业应用前景,而且也可以发展为合成手性分子及手性砌块的有力工具[140]。

　　无机氰化物在很多工业领域的应用造成大量含氰废水,对其净化必不可少,利用生物法进行处理,转化产物无毒无害,不易发生二次污染,而且可同时处理金属络合物。目前分子生物学技术的发展使人们可以对酶分子进行定向进化,从而获取活力更高、稳定性更好的突变酶。因此通过开展氰降解关键酶的分离和纯化以及对应的功能基因的分离和克隆,既可增添降氰酶在生物信息学数据库的个例,也可使大规模生产氰降解酶和酶法处理含氰废水成为可能。

(何玉财　刘幽燕)

参 考 文 献

[1] Conn E E. Biosynthesis of cyanogenic glycosides//Vennesland B, Conn E E, Knowles C J, Westly J, Wissing F, eds. Cyanide in biology [M]. London: Academic Press, 1981: 183-196.

[2] Kobayashi M, Shimizu S. Nitrile hydrolases [J]. Curr Opin Chem Biol, 2000, 4: 95-102.

[3] Pollak P, Romender G, Hagedorn F, Gelbke H P//Elvers B, Hawkins S, Schulz G, eds. Ullman's encyclopedia of industrial chemistry [M]. 5th Edn, vol. A17. Weiheim: Wiley-VCH, 1991: 363-376.

[4] Banerjee A, Sharma R, Banerjee U C. A rapid and sensitive fluorometric assay method for the determination of nitrilase activity [J]. Biotechnol Appl Biochem, 2003, 37: 289-293.

[5] Thimann K V, Mahadevan S. Nitrilase: Occurrence, preparation, and general properties of the enzyme [J]. Arch Biochem Biophys, 1964, 105: 133-141.

[6] Stevenson D E, Feng R, Storer A C. Detection of covalent enzyme-substrate complexes of nitrilase by ion-spray mass spectroscopy [J]. FEBS Lett, 1990, 277: 112-114.

[7] Brenner C. Catalysis in the nitrilase superfamily [J]. Curr Opin Struc Biol, 2002, 12: 775-782.

[8] Harper D B. Microbial metabolism of aromatic nitriles: Enzymology of C-N cleavage by *Nocardia* sp. (*Rhodochrous* group) N. C. I. B. 11216 [J]. Biochem J, 1977, 165: 309-319.

[9] Harper D B. Fungal degradation of aromatic nitriles: Enzymology of C-N cleavage by *Fusarium solani* [J]. Biochem J, 1977, 167: 685-692.

[10] Yamamoto K, Komatsu K. Purification and characterization of nitrilase responsible for the enantioselective hydrolysis from *Acinetobacter* sp. AK226 [J]. Agri Biol Chem, 1991, 55 (6): 1459-1466.

[11] Bandyopadhyay A K, Nagasawa T, Asano Y, Fujishiro K, Tani Y, Yamada H. Purification and characterization of benzonitrilases from *Arthrobacter* sp. strain J-1 [J]. Appl Envioron Microbiol, 1986, 51 (2): 302-306.

[12] Asano Y, Tani Y, Yamada H. A new enzyme "Nitrile hydratase" which degrades acetonitrile in combination with amidase [J]. Agric Biol Chem, 1980, 44: 2251-2252.

[13] Ikehata O, Nishiyama M, Horinouchi S, Beppu T. Primary structure of nitrile hydratase deduced from the nucleo-

tide sequence of a *Rhodococcus* species and its expression in *Escherichia coli* [J]. Eur J Biochem, 1989, 181: 563-570.

[14] Nishiyama M, Horinouchi S, Kobayashi M, Nagasawa T, Yamada H, Beppu T. Cloning and characterization of genes responsible for metabolism of nitrile compounds from *Pseudomonas chlororaphis* B23 [J]. J Bacteriol, 1991, 173: 2465-2472.

[15] Kobayashi M, Nishiyama M, Nagasawa T, Horinouchi S, Beppu T, Yamada H. Cloning, nucleotide sequence and expression in *Escherichia coli* of two cobalt-containing nitrile hydratase genes from *Rhodococcus rhodochrous* J1 [J]. Biochim Biophys Acta, 1991, 1129: 23-33.

[16] Miyanaga A, Fushinobu S, Ito K, Wakagi T. Crystal structure of cobalt-containing nitrile hydratase [J]. Biochem Biophys Res Commun, 2001, 288: 1169-1174.

[17] Nakasako M, Odaka M, Yohda M, Dohmae N, Takio K, Kamiya N, Endo I. Tertiary and quaternary structures of photoreactive Fe-type nitrile hydratase from *Rhodococcus* sp. N-771: Roles of hydration water molecules in stabilizing the structures and the structural origin of the substrate specificity of the enzyme [J]. Biochemistry, 1999, 38: 9887-9898.

[18] Piersma S R, Nojiri M, Tsujimura M, Noguchi T, Odaka M, Yohda M, Inoue Y, Endo I. Arginine 56 mutation in the β subunit of nitrile hydratase: Importance of hydrogen bonding to the nonheme iron center [J]. J Inorg Biochem, 2000, 80: 283-288.

[19] 何玉财. 腈水解酶新菌株的筛选及其应用研究 [D]. 广州: 华东理工大学, 2008.

[20] Huang W, Jia J, Cummings J, Nelson M, Schneider G, Lindvist Y. Crystal structure of nitrile hydratase reveals a novel iron centre in a novel fold [J]. Structure, 1997, 5 (5): 691-699.

[21] Song L Y, Wang M Z, Shi J J, Xu Z Q, Wang M X, Qian S J. High resolution X-ray molecular structure of the nitrile hydratase from *Rhodococcus erythropolis* AJ270 reveals posttranslational oxidation of two cysteines into sulfinic acids and a novel biocatalytic nitrile hydration mechanism [J]. Biochem Biophys Res Commun, 2007, 362: 319-324.

[22] Martínková L, Mylerová V. Synthetic applications of nitrile-converting enzymes [J]. Curr Org Chem, 2003, 7: 1279-1295.

[23] Wang M X. Enantioselective biotransformations of nitriles in organic synthesis [J]. Top Catal, 2005, 35: 117-130.

[24] Singh R, Sharma R, Tewari N, Geetanjali, Rawat D S. Nitrilase and its application as a 'green' catalyst [J]. Chem Biodiver, 2006, 3: 1279-1287.

[25] Wahler A, Reymond J L. Novel methods for biocatalyst screening [J]. Curr Opin Chem Biol, 2001, 5: 152-158.

[26] Banerjee A, Kaul P, Sharma R, Banerjee U C. A high throughput amenable colorimetric assay for enantioselective screening of nitrilase producing microorganisms [J]. J Biomol Screening, 2003, 8: 559-565

[27] Lorenz P, Eck J. Screening for novel industrial biocatalyst [J]. Eng Life Sci, 2004, 4: 501-504.

[28] Kaplan O, Bezouska K, Malandra A, Vesela A B, Petrickova A, Felsberg J, Rinagelova A, Kren V, Martinkova L. Genome mining for the discovery of new nitrilases in filamentous fungi [J]. Biotechnol Lett, 2011, 33: 309-312.

[29] Happer D B. Characterization of a nitrilase from *Nocardia* sp. (*rhodochrous* group) N. C. I. B. 11215, using p-hydroxy-benzonitrile as sole carbon source [J]. Int J Biochem, 1985, 17 (6): 677-683.

[30] Santoshkumar M, Nayak A S, Anjaneya O, Karegoudar T B. A plate method for screening of bacteria capable of degrading aliphaticnitriles [J]. J Ind Microbiol Biotechnol, 2010, 37 (1): 111-115.

[31] Yazbeck D R, Durao P J, Xie Z Y, Tao J H. A metal ion-based method for the screening of nitrilases [J]. J Mol Catal B Enzymatic, 2006, 39: 156-159.

[32] DeSantis G, Zhu Z, Greenbery W A. An enzyme library approach to biocatalysis: development of nitrilases for enantioselective production of carboxylic acid derivatives [J]. J Am Chem Soc, 2002, 124 (31): 9024-9025.

[33] Zhu Q, Fan A, Wang Y S, Zhu X Q, Wang Z, Wu J M, Zheng Y G. Novel sensitive high-throughput screening strategy for nitrilase-producing strains [J]. Appl Environ Microbiol, 2007, 73 (19): 6053-6057.

[34] He Y C, Ma C L, Xu J H, Zhou L. A high-throughput screening strategy for nitrile-hydrolyzing enzymes based on ferric hydroxamate spectrophotometry [J]. Appl Microbiol Biotechnol, 2011, 89: 817-823.

[35] Chauhan S, Wu S, Blumerman S, Fallon R D, Gavagan J E, DiCosimo R, Payne M S. Purification, cloning, sequencing and over-expression in *Escherichia coli* of a regioselective aliphatic nitrilase from *Acidovorax facilis* 72W [J]. Appl Microbiol Biotechnol, 2003, 61: 118-122.

[36] Liu Z Q, Li F F, Cheng F, Zhang T, You Z Y, Xu J M, Xue Y P, Zheng Y G, Shen Y C. A novel synthesis of iminodiacetic acid: Biocatalysis by whole *Alcaligenes faecalis* ZJB-09133 cells from iminodiacetonitrile [J]. Biotechnol Prog, 2011, 27: 698-705.

[37] He Y C, Xu J H, Xu Y, Ouyang L M, Pan J. Biocatalytic synthesis of (*R*)-(−)-mandelic acid from racemic mandelonitrile by a newly isolated nitrilase-producer *Alcaligenes* sp. ECU0401 [J]. Chin Chem Lett, 2007, 18: 677-680.

[38] Babu V, Shilpi, Choudhury B. Nitrile-metabolizing potential of *Amycolatopsis* sp. IITR215 [J]. Process Biochem, 2010, 45: 866-873.

[39] Shen M, Zheng Y G, Shen Y C. Isolation and characterization of a novel *Arthrobacter nitroguajacolicus* ZJUTB06-99, capable of converting acrylonitrile to acrylic acid [J]. Process Biochem, 2009, 44: 781-785.

[40] Saroja N, Shamala T R, Tharanathan R N. Biodegradation of starch-g-polyacrylonitrile, a packaging material, by *Bacillus cereus* [J]. Process Biochem, 2000, 36: 119-125.

[41] Kim S H, Oriel P. Cloning and expression of the nitrile hydratase and amidase genes from *Bacillus* sp. BR449 into *Escherichia coli* [J]. Enzyme Microb Technol, 2000, 27: 492-501.

[42] Nigam V K, Agarwal A, Sharma M, Ghosh P, Choudhury B. Bioconversion of 3-cyanopyridine to nicotinic acid by a thermostable nitrilase [J]. Res J Biotechnol, 2009, 4: 32-36.

[43] Kabaivanova L, Dimitrov P, Boyadzhieva I, Engibarov S, Dobreva E, Emanuilova E. Nitrile degradation by free and immobilized cells of the thermophile *Bacillus* sp. UG-5B, isolated from polluted industrial waters [J]. World J Microbiol Biotechnol, 2008, 24: 2383-2388.

[44] Bramucci M G, Dicosimo R, Fallon R, Gavagan J E, Herkes F, Wilczek L. 3-Hydroxycarboxylic acid production and use in branched polymers [P]: United States Patent USP 6562603. 2006.

[45] Zheng Y G, Chen J, Liu Z Q, Wu M H, Xing L Y, Shen Y C. Isolation, identification and characterization of *Bacillus subtilis* ZJB-063, a versatile nitrile-converting bacterium [J]. Appl Microbiol Biotechnol, 2008, 77: 985-993.

[46] Zhu D, Mukherjee C, Biehl E R, Hua L. Discovery of a mandelonitrile hydrolase from *Bradyrhizobium japonicum* USDA110 by rational genome mining [J]. J Biotechnol, 2007, 129: 645-650.

[47] Zhu D, Mukherjee C, Yang Y, Rios B E, Gallagher D T, Smith N N, Biehl E R, Hua L. A new nitrilase from *Bradyrhizobium japonicum* USDA 110. Gene cloning, biochemical characterization and substrate specificity [J]. J Biotechnol, 2008, 133: 327-333.

[48] Alfani F, Cantarella M, Spera A, Viparelli P. Operational stability of *Brevibacterium imperialis* CBS 489-74 nitrile hydratase [J]. J Mol Catal B Enzymatic, 2001, 11 (4): 687-697.

[49] Williamson D S, Dent K C, Weber B W, Varsani A, Frederick J, Thuku R N, Cameron R A, Heerden J H V, Cowan D A, Sewell B T. Structural and biochemical characterization of a nitrilase from the thermophilic bacterium, *Geobacillus pallidus* RAPc8 [J]. Appl Microbiol Biotechnol, 2010, 88: 143-153.

[50] Feng Y S, Lee C M. Crucial factors affecting the nitrile hydratase production of *Mesorhizobium* sp. F28 [J]. Int Biodeter Biodegr, 2009, 63: 57-61.

[51] Raj J, Singh N, Prasad S, Seth A, Bhalla T C. Bioconversion of benzonitrile to benzoic acid using free and agar entrapped cells of *Nocardia globerula* NHB-2 [J]. Acta Microbiol Immunol Hung, 2007, 54 (1): 79-88.

[52] Kiziak C, Conradt D, Stolz A, Mattes R, Klein J. Nitrilase from *Pseudomonas fluorescens* EBC191: cloning and heterologous expression of the gene and biochemical characterization of the recombinant enzyme [J]. Microbiology, 2005, 151: 3639-3648.

[53] Kim J S, Tiwari M K, Moon H J, Jeya M, Ramu T, Oh D K, Kim I W, Lee J K. Identification and characterization of a novel nitrilase from *Pseudomonas fluorescens* Pf-5 [J]. Appl Microbial Biotechnol, 2009, 83: 273-283.

[54] Kaul P, Banerjee A, Mayilraj S, Banerjee U C. Screening for enantioselective nitrilases: kinetic resolution of race-

mic mandelonitrile to (R)-(−)-mandelic acid by new bacterial isolates [J]. Tetrahedron: Asymmetry, 2004, 15: 207-211.

[55] Yang C, Wang X, Wei D. A new nitrilase-producing strain named *Rhodobacter sphaeroides* LHS-305: Biocatalytic characterization and substrate specificity [J]. Appl Microbial Biotechnol, 2011, 165: 1556-1567.

[56] Cull S G, Holbrey J D, Vargas-Mora V, Seddon K R, Lye G J. Room-temperature ionic liquids as replacements for organic solvents in multiphase bioprocess operations [J]. Biotechnol Bioeng, 2000, 69 (2): 227-233.

[57] He Y C, Zhou Q, Ma C L, Cai Z Q, Wang L Q, Zhao X Y, Chen Q, Gao D Z, Zheng M, Wang X D, Sun Q. Biosynthesis of benzoylformic acid from benzoyl cyanide by a newly isolated *Rhodococcus* sp. CCZU10-1 in toluene-water biphasic system [J]. Bioresour Technol, 2012, 115: 88-95.

[58] He Y C, Liu Y Y, Ma C L, Xu J H. Modified ferric hydroxamate spectrophotometry for assaying glycolic acid from the hydrolysis of glycolonitrile by *Rhodococcus* sp. CCZU10-1 [J]. Biotechnol Bioproc Eng, 2011, 16: 901-907.

[59] Hu J G, Wang Y J, Zheng Y G, Shen Y C. Isolation of glycolonitrile-hydrolyzing microorganism based on colorimetric reaction [J]. Enzyme Microb Technol, 2007, 41: 244-249.

[60] Choi Y H, Uhm K N, Kim H K. Biochemical characterization of *Rhodococcus erythropolis* N'4 nitrile hydratase acting on 4-chloro-3-hydroxybutyronitrile [J]. J Mol Catal B Enzymatic, 2008, 55: 157-163.

[61] Martínková L, Klempier N, Preiml M, Ovesná M, Kuzma M, Mylerová V, Kren V. Biotransformation of alicyclic hydroxynitriles by *Rhodococcus equi* A4 [J]. Can J Chem, 2002, 80: 724-727.

[62] Martínková L, Klempier N, Bardakji J, Kandelbauer A, Ovesná M, Podar-ilová T, Kuzma M, Prepechalová I, Griengl H, Kren V. Chemoselective biotransformation of nitriles by *Rhodococcus equi* A4 [J]. J Mol Catal B Enzymatic, 2001, 14: 95-99.

[63] Dadd M R, Sharp D C, Pettman A J, Knowles C J. Real-time monitoring of nitrile biotransformations by mid-infrared spectroscopy [J]. J. Microbiol Meth, 2000, 41: 69-75.

[64] Dadd M R, Claridge T D W, Walton R, Pettman A J, Knowles C J. 10-Helical conformations in oxetane beta-amino acid hexamers [J]. Enzyme Microb Technol, 2001, 29: 20-27.

[65] Tauber M, Cavaco-Paulo A, Robra K, Gubitz G. Nitrile hydratase and amidase from *Rhodococcus rhodochrous* hydrolyze acrylic fibers and granular polyacrylonitriles [J]. Appl Environ Microbiol, 2000, 6: 1634-1638.

[66] Luo H, Fan L, Chang Y, Ma J, Yu H, Shen Z. Gene cloning, overexpression, and characterization of the nitrilase from *Rhodococcus rhodochrous* tg1-A6 in *E. coli* [J]. Appl Biochem Biotechnol, 2010, 160: 393-400.

[67] Maksimov A, Maksimova Y, Kuznetsova M, Olontsev V, Demakov V. Immobilization of *Rhodococcus ruber* strain gt1, possessing nitrile hydratase activity, on carbon supports [J]. Appl Biochem Microbiol, 2007, 43 (2): 173-177.

[68] Ma Y, Yu H, Pan W, Liu C, Zhang S, Shen Z. Identification of nitrile hydratase-producing *Rhodococcus ruber* TH and characterization of an *ami*E-negative mutant [J]. Bioresour Technol, 2010, 101: 285-291.

[69] Heinemann U, Engels D, Burger S, Kiziak C, Mattes R, Stolz A. Cloning of a nitrilase gene from the cyanobacterium *Synechocystis* sp. strain PCC6803 and heterologous expression and characterization of the encoded protein [J]. Appl Environ Microbiol, 2003, 69: 4359-4366.

[70] Kaplan O, Vejvoda V, Plihal O, Pompach P, Kavan D, Bojarova P, Bezouska K, Mackova M, Cantarella M, Jirku V, Kren V, Martinkova L. Purification and characterization of a nitrilase from *Aspergillus niger* K10 [J]. Appl Microb Biotechnol, 2006, 73: 567-575.

[71] Dias J C T, Rezende R P, Rosa C A, Lachance M A, Linardi V R. Enzymatic degradation of nitriles by a *Candida guilliermondii* UFMG-Y65 [J]. Can J Microbiol, 2000, 46: 525-531.

[72] Gong J S, Lu Z M, Shi J S, Dou W F, Xu H Y, Zhou Z M, Xu Z H. Isolation, identification, and culture optimization of a novel glycinonitrile-hydrolyzing fungus—*Fusarium oxysporum* H3 [J]. Appl Biochem Biotechnol, 2011, 165: 963-977.

[73] Vejvoda V, Kubac D, Davidova A, Kaplan O, Sulc M, Sveda O, Chaloupkova R, Martinkova L. Purification and characterization of nitrilase from *Fusarium solani* IMI196840 [J]. Process Biochem, 2010, 45: 1115-1120.

[74] Kaplan O, Nikolaou K, Pišvejcová A, Martínková L. Hydrolysis of nitriles and amides by filamentous fungi [J].

Enzyme Microb Technol, 2006, 38 (1-2): 260-264.

[75] Rezende R P, Dias J C T, Ferraz V, Linardi V R. Metabolism of benzonitrile by *Cryptococcus* sp. UFMG-Y28 [J]. J Basic Microbiol, 2000, 40 (5-6): 389-392.

[76] Rustler S, Stolz A. Isolation and characterization of a nitrile hydrolyzing acidotolerant black yeast—*Exophiala oligosperma* R1 [J]. Appl Microbiol Biotechnol, 2007, 75 (4): 899-908.

[77] Mueller P, Egorova K, Vorgias C E, Boutou E, Trauthwein H, Verseck S, Antranikian G. Cloning, overexpression, and characterization of a thermoactive nitrilase from the hyperthermophilic archaeon *Pyrococcus abyssi* [J]. Protein Expres Purif, 2006, 47: 672-681.

[78] Nigam V K, Khandelwal A K, Gothwal R K, Mohan M K, Choudhury B, Vidyarthi A S, Ghosh P. Nitrilase-catalysed conversion of acrylonitrile by free and immobilized cells of *Streptomyces* sp. [J]. J Biosci, 2009, 34: 21-26.

[79] DeRaddt A, Klempier N, Farber K, Griengl H. Chemoselective enzymatic hydrolysis of aliphatic and alicyclic nitrile [J]. J Chem Soc Trans I, 1992: 137-140.

[80] Klempier N, Harter G, DeRaadt A, Griengl H, Brannegg G. Chemoselective hydrolysis of nitriles by *Rhodococcus rhodochrous* NCIMB11216 [J]. Food Technol Biotechnol, 1996, 34: 67-70.

[81] Singh R, Banerjee A, Kaul P, Barse B, Banerjee U C. Release of an enantioselective nitrilase from *Alcaligenes faecalis* MTCC126: a comparative study [J]. Bioprocess Biosys Eng, 2005, 27: 415-424.

[82] Heinemann U, Engels D, Buerger S, Kiziak C, Mattes R, Stolz A. Cloning of a nitrilase gene from the *cyanobacterium Synechocystis* sp. strain PCC6803 and heterologous expression and characterization of the encoded protein [J]. Appl Environ Microbiol, 2003, 69: 4359-4366.

[83] Mueller P, Egorova K, Vorgias C E, Boutou E, Trauthwein H, Verseck S, Antranikian G. Cloning, overexpression, and characterization of a thermoactive nitrilase from the hyperthermophilic archaeon *Pyrococcus abyssi* [J]. Protein Expres Purif, 2006, 47: 672-681.

[84] Mukherjee C, Zhu D, Biehl E R, Hua L. Exploring the synthetic applicability of a cyanobacterium nitrilase as catalyst for nitrile hydrolysis [J]. Eur J Org Chem, 2006: 5238-5242.

[85] Kamila S, Zhu D, Biehl E R, Hua L. Unexpected stereorecognition in nitrilase-catalyzed hydrolysis of β-hydroxy nitriles [J]. Org Lett, 2006, 8: 4429-4431.

[86] Kaneko T, Nakamura Y, Sato S, Minamisawa K, Uchiumi T, Sasamoto S, Watanabe A, Idesawa K, Iriguchi M, Kawashima K, Kohara M, Matsumoto M, Shimpo S, Tsuruoka H, Wada T, Yamada M, Tabata S. Complete genomic sequence of nitrogen-fixing symbiotic bacterium *Bradyrhizobium japonicum* USDA110 [J]. DNA Res, 2002, 9: 189-197.

[88] Park W J, Kriechbaumer V, Mueller A, Piotrowski M, Meeley R B, Gierl A, Glawischnig E. The nitrilase ZmNIT2 converts indole-3-acetonitrile to indole-3-acetic acid [J]. Plant Physiol, 2003, 133: 794-802.

[89] Wang M X, Lu G, Ji G J, Huang Z T, Otto M C, Colby J. Enantioselective biotransformations of racemic a-substituted phenyl-acetonitrile and phenylacetamides using *Rhodococcus* sp. AJ270 [J]. Tetrahedron: Asymmetry, 2000, 11: 1123-1135.

[90] Gavagan J E, Fager S K, Fallon R D, Folsom P W, Herkes F E, Eisenberg A, Hann E C, DiCosimo R. Chemoenzymatic production of lactams from aliphatic α,ω-dinitriles [J]. J Org Chem, 1998, 63: 4792-4801.

[91] Gavagan J E, DiCosimo R, Eisenberg A, Fager S K, Folsom P W, Hann E C, Schneider K J, Fallon R D. A gram-negative bacterium producing a heat-stable nitrilase highly active on aliphatic dinitriles [J]. Appl Microbiol Biotechnol, 1999, 52: 654-659.

[92] Lévy-Schil S, Soubrier F, Crutz-Le C A M, Faucher D, Crouzet J, Pétré D. Aliphatic nitrilase from a soil isolated *Comamonas testosteroni* sp.: gene cloning and overexpression, purification, and primary structure [J]. Gene, 1995, 161: 15-20.

[93] Dadd M R, Claridge T D W, Walton R, Pettman A J, Knowles C J. Regioselective biotransformation of the dinitrile compounds 2-, 3-and 4-(cyanomethyl) benzonitrile by the soil bacterium *Rhodococcus rhodochrous* LL100-21 [J]. Enzyme Microb Technol, 2001, 29: 20-27.

[94] Effenberger F, Oßwald S. (E)-Selective hydrolysis of (E,Z)-α,β-unsaturated nitriles by the recombinant nitrilase At-

NIT1 from *Arabidopsis thaliana* [J]. Tetrahedron：Asymmetry，2001，12：2581-2587.

[95] Otto M C，Wang M X. Regioselective biotransformations of dinitriles using *Rhodococcus* sp. AJ270 [J]. J Chem Soc Perkin Trans 1，1997：3197-3204.

[96] He Y C，Xu J H，Su J H，Zhou L. Bioproduction of glycolic acid from glycolonitrile with a new bacterial isolate of *Alcaligenes* sp. ECU0401 [J]. Appl Biochem Biotechnol，2010，160：1428-1440.

[97] Banerjee A，Kaul P，Banerjee U C. Enhancing the catalytic potential of nitrilase from *Pseudomonas putida* for stereoselective nitrile hydrolysis [J]. Appl Microb Biotechnol，2006，72：77-87.

[98] 何玉财，周琼，张跃，王龙耀，王利群，高大舟，郑明，赵希岳，卢彬，丁亮．一株烟腈水解酶菌株的筛选及催化特性初步研究 [J]. 化工进展，2011，30（12）：2714-2718.

[99] Nagasawa T，Nakamura T，Yamada H. Production of acrylic acid and methacrylic acid using *Rhodococcus rhodochrous* J1 nitrilase [J]. Appl Microbiol Biotechnol，1990，34：322-324.

[100] Layh N，Willetts A. Enzymatic nitrile hydrolysis in low water systems [J]. Biotechnol Lett，1998，20：329-331.

[101] Zhang Z J，Pan J，Liu J F，Xu J H，He Y C，Liu Y Y. Significant enhancement of (*R*)-mandelic acid production by relieving substrate inhibition of recombinant nitrilase in toluene-water biphasic system [J]. J Biotechnol，2011，152：24-29.

[102] Martínková L，Klempier N，Bardakji J，Kandelbauer A，Ovesná M，Podař-ilová T，Kuzma M，Prepechalová I，Griengl H，Kren V. Chemoselective biotransformation of nitriles by *Rhodococcus equi* A4 [J]. J Mol Catal B：Enzymatic，2001，14：95-99.

[103] 沈寅初，张凡国，韩建生．微生物法生产丙烯酰胺 [J]. 工业微生物，1994，24：24-32.

[104] 张云桦，方仁萍，沈寅初．一株腈基水合酶菌株的研究 [J]. 工业微生物，1998，28：1-5.

[105] 赵爱民，李文忠，杨惠芳．3-氰基吡啶水合酶产生菌的筛选及其酶的形成条件 [J]. 微生物学报，1994，34（2）：131-136.

[106] 吴明火，蔡谦，郑裕国，沈寅初．对羟基苯乙腈水解酶产生菌的筛选及产酶条件研究 [J]. 生物加工过程，2005，3（4）：32-35.

[107] 吴中柳．腈水解酶新酶源的筛选及其在若干类型手性分子合成中的应用 [D]. 上海：中国科学院上海有机化学研究所，2002.

[108] Wang M X，Li J J，Ji G J，Li J S. Enantioselective biotransformations of racemic 2-aryl-3-methylbutyronitriles using *Rhodococcus* sp. AJ270 [J]. J Mol Catal B：Enzymatic，2001，14：77-83.

[109] Crosby J，Parratt J S，Turner N J. Enzymic hydrolysis of prochiral dinitriles [J]. Tetrahedron：Asymmetry，1992，3：1547-1550.

[110] Gavagan J E，Fager S K，Fallon R D，Folsom P W，Herkes F E，Eisenberg A，Hann E C，DiCosimo R. Chemoenzymatic production of lactams from aliphatic α,ω-dinitriles [J]. J Org Chem，1998，63：4792-4801.

[111] Panova A，Mersinger L J，Liu Q，Foo T，Roe D C，Spillan W L，Sigmund A E，Ben-Bassat A，Wagner L W，O'Keefe D P，Wu Shi，Petrillo K L，Payne M S，Breske S T，Gallagher F G，DiCosiom R. Chemoenzymatic synthesis of glycolic acid [J]. Adv Synth Catal，2007，349：1462-1474.

[112] Wu S，Fogiel A J，Petrillo K L，Hann E C，Mersinger L J，DiCosimo R，O'Keefe D P，Ben-Bassat A，Payne M S. Protein engineering of *Acidovorax facilis* 72W nitrilase for bioprocess development [J]. Biotechnol Bioeng，2006，97：689-693.

[113] Wu S，Fogiel A J，Petrillo K L，Jackson R E，Parker K N，DiCosimo R，Ben-Bassat A，O'Keefe D P，Payne M S. Protein engineering of nitrilase for chemoenzymatic production of glycolic acid [J]. Biotechnol Bioeng，2008，99：717-720.

[114] Xie Z，Feng J，Garcia E，Bernett M，Yazbeck D，Tao J. Cloning and optimization of a nitrilase for the synthesis of (3*S*)-3-cyano-5-methyl hexanoic acid [J]. J Mol Catal B Enzymatic，2006，41：75-80.

[115] DeSantis G，Wong K，Farwell B，Chatman K，Zhu Z，Tomlinson G，Huang H，Tan X，Bibbs L，Chen P，Kretz K，Burk M J. Creation of a productive, highly enantioselective nitrilase through gene site saturation mutagenesis (GSSM) [J]. J Am Chem Soc，2003，125（38）：11476-11477.

[116] He Y C，Zhang Z J，Xu J H，Liu Y Y. Biocatalytic synthesis of (*R*)-(−)-mandelic acid from racemic mandeloni-

[116] trile by cetyl-trimethylammoniumbromide-permeabilized cells of *Alcaligenes faecalis* ECU0401 [J]. J Ind Microb Biotechnol, 2010, 377: 741-750.

[117] Baum S, Rantwijk F V, Stolz A. Application of a recombinant *Escherichia coli* whole-cell catalyst expressing hydroxynitrile lyase and nitrilase activities in ionic liquids for the production of (S)-mandelic acid and (S)-mandeloamide [J]. Adv Synth Catal, 2012, 354: 113-122.

[118] Schreiner U, Hecher B, Obrowsky S, Waich K, Klempier N, Steinkellner G, Gruber K, Rozzell J D, Glieder A, Winkler M. Directed evolution of *Alcaligenes faecalis* nitrilase [J]. Enzyme Microb Technol, 2010, 47: 140-146.

[119] Zhang C S, Zhang Z J, Li C X, Yu H L, Zheng G W, Xu J H. Efficient production of (R)-o-chloromandelic acid by deracemization of o-chloromandelonitrile with a new nitrilase mined from *Labrenzia aggregata* [J]. Appl Microb Biotechnol, 2012, 95 (1): 91-99.

[120] Wieser M, Heinzmann K, Kiener A. Bioconversion of 2-cyanopyrazine to 5-hydroxypyrazine-2-carboxylic acid with *Agrobacterium* sp. DSM6336 [J]. Appl Microbiol Biotechnol, 1997, 48: 174-176.

[121] Dong H P, Liu Z Q, Zheng Y G, Shen Y C. Novel biosynthesis of (R)-ethyl-3-hydroxyglutarate with (R)-enantioselective hydrolysis of racemic ethyl 4-cyano-3-hydroxybutyrate by *Rhodococcus erythropolis* [J]. Appl Microbiol Biotechnol, 2010, 87: 1335-1345.

[122] O'Reilly C, Turner P D. The nitrilase family of CN hydrolysing enzyme-a comparative study [J]. J Appl Microbiol, 2003, 95: 1161-1174.

[123] Cluness M J, Turner P D, Clements E, Brown D T, O'Reilly C. Purification and properties of cyanide hydratase from *Fusarium lateritium* and analysis of corresponding chy1 gene [J]. J Gen Microbiol, 1993, 139: 1807-1815.

[124] Fry W E, Millar R L. Cyanide degradation by an enzyme from *Stemphylium* loti [J]. Arch Biochem Biophys, 1972, 151: 468-474.

[125] Fry W E, Munch D C. Hydrogen cyanide Detoxification by *Gloeocercospora sorghi* [J]. Physiol Plt Pathol, 1975, 7: 23-33.

[126] Kunz A D, Wang C S, Chen J L. Alternative routes of enzymic cyanide metabolism in *Pseudornonas fluorescens* NCIMB11764 [J]. Microbiology, 1994, 140: 1705-1712.

[127] 刘幽燕, 何玉财, 李青云, 韩文亮, 童张法, 何勇强. 一株降氰细菌的筛选及其转化特性初步研究 [J]. 微生物学通报, 2005, 3 (25): 25-28.

[128] 王顺成, 刘幽燕, 李青云, 童张法, 覃益民, 许建和. 产碱杆菌 DN25 的氰降解代谢途径分析与产酶条件优化 [J]. 化工学报, 2011, 62 (2): 482-489.

[129] Yanase H, Sakamoto A, Okamoto K, Kita K, Sato Y. Degradation of the metal-cyano complex tetracyanonickelate (II) by *Fusarium oxysporum* N-10 [J]. Appl Microbiol Biotechnol, 2000, 53: 328-334.

[130] Dumestre A, Chone T, Portal J M, Gerard M, Berthelin J. Cyanide degradation under alkaline conditions by a strain of *Fusarium solani* isolated from contaminated soils [J]. Appl Environ Microbiol, 1997, 63: 2729-2734.

[131] Wang P, Matthews D E, VanEtten H D. Purification and characterization of cyanide hydratase from the phytopathogenic fungus [J]. Arch Biochem Biophys, 1992, 298 (2): 569-575.

[132] Ingvorsen K, Højer-Pedersen B, Godtfredsen S E. Novel cyanide-hydrolyzing enzyme from *Alcaligenes xylosoxidans* subsp. *denitrificans* [J]. Appl Environ Microbiol, 1991, 57: 1783-1789.

[133] Meyers P R, Rawlings D E, Woods D R, Lindsey G G. Isolation and characteri-zation of a cyanide dihydratase for *Bacillus pumilus* C1 [J]. J Bacteriol, 1993, 175: 6105-6112.

[134] Watanabe A, Yano K, Ikebukuro K, Karube I. Cyanide hydrolysis in a cyanide-degrading bacterium, *Pseudomonas stutzeri* AK61, by cyanidase [J]. Microbiology, 1998, 144: 1677-1682.

[135] Wyatt H, Knowles C J. Microbial-degradation of acrylonitrile waste effluents-the degradation of effluents and condensates from the manufacture of acrylonitrile [J]. Int Biodeterior Biodegrad, 1995, 35 (1-3): 227-248.

[136] Shivaraman D J K. Biodegradation of cyanide compounds by a *Pseudomonas* species (S1) [J]. Can J Microbiol, 1999, 45 (3): 201-208.

[137] Dhillon J, Chhatre S, Shanker R, Shivaraman N. Thiocyanate utilization by an *Arthobacter* [J]. Can J Microbiol,

1979, 25: 1277-1282.

[138] Kowalska M, Bodzek M, Bohdziewicz J. Biodegradation of phenols and cyanides using membranes with immobilized organisms [J]. Process Biochem, 1998, 33: 189-197.

[139] Dursun A Y, Aksu Z. Biodegradation kinetics of ferrous (II) cyanide complex ions by immobilized *Pseudomonas fluorescens* in a packed bed column reactor [J]. Process Biochem, 2000, 35: 615-622.

[140] 何玉财, 许建和. 腈水解酶在羧酸合成中的研究进展 [J]. 生物加工过程, 2009, 7 (1): 7-12.

第11章
羟腈裂解酶

11.1 羟腈裂解酶简介

羟腈裂解酶（EC 4.1.2.10，EC 4.1.2.11，EC 4.1.2.46，EC 4.1.2.47）是一类可催化氰醇对映选择性裂解和合成的酶（图 11.1），同时也是为数不多的可催化生成碳碳键的酶类之一。羟腈裂解酶可分为五类，分别为黄素腺嘌呤二核苷酸（FAD）依赖型的羟腈裂解酶，这类酶往往以 (R)-扁桃腈作为它们的天然底物[1]；α/β 水解酶类，包括来源于 *Hevea brasiliensis* 和 *Manihot esculenta* 的羟腈裂解酶[2]；羧肽酶类，以来源于 *Sorghum bicolor* 的羟腈裂解酶为代表[3]；锌依赖型的羟腈裂解酶，该类酶的代表是来源于 *Linum usitatissimum* 的羟腈裂解酶[4]；还有最新研究发现的两个来源于内生细菌的羟腈裂解酶，它们与 cupin 蛋白家族成员具有一定的相似性，因而被归为第五类羟腈裂解酶[5]。根据是否含有黄素腺嘌呤二核苷酸（FAD），又可将羟腈裂解酶分为羟腈裂解酶Ⅰ和羟腈裂解酶Ⅱ[2]。

图 11.1 羟腈裂解酶（HNL）催化氰醇的不对称合成

在 1837 年，Friedrich Wöhler 首次在杏仁中检测到了羟腈裂解酶的活性，它能将氰醇裂解为醛和氢氰酸[6]。氰醇裂解所产生的氢氰酸经常被很多植物用来抵御食草动物和微生物的侵害[7]，同时还可被用来作为生物合成天冬酰胺的氮源[8]。由于羟腈裂解酶催化氢氰酸和醛或酮缩合反应的产物氰醇是合成 α-羟基酮、β-氨基醇和 α-羟基羧酸等化合物的重要合成子（图 11.2），而这些化合物又是很多高附加值医药、农药和精细化学品的前体材料[9~14]，这使得羟腈裂解酶在近年来迅速发展为手性合成中一类非常重要的生

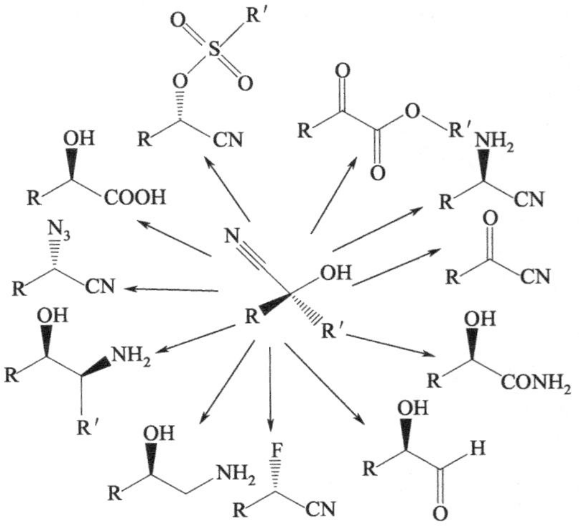

图 11.2 α-羟基腈在有机合成中的应用

物催化剂。

11.2 羟腈裂解酶的研究进展

11.2.1 羟腈裂解酶的来源和筛选

尽管文献报道具有生腈作用的植物已达到3000种以上，但真正具有羟腈裂解酶活性的植物种类却十分有限，大约只有40种[15]。为了获得更多具有优良催化特性的新颖羟腈裂解酶，很多课题组在羟腈裂解酶的筛选方面也做了大量的工作。例如，Hernandez等人对一系列可食用植物的粗提物进行了筛选，发现温柏（quince）、甜瓜（melon）和番荔枝（annona cherimoya）的种子提取物以及李子（plum）、桃子（peach）和樱桃（cherry）的叶子提取物都能够高对映选择性地催化氢氰酸与苯甲醛的缩合反应[16]。Asano课题组在羟腈裂解酶的筛选方面也做了大量的研究工作，他们通过对74个家族163种植物的叶子和种子进行筛选，获得了一系列具有(R)-和(S)-选择性的羟腈裂解酶[17,18]，其中来源于 *Prunus mume* 的羟腈裂解酶能够催化一系列脂肪族醛/酮和苯甲醛的衍生物与氢氰酸进行缩合反应，获得高得率和对映选择性的氰醇[19,20]。最近来源于 *Prunus mume*、*Baliospermum montanum* 和 *Eriobotrya japonica* 的羟腈裂解酶基因也相继被克隆表达，相应的理化性质也已研究清楚[21~23]。表11.1[12]列出了目前已知的羟腈裂解酶的来源及其最适底物等相关信息。

表11.1 羟腈裂解酶的来源及其最适底物

种属	生腈糖苷	天然底物	辅因子
Prunus serotina(Rosaceae)	苦杏仁苷,李苷	(R)-扁桃腈	FAD
Prunus lyonii(Rosaceae)	苦杏仁苷,李苷	(R)-扁桃腈	FAD
Prunus laurocerasus(Rosaceae)	苦杏仁苷,李苷	(R)-扁桃腈	FAD
Prunus capuli(Rosaceae)	—	(R)-扁桃腈	FAD
Prunus amygdalus(Rosaceae)	苦杏仁苷,李苷	(R)-扁桃腈	FAD
Mammea americana(Clusiaceae)	—	(R)-扁桃腈	FAD
Malus communis(Rosaceae)	—	(R)-扁桃腈	FAD
Phlebodium aureum(Filitaceae)	(R)-巢菜苷	(R)-扁桃腈	FAD
Linum usitatissimum(Linaceae)	亚麻苦苷,百脉根苷	丙酮氰醇,(R)-2-丁酮氰醇	无
Hevea brasiliensis(Euphorbiaceae)	亚麻苦苷	丙酮氰醇	无
Sorghum bicolour(Gramineae)	蜀黍苷	(S)-4-羟基扁桃腈	无
Sorghum vulgare(Gramineae)	蜀黍苷	(S)-4-羟基扁桃腈	无
Manihot esculenta(Euphorbiaceae)	亚麻苦苷,百脉根苷	丙酮氰醇,(R)-2-丁酮氰醇	无
Ximenia americana(Olacaceae)	亚麻苦苷	(S)-扁桃腈	无
Sambucus nigra(Caprifoliaceae)	—	(S)-扁桃腈	无

11.2.2 羟腈裂解酶的反应机理

到目前为止，已有5个羟腈裂解酶的晶体结构被解析清楚（表11.2），包括3个(S)-

选择性的羟腈裂解酶 MeHNL[24]、HbHNL[25~27] 和 SbHNL[28] 以及 2 个（R）-选择性的羟腈裂解酶 PaHNL[29] 和 AtHNL[30]。奥地利格拉茨科技大学的 Kratky 课题组在羟腈裂解酶反应机理的研究方面做了大量的探索，其中 HbHNL 和 MeHNL 的催化反应机理已经研究清楚（图 11.3）[31~34]。通过晶体结构以及氨基酸定点突变的研究，发现 HbHNL 和 MeHNL 都含有一个催化三联体结构（Ser-His-Asp）和一个高度保守的苏氨酸残基，它们

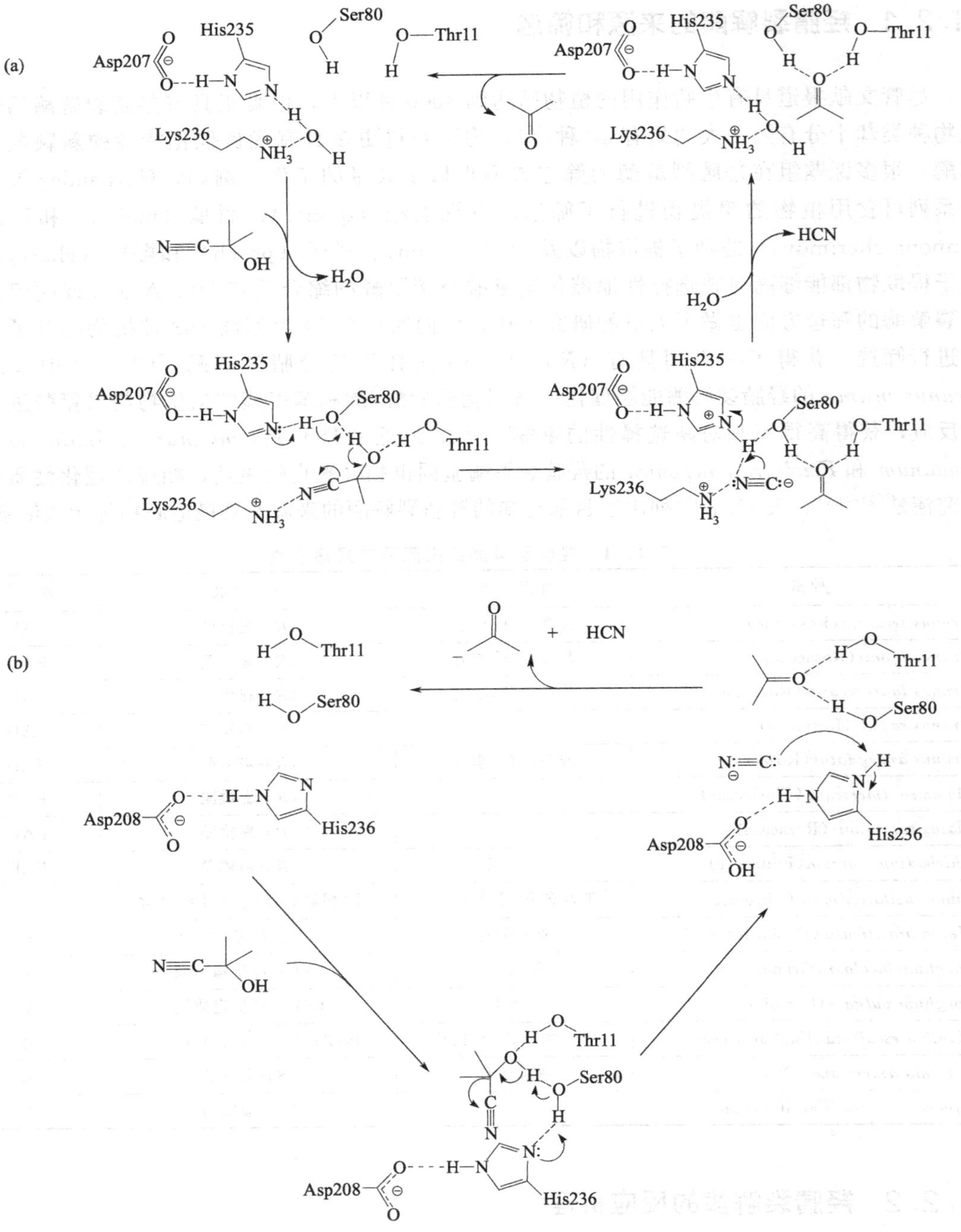

图 11.3　已研究清楚的羟腈裂解酶的反应机理
(a) HbHNL；(b) MeHNL

在酶催化反应的过程中起着非常重要的作用。

表 11.2　晶体结构已被解析的羟腈裂解酶

羟腈裂解酶	来源	分类	蛋白质数据库编号
S-MeHNL	Manihot esculenta	α/β水解酶类	1DWO,1DWP,1DWQ,1E89,1E8D,1EB8,1EB9
S-HbHNL	Hevea brasiliensis	α/β水解酶类	1QJ4,1SC9,1SCI,1SCK,1SCQ,1YAS,1YB6,1YB7,2G4L,2YAS,3C6X,3C6Y,3C6Z,3C7O,3YAS,4YAS,5YAS,6YAS,7YAS
S-SbHNL	Sorghum bicolour	羧肽酶类	1GXS
R-PaHNL	Prunus amygdalus	FAD依赖型	1JU2,3GDN,3GDP
R-AtHNL	Arabidopsis thaliana	α/β水解酶类	3DQZ

在通过筛选获得目标羟腈裂解酶并理解了其催化反应机理之后, 还需要进一步了解其生理生化性质, 从而为以后的实际应用提供理论指导。特别是对羟腈裂解酶的动力学参数 (k_{cat} 和 K_m) 的考察, 对充分理解其发挥最大催化效率的限制性因素将有重要指导意义, 同时也为之后的工程改造提供理论依据。为此, 很多课题组在羟腈裂解酶的克隆、纯化和表征方面做了大量的工作, 其相应的生理生化性质也已被表征清楚 (表 11.3)[12]。

表 11.3　部分羟腈裂解酶的生理生化性质

羟腈裂解酶	来源	分子质量/kDa	K_m	v_{max}	pH	等电点
MeHNL	Manihot esculenta	30	110mmol/L	124μmol/(L·min)	3.5～5.4	4.4,4.1,4.6
HbHNL	Hevea brasiliensis	30	3.4mmol/L	0.058mmol/(L·min)	5.5～6.0	—
PhaHNL	Phlebodium aureum	20	0.85mmol/L	—	6.5	—
SbHNL	Sorghum bicolour	38	0.8μmol/L	—	5.5	—
SvHNL	Sorghum vulgare	38	—	—	5.0～5.5	—
SnHNL	Sambucus nigra	—	—	—	5.0～5.5	—
XaHNL	Ximenia americana	36.5	0.53mmol/L	1031mmol/(L·min)	5.5	4.75
PlyHNL	Prunus lyonii	59	93μmol/L	—	5.5	—
PaHNL	Prunus amygdalus	75	0.59mmol/L	—	5.5～6.0	4.58～4.63
PsHNL	Prunus serotina	60	0.17μmol/L	—	6.0～7.0	4.2～4.4
PlHNL	Prunus laurocerasus	60	—	—	5.5～6.0	—
PcHNL	Prunus capuli	—	—	—	5.5	—
MaHNL	Mammea americana	—	—	—	5.5	—
McHNL	Malus communis	75～84	—	—	5.5	—
LuHNL	Linum usitatissimum	42	2.5mmol/L	71μmol/(L·min)	5.5	4.70～4.85

11.2.3　羟腈裂解酶的理性设计和定向进化

基于羟腈裂解酶在有机合成中的重要性以及目前已知的羟腈裂解酶来源的有限性, 如果要拓宽其在有机合成中的应用, 挖掘具有更好的催化活性和选择性、更广泛的底物谱以及更稳定的新型生物催化剂就很有必要。目前获得新型生物催化剂的方法除了上面提到的从自然界中进行筛选外, 比较受大众欢迎的方法还包括采用蛋白质理性设计和定向进化技术对现有的催化剂进行改造。

尽管大多数羟腈裂解酶都具有相对比较广泛的底物谱，然而当用它们催化不同底物反应时，酶活往往差别很大，而且选择性也无法满足实际应用的要求。同时，由于腈醇非常不稳定，在 pH 值大于 5.0 的条件下会自发分解，为了抑制自发反应并提高酶催化的对映选择性，在利用羟腈裂解酶合成氰醇的时候往往需要在低温并且低 pH 值（<5.0）的条件下，或者在水-有机溶剂两相体系中进行[35,36]。然而现实情况是，很多羟腈裂解酶在这些条件下不够稳定，活性和选择性都不够高，这成了制约其在有机合成中应用的一个瓶颈问题。因而，为了获得符合实际应用需求的生物催化剂，就要对已有的催化剂进行改造。

在对生物催化剂进行改造的过程中，往往需要从几千个甚至几万个突变体中进行大规模的筛选以获得符合要求的目标突变株。在这样的情况下，使用高通量并且灵敏度高的筛选方法就显得特别重要。为了解决这个问题，Eggert[37]和 Schwab[38]分别开发了一套用于检测羟腈裂解酶活性的高通量筛选方法。蛋白质工程的另一个瓶颈问题是在一个蛋白质中引入突变后，往往会极大地降低目标蛋白质的表达水平或者导致目标蛋白质以包涵体的形式表达。因而在对催化剂进行改造的时候，除了要提高其催化性能外，还要设法维持甚至提高其表达水平。例如，将 Manihot esculenta 羟腈裂解酶表面的三个赖氨酸残基用脯氨酸替代，可极大地提高目标蛋白质的可溶性表达，酶的比活力也获得了提高。同时，将该羟腈裂解酶内部的组氨酸残基（His103）替换为疏水性的氨基酸也可极大地提高目标蛋白质的可溶性表达[39]。利用结构引导的理性设计方法，不仅将 PaHNL5 转化 3-苯基丙醛为 (R)-2-羟基-4-苯基丁腈的活性提高了 6 倍，而且对映选择性也由 89.4% 提高到了 96% 以上，从而实现了利用极少量催化剂进行大规模制备普利类药物的前体 (R)-2-羟基-4-苯基丁腈的目的[40]。将 Manihot esculenta 羟腈裂解酶底物通道上的色氨酸突变为丙氨酸扩大了底物进入活性中心的通道，从而可以让它更易于接受空间位阻大的底物。当以 3-苯氧基苯甲醛为底物时，时空产率达到了 57g/(L·h)[41]。在 Arabidopsis thaliana 羟腈裂解酶中引入 11 个点突变，对其蛋白质表面进行修饰，可以极大地提高该酶的 pH 和温度稳定性，同时酶活也提高了将近 2 倍，并可被用于在低 pH 值（pH 4.5）条件下催化高对映选择性的氰醇合成[42]。Prunus amygdalus 羟腈裂解酶（PaHNL5）在经过全方位的逐步改造后不仅酶产量提高了 4 倍，而且其对非天然底物邻氯苯甲醛的活性达到了野生型酶的 6 倍，最终实现了仅需 5mg 催化剂就可由邻氯苯甲醛获得 21.1g 的邻氯扁桃腈（得率为 95.9%，ee 值为 96.5%）[43]。单独一个点突变（Ser113Gly）不仅可使 Manihot esculenta 羟腈裂解酶的活性得到将近 3 倍的提高，同时还使它的热稳定性也获得了提高[44]。为了进一步提高 PaHNL5 催化邻氯苯甲醛为邻氯扁桃腈的活性，Liu 等[45]建立了一套新的基于 PCR 技术的定向进化方法，该方法不仅可以高效地构建基因文库还可以通过基因整合的方法实现基因在毕赤酵母体内的稳定表达，并成功筛选到了一株活性和立体选择性都得到改善的突变株。在 4h 内便可将 2.1g 邻氯苯甲醛高立体选择性地完全转化为邻氯扁桃腈，而所使用的催化剂与底物的质量比仅仅为 1:4200。

最近的研究发现，羟腈裂解酶除了能够催化氢氰酸与醛或酮的缩合反应外，还能够催化硝基烷烃类化合物与醛或酮的缩合反应（亨利反应）[46~49]，这样一个酶活性中心能够催化几种不同类型反应的现象称为催化混乱性[50]。由于亨利反应的产物硝基醇很容易被转化为各种各样的合成中间体，如 1,2-氨基醇和 α-羟基羧酸等，因而该反应是有机化学领域里非常重要的一类反应[51]。该类反应的发现，进一步扩大了羟腈裂解酶在有机合成中的应用范围并促发了羟腈裂解酶应用研究的新热点。例如，Kazlauskas课题组通过两个氨基酸的突变（G12T/M239）不仅成功地将一个植物来源的酯酶（SABP2）转换为羟腈裂解酶，更为重要的是由该植物酯酶衍生而来的羟腈裂解酶还具有比天然羟腈裂解酶高出10倍左右的硝基醛缩酶活力[52]。为了提高该植物基因在大肠杆菌中的表达水平，他们通过将237位的天冬氨酸突变为丙氨酸使酶的表达水平提高了5倍，而催化活力则没有受到任何影响。

11.3 羟腈裂解酶在有机合成中大规模应用的实例

与其他生物催化过程的大规模应用一样，羟腈裂解酶的产业化应用通常都要求能够将已有的设备装置直接应用于新的催化工艺，从而避免新厂房的建造，特别是对于非连续性的工艺来说更是如此。羟腈裂解酶大规模应用的另一个非常重要的问题是氰化物的安全性问题，既要避免被强碱污染而导致的强烈聚合反应，又要避免被强酸污染而释放出高度毒性的氰化氢气体产物[53]。为了得到高光学纯度的目标产物，必须抑制自发的非选择性的氢氰酸与醛/酮的缩合反应，这就要求羟腈裂解酶催化的反应在低温（0~5℃）和低pH值（约3.5~5）的条件下，或者在水-有机溶剂两相体系中进行。在两相反应体系中进行反应往往需要高速搅拌来提高传质以及底物与催化剂在两相界面的接触频率从而提高生产效率，这就要求所采用的羟腈裂解酶除了要具有对酸和有机溶剂较好的耐受性外，还要具有一定的耐受剪切力的能力。最后，由于氰醇极不稳定，很容易降解和消旋化，这就要求在后续的产物分离和储存过程中必须采取有效的措施来稳定目标产物。羟腈裂解酶大规模应用的典型装置如图11.4所示[13]。

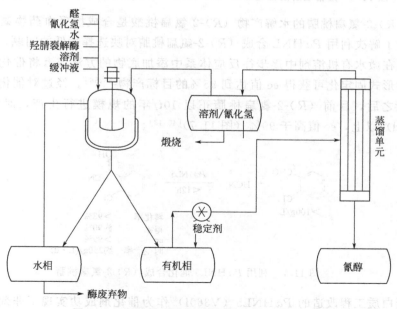

图11.4 羟腈裂解酶大规模应用的典型装置

羟腈裂解酶产业化最典型的案例便是利用来源于 *Hevea brasiliensis* 的 (S)-选择性羟腈裂解酶（*Hb*HNL）催化 3-苯氧基苯甲醛与氢氰酸反应制备 (S)-3-苯氧基苯甲醛氰醇，

时空产率高达1000g/(L·d)，ee值大于98.5%（图11.5）[54]。3-苯氧基苯甲醛氰醇是合成具有巨大市场前景的杀虫剂除虫菊酯的前体，目前其年产规模已达到10t。

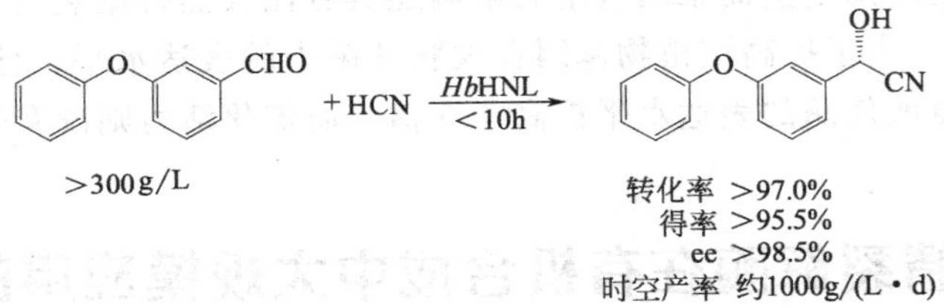

图 11.5　HbHNL 催化合成（S)-3-苯氧基苯甲醛氰醇

利用（R)-选择性的羟腈裂解酶（PaHNL5）和（S)-选择性的羟腈裂解酶（HbHNL）也分别实现了（R)-和（S)-扁桃腈的吨级制备，产物的ee值达到了99%以上。紧接着通过酸水解的方法，扁桃腈可进一步被转化为相应的光学纯扁桃酸（图11.6）。

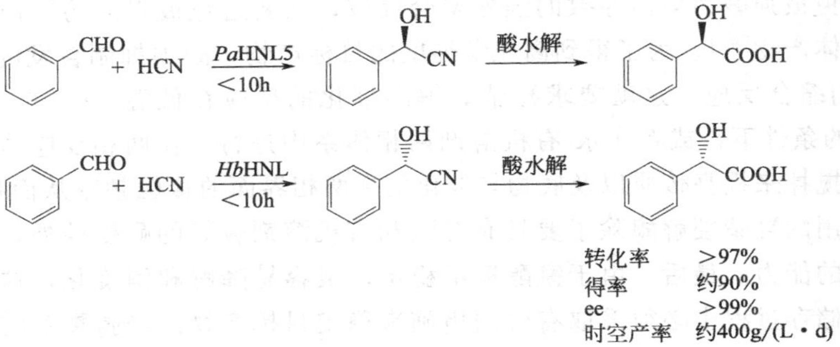

图 11.6　羟腈裂解酶催化经由（R)-和（S)-扁桃腈合成（R)-和（S)-扁桃酸

由于（R)-2-氯扁桃腈的水解产物（R)-2-氯扁桃酸是合成抗凝血药物氯吡格雷的关键中间体，为了解决利用 PaHNL 合成（R)-2-氯扁桃腈对映选择性低的问题，通过采用杏仁粉作催化剂在微水有机溶剂中逐步往反应体系中添加底物的方法或者将催化剂以交联酶沉淀聚集体的形式固定化可获得ee值达到95%的目标产物[55,56]。经过对催化剂进行一系列的理性改造之后，目前（R)-2-氯扁桃腈正以10t/年的规模进行生产，时空产率达到了250g/(L·d)以上，ee值高于99%（图11.7）[40,43]。

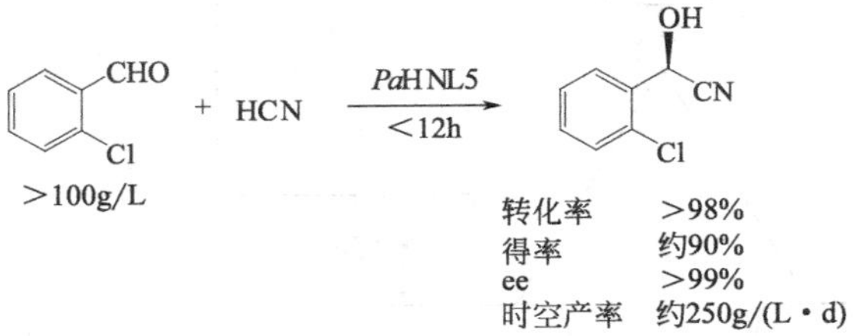

图 11.7　利用 PaHNL5 催化合成（R)-2-氯扁桃腈

利用蛋白质工程改造的 PaHNL5（V360I）作为催化剂成功实现了非巯基血管紧张素转化酶（ACE）抑制剂的关键中间体（R)-2-羟基-4-苯基丁腈的规模化生产（1t/年），产物的ee值达到了99%以上（图11.8）[40]。

HbHNL 还能够催化氰化氢与呋喃-2-甲醛的加成反应生成（R)-2-(2-呋喃)-2-羟基乙

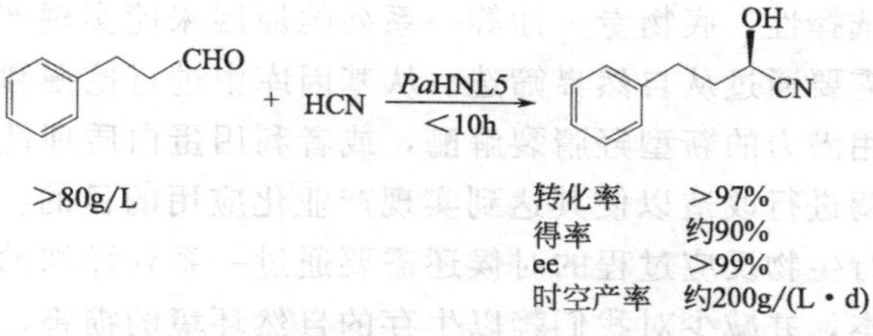

图 11.8 利用 PaHNL5 催化合成 (R)-2-羟基-4-苯基丁腈

腈,其产物可进一步被硼氢化钠还原为 (R)-2-氨基-1-(2-呋喃)乙醇,并且光学纯度丝毫不受影响。目前该过程也正以千克级的规模进行生产,得率和产品 ee 值分别达到了 90% 和 99% 以上 (图 11.9)[57]。

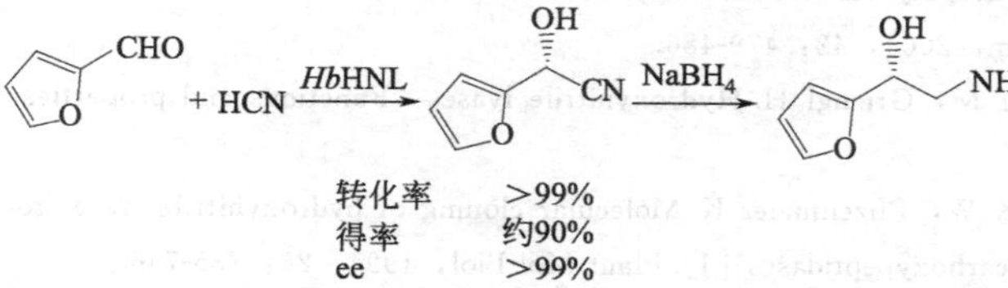

图 11.9 HbHNL 催化合成 (R)-2-(2-呋喃)-2-羟基乙腈及其还原反应

羟腈裂解酶在有机合成应用中的另一热点便是利用它来催化硝基烷烃与醛类的对映选择性加成反应,这类反应生成的产物硝基醇很容易被进一步转化为医药、农药和精细化学品的中间体,如 1,2-氨基醇等 (图 11.10)[46]。不过由于羟腈裂解酶在催化此类反应时的活性明显低于其催化天然底物反应时的活性,因而为了实现羟腈裂解酶在该类反应的大规模应用,还需要对其进行进一步的改造和优化。

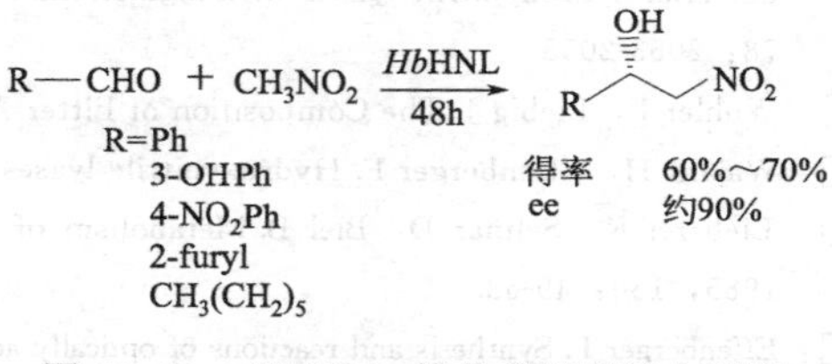

图 11.10 HbHNL 催化硝基甲烷与醛的对映选择性加成生成手性的 1,2-硝基醇

除了硝基甲烷外,HbHNL 还能够催化硝基乙烷和醛或酮的缩合反应 (图 11.11),该反应的特殊意义在于它可以同时产生两个手性中心,反应的主要产物是 (1S,2R)-2-硝基-1-苯基丙醇 (95% ee)[46]。

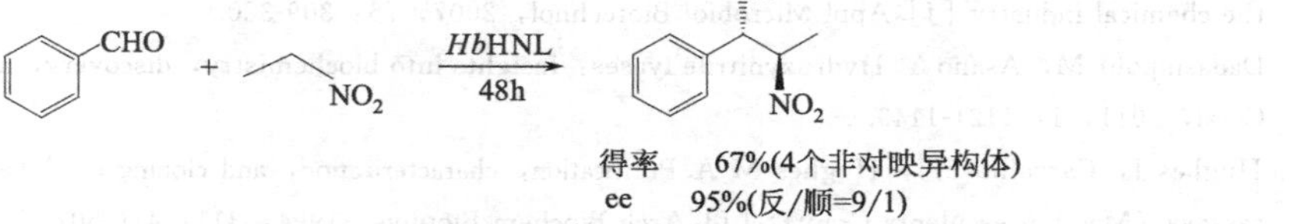

图 11.11 HbHNL 催化硝基乙烷与苯甲醛的对映选择性缩合反应生成 (1S,2R)-2-硝基-1-苯基丙醇

11.4 总结与展望

羟腈裂解酶作为少数几个已经实现产业化应用的酶类之一,尽管其在有机合成领域获得了一系列较好的效果,不过这些结果都基本集中在少数几种羟腈裂解酶,而其他的羟腈

裂解酶则由于活性、选择性、底物专一性等一系列的原因未能实现产业化应用。因而，在未来的研究工作中还需要通过从自然界筛选、从基因库中进行挖掘和宏基因组的方法来获得更多的具有更好应用潜力的新型羟腈裂解酶，或者利用蛋白质理性设计和定向进化的手段对现有的羟腈裂解酶进行改造以使其达到实现产业化应用的目的。最后，在利用所获得的理想生物催化剂进行生物反应过程的时候还需要通过一系列详细的过程设计来实现整个过程的高效率和低成本，并减少对我们赖以生存的自然环境的损害，以最终实现绿色可持续发展的目标。

（张志钧　卢文芽）

参 考 文 献

[1] Gruber K, Kratky C. Biopolymers for biocatalysis: Structure and catalytic mechanism of hydroxynitrile lyases [J]. J Polym Sci Polym Chem, 2004, 42: 479-486.

[2] Hickel A, Hasslacher M, Griengl H. Hydroxynitrile lyases: Functions and properties [J]. Physiol Plant, 1996, 98: 891-898.

[3] Wajant H, Mundry K W, Pfizenmaier K. Molecular cloning of hydroxynitrile lyase from *Sorghum bicolor* (L.). Homologies to serine carboxypeptidases [J]. Plant Mol Biol, 1994, 26: 735-746.

[4] Trummler K, Wajant H. Molecular cloning of acetone cyanohydrin lyase from flax (*Linum usitatissimum*): Definition of a novel class of hydroxynitrile lyase [J]. J Biol Chem, 1997, 272: 4770-4774.

[5] Hussain Z, Wiedner R, Steiner K, Hajek T, Avi M, Hecher B, Sessitsch A, Schwab H. Characterization of two bacterial hydroxynitrile lyases with high similarity to cupin superfamily proteins [J]. Appl Environ Microbiol, 2012, 78: 2053-2055.

[6] Wohler F, Liebig J. The Composition of Bitter Almonds, Annalen [J]. Ann Chim, 1837, 22: 1-24.

[7] Wajant H, Effenberger F. Hydroxynitrile lyases of higher plants [J]. Biol Chem, 1996, 377: 611-617.

[8] Lieberei R, Selmar D, Biel B. Metabolism of cyanogenic glucosides in *Hevea brasiliensis* [J]. Plant Syst Evol, 1985, 150: 49-63.

[9] Effenberger F. Synthesis and reactions of optically active cyanohydrins [J]. Angew Chem Int Ed, 1994, 33: 1555-1564.

[10] North M. Synthesis and applications of non-racemic cyanohydrins [J]. Tetrahedron: Asymmetry, 2003, 14: 147-176.

[11] Fechter M H, Griengl H. Hydroxynitrile lyases: Biological sources and application as biocatalysts [J]. Food Technol Biotechnol, 2004, 42: 287-294.

[12] Sharma M, Sharma N N, Bhalla T C. Hydroxynitrile lyases: At the interface of biology and chemistry [J]. Enzyme Microb Technol, 2005, 37: 279-294.

[13] Purkarthofer T, Skranc W, Schuster C, Griengl H. Potential and capabilities of hydroxynitrile lyases as biocatalysts in the chemical industry [J]. Appl Microbiol Biotechnol, 2007, 76: 309-320.

[14] Dadashipour M, Asano Y. Hydroxynitrile lyases: insights into biochemistry, discovery, and engineering [J]. ACS Catal, 2011, 1: 1121-1149.

[15] Hughes J, Carvalho F J, Hughes M A. Purification, characterization, and cloning of alpha-hydroxynitrile lyase from cassava (Manihot esculenta Crantz) [J]. Arch Biochem Biophys, 1994, 311: 496-502.

[16] Hernandez L, Luna H, Ruiz-Teran F, Vazquez A. Screening for hydroxynitrile lyase activity in crude preparations of some edible plants [J]. J Mol Catal B Enzymatic, 2004, 30: 105-108.

[17] Asano Y, Tamura K, Doi N, Ueatrongchit T, H-Kittikun A, Ohmiya T. Screening for new hydroxynitrilases from plants [J]. Biosci Biotechnol Biochem, 2005, 69: 2349-2357.

[18] Fuhshuku K, Asano Y. Organic synthesis catalyzed by plant enzyme hydroxynitrile lyase [J]. J Synth Org Chem Japan, 2012, 70: 102-112.

[19] Nanda S, Kato Y, Asano Y. A new (R)-hydroxynitrile lyase from *Prunus mume*: asymmetric synthesis of cyanohydrins [J]. Tetrahedron, 2005, 61: 10908-10916.

[20] Nanda S, Kato Y, Asano Y. *Pm*HNL catalyzed synthesis of (R)-cyanohydrins derived from aliphatic aldehydes

[J]. Tetrahedron: Asymmetry, 2006, 17: 735-741.

[21] Fukuta Y, Nanda S, Kato Y, Yurimoto H, Sakai Y, Komeda H, Asano Y. Characterization of a new (R)-hydroxynitrile lyase from the Japanese apricot *Prunus mume* and cDNA cloning and secretory expression of one of the isozymes in Pichia pastoris [J]. Biosci Biotechnol Biochem, 2011, 75: 214-220.

[22] Dadashipour M, Yamazaki M, Momonoi K, Tamura K, Fuhshuku K, Kanase Y, Uchimura E, Kaiyun G, Asano Y. S-selective hydroxynitrile lyase from a plant Baliospermum montanum: Molecular characterization of recombinant enzyme [J]. J Biotechnol, 2011, 153: 100-110.

[23] Zhao G J, Yang Z Q, Guo Y H. Cloning and expression of hydroxynitrile lyase gene from *Eriobotrya japonica* in *Pichia pastoris* [J]. J Biosci Bioeng, 2011, 112: 321-325.

[24] Lauble H, Forster S, Miehlich B, Wajant H, Effenberger F. Structure of hydroxynitrile lyase from *Manihot esculenta* in complex with substrates acetone and chloroacetone: implications for the mechanism of cyanogenesis [J]. Acta Crystallogr, 2001, 57: 194-200.

[25] Gruber K, Gugganig M, Wagner U G, Kratky C. Atomic resolution crystal structure of hydroxynitrile lyase from *Hevea brasiliensis* [J]. Biol Chem, 1999, 380: 993-1000.

[26] Wagner U G, Hasslacher M, Griengl H, Schwab H, Kratky C. Mechanism of cyanogenesis: the crystal structure of hydroxynitrile lyase from *Hevea brasiliensis* [J]. Structure, 1996, 4: 811-822.

[27] Gartler G, Kartky C, Gruber K. Structural determinants of the enantioselectivity of the hydroxynitrile lyase from *Hevea brasiliensis* [J]. J Biotechnol, 2007, 129: 87-97.

[28] Lauble H, Miehlich B, Forster S, Wajant H, Effenberger F. Biochemistry, 2002, 41: 12043-12050.

[29] Dreveny I, Andryushkova A S, Glieder A, Gruber K, Kratky C. Substrate binding in the FAD-dependent hydroxynitrile lyase from almond provides insight into the mechanism of cyanohydrin formation and explains the absence of dehydrogenation activity [J]. Biochemistry, 2009, 48: 3370-3377.

[30] http://www.rcsb.org/pdb/explore.do?structureId=3DQZ (a direct link to the crystal structure of (R)-AtHNL in the Protein Data Bank).

[31] Gruber K, Gartler G, Krammer B, Schwab H, Kratky C. Reaction Mechanism of Hydroxynitrile Lyases of the α/β-Hydrolase Superfamily: The three-dimensional structure of the transient enzyme-substrate complex certifies the crucial role of Lys^{236} [J]. J Biol Chem, 2004, 279: 20501-20510.

[32] Stranzl G R, Gruber K, Steinkellner G, Zangger K, Schwab H, Kratky C. Observation of a short, strong hydrogen bond in the active site of hydroxynitrile lyase from *Hevea brasiliensis* explains a large pKa shift of the catalytic base induced by the reaction intermediate [J]. J Biol Chem, 2004, 279: 3699-3707.

[33] Schmidt A, Gruber K, Kratky C, Lamzin V S. Atomic resolution crystal structures and quantum chemistry meet to reveal subtleties of hydroxynitrile lyase catalysis [J]. J Biol Chem, 2008, 283: 21827-21836.

[34] Andexer J N, Staunig N, Eggert T, Kratky C, Pohl M, Gruber K. Hydroxynitrile lyases with α/β-hydrolase fold: two enzymes with almost identical 3D structures but opposite enantioselectivities and different reaction mechanisms [J]. Chem Bio Chem, 2012, 13: 1932-1939.

[35] Griengl H, Klempier N, Pochlauer P, Schmidt M, Shi N, Zabelinskaya-Mackova A A. Enzyme catalysed formation of (S)-cyanohydrins derived from aldehydes and ketones in a biphasic solvent system [J]. Tetrahedron, 1998, 54: 14477-14486.

[36] Lin G Q, Han S Q, Li Z Y. Enzymatic synthesis of (R)-cyanohydrins by three (R)-oxynitrilase sources in microaqueous organic medium [J]. Tetrahedron, 1999, 55: 3531-3540.

[37] Andexer J, Guterl J K, Pohl M, Eggert T. A High-throughput screening assay for hydroxynitrile lyase activity [J]. Chem Commun, 2006, 40: 4201-4203.

[38] Krammer B, Rumbold K, Tschemmernegg M, Pochlauer P, Schwab H. A novel screening assay for hydroxynitrile lyases suitable for high-throughput screening [J]. J Biotechnol, 2007, 129: 151-161.

[39] Asano Y, Dadashipour M, Yamazaki M, Doi N, Komeda H. Functional expression of a plant hydroxynitrile lyase in *Escherichia coli* by directed evolution: creation and characterization of highly in vivo soluble mutants [J]. Protein Eng Des Select, 2011, 24: 607-616.

[40] Weis R, Gaisberger R, Skranc W, Gruber K, Glieder A. Carving the active site of Almond R-HNL for increased enantioselectivity [J]. Angew Chem Int Ed, 2005, 44: 4700-4704.

[41] Buhler H, Effenberger F, Forster S, Roos J, Wajant H. Substrate specificity of mutants of the hydroxynitrile lyase from *Manihot esculenta* [J]. Chem Bio Chem, 2003, 4: 211-216.

[42] Okrob D, Metzner J, Wiechert W, Gruber K, Pohl M. Tailoring a stabilized variant of hydroxynitrile lyase from *Arabidopsis thaliana* [J]. Chem Bio Chem, 2012, 13: 797-802.

[43] Glieder A, Weis R, Skranc W, Poechlauer P, Dreveny I, Majer S, Wubbolts M, Schwab H, Gruber K. Comprehensive step-by-step engineering of an (R)-hydroxynitrile lyase for large-scale asymmetric synthesis [J]. Angew Chem Int Ed, 2003, 42: 4815-4818.

[44] Yan G, Cheng S, Zhao G, Wu S, Liu Y, Sun W. A single residual replacement improves the folding and stability of recombinant cassava hydroxynitrile lyase in *E. coli* [J]. Biotechnol Lett, 2003, 25: 1041-1047.

[45] Liu Z, Pscheidt B, Avi M, Gaisberger R, Hartner F S, Schuster C, Skranc W, Gruber K, Glieder A. Laboratory evolved biocatalysts for stereoselective syntheses of substituted benzaldehyde cyanohydrins [J]. Chem Bio Chem, 2008, 9: 58-61.

[46] Purkarthofer T, Gruber K, Gruber-Khadjawi M, Waich K, Skranc W, Mink D, Griengl H. A biocatalytic henry reaction—the hydroxynitrile lyase from *Hevea brasiliensis* also catalyzes nitroaldol reactions [J]. Angew Chem Int Ed, 2006, 45: 3454-3456.

[47] Gruber-Khadjawi M, Purkarthofer T, Skranc W, Griengl H. Hydroxynitrile lyase-catalyzed enzymatic nitroaldol (Henry) reaction [J]. Adv Syn Catal, 2007, 349: 1445-1450.

[48] Yuryev R, Briechle S, Gruber-Khadjawi M, Griengl H, Liese A. Asymmetric retro-henry reaction catalyzed by hydroxynitrile lyase from *Hevea brasiliensis* [J]. Chem Cat Chem, 2010, 2: 981-986.

[49] Fuhshuku K, Asano Y. Synthesis of (R)-β-nitro alcohols catalyzed by R-selective hydroxynitrile lyase from *Arabidopsis thaliana* in the aqueous-organic biphasic system [J]. J Biotechnol, 2011, 153: 153-159.

[50] a) Bornscheuer U T, Kazlauskas R J. Catalytic promiscuity in biocatalysis: using old enzymes to form new bonds and follow new pathways [J]. Angew Chem Int Ed, 2004, 43: 6032-6040; b) Kazlauskas R J. Enhancing catalytic promiscuity for biocatalysis [J]. Curr Opin Chem Biol, 2005, 9: 195-201.

[51] Ono N. The nitro group in organic synthesis. New York: Wiley-VCH, 2001.

[52] Padhi S K, Fujii R, Legatt G A, Fossum S L, Berchtold R, Kazlauskas R J. Switching from an esterase mechanism to a hydroxynitrile lyase mechanism requires only two amino acid substitutions [J]. Chem Biol, 2010, 17: 863-871.

[53] Banavali R, Chang M Y, Fitzwater S J, Mukkamala R. Thermal hazards screening study of the reactions between hydrogen cyanide and sulfuric acid and investigations of their chemistry [J]. Ind Eng Chem Res, 2002, 41: 145-152.

[54] Pochlauer P. Syntheses of homochiral cyanohydrins in an industrial environment: hydroxynitrile lyases offer new options [J]. Chim Oggi, 1998, 16: 15-19.

[55] van Langen L M, van Rantwijk F, Sheldon R A. Enzymatic hydrocyanation of a sterically hindered aldehyde. Optimization of a chemoenzymatic procedure for (R)-2-chloromandelic acid [J]. Org Process Res Dev, 2003, 7: 828-831.

[56] van Langen L M, Selassa R P, van Rantwijk F, Sheldon R A. Cross-linked aggregates of R-oxynitrilase: a stable, recyclable biocatalyst for enantioselective hydrocyanation [J]. Org Lett, 2005, 7: 327-329.

[57] Purkarthofer T, Pabst T, van den Broek C, Griengl H, Maurer O, Skranc W. Large-scale synthesis of (R)-2-amino-1-(2-furyl) ethanol via a chemoenzymatic approach [J]. Org Process Res Dev, 2006, 10: 618-621.

第12章 醛缩酶

C-C 键的形成是合成有机化学中非常重要的基础反应，也是最具挑战性的课题之一。在 C-C 键的形成中，采用醇醛缩合（Aldol）反应可以直接产生手性中心，从而使之成为手性合成的一种强有力策略[1]。

发展可以立体选择性催化 Aldol 反应的催化剂十分关键。其中醛缩酶（EC 4.1.2.X）催化的醛缩反应因其具有高选择性和高催化效率而越来越受到化学家们的青睐，被广泛用于手性产品的制备。与化学法相比，醛缩酶催化的 Aldol 反应可在水溶液中中性 pH 下进行，无需复杂的保护和去保护过程[2]。

在过去 20 年里，醛缩酶已经应用于各种合成反应中。这些研究工作同时还阐明了这些酶作为催化剂在合成反应中的应用范围和局限性。目前人们已经认识到醛缩酶最大的局限性在于其底物谱较窄，但若考虑到它的生理作用，这一点就不足为奇。它们催化体内特定代谢途径中的羟醛缩合反应或逆羟醛缩合反应。为满足有机化学家的需要而改变底物结构或反应条件，通常都会伴随催化效率的降低。

尽管如此，酶分子的结构-功能关系和高通量筛选技术等现代技术的发展，使得生物催化剂可以通过系统的试管进化，使其具有更广的底物谱、更高的催化效率、更高的稳定性以及全新的催化活性等，这也为醛缩酶在工业生产中的应用提供了可能。

12.1 醛缩酶的催化机理与分类

醛缩酶是一类特殊的裂解酶，催化一个酮供体和一个醛受体之间的立体选择性加成[3]。从本质上说，这一反应是碱催化的两个醛或酮的加成反应，羰基的 α 位至少有一个酸性质子。亲核试剂进攻带正电的羰基。用"醛缩酶"这个词是由于重新形成的 C-C 键是羟醛的一部分（COCHXCHOH）。

醛缩酶（Aldolase）是 1934 年首次被认知的。当时认为它们仅仅是催化己糖及其三碳结构单元之间相互转化的一类酶。现在知道它们能作用于许多底物，包括碳水化合物、氨基酸、羟基酸等[4]。

迄今为止，共发现了 30 多种醛缩酶[3]，大部分生物体中存在醛缩酶。醛缩酶的亚基通

常是 α/βTIM 桶状结构,其活性中心位于该 TIM 桶的中间。

通过在活性位点形成烯醇或烯胺化物,醛缩酶可以催化一个亲核供体加成到一个亲电受体上。一般而言,该过程中新形成的立体中心的立体选择性由醛缩酶严格控制,因此反应产物的立体化学性质是高度可预见的。该过程的产物通常是 β-羟基-羰基化合物,它是许多天然或合成的复杂分子骨架结构的一部分。

根据催化机理的差异,可将醛缩酶分为两种类型。Ⅰ型醛缩酶通过活性中心严格保守的 Lys 残基形成席夫碱激活供体起到催化作用,在活性位点形成的烯胺互变异构体高选择性地攻击受体醛的特定的一面。之后酶结合的亚胺水解,释放出产物。在Ⅱ型醛缩酶中,金属辅因子被组氨酸残基结合在酶的活性位点。结合的金属离子一般是 Zn^{2+}(Co^{2+} 或 Fe^{2+} 也可作为辅因子),它在激活结合供体的时候扮演了路易斯酸的角色。两个类型的醛缩酶序列一致性较低。一般来说,Ⅰ型醛缩酶存在于动物和高等植物体内,Ⅱ型醛缩酶存在于细菌和真菌中,但并不绝对。真核生物和细菌都曾广泛发现两类醛缩酶的存在,有时在同一个生物体中会同时存在两种类型醛缩酶。在许多古生菌和一些细菌中,发现了一种双功能的果糖-二磷酸醛缩酶/磷酸酶,这种酶以第一种机制发挥作用[5]。

图 12.1 阐述了上述两种机理,其中Ⅰ型醛缩酶是以来源于兔子肌肉的 FDP 醛缩酶为例,Ⅱ型醛缩酶以果糖-1-磷酸醛缩酶为例。

Ⅰ型醛缩酶通过在活性位点形成席夫碱中间体从而激活供体,被激活的供体可以立体选择性地加成到受体醛上(图 12.2)。Ⅱ型醛缩酶在其活性位点存在一个 Zn^{2+},该 Zn^{2+} 通过一个氨基酸侧链上的吲哚基团极化羰基供体(图 12.3)。

有研究者比较了来源于 *E.coli* 以及来源于 *Pyrobaculum aerophilum* 和 *Thermotoga maritima* 的 2-脱氧核糖-5-磷酸醛缩酶(DERA)的结构,发现氨基酸残基 Cys47、Asp102、Lys167 和 Lys201 是完全保守的,它们都是醛缩反应过程中席夫碱中间体形成的关键残基。其中,两个 Lys 残基扮演了重要角色:Lys167 和底物形成席夫碱中间体,而邻近 Lys201 影响了 Lys167 的 pK_a 值,同时 Lys201 在供体醛的立体选择性的去质子化过程中起到了关键作用[6]。

大部分醛缩酶对于其受体的选择性不高,而对供体则具有高度的特异选择性。根据亲核供体的不同(表 12.1),又可将醛缩酶分为四种亚型:①二羟丙酮磷酸(DHAP)依赖型;②丙酮酸/磷酸烯醇式丙酮酸(PEP)依赖型;③乙醛依赖型;④甘氨酸依赖型。

表 12.1 根据供体不同四种醛缩酶的分类

供体	受体	产物	醛缩酶
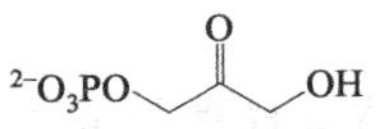 $^{2-}O_3PO$-CO-CH$_2$OH (DHAP)	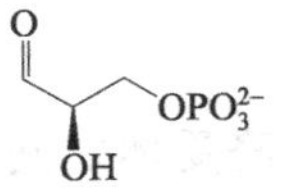 OHC-CH(OH)-CH$_2$OPO$_3^{2-}$	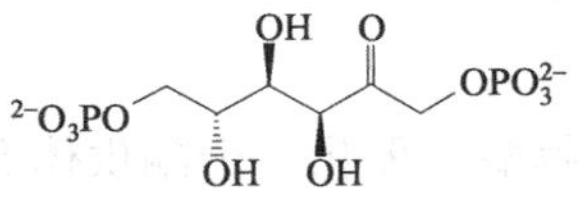 $^{2-}O_3PO$-CH$_2$-CH(OH)-CH(OH)-CO-CH(OH)-CH$_2$OPO$_3^{2-}$	果糖-1,6-二磷酸醛缩酶
(同上)	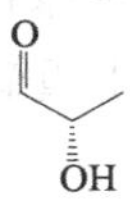 CH$_3$-CH(OH)-CHO	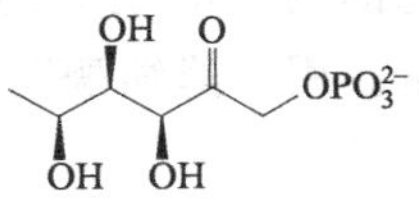 CH$_3$-CH(OH)-CH(OH)-CH(OH)-CO-CH$_2$OPO$_3^{2-}$	鼠李糖-1-磷酸醛缩酶
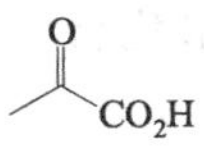 CH$_3$-CO-CO$_2$H	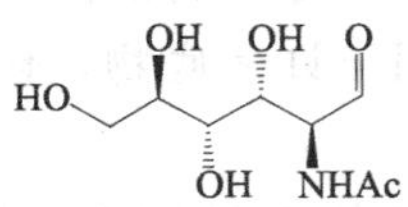 HO-CH$_2$-CH(OH)-CH(OH)-CH(NHAc)-CHO	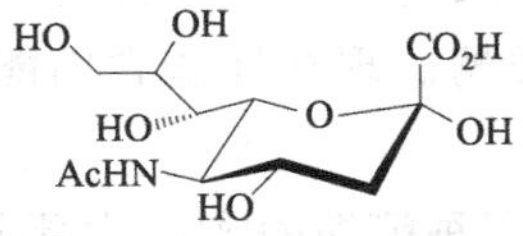 N-乙酰神经氨酸结构	N-乙酰神经氨酸醛缩酶

续表

供体	受体	产物	醛缩酶
 CH₃CHO	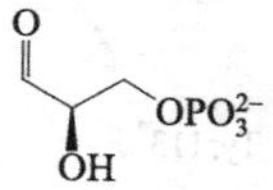 OHC-CH(OH)-CH₂OPO₃²⁻	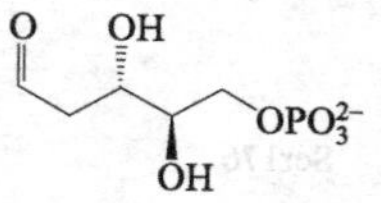 OHC-CH₂-CH(OH)-CH(OH)-CH₂OPO₃²⁻	2-脱氧核糖-5-磷酸醛缩酶
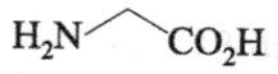 H₂N-CH₂-CO₂H	 CH₃CHO	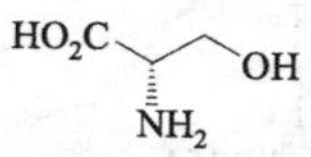 HO₂C-CH(NH₂)-CH(OH)-CH₃	L-苏氨酸醛缩酶

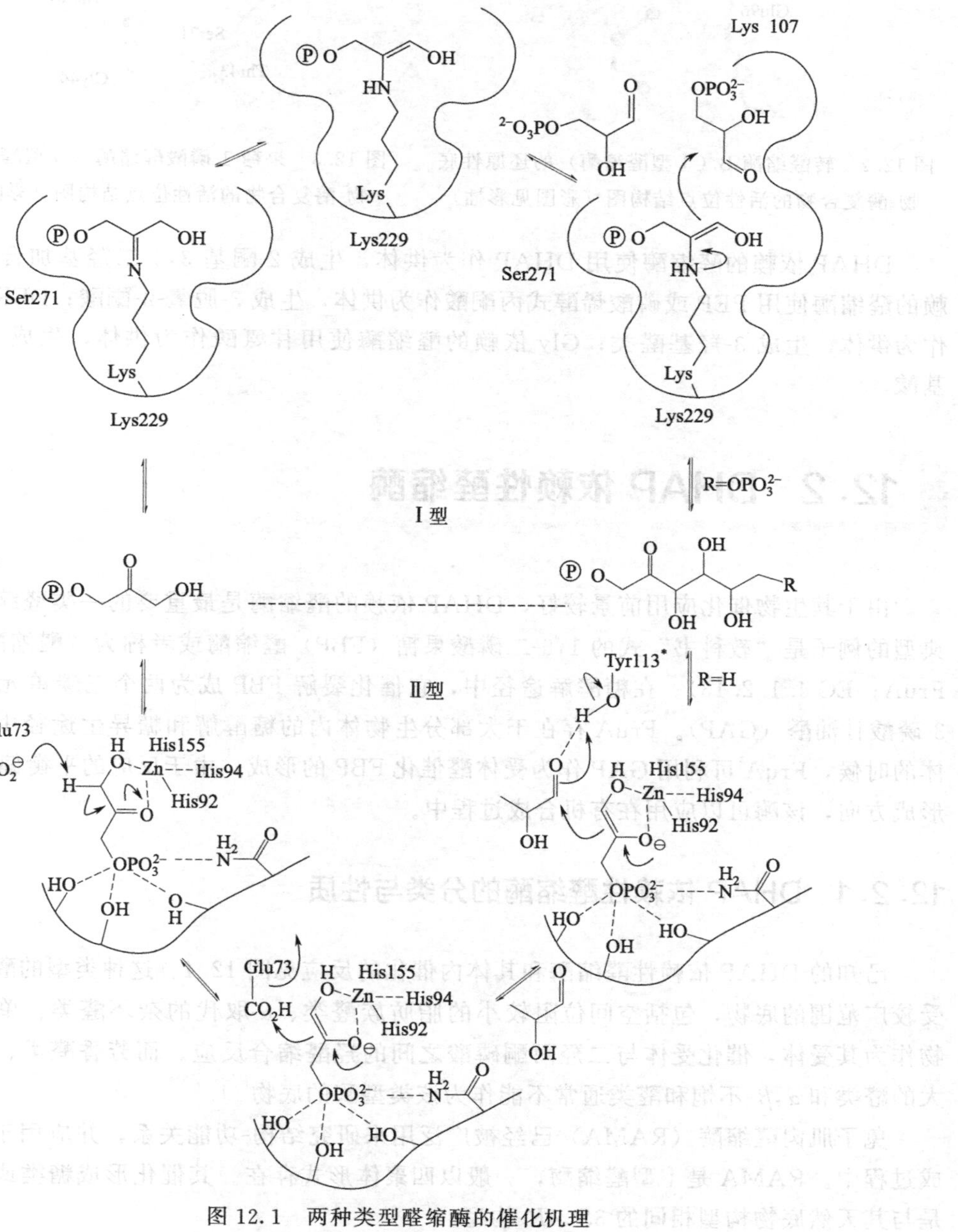

图 12.1 两种类型醛缩酶的催化机理

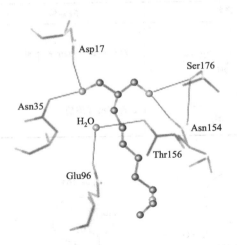
图 12.2 转醛缩酶 B（Ⅰ型醛缩酶）的还原性底物-酶复合物的活性位点结构图（彩图见彩插）

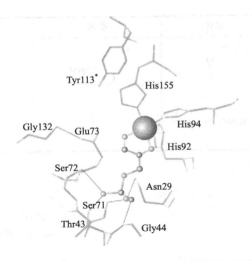
图 12.3 果糖-1-磷酸醛缩酶（Ⅱ型醛缩酶）的底物-酶复合物的活性位点结构图（彩图见彩插）

DHAP 依赖的醛缩酶使用 DHAP 作为供体，生成 2-酮基-3,4-二羟基加合物；PEP 依赖的醛缩酶使用 PEP 或磷酸烯醇式丙酮酸作为供体，生成 3-脱氧-2-酮酸；DERA 使用乙醛作为供体，生成 3-羟基醛类；Gly 依赖的醛缩酶使用甘氨酸作为供体，生成 β-羟基-α-氨基酸。

12.2 DHAP 依赖性醛缩酶

由于其生物催化应用前景较好，DHAP 依赖的醛缩酶是最重要的一类醛缩酶。其中最典型的例子是"教科书"式的 1,6-二磷酸果糖（FBP）醛缩酶或者称为"醛缩酶"（简称为 FruA；EC 4.1.2.13）。在糖酵解途径中，它催化裂解 FBP 成为两个三碳单元：DHAP 和 3-磷酸甘油醛（GAP）。FruA 存在于大部分生物体内的糖酵解和糖异生途径中。当存在供体的时候，FruA 可利用 GAP 作为受体醛催化 FBP 的形成，由于反应的平衡偏向于 FBP 的形成方向，该酶可以应用在有机合成过程中。

12.2.1 DHAP 依赖性醛缩酶的分类与性质

已知的 DHAP 依赖性醛缩酶和其体内催化的反应见图 12.4。这种类型的醛缩酶可以接受较广范围的底物，包括空间位阻较小的脂肪族醛类、α-取代的杂环醛类、单糖及其衍生物作为其受体，催化受体与二羟丙酮磷酸之间的羟醛缩合反应。而芳香醛类、空间位阻较大的醛类和 α,β-不饱和醛类通常不能作为该类型酶的底物[3]。

兔子肌肉醛缩酶（RAMA）已经被广泛用来研究结构-功能关系，并应用于化学酶法合成过程中。RAMA 是Ⅰ型醛缩酶，一般以四聚体形式存在。其催化形成糖类或糖的类似物是与其天然底物构型相同的 $3S,4R$-构型。

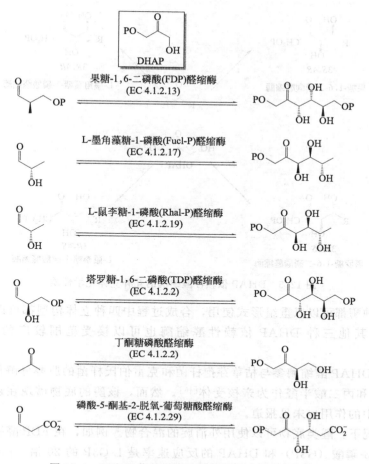

图 12.4 DHAP 依赖性醛缩酶和其体内催化的反应

来源于 E. coli 的 Ⅱ 型 FBP 醛缩酶已经商业化[7]，这种醛缩酶与 RAMA 有相似的底物谱，但是其操作稳定性更好；该酶形成二聚体，这也是 Ⅱ 型醛缩酶的典型形态。除此之外，微生物来源的 Ⅰ 型 DHAP 依赖性醛缩酶近年也受到关注，来源于 Staphylococcus carnosus 的 FBP 醛缩酶属于 Ⅰ 型醛缩酶，但形成稳定的单聚体形式[8,9]。也有研究者研究了来源于古细菌的 Ⅰ 型 FBP 醛缩酶，发现与来源于 E. coli 的 Ⅰ 型 FBP 醛缩酶非常类似[5,10]。

在醛缩酶催化作用下，DHAP 和非天然受体醛的缩合产物邻位二醇的构型，与 DHAP 和天然醛类底物缩合之产物的立体构型相同。两个新生手性中心的构型可以通过在四种立体选择性互补的 DHAP 醛缩酶中选择合适的一种进行催化合成获得。其中，FruA 严格特异性地催化生成 $3S,4R$ 的立体构象；来自于稀有糖类 L-墨角藻糖、L-鼠李糖或 D-塔罗糖/半乳糖醇/N-乙酰半乳糖胺（塔罗糖-1,6-二磷酸途径）的分解代谢途径的醛缩酶可以在各自的羟醛缩合产物的 C3 和 C4 位置得到其他三种可能的构型（图 12.5）。L-墨角藻糖-1-磷酸醛缩酶（EC 4.1.2.17）形成 $3R,4R$ 构型[11,12]，L-鼠李糖-1-磷酸醛缩酶（EC 4.1.2.19）形成 $3R,4S$ 构型，塔罗糖-1,6-二磷酸醛缩酶（EC 4.1.2.2）优先形成 $3S,4S$ 构型。然而，该酶趋向于形成两种非对映体的混合物，因此不利于其在化学酶法合成中的应用。

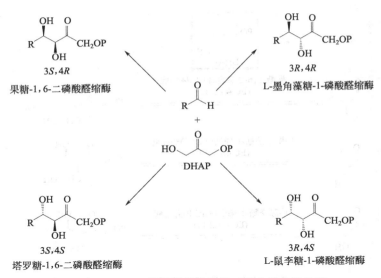

图 12.5 DHAP 依赖性醛缩酶的互补立体化学性质

理论上四种酶都可以以重组形式使用，合成过程中四种立体构型都可以得到。与 FBP 醛缩酶相似，其他三种 DHAP 依赖性醛缩酶也可以接受范围较广的醛受体作为其底物[13~15]。

另外一种 DHAP 醛缩酶参与枯草芽孢杆菌和克雷伯氏杆菌的肌醇分解代谢，推测其可以使用 DHAP 和丙二酸半醛作为亲核受体[16]。然而，该酶的底物谱现在还未研究，其在生物有机合成中的作用也未见报道。

在很多情况下，醛类底物可以使用外消旋的混合物。例如，在 FDP 醛缩酶存在的条件下，D-甘油醛-3-磷酸（G3P）和 DHAP 的反应速率是 L-G3P 的 20 倍。Fuc-1-P 醛缩酶和 Rha-1-P 醛缩酶对于 L-构型的 2-羟基醛类的动力学偏好更高（>95:5）。因此，当反应在达到平衡之前停止，可以得到单一非对映异构体和对映异构体的加成产物。

DHAP 依赖性醛缩酶已经在合成 ^{13}C 标记的糖类、杂环取代的糖类、脱氧糖类、氟代糖类、长链糖类和环醇展示出其巨大的应用价值。总共有超过 100 种醛类已经证明可以作为醛缩酶的受体底物。

由于 RAMA 和一些微生物来源的 FBP 醛缩酶必须使用特定的供体物质（如 DHAP），但可以使用较广泛的受体底物，因此它们常被用作体外有机合成的生物催化剂。

12.2.2 DHAP 依赖性醛缩酶的合成应用

DHAP 醛缩酶的天然反应对于有机合成来说，用处并不是很大。使用化学合成的简单醛类（甲醛、羟基乙醛或 D-甘油醛）作为底物，可以很容易得到短链的磷酸糖类（1-磷酸赤藓酮糖、1-磷酸果糖）[17,18]。如果使用的是标记过的受体（重氢、^{13}C、^{14}C），就可以合成对应的标记过的磷酸糖类，该类物质可用于生物合成标记或者转运实验。1-磷酸基团可以使用酸性或碱性磷脂酶处理得到不含磷酸的产物，该产物有较多用途[19,20]。

受体基团受空间阻碍影响较小，因此可以引入不同的杂环基团，例如氨基、硝基、叠氮基、磷酰基、磺酰基、氯、氟、脱氧基团，等等。这样就可以合成携带不同杂环基团的糖或其类似物。随后的化学步骤可以传递这些氮杂糖或者为其他的化学步骤做准备[21~27]。

DHAP 醛缩酶催化的产物可以用于基础或应用研究。例如：含有磷酸基团的底物类似物可以帮助阐明晶体结构中结构和功能的关系。不同的 C6 标记的丹磺酰氯果糖类似物可以用于布氏锥虫葡萄糖运输过程中的抑制研究，该过程可以引起睡眠疾病[22]；也可作为糖转化酶（比如糖苷酶和糖基转移酶）的抑制剂。氮杂糖是非常重要的一类化合物，可以通过 DHAP 依赖性的醛缩酶得到，这个物质可以作为新的抗生素，具有抗癌细胞转移、抗高血糖或免疫刺激的作用。最近也有报道在乳化系统中使用不同的 DHAP 依赖性醛缩酶催化 DHAP 和 N-苄氧羰基-氨基醛的醛缩反应以得到亚胺环醇（图 12.6）。也有报道合成带有磷酸基团的亚胺环醇，该磷酸基团可以模仿糖基转移酶和糖苷酶底物的焦磷酸基团。合成磷酸化的二羟吡咯环，可作为岩藻糖转移酶的抑制剂。Romero 和 Wong 报道了使用立体选择性的醛缩反应以及后随的还原氨化，可以合成四羟化的生物碱[28~32]。

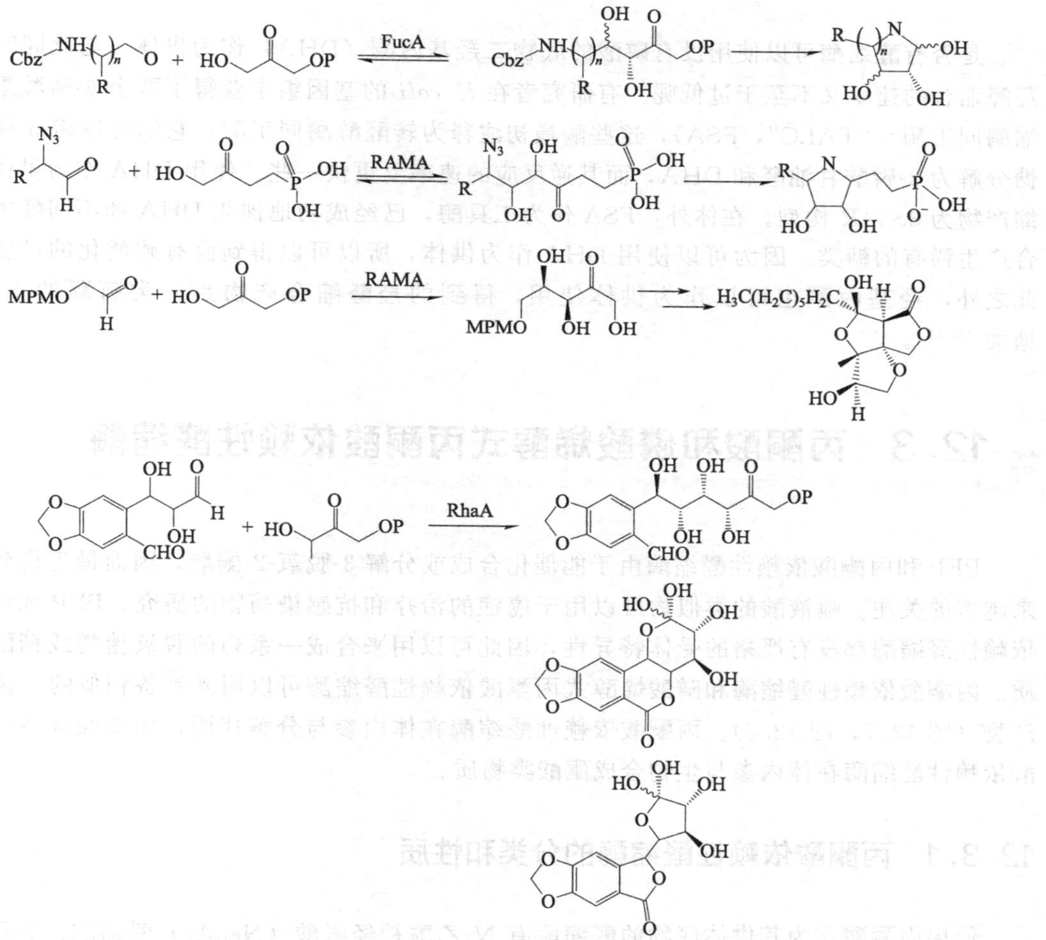

图 12.6 DHAP 依赖性醛缩酶在化学-酶法合成中的应用
Cbz—苄氧羟基；P—磷酸；FucA—L-墨角藻糖-1-磷酸醛缩酶；RAMA—兔子肌肉醛缩酶；
RhaA—L-鼠李糖-1-磷酸醛缩酶

在真核生物中，唾液酸化酶 X 和选择蛋白的特异性结合是细胞之间识别的重要途径。

L-岩藻糖类似物可以模拟这些交互作用，可用作选择蛋白质的潜在抑制剂。Fessner 已经合成过这种类似物[33]。除此之外，磷酸甘露糖也可以模拟为唾液酸化酶 X[34]。Guanti 报道了 ω-磷酸脱氧糖的合成，该物质可以作为生物活性物质的含磷酸基团类似物的重要手性砌块[35,36]。使用非手性的底物作为起始材料可以合成支链酮糖[37]。有研究者合成了全氟烃的糖类，这些两性分子可以作为生物医学上的表面活性剂和乳化剂[24]。即使是更为复杂的物质，比如微生物的诱导剂（—）-syringolides 和 pancratistatin 也可以通过醛缩酶反应得到[38,39]（图 12.6）。Crestia 合成过 3-脱氧-2-糖酸、类唾液酸、3-脱氧-D-甘露糖-辛酮糖酸（KDO）、3-脱氧-D-阿拉伯糖-庚酮糖酸，以及它们的一些类似。这些物质同样可以使用丙酮酸或 PEP 依赖性醛缩酶合成，然而使用 RAMA 和转酮醇酶形成 C5-C6 之间的键，会使 C4 的位置有更大的变化性。

12.2.3 使用不带有磷酸基团的底物作为供体的醛缩酶

是否有醛缩酶可以使用没有磷酸的底物二羟基丙酮（DHA）作为供体，与此同时催化羟醛缩合的速率又不至于过低呢？有研究者在 E. coli 的基因组中获得了两个 6-磷酸果糖醛缩酶同工酶（"TALC"，FSA），这些酶最初注释为转醛醇酶同工酶，它们可以将 6-磷酸果糖分解为 3-磷酸甘油醛和 DHA，而其逆反应的速率要更快一些。使用 DHA 作为供体，醛缩产物为 $3S,4R$ 构型。在体外，FSA 作为工具酶，已经成功地催化 DHA 和不同醛类的缩合产生稀有的糖类。因为可以使用 DHA 作为供体，所以可以得到没有磷酸化的产物。除此之外，羟基丙酮也可以作为供体使用，得到的羟醛缩合产物是一类新颖的 1-脱氧-糖类[40,41]。

12.3 丙酮酸和磷酸烯醇式丙酮酸依赖性醛缩酶

PEP 和丙酮酸依赖性醛缩酶由于能催化合成或分解 3-脱氧-2-酮酸，因而最近得到了越来越多的关注。唾液酸的类似物可以用于癌症的治疗和抗感染药物的研究。PEP 和丙酮酸依赖性醛缩酶都没有严格的受体特异性，因此可以用来合成一系列的脱氧糖类或糖酸类物质。丙酮酸依赖性醛缩酶和磷酸烯醇式丙酮酸依赖性醛缩酶可以用来制备相似的 α-酮酸类产物（图 12.7，图 12.8）。丙酮酸依赖性醛缩酶在体内参与分解代谢，而磷酸烯醇式丙酮酸依赖性醛缩酶在体内参与生物合成酮酸类物质。

12.3.1 丙酮酸依赖性醛缩酶的分类和性质

使用丙酮酸作为其供体底物的醛缩酶有 N-乙酰神经氨酸（NeuAc）醛缩酶、2-酮基-3-脱氧-葡萄糖酸盐（KDG）醛缩酶、2-酮基-3-脱氧-6-磷酸葡萄糖酸-6-磷酸（KDPG）醛缩酶和其他 KDPG 类似物（如：2-酮基-3-脱氧-6-磷酸半乳糖酸）特异性醛缩酶等。其中最受关注的是 NeuAc 醛缩酶，其可催化丙酮酸与乙酰甘露糖胺（ManNAc）合成唾液酸（图 12.7）。因为该反应的平衡向两个方向的程度相当，反应过程中需要添加过量的丙酮酸，以

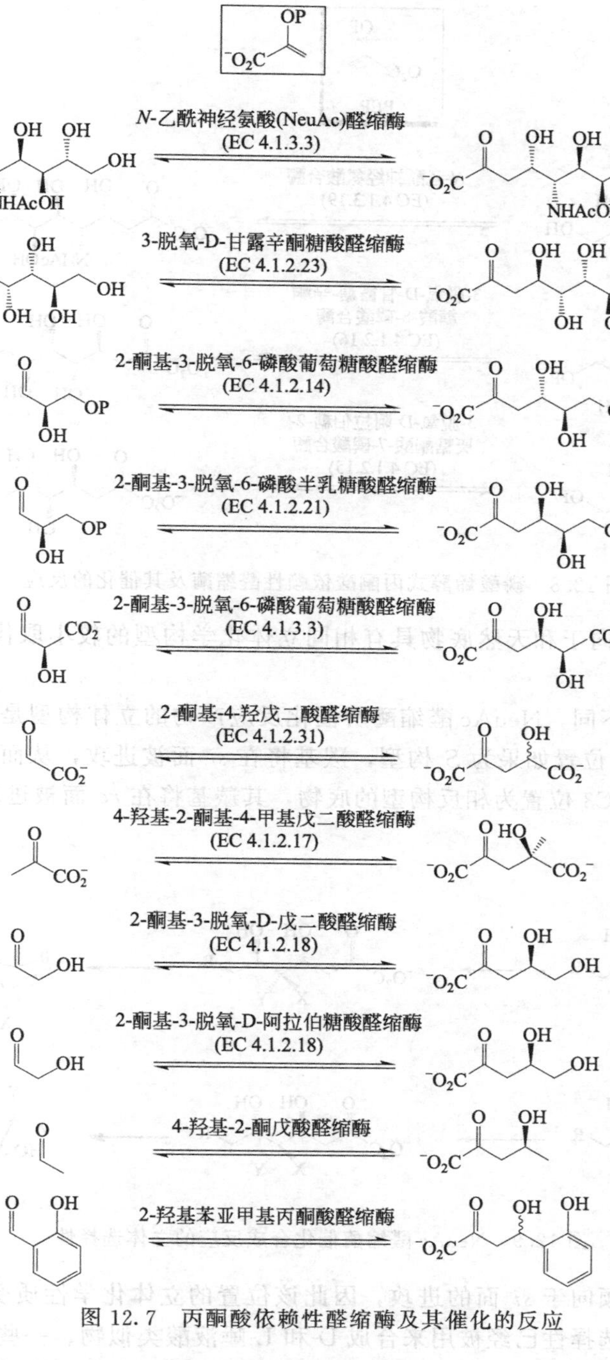

图 12.7 丙酮酸依赖性醛缩酶及其催化的反应

驱动反应向缩合方向进行,而过量的丙酮酸会使产物的纯化过程变得复杂化。使用丙酮酸脱羧酶可以很容易地分解过量的丙酮酸,从而达到产物纯化的目的[42]。

N-乙酰神经氨酸(NeuAc)醛缩酶(又称为唾液酸醛缩酶)因为具有工业应用前景而吸引了大量研究者的关注。它高度特异性地使用丙酮酸作为其供体底物,但是可以接受多种受体底物,包括己糖、戊糖和丁糖。C4、C5 或 C6 位的取代底物也可进行反应,只是对于和其天然底物 N-乙酰-D-甘露糖胺同样构型的底物有些许偏好性。C2 和 C3 位的取代非

第 12 章 醛缩酶

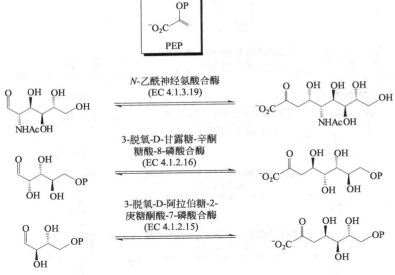

图 12.8 磷酸烯醇式丙酮酸依赖性醛缩酶及其催化的反应

常受限制，C2 位置偏向于和天然底物具有相同立体化学构型的较小取代基团，而 C3 位置需要一个游离的羟基。

与大多数醛缩酶不同，NeuAc 醛缩酶所催化反应产物的立体构型是由其底物结构所决定的。受体底物在 C3 位置如果为 S 构型，羰基将在 si 面被进攻，从而形成新的立体中心将会是 S 构型。对于 C3 位置为相反构型的底物，其羰基将在 re 面被进攻，从而得到 R 构型的产物（图 12.9）。

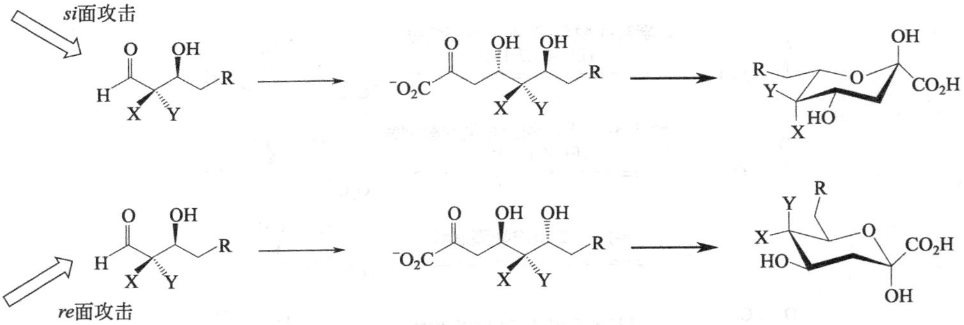

图 12.9 NeuAc 醛缩酶催化合成反应的立体选择性

通常，该反应更倾向于 si 面的进攻，因此该位置的立体化学性质受到热力学的控制。这种底物控制的立体选择性已经被用来合成 D- 和 L- 唾液酸类似物、一些新的糖类及其对映异构体。

12.3.2 丙酮酸依赖性醛缩酶的合成应用

NeuAc 醛缩酶可用来合成一些含氮杂环的糖类。该酶可以催化丙酮酸与 N-Cbz-D-甘露糖胺的加成，其产物通过还原性的胺化可以得到吡咯烷，进一步可以转化为 3-羟甲基-6-表栗精胺（图 12.10）。

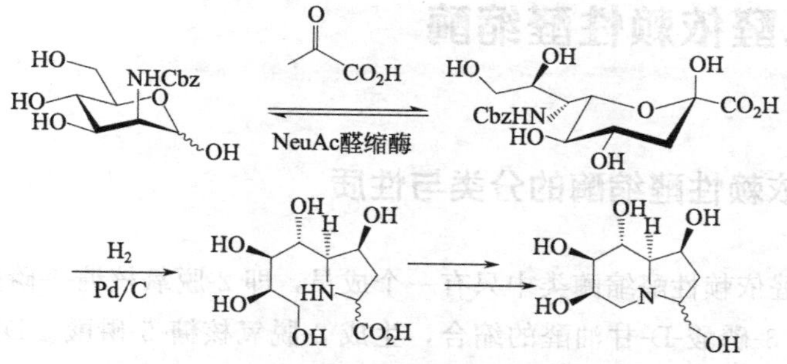

图 12.10 NeuAc 醛缩酶在合成吡咯烷中的应用

还有一些丙酮酸和磷酸烯醇式丙酮酸依赖性醛缩酶也已经被分离和纯化，但是没有在合成方面进行应用。KDO 醛缩酶可以接受 D-核糖、D-木糖、D-来苏糖、L-阿拉伯糖、D-阿拉伯糖-5-磷酸、N-乙酰甘露糖胺作为其底物。该酶只接受 C3 位置为 R 构型的底物，羰基基团在 re 面被进攻。2-酮-3-脱氧-6-磷酸葡萄糖酸（KDPG）醛缩酶可以接受许多非天然的底物，但转化速率相较于天然底物非常低（<1%），新形成的手性中心的立体化学性质都是 S 构型。通过 DNA shuffling 和 epPCR 等定向进化手段，改变了 KDPG 醛缩酶对于其受体立体选择性和磷酸基团的要求，从而可以接受非磷酸化的对映体醛类合成更有价值的 L-糖类（图 12.11）。

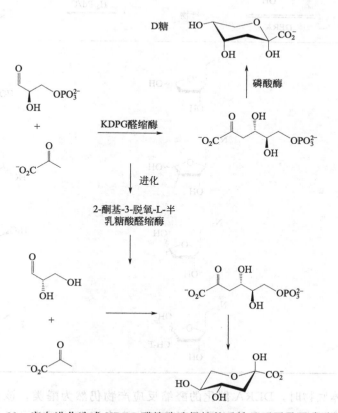

图 12.11 定向进化造成 KDPG 醛缩酶选择性的反转且不再需要磷酸基团

12.4 乙醛依赖性醛缩酶

12.4.1 乙醛依赖性醛缩酶的分类与性质

迄今为止，乙醛依赖性醛缩酶类中只有一个成员，即 2-脱氧核糖-5-磷酸醛缩酶（DERA），它可以催化乙醛和 3-磷酸-D-甘油醛的缩合，生成 2-脱氧核糖-5-磷酸。DERA 属于 I 型醛缩酶，也是已知的唯一能催化两个醛分子之间进行缩醛反应的醛缩酶。

该酶可接受较广泛的受体底物。除了乙醛之外，丙醛、丙酮、氟代丙酮都可以作为供体底物。对于其受体底物的结构要求很少：2-羟基醛反应最快，D-异构体比 L-异构体反应快，叠氮醛类、硫代醛类和 α-甲基醛类都可作为底物。新形成的手性中心的构型完全由酶决定，产物通常为 S 构型。3-叠氮-2-羟丙酮作为受体底物可与其他供体底物缩合生成亚氨基环多醇（表 12.2）。

表 12.2 DERA 催化合成亚氨基环多醇

乙醛作为供体底物时，DERA 催化的醛缩反应产物仍然为醛类，该产物可作为受体底物进行第二步醛缩反应。α 位取代的醛类不能环化为半缩醛，因此可以进行第二次醛缩反应，两步醛缩反应的产物可以环化为稳定的半缩醛，阻止了进一步的加成反应。

12.4.2 乙醛依赖性醛缩酶的合成应用

DERA 以三个非手性的二碳醛类为底物可以合成 2,4,6-三脱氧吡喃糖苷（图 12.12）。缩合的产物可以形成稳定的半缩醛结构，从而推动了这个反应向缩合方向进行，而半缩醛经过氧化可以得到相应的内酯[43]。DERA 催化羟醛缩合得到的 1,3-多元醇是非常有用的合成单体，可以用来合成抗癌药物埃博霉素 A 和 C、亚胺环醇和他汀[44]。他汀是 3-羟基-3-甲基戊二酰辅酶 A 还原酶的抑制剂，该酶催化胆固醇合成过程中的关键步骤，因此他汀可以用作降胆固醇药物。连续的醛缩反应也可以和其他的醛缩酶如 RAMA 或 NeuAc 醛缩酶偶联使用。偶联 DERA 和 RAMA 可以合成 5-脱氧酮糖类物质。有研究者研究了不同的受体醛类用于连续的醛缩反应合成吡喃糖。这些吡喃糖被选择性地烷基化，可以用作埃博霉素 A 和 C 合成的手性砌块。

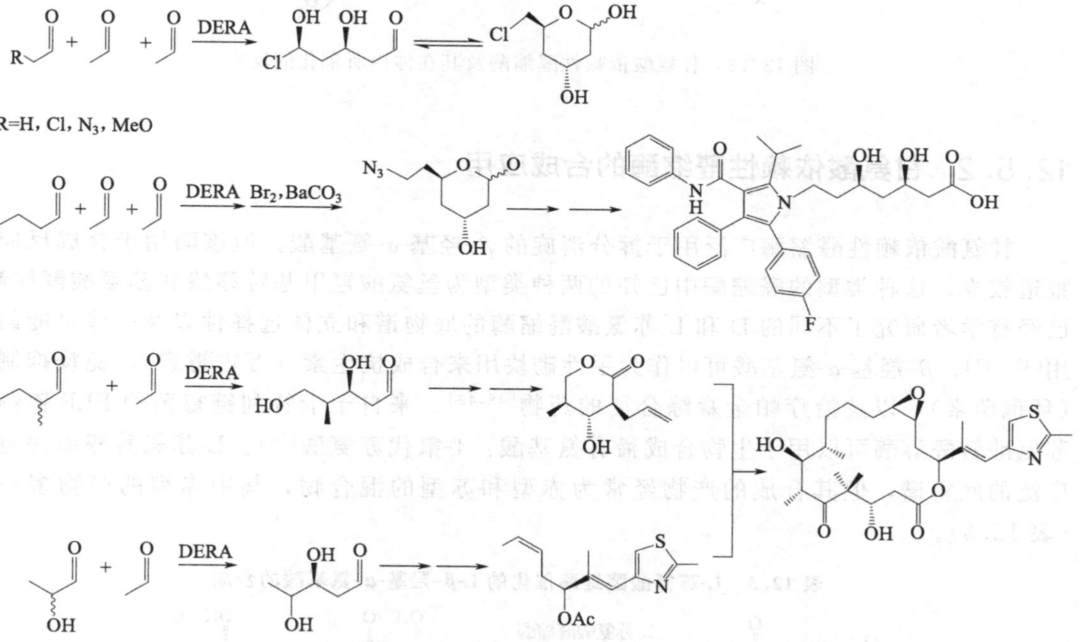

图 12.12　DERA 用于催化合成他汀侧链与埃博霉素

12.5　甘氨酸依赖性醛缩酶

12.5.1　甘氨酸依赖性醛缩酶的分类

甘氨酸依赖性醛缩酶催化甘氨酸和醛受体之间可逆缩合，形成 β-羟基-α-氨基酸，过程中使用磷酸吡哆醛（PLP）作为辅因子（图 12.13）。

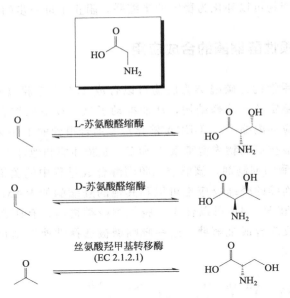

图 12.13　甘氨酸依赖性醛缩酶及其在体内所催化的反应

12.5.2　甘氨酸依赖性醛缩酶的合成应用

甘氨酸依赖性醛缩酶广泛用于拆分消旋的 β-羟基-α-氨基酸，但该酶用于合成反应的报道较少。这种类型的醛缩酶中已知的两种类型为丝氨酸羟甲基转移酶和苏氨酸醛缩酶。已经有学者研究了不同的 D-和 L-苏氨酸醛缩酶的底物谱和立体选择性以及一些可能的应用[45~47]。β-羟基-α-氨基酸可以作为手性砌块用来合成抗生素（万古霉素）、免疫抑制剂（环孢菌素），以及治疗帕金森综合征的药物[48,49]。来自于卡特利链霉菌的 PLP 依赖性苏氨酸转醛醇酶可以用于生物合成稀有氨基酸：4-氟代苏氨酸[50]。L-苏氨酸醛缩酶有较广泛的底物谱，但其合成的产物经常为赤型和苏型的混合物，其中赤型的产物多一些（表 12.3）。

表 12.3　L-苏氨酸醛缩酶催化的 L-β-羟基-α-氨基酸的合成

R	得率/%	赤型：苏型
CH_3	38	93：7
Ph	87	60：40
N_3CH_2	45~75	70：30 到 100：0
$BnOCH_2$	78	92：8
$BnOCH_2CH_2$	53	53：47
$BnOCH_2CH_2OCH_2$	45	92：8

续表

R	得率/%	赤型：苏型
PhS-CH$_2$-	80	50：50
邻苯二甲酰亚胺-CH$_2$CH$_2$-O-CH$_2$-	10	86：14

使用羟基醛作为底物的时候，由于其游离羟基的存在，产物经常为混合物。保护羟基可以解决上述问题，一般来说，α位的杂环原子取代可以得到较高的赤型/苏型。与其他醛缩酶一样，α,β-不饱和醛类不能作为该酶的受体底物。

12.6 其他新的具有醛缩酶活性的催化剂

12.6.1 非醛缩酶催化的醛缩反应

除了发现和发展新的天然进化的醛缩酶，许多学者也致力于模仿天然醛缩酶的效率与选择性，以设计生物相容的人工催化剂。或许这样可以拓展醛缩酶在合成方面的应用（图12.14）。

除了醛缩酶家族，合成的多肽聚合物、催化抗体、RNA 催化、多肽的折叠体和其他天然或修饰的具有完全不同功能的酶也可以催化 C-C 键的形成。L-脯氨酸的作用机理与Ⅰ型醛缩酶类似，通过形成共价的烯胺中间体进行催化。而基于 RNA 的生物催化剂（核酶）则与Ⅱ型醛缩酶的作用机理类似，通过 Zn^{2+} 稳定亲核试剂进行催化。多亚基的催化抗体也可以起到类似的催化作用。来源于 *Pseudomonas putida* mt-2 的 4-草酰巴豆酸酯互变异构酶表现出初始的醛缩酶活力，而该酶属于芳香烃类分解代谢途径。有意思的是，该酶的羟醛缩合活力看起来与其 C 端的脯氨酸有关，该脯氨酸在Ⅰ型醛缩酶中是除催化 Lys 残基之外的第二个保守的带氨基残基。

天然或重新设计的蛋白酶和酯酶也可以催化醇醛缩合反应。Berglund 和同事改造了CALB 的水解反应特异性，从而可以用来催化醇醛缩合反应。除此之外，来源于 *Bacillus licheniformis* 的碱性蛋白酶和来源于 *Penicillium citrinum* 的核酸酶 P1（EC 3.1.30.1）也可以通过羟醛缩合反应催化 C-C 键的形成[51]。

12.6.2 计算机从头设计新的醛缩酶

近年来，新的算法、势能函数以及计算机计算功能的提高，使得更复杂精准的蛋白质设计方法成为可能，因此从头计算设计蛋白质催化剂成为一个很有希望的研究领域。

美国华盛顿大学 D. Baker 和他的同事利用一种策略从头设计了一个具有反醛缩酶活性的蛋白质[52]。这种策略基本由两步组成：首先，根据所催化的反应设计一种或多种可能的催化机理，根据过渡状态（TS）、反应路径的中间体状态（甲醇胺的形成和水的消

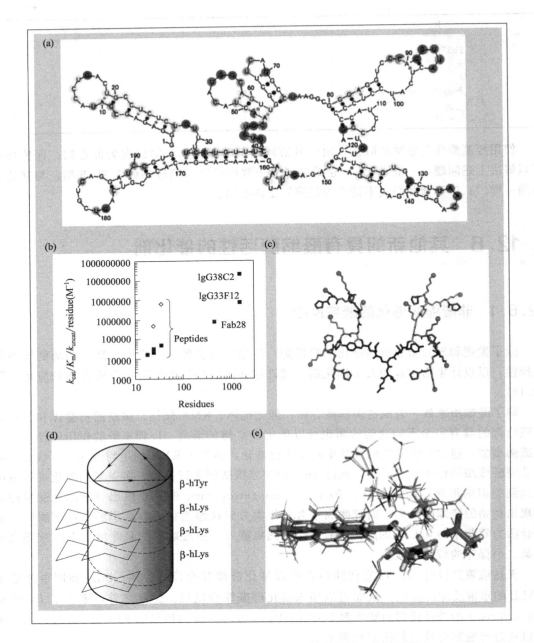

图 12.14 其他具有催化羟醛缩合能力的催化剂（彩图见彩插）

(a) 经过体外进化的 RNA 催化剂对羟醛缩合反应的活性提高了 4300 倍；

(b) 比较人工设计的寡肽与抗体催化剂对反醛缩合反应的催化活性；Peptides 指多肽；lgG38C2、lgG33F12、Fab28 是三种抗体的名称；Residues 指蛋白质残基；M^{-1} 指 L/mol，是 $k_{cat}/K_m/k_{uncat}$/residue 的单位，k_{cat} 是催化速率常数，k_{uncat} 是非酶催化速率常数，K_m 是米式常数，residue 是每个蛋白质残基；

(c) 多肽聚合物用于催化反醛缩合反应和羟醛缩合反应；

(d) 人工设计的螺旋形的 β-多肽折叠体可以明显加速反醛缩合反应速率；β 是 β-多肽（β-peptide）的简称，h 指的是螺旋形的（helical），Tyr 指的是酪氨酸，Lys 指的是赖氨酸；

(e) 计算机从头设计新的醛缩酶，根据 C-C 键断裂过渡态设计蛋白质活性位点的氨基酸的朝向除, C-C 键的断裂, 结合产物的释放), 催化最优状态等信息, 利用关键的氨基酸残基构建活性位点; 然后, 确定一个适合所设计 TS 的蛋白质骨架。这样, 就得到一个具有反醛缩反应活性的蛋白质, 相较于没有催化剂存在时, 这个蛋白质使该反应速率提高了 10^4 倍, 然而天然进化的酶的催化效率一般在 $10^5 \sim 10^9 L/(mol \cdot s)$, 而设计得到的蛋白质催化剂的效率在 $1 \sim 100 L/(mol \cdot s)$, 两者之间差别仍然很大。鉴于此, Lassila 等研究了通过计算设计得到的反醛缩酶活力的三个要素 (试图降低催化赖氨酸 pK_a 值的疏水结合口袋、用于加速质子传递的稳定的水分子、蛋白质与底物疏水相互作用) 对于催化效率的贡献情况。有意思的是, 反醛缩酶催化剂最重要的要素是底物和蛋白质分子的疏水作用 (约贡献 10^3), 起催化作用赖氨酸的 pK_a 值的偏移大约有 10 倍的贡献, 而设计调节质子传递的水分子并没有起到作用。设计的水分子的作用和实验数据误差较大, 这一发现将会对计算设计方法学起到有益的作用, 从而帮助以后设计更为实用和有益的酶催化剂。

12.7 总结和展望

尽管醛缩酶有很大潜力成为手性羟醛缩合反应的催化剂, 但是到目前为止, 只有很少的醛缩酶真正用于化学合成过程。除了供应不足、酶价格较高、较难应用于非水相反应等原因之外, 醛缩酶所催化的反应通常需要昂贵的带有磷酸基团的 DHAP 或 PEP 作为供体, 可能是一个主要的瓶颈问题。有时候较高的立体选择性也被认为是一个劣势, 因为这样就很难得到相反构型的产品, 这些产品往往是人们所需要的。化学家们通常希望得到一个化合物所有可能的构型, 这个问题今后有望通过酶分子的定向进化加以解决。

尽管已经发现了许多醛缩酶, 自然界还存在更多微生物来源的醛缩酶等待人们去发现。筛选具有新活性的醛缩酶已经获得了成功, 这也反映了微生物代谢途径的高度多样性。可以预见, 从现有微生物的降解途径中将会发现大量新的醛缩酶。

关于如何寻找新奇的醛缩酶。首先, 我们可以从一些"奇怪"的糖代谢途径, 如古细菌的 Entner-Doudoroff 途径, 得到新奇的醛缩酶。其次, 外源性物质如四氢化萘 (一个来自解聚乙二醇鞘氨醇盒菌的Ⅱ型醛缩酶 ThnF[53])、甲苯或咔唑的降解途径中可能存在新奇的醛缩酶, 在这些途径中的最后一步, 通常都是将一个有机酸裂解为丙酮酸或一个醛 (图 12.15)。不同芳香族化合物的降解途径中通常都会涉及水合酶和醛缩酶。这些醛缩酶接受

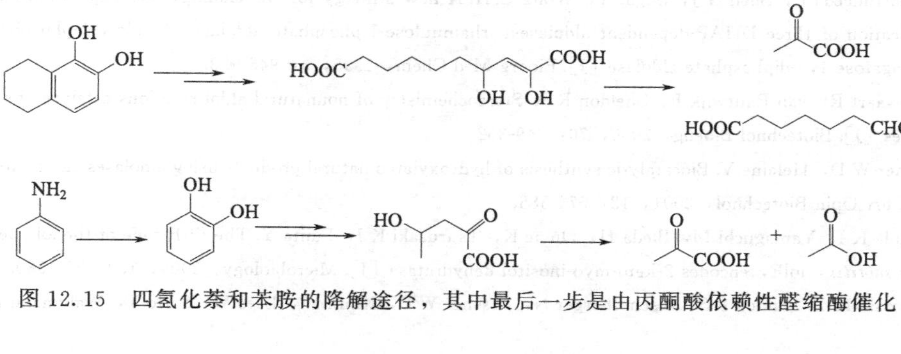

图 12.15 四氢化萘和苯胺的降解途径, 其中最后一步是由丙酮酸依赖性醛缩酶催化

不同（尤其是体积较大）的醛类，但是得到的产物通常没有手性。在这些途径中的醛缩酶被推定为双功能的酶，其非醛缩酶功能可以导致醛的部分去除，这可能与羟醛缩合产物的形成相反。

基因组数据挖掘技术将会对醛缩酶库的壮大发挥很大作用。由于基因工程技术的迅猛发展，从微生物中获得醛缩酶已经变得越来越方便，克隆和表达的方法也日趋成熟和标准化。因此，从微生物代谢途径中克隆得到的醛缩酶，对于一些领域（比如制药工程中的生物有机合成化学领域）来说，可能是一笔非常宝贵的财富。

（焦学成　陈琦）

参 考 文 献

[1] Clapes P, Garrabou X. Current trends in asymmetric synthesis with aldolases [J]. Adv Synth Catal, 2011, 353: 2263-2283.

[2] Clapes P, Fessner W D, Sprenger G A, Samland A K. Recent progress in stereoselective synthesis with aldolases [J]. Curr Opin Chem Biol, 2010, 14: 154-167.

[3] Machajewski T D, Wong C H. The catalytic asymmetric aldol reaction [J]. Angew Chem Int Ed, 2000, 39: 1352-1374.

[4] 李祖义, 陈颖. 生物催化用于 C-C 键的立体选择性合成 [J]. 有机化学, 2005, 25 (1): 53-58.

[5] Siebers B, Brinkmann H, Dörr C, Tjaden B, Lilie H, van der Oost J, Verhees C H. Archaeal fructose-1,6-bisphosphate aldolases constitute a new family of archaeal type class I aldolase [J]. J Biol Chem, 2001, 276 (31): 28710-28718.

[6] Sakuraba H, Yoneda K, Yoshihara K, Satoh K. Sequential aldol condensation catalyzed by hyperthermophilic 2-deoxy-D-ribose-5-phosphate aldolase [J]. Appl Environ Microbiol, 2007, 73: 7427-7434.

[7] Fessner W D. Enzyme mediated C-C bond formation [J]. Curr Opin Chem Biol, 1998, 2: 85-97.

[8] Zannetti M T, Walter C, Knorst M, Fessner W D. Fructose 1,6-bisphosphate aldolase from Staphylococcus carnosus: overexpression, structure prediction, stereoselectivity, and application in the synthesis of bicyclic sugars [J]. Chem Eur J, 1999, 5: 1882-1890.

[9] Dinkelbach M, Hodenius M, Steigel A, Kula M R. Fructose-1,6-bisphosphate aldolases from Staphylococcus carnosus: stereoselective enzymatic synthesis of ketose-1-phosphates and successive reaction to 1,3-dioxanes [J]. Biocatal Biotransform, 2001, 19: 51-68.

[10] Thomson G J, Howlett G J, Ashcroft A E, Berry A. The dhnA gene of *Escherichia coli* encodes a Class I fructose bisphosphate aldolase [J]. Biochem J, 1998, 331: 437-445.

[11] Ozaki A, Toone E J, von der Osten C H, Sinskey A J, Whitesides G M. Overproduction and substrate specificity of a bacterial fuculose-1-phosphate aldolase: a new enzymatic catalyst for stereocontrolled aldol condensation [J]. J Am Chem Soc, 1990, 112: 4970-4971.

[12] Fessner W D, Sinerius G, Schneider A, Dreyer M, Schulz G E, Badia J, Aguilar J. Enzymes in organic synthesis: Diastereoselective enzymatic aldol additions—L-rhamnulose and L-fuculose 1-phosphate aldolases from *Escherichia coli* [J]. Angew Chem Int Ed Engl, 1991, 30: 555-558.

[13] Garcia-Junceda E, Shen G J, Sugai T, Wong C H. A new strategy for the cloning, overexpression and one step purification of three DHAP-dependent aldolases: rhamnulose-1-phosphate aldolase, fuculose-1-phosphate aldolase and tagatose-1,6-diphosphate aldolase [J]. Bioorg Med Chem, 1995, 3: 945-953.

[14] Schoevaart R, van Rantwijk F, Sheldon R A. Stereochemistry of nonnatural aldol reactions catalyzed by DHAP aldolases [J]. Biotechnol Bioeng, 2000, 70: 349-352.

[15] Fessner W D, Helaine V. Biocatalytic synthesis of hydroxylated natural products using aldolases and related enzymes [J]. Curr Opin Biotechnol, 2001, 12: 574-586.

[16] Yoshida K I, Yamaguchi M, Ikeda H, Omae K, Tsurusaki K I, Fujita Y. The fifth gene of the iol operon of *Bacillus subtilis*, iolE, encodes 2-keto-myo-inositol dehydratase [J]. Microbiology, 2004, 150: 571-580.

[17] Bednarski M D, Simon E S, Bischofberger N, Fessner W D, Kim M J, Lees W, Saito T, Waldmann H, White-

sides G M. Rabbit muscle aldolase as a catalyst in organic synthesis [J]. J Am Chem Soc, 1989, 111: 627-635.

[18] Gefflaut T, Blonski C, Perie J, Willson M. Class I aldolases: substrate specificity, mechanism, inhibitors and structural aspects [J]. Prog Biophys Mol Biol, 1995, 63: 301-340.

[19] Espelt L, Parella T, Bujons J, Solans C, Joglar J, Delgado A, Clapés P. Stereoselective aldol additions catalyzed by dihydroxyacetone phosphate-dependent aldolases in emulsion systems: preparation and structural characterization of linear and cyclic iminopolyols from aminoaldehydes [J]. Chem Eur J, 2003, 9: 4887-4899.

[20] Guanti G, Banfi L, Zannetti M T. Phosphonic derivatives of carbohydrates: chemoenzymatic synthesis [J]. Tetrahedron Lett, 2000, 41: 3181-3185.

[21] Bednarski M D, Simon E S, Bischofberger N, Fessner W D, Kim M J, Lees W, Saito T, Waldmann H, Whitesides G M. Rabbit muscle aldolase as a catalyst in organic synthesis [J]. J Am Chem Soc, 1989, 111: 627-635.

[22] Azéma L, Bringaud F, Blonski C, Périé J. Chemical and enzymatic synthesis of fructose analogues as probes for import studies by hexose transporter in parasites [J]. Bioorg Med Chem, 2000, 8: 717-722.

[23] Guanti G, Banfi L, Zannetti M T. Phosphonic derivatives of carbohydrates: chemoenzymatic synthesis [J]. Tetrahedron Lett, 2000, 41: 3181-3185.

[24] Zhu W, Li Z. Synthesis of perfluoroalkylated sugars catalyzed by rabbit muscle aldolase (RAMA) [J]. J Chem Soc Perkin Trans, 2000, 1: 1105-1108.

[25] Guanti G, Zannetti M T, Banfi L, Riva R. Enzymatic resolution of acetoxyalkenylphosphonates and their exploitation in the chemoenzymatic synthesis of phosphonic derivatives of carbohydrates [J]. Adv Synth Catal, 2001, 343: 682-691.

[26] Mitchell M, Qaio L, Wong C H. Chemical-enzymatic synthesis of iminocyclitol phosphonic acids [J]. Adv Synth Catal, 2001, 343: 596-599.

[27] Schuster M, He W F, Blechert S. Chemical-enzymatic synthesis of azasugar phosphonic acids as glycosyl phosphate surrogates [J]. Tetrahedron Lett, 2001, 42: 2289-2291.

[28] Espelt L, Parella T, Bujons J, Solans C, Joglar J, Delgado A, Clapés P. Stereoselective aldol additions catalyzed by dihydroxyacetone phosphate-dependent aldolases in emulsion systems: preparation and structural characterization of linear and cyclic iminopolyols from aminoaldehydes [J]. Chem Eur J, 2003, 9: 4887-4899.

[29] Espelt L, Bujons J, Parella T, Calveras J, Joglar J, Delgado A, Clapés P. Aldol additions of dihydroxyacetone phosphate to N-Cbz-amino aldehydes catalyzed by L-fuculose-1-phosphate aldolase in emulsion systems: inversion of stereoselectivity as a function of the acceptor aldehydes [J]. Chem Eur J, 2005, 11: 1392-1401.

[30] Mitchell M, Qiao L, Wong C H. Chemical-enzymatic synthesis of iminocyclitol phosphonic acids [J]. Adv Synth Catal, 2001, 343: 596-599.

[31] Schuster M, He W F, Blechert S. Chemical-enzymatic synthesis of azasugar phosphonic acids as glycosyl phosphate surrogates [J]. Tetrahedron Lett, 2001, 42: 2289-2291.

[32] Romero A, Wong C H. Chemo-enzymatic total synthesis of 3-epiaustraline, australine, and 7-epialexine [J]. J Org Chem, 2000, 65: 8264-8268.

[33] Fessner W D, Goβe C, Jaeschke G, Eyrisch O. Enzymes in organic synthesis, short enzymatic synthesis of L-fucose analogs [J]. Eur J Org Chem, 2000: 125-132.

[34] Lin C C, Moris-Varas F, Weitz-Schmidt G, Wong CH. Synthesis of sialyl Lewis x mimetics as selectin inhibitors by enzymatic aldol condensation reactions [J]. Bioorg Med Chem, 1999, 7: 425-433.

[35] Guanti G, Banfi L, Zannetti M T. Phosphonic derivatives of carbohydrates: chemoenzymatic synthesis [J]. Tetrahedron Lett, 2000, 41: 3181-3185.

[36] Guanti G, Zannetti M T, Banfi L, Riva R. Enzymatic resolution of acetoxyalkenylphosphonates and their exploitation in the chemoenzymatic synthesis of phosphonic derivatives of carbohydrates [J]. Adv Synth Catal, 2001, 343: 682-691.

[37] David S. Enzymatic synthesis of a branched-chain hexulose: 5-deoxy-5-C-hydroxymethyl-β-L-xylo-hex-2-ulopyranose [J]. Eur J. Org Chem, 1999: 1415-1420.

[38] Chenevert R, Dasser M. Chemoenzymatic synthesis of the microbial elicitor (−)-syringolide via a fructose 1,6-diphosphate aldolase-catalyzed condensation reaction [J]. J Org Chem, 2000, 65: 4529-4531.

[39] Phung A N, Zannetti M T, Whited G, Fessner W D. Stereo-specific biocatalytic synthesis of pancratistatin analogues [J]. Angew Chem Int Ed Engl, 2003, 42: 4821-4824.

[40] Schürmann M, Sprenger G A. Fructose-6-phosphate aldolase is a novel class I aldolase from Escherichia coli and is related to a novel group of bacterial transaldolases [J]. J Biol Chem, 2001, 276: 11055-11061.

[41] Schürmann M, Schürmann M, Sprenger G A. Fructose 6-phosphate aldolase and 1-deoxy-D-xylulose 5-phosphate synthase from *Escherichia coli* as tools in enzymatic synthesis of 1-deoxy sugars [J]. J Mol Catal B: Enzym, 2002, 19-20: 247-252.

[42] Allen S T, Heintzelman G R, Toone E J. Pyruvate aldolases as reagents for stereospecific aldol condensations [J]. J Org Chem, 1992, 57: 426-427.

[43] Harrie J, Gijsen M, Wong C H. Unprecedented asymmetric aldol reactions with three aldehyde substrates catalyzed by 2-deoxyribose-5-phosphate aldolase [J]. J Am Chem Soc, 1994, 116: 8422-8423.

[44] Machajewski T D, Wong C H. The catalytic asymmetric aldol reaction [J]. Angew Chem Int Ed Engl, 2000, 39: 1352-1374.

[45] Kimura T, Vassilev V P, Shen G J, Wong C H. Enzymatic synthesis of beta-hydroxy-alpha-amino acids based on recombinant D-and L-threonine aldolases [J]. J Am Chem Soc, 1999, 119: 11734-11742.

[46] Liu J Q, Dairi T, Itoh N, Kataoka M, Shimizu S, Yamada H. Diversity of microbial threonine aldolases and their applications [J]. J Mol Catal, 2000, 10: 107-115.

[47] Paiardini A, Contestabile R, D'Aguanno S, Pascarella S, Bossa F. Threonine aldolase and alanine racemase: novel examples of convergent evolution in the superfamily of vitamin B6-dependent enzymes [J]. Biochim Biophys Acta, 2003, 1647: 214-219.

[48] Kimura T, Vassilev V P, Shen G J, Wong C H. Enzymatic synthesis of beta-hydroxy-alpha-amino acids based on recombinant D-and L-threonine aldolases [J]. J Am Chem Soc, 1997, 119: 11734-11742.

[49] Liu J Q, Odani M, Yasuoka T, Dairi T, Itoh N, Kataoka M, Shimizu S, Yamada H. Gene cloning and overproduction of low specificity D-threonine aldolase from *Alcaligenes xylosoxidans* and its application for production of a key intermediate for parkinsonism drug [J]. Appl Microbiol Biotechnol, 2000, 54: 44-51.

[50] Murphy C D, O'Hagan D, Schaffrath C. Identification of a PLP-dependent threonine transaldolase: a novel enzyme involved in 4-fluorothreonine biosynthesis in Streptomyces cattleya [J]. Angew Chem Int Ed Engl, 2001, 113: 4611-4613.

[51] Jiang L, Althoff E A, Clemente F R, Doyle L, Rothlisberger D, Zanghellini A, Gallaher J L, Betker J L, Tanaka F, Barbas C F, et al. De novo computational design of retro-aldol enzymes [J]. Science, 2008, 319: 1387-1391.

[52] Clape P, Fessner W D, Sprenger G A, Samland G K. Recent progress in stereoselective synthesis with aldolases [J]. Curr Opin Chem Biol, 2010, 14: 154-167.

[53] Hernaez M J, Floriano B, Rios J J, Santero E. Identification of a hydratase and a class II aldolase involved in biodegradation of the organic solvent tetralin [J]. Appl Environ Microbiol, 2002, 68: 4841-4846.